高等职业教育电子信息类专业教材

电工电子技术基础

主 编 刘 军 杨国龙 刘天成

副主编 李品钧 李文略 许景生

中国水利水电出版社
www.waterpub.com.cn

·北京·

内 容 提 要

本书共 14 章，其中电工技术 5 章，包括直流电路、正弦交流电路和三相交流电路、磁路和变压器、电动机、继电接触器控制；模拟电子技术 5 章，包括半导体器件、交流放大电路、集成运算放大器及其应用、波形发生电路、直流稳压电源；数字电子技术 4 章，包括数字逻辑基础、组合逻辑电路及应用、时序逻辑电路及应用、数模转换与模数转换，涵盖了电子技术的基础内容。电工技术部分主要讲解电路的基本概念、定理应用，正弦交流电、变压器、电动机和控制电路等基础的电路知识；模拟电子技术主要介绍半导体、放大电路、波形产生电路、电源制作和分析电路的基本内容；数字电子技术则介绍了组合逻辑电路、时序逻辑电路、AD 转换等常用的知识。

本书主要面向大专层次学生、自学人群，旨在让读者掌握基本的电工电子技术，培养其应用知识解决问题的能力。

图书在版编目（CIP）数据

电工电子技术基础 / 刘军，杨国龙，刘天成主编
. -- 北京：中国水利水电出版社，2023.8
高等职业教育电子信息类专业教材
ISBN 978-7-5226-1664-3

Ⅰ．①电… Ⅱ．①刘… ②杨… ③刘… Ⅲ．①电工技术—高等职业教育—教材②电子技术—高等职业教育—教材 Ⅳ．①TM②TN

中国国家版本馆CIP数据核字(2023)第136813号

策划编辑：陈红华　　责任编辑：高　辉　　加工编辑：刘　瑜　　封面设计：梁　燕

书　名	高等职业教育电子信息类专业教材 电工电子技术基础 DIANGONG DIANZI JISHU JICHU
作　者	主　编　刘　军　杨国龙　刘天成 副主编　李品钧　李文略　许景生
出版发行	中国水利水电出版社 （北京市海淀区玉渊潭南路 1 号 D 座　100038） 网址：www.waterpub.com.cn E-mail：mchannel@263.net（答疑） 　　　　sales@mwr.gov.cn 电话：（010）68545888（营销中心）、82562819（组稿）
经　售	北京科水图书销售有限公司 电话：（010）68545874、63202643 全国各地新华书店和相关出版物销售网点
排　版	北京万水电子信息有限公司
印　刷	三河市鑫金马印装有限公司
规　格	184mm×260mm　16 开本　20.5 印张　525 千字
版　次	2023 年 8 月第 1 版　2023 年 8 月第 1 次印刷
印　数	0001—2000 册
定　价	56.00 元

凡购买我社图书，如有缺页、倒页、脱页的，本社营销中心负责调换
版权所有·侵权必究

前　　言

　　电工电子技术基础是高职高专学生电子信息大类必修的基础课程，它涉及电路、电机、电力、电子、自动化等多个领域，是理解和掌握现代科技的重要基础。由于电工电子技术基础教学对象多样化，各个专业在教学中的内容和要求不尽相同，因此在本书编写过程中我们充分考虑了不同工科专业的需求和学生水平，旨在为广大高职高专学生提供一本实用性强、通俗易懂的教材，帮助他们打牢知识基础，提高创新能力，培养综合素质。

　　本书根据教学大纲和考试大纲的要求，系统地介绍了电工电子技术的基本原理、方法和应用。为方便读者巩固和检测所学知识，本书每章都配有丰富的例题和习题。我们在本书编写过程中学习参考了国内外同类相关教材和经典著作，以培养读者分析问题和解决问题能力及提高读者的工程意识为目标，以简明扼要的语言讲解了电工电子技术有关的基本概念、基本原理、基本应用。

　　编写本书时，我们紧密结合当前党的二十大精神，突出了新时代中国特色社会主义思想在指导高职高专教育中的重要作用，注重培养学生的社会责任感和爱国情怀；坚持创新驱动发展战略，注重培养学生的创新意识和创新能力；坚持绿色发展理念，在教学环节向学生渗透节能环保意识和可持续发展理念；坚持开放包容的产学研视野，注重培养学生与企业交流实践的综合能力。

　　广东海洋大学电子与信息工程学院王骥教授和岭南师范学院机电工程学院田学军教授担任本书的主审，两位教授认真审阅了全部书稿，提出了很多建设性的修改意见，在此，向他们表示衷心的感谢。

　　本书由刘军、杨国龙、刘天成担任主编，李品钧、李文略、许景生担任副主编。本书是多位老师在多年教学实践和广泛调研的基础上，结合学生的特点和知识层次编写而成的。由于编者水平有限，书中难免存在不足之处，恳请广大专家读者批评指正。

编　者
2023 年 3 月

目 录

前言

第1篇 电 工 技 术

第1章 直流电路 ………………………… 2
1.1 电路的组成及基本物理量 …………… 2
　1.1.1 电路的组成 ……………………… 2
　1.1.2 电路的基本物理量 ……………… 3
1.2 欧姆定律及电路模型 ………………… 10
　1.2.1 电阻的欧姆定律 ………………… 10
　1.2.2 理想电路元件及电路模型 ……… 11
1.3 电阻的串联及并联 …………………… 12
　1.3.1 电阻的串联 ……………………… 12
　1.3.2 电阻的并联 ……………………… 13
1.4 电气设备的额定值及电路状态 ……… 14
　1.4.1 电气设备的额定值 ……………… 14
　1.4.2 电路的工作状态 ………………… 14
1.5 基尔霍夫定律及其应用 ……………… 15
　1.5.1 基尔霍夫电流定律（KCL）……… 16
　1.5.2 基尔霍夫电压定律（KVL）……… 16
　1.5.3 基尔霍夫定律的应用——支路
　　　　电流法 …………………………… 18
1.6 电路中电位的计算 …………………… 19
1.7 电压源、电流源及其等效变换 ……… 21
　1.7.1 电压源与电流源模型 …………… 21
　1.7.2 电压源与电流源的等效变换 …… 22
1.8 戴维南定理和叠加定理 ……………… 23
　1.8.1 戴维南定理 ……………………… 23
　1.8.2 叠加定理 ………………………… 25
习题 ………………………………………… 26

第2章 正弦交流电路和三相交流电路 … 30
2.1 正弦交流电的基本概念 ……………… 30
2.2 同频率正弦量的运算和相量 ………… 34
2.3 单一参数的交流电路 ………………… 36
　2.3.1 电阻元件的正弦交流电路 ……… 36
　2.3.2 电感元件的正弦交流电路 ……… 38
　2.3.3 电容元件的正弦交流电路 ……… 39
2.4 电阻、电感、电容串联电路 ………… 42
　2.4.1 RLC 串联电路电压与电流的关系 … 42
　2.4.2 RLC 串联电路的功率 ………… 44
2.5 串联谐振 ……………………………… 45
　2.5.1 谐振条件和谐振频率 …………… 45
　2.5.2 串联谐振时的电路特点 ………… 45
2.6 三相交流电路 ………………………… 45
　2.6.1 三相交流电动势的产生 ………… 46
　2.6.2 三相电源的连接 ………………… 47
2.7 三相负载的连接 ……………………… 50
2.8 三相交流电路的功率 ………………… 55
习题 ………………………………………… 56

第3章 磁路和变压器 …………………… 60
3.1 磁路的基本知识和交流铁芯线圈 …… 60
　3.1.1 磁感应强度 ……………………… 60
　3.1.2 磁通 ……………………………… 60
　3.1.3 磁导率 …………………………… 61
　3.1.4 磁场强度 ………………………… 61
　3.1.5 铁磁性材料的磁性能 …………… 61
　3.1.6 磁路和磁路欧姆定律 …………… 64
3.2 变压器的基本构造和工作原理 ……… 65
　3.2.1 变压器的分类 …………………… 65
　3.2.2 变压器的基本构造 ……………… 66
　3.2.3 变压器的工作原理 ……………… 66
　3.2.4 变压器的外特性 ………………… 67
3.3 三相变压器的结构、接法及额定值 … 68
　3.3.1 三相变压器 ……………………… 68
　3.3.2 变压器的铭牌数据 ……………… 69
3.4 专用变压器 …………………………… 70

3.4.1　自耦变压器 ································ 70
　　3.4.2　电焊变压器 ································ 71
　　3.4.3　仪用互感器 ································ 72
3.5　电磁感应工业应用 ································ 73
习题 ·· 74
第4章　电动机 ······································ 76
4.1　三相异步电动机的结构和工作原理 ······ 76
　　4.1.1　定子 ··· 76
　　4.1.2　转子 ··· 77
　　4.1.3　三相异步电动机的基本原理 ········ 79
　　4.1.4　三相异步电动机的转动原理 ········ 81
　　4.1.5　转差率 ······································ 82
4.2　三相异步电动机的电磁转矩
　　　和机械特性 ·· 82
　　4.2.1　转子电路各物理量的分析 ············ 83
　　4.2.2　三相异步电动机的电磁转矩 ········ 84
4.3　三相异步电动机的起动、调速、
　　　制动、铭牌数据和选择 ······················· 86
　　4.3.1　三相异步电动机的起动 ··············· 86
　　4.3.2　三相异步电动机的调速 ··············· 89
　　4.3.3　三相异步电动机的制动 ··············· 90
　　4.3.4　三相异步电动机的铭牌和选择 ····· 91
4.4　单相异步电动机 ··································· 93
4.5　伺服电机 ·· 96

4.6　步进电机 ·· 98
习题 ·· 100
第5章　继电接触器控制 ························ 101
5.1　常用的低压电器 ································ 101
　　5.1.1　隔离开关 ·································· 101
　　5.1.2　熔断器 ····································· 102
　　5.1.3　按钮 ·· 103
　　5.1.4　接触器 ····································· 104
　　5.1.5　继电器 ····································· 105
　　5.1.6　行程开关 ·································· 106
　　5.1.7　自动开关 ·································· 107
5.2　三相笼型异步电动机直接起动
　　　控制电路 ··· 108
　　5.2.1　单向控制电路 ··························· 108
　　5.2.2　点动控制电路 ··························· 109
　　5.2.3　正反转控制电路 ······················· 110
　　5.2.4　行程控制电路 ··························· 112
　　5.2.5　多地控制电路 ··························· 113
5.3　三相异步电动机的降压起动和
　　　制动控制 ··· 113
　　5.3.1　降压起动控制 ··························· 113
　　5.3.2　制动控制电路 ··························· 115
习题 ·· 116

第2篇　电子技术

第6章　半导体器件 ······························· 120
6.1　半导体基本知识 ································ 120
　　6.1.1　本征半导体 ······························ 120
　　6.1.2　杂质半导体 ······························ 122
　　6.1.3　PN结及其特性 ························· 124
6.2　半导体二极管 ···································· 126
　　6.2.1　二极管的结构和类型 ················· 126
　　6.2.2　二极管的伏安特性 ···················· 127
　　6.2.3　二极管电路的分析方法 ·············· 128
　　6.2.4　二极管的使用常识 ···················· 133
6.3　特殊二极管 ······································· 133
　　6.3.1　稳压二极管 ······························ 133

　　6.3.2　发光二极管 ······························ 135
　　6.3.3　光电二极管 ······························ 135
6.4　半导体三极管 ···································· 136
　　6.4.1　三极管的结构和符号 ················· 136
　　6.4.2　三极管的电流分配与放大作用 ···· 137
　　6.4.3　三极管的特性曲线 ···················· 140
　　6.4.4　三极管的主要参数 ···················· 143
习题 ·· 145
第7章　交流放大电路 ···························· 147
7.1　放大电路的组成和基本工作原理 ········· 147
　　7.1.1　共发射极放大电路 ···················· 147
　　7.1.2　放大的本质与电路中符号表示 ···· 148

7.2 放大电路的静态分析 ……………… 150	8.3 集成运放在信号运算方面的应用 …… 197
7.2.1 用估算法计算静态工作点 ……… 150	8.3.1 比例运算电路 ………………… 197
7.2.2 图解法求静态工作点 …………… 151	8.3.2 加法减法运算电路 …………… 200
7.3 放大电路的动态分析 ……………… 152	8.3.3 积分与微分运算电路 ………… 202
7.3.1 放大电路的图解法 ……………… 153	8.4 集成运放的非线性应用 …………… 205
7.3.2 影响放大电路工作的主要因素 … 155	习题 …………………………………… 207
7.3.3 放大电路的微变等效电路法 …… 156	第9章 波形发生电路 ………………… 209
7.3.4 基本放大电路应用实例——简单	9.1 振荡器概念与分类 ………………… 209
水位检测与报警电路 …………… 164	9.2 正弦波振荡电路的基本工作原理 …… 210
7.4 共集电极放大电路 ………………… 165	9.3 RC 正弦波振荡器 …………………… 211
7.4.1 共集电极放大电路的静态分析 … 165	9.4 LC 正弦波振荡电路 ………………… 214
7.4.2 共集电极放大电路的动态分析 … 165	9.4.1 LC 并联谐振电路的频率响应 … 214
7.5 多级放大电路 ……………………… 167	9.4.2 变压器耦合式 LC 振荡器 ……… 216
7.5.1 多级放大电路的组成特点 ……… 167	9.4.3 三点式 LC 振荡器 ……………… 218
7.5.2 多级放大电路的技术指标计算 … 168	9.5 石英晶体振荡电路 ………………… 221
7.5.3 放大电路的通频带 ……………… 169	9.5.1 石英晶体谐振器的原理与特性 … 221
7.6 差动放大电路 ……………………… 170	9.5.2 石英晶体谐振器的符号和等效
7.6.1 直接耦合放大电路及其零点	电路 ……………………………… 222
漂移问题 ………………………… 170	9.5.3 石英晶体谐振器的阻抗频率
7.6.2 典型差动放大电路 ……………… 171	特性 ……………………………… 222
7.7 功率放大电路 ……………………… 174	9.5.4 晶体振荡电路 ………………… 223
7.7.1 功率放大电路的特点和分类 …… 174	9.6 非正弦波发生电路 ………………… 224
7.7.2 OCL 互补对称式功率放大电路 … 175	9.6.1 矩形波发生电路 ……………… 224
7.7.3 甲乙类互补对称功率放大电路 … 177	9.6.2 三角波发生电路 ……………… 226
7.7.4 集成功率放大器 ………………… 177	9.6.3 锯齿波发生电路 ……………… 227
7.8 负反馈放大电路 …………………… 178	习题 …………………………………… 228
7.8.1 负反馈的基本概念 ……………… 178	第 10 章 直流稳压电源 ……………… 231
7.8.2 负反馈的分类和判断 …………… 179	10.1 直流电源的组成 ………………… 231
7.8.3 负反馈对放大电路性能的影响 … 182	10.2 单相整流电路 …………………… 231
7.9 运用反馈的放大电路稳定偏置电路 … 184	10.2.1 单相半波整流电路 …………… 232
7.9.1 稳定的基本原理 ………………… 184	10.2.2 单相桥式整流电路 …………… 233
7.9.2 电路分析计算 …………………… 185	10.3 滤波电路 ………………………… 235
习题 …………………………………… 186	10.3.1 电容滤波电路 ………………… 236
第8章 集成运算放大器及其应用 …… 192	10.3.2 电感滤波电路 ………………… 237
8.1 集成电路基本知识 ………………… 192	10.3.3 复式滤波电路 ………………… 237
8.2 集成运算放大器的结构和指标 …… 193	10.4 集成稳压器 ……………………… 238
8.2.1 集成运放的结构特点 …………… 193	10.4.1 集成稳压器的基本结构 ……… 238
8.2.2 集成运放的主要性能指标 ……… 195	10.4.2 输出电压固定式集成稳压器
8.2.3 理想集成运放的概念与特点 …… 195	及其应用 ………………………… 239

10.4.3　可调式三端集成稳压器的封装
　　　　　和引脚功能 …………………… 240
　习题 ……………………………………… 242
第 11 章　数字逻辑基础 ………………… 244
　11.1　数字电路分析 ………………………… 244
　　11.1.1　模拟信号与数字信号 …………… 244
　　11.1.2　数字电路介绍 …………………… 245
　11.2　数制介绍 ……………………………… 246
　　11.2.1　数制 ……………………………… 246
　　11.2.2　数制转换 ………………………… 246
　　11.2.3　编码 ……………………………… 247
　11.3　逻辑代数分析 ………………………… 248
　　11.3.1　逻辑变量与逻辑函数 …………… 248
　　11.3.2　常用逻辑函数 …………………… 249
　　11.3.3　逻辑函数表示法及其相互转化 … 251
　11.4　逻辑函数的化简 ……………………… 252
　　11.4.1　逻辑代数的基本定律与规则 …… 252
　　11.4.2　逻辑函数的公式法化简 ………… 254
　　11.4.3　逻辑函数的卡诺图化简法 ……… 255
　　11.4.4　含有无关项的逻辑函数的化简 … 260
　习题 ……………………………………… 261
第 12 章　组合逻辑电路及应用 ………… 264
　12.1　逻辑电路介绍 ………………………… 264
　12.2　组合逻辑电路的分析及设计 ………… 265
　　12.2.1　组合逻辑电路的分析 …………… 265
　　12.2.2　组合逻辑电路的设计 …………… 267
　12.3　常用组合逻辑电路及其应用 ………… 270
　　12.3.1　编码器 …………………………… 270
　　12.3.2　译码器 …………………………… 274
　　12.3.3　数据选择器和数据分配器 ……… 279
　　12.3.4　数值比较器 ……………………… 283
　12.4　组合逻辑电路中的竞争与冒险 ……… 284
　习题 ……………………………………… 286
第 13 章　时序逻辑电路及应用 ………… 288
　13.1　概述 …………………………………… 288
　13.2　触发器 ………………………………… 289
　　13.2.1　基本 RS 触发器 ………………… 289
　　13.2.2　同步 RS 触发器 ………………… 291
　　13.2.3　JK 触发器 ……………………… 292
　　13.2.4　D 和 T 触发器 ………………… 292
　　13.2.5　触发器的功能转换 ……………… 294
　13.3　时序逻辑电路的分析方法 …………… 294
　13.4　计数器与寄存器 ……………………… 296
　　13.4.1　计数器 …………………………… 296
　　13.4.2　寄存器 …………………………… 303
　13.5　时序逻辑电路设计 …………………… 304
　习题 ……………………………………… 306
第 14 章　数模转换与模数转换 ………… 308
　14.1　概述 …………………………………… 308
　14.2　数模转换器（DAC）………………… 309
　14.3　模数转换器（ADC）………………… 312
　习题 ……………………………………… 318
参考文献 ……………………………………… 319

第1篇 电工技术

电工技术包括直流电路、正弦交流电路和三相交流电路、磁路和变压器、电动机、继电接触器控制五大部分。

近年来，随着电气自动化技术的普及，电气设备的维修和维护工作量大幅上升，社会对电工人才的需求日益增多，对学校的电工专业也提出了更高的要求。培养与社会发展接轨的技术工人成为新时代技工院校的目标。而电工电子技术作为电子信息大类专业必修的基础课程，具有重要作用。

电工技术基础在各工科各门课程中，占有举足轻重的位置。在电路原理、电力电子、电磁场、模拟和数字电路、自动控制这些专业课中，都会用到电工电子基础知识。电子信息大类专业的学生想要打好基础，就要从学好电工技术开始。

第1章 直流电路

本章主要讨论电路的基本物理量、电路的基本定律以及它们的应用。很多概念和方法虽然在直流电路中提出，但也适用于交流电路，它们是分析、计算电路的基础。

知识点与学习要求

（1）了解电路模型基本概念，牢固掌握线性元件的伏安特性；熟悉电源模型与实际电源的对应关系及电源模型之间的等效互换方法。

（2）掌握电压、电流实际方向与参考方向的联系，理解电流的热效应，了解其在实际工程中的应用。

（3）学会应用基尔霍夫电流和电压定律分析一般电路的方法和技能。

（4）学会应用叠加定理和戴维南定理对电路进行分析和计算。

1.1 电路的组成及基本物理量

1.1.1 电路的组成

电路是由各种电气设备按一定方式用导线连接组成的总体。这些电气设备包括电源、开关、负载等。其中电源是把其他形式的能量转换为电能的装置，如蓄电池将化学能转换为电能。负载是取用电能的装置，它把电能转换为其他形式的能量，如电动机将电能转换为机械能，电灯将电能转换为光能，喇叭将电能转换为声能等。图 1.1.1 所示为一简单电路，该电路中导线和开关用来连接电源和负载，为电流提供通路，把电源的能量供给负载。

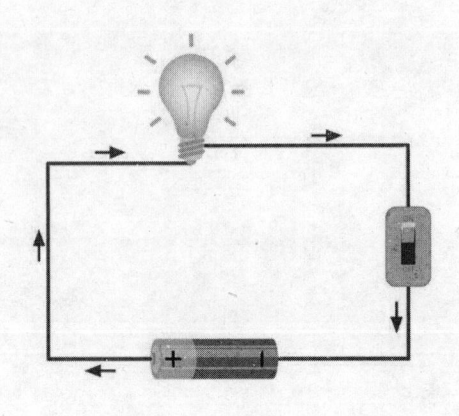

图 1.1.1 简单电路

1.1.2　电路的基本物理量

1. 电流

电荷的定向移动形成**电流**，电荷的多少叫作电荷量，简称电量。可定向移动的不仅仅有我们认识的导体的自由电子，还有电解液内的离子、等离子体的电子和离子、强子内的夸克等。只不过自由电子的移动形成的电流是最常见的。金属导体处于电场内时，自由电子要受到电场力的作用，逆着电场的方向作定向移动，这就形成了电流。

电流的强弱用**电流强度**来表示，简称**电流**，用 i 表示。它用单位时间内通过导体横截面的电量 q 来表示，如图 1.1.2 所示。

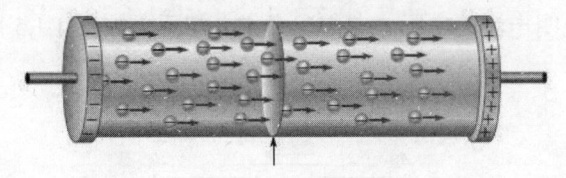

图 1.1.2　电流强度

如果单位时间内通过导体截面的电量 q 不随时间变化，即电流大小和方向均不变，这种电流称为恒定电流，简称直流电流。直流电流用大写字母 I 表示，若 t 时间内通过导体横截面的电量为 Q，则

$$I = \frac{Q}{t}$$

若单位时间内通过导体截面的电量 q 随时间而变化，则电流需用下式表示：

$$i = \lim_{\Delta t \to 0} \frac{\Delta q}{\Delta t} = \frac{dq}{dt} \tag{1.1.1}$$

若已知 $q(t) = t^3(C)$，则电流 $i(t) = 2t^2(A)$；若已知 $q(t) = Q\sin\omega t$，则电流 $i(t) = Q\omega\cos\omega t$。

在国际单位制（后文皆以 SI 表示）中，电流的单位是 A（安培），电量的单位是 C（库仑）。在 1 秒内通过导体横截面的电荷为 1C 时，其电流则为 1A。

比 A 更小的电流单位还有 mA（毫安）、μA（微安）等，其换算关系为

$$1\text{mA} = 10^{-3}\text{A}, \quad 1\mu\text{A} = 10^{-6}\text{A}$$

习惯上，**规定正电荷的移动方向为电流的实际方向**。但是后来科学家们发现在金属导体内部，只有自由电子才会移动，因此定义负电荷流动的反方向为电流的方向，使之与之前规定的电流方向相符。因此在由金属导体组成的外电路中，电流实际方向由正极流向负极；在电源内部，电流实际方向由负极流向正极。

在简单电路中，元件电流的实际方向可由电源的极性确定；但在复杂电路中，可能存在着多个电压值不同的电源，电路中元件的电流方向便难以事先确定，如图 1.1.3 中 R_3 的电流。为了分析，我们就要在电路中假设电流的方向，电流的假设方向就叫**电流参考方向**。电路中电流的参考方向可以任意设定，但一旦定了下来，在后续的计算中就不能再随便变换。除非特别说明，电路图中所标的电流方向均为电流参考方向。

电流的参考方向可以用电流符号加箭头表示，也可以用电流符号加字母表示，如图 1.1.4 所示。I_{AB} 表示电流的参考方向为从 A 到 B，而 I_{BA} 则表示电流的参考方向为从 B 到 A。

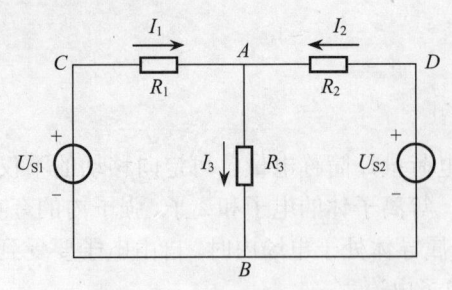

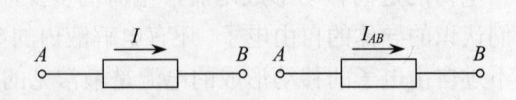

图 1.1.3 多电源作用的电路   图 1.1.4 电流参考方向的表示方法

在对电路进行分析计算时，先任意选定一方向作为待求电流的参考方向，并根据此方向列写方程、进行计算。若计算结果为正值，则说明电流的实际方向与参考方向相同；若计算得到的结果为负值，则说明电流的实际方向与参考方向相反。如图 1.1.5 所示，电流的实际方向常用虚线箭头表示。

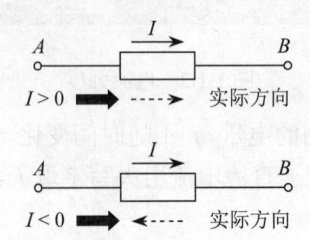

图 1.1.5 电流的计算结果与实际方向

同样地，若电流的参考方向与实际方向相同，则求得的结果必是正的电流，否则将得到负的电流。故同一个电路采用不同的参考方向对电流进行计算时，得出的结果互为相反数。

在电路中，若电压、电流的参考方向取向相同，则称之为**关联参考方向**；若电压、电流的参考方向取向相反，则称之为**非关联参考方向**。

2. 电位

电场力把单位正电荷从电场中 A 点移动到零参考点所做的功 W_{A0} 被称为 A 点的**电位**，也叫**电势**，用 V_A 表示，则电势可用下式表示：

$$V_A = \lim_{\Delta q \to 0} \frac{\Delta W_{A0}}{\Delta q} = \frac{dW_{A0}}{dq}$$

其中，零参考点可以取电场中的任意一点，零参考点不同，则 A 点的电位不同，也就是说电位是相对的。在 SI 中，电位的单位为 V（伏特）。若电场力把 1C 电量从点 A 移到零参考点所做的功是 1J（焦耳），则 A 点的电位就是 1V。

3. 电压

电场力把单位正电荷从电场中点 A 移到点 B 所做的功 W_{AB} 被称为从 A 到 B 的**电压**，用 u_{AB} 表示，即

$$u_{AB} = \lim_{\Delta q \to 0} \frac{\Delta W_{AB}}{\Delta q} = \frac{dW_{AB}}{dq}$$

在 SI 中，电压的单位为 V（伏特）。若电场力把 1C 电量从点 A 移到点 B 所做的功是 1J（焦耳），则从 A 到 B 的电压就是 1V。

计算较大的电压时用 kV（千伏），计算较小的电压时用 mV（毫伏）。其换算关系为

$$1kV=10^3V,\ 1mV=10^{-3}V$$

由电位的概念可推导出

$$u_{AB}=\frac{dW_{AB}}{dq}=\frac{dW_{A0}}{dq}-\frac{dW_{B0}}{dq}=V_A-V_B \tag{1.1.2}$$

因此从 A 到 B 的电压 u_{AB} 就是从 A 到 B 的电位降，所以电压也叫**电位降**。在分析电路时，用电位降的概念更容易理解。

电压的实际方向规定为从高电位点指向低电位点，因此，在电压的实际方向上电位是降低的。某段电路两端的实际电位在复杂电路中也是很难确定的，因此为了分析，我们也要假设某段电路电压的方向，即电压的**参考方向**。电压的参考方向可以用下标法和高低电位表示法两种方法表示。图 1.1.6（a）所示表示假设 A 为高电位，B 为低电位。从 A 到 B 电位降低的值为 u_{AB}，也可像电流那样用箭头在图上标明。图 1.1.6（b）表示假设"+"端为高电位，"-"端为低电位。由"+"指向"-"电位降的数值为 U，则分析电路时，从"-"端到"+"端电位升 U。

（a）下标法　　　　　　　　　　　　（b）高低电位表示法

图 1.1.6　电压参考方向的表示方法

在设定电压参考方向的情况下，当求出的电压结果为正时，电压实际方向与参考方向相同；当求出的电压结果为负时，电压实际方向与参考方向相反。若以圆圈和正负号表示实际的高低电位，电压正负和实际方向的关系如图 1.1.7 所示。

（a）参考方向与实际方向一致　　　　　　（b）参考方向与实际方向相反

图 1.1.7　电压正负和实际方向的关系

4. 电动势

在闭合电路中，为了维持电路中持续的电流，电源内部就必须有一种力，把正电荷从低电位处移到高电位处。如图 1.1.8 所示，在电源内部，把单位正电荷由低电位 B 端移到高电位 A 端，非静电场力克服电场力所做的功称为**电动势**，用 E 表示。电动势的单位也是 V。若非静电场力把 1C 的电量从点 B 移到点 A，所做的功是 1J，则电动势就等于 1V。

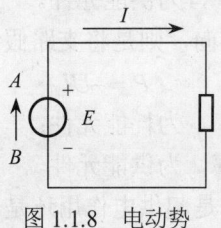

图 1.1.8　电动势

电动势的实际方向规定为从低电位指向高电位，电路中也用参考方向表示电动势的方

向，即假设"-"端为低电位，"+"端为高电位，从"-"端到"+"端电位升高的值为 E，则电路元件从假设的"+"端到假设的"-"端的电位降为 E，若假设电路从"+"端到"-"端的电压为 U，则 $U=E$。

5. 电功率

电流在驱动用电器工作的时候，实际上是一个把电能转化为其他能量的过程。在转化的过程中电场力所做的功叫作**电功**。电场力做了多少功，就消耗了多少电能，就有多少电能转换为其他形式的能。电场力做功在分析时往往也叫作电流做功。

要烧开同样一锅水，不同的电炉往往花费的时间不同，这表明电器消耗电能的速度往往不一样，衡量电能消耗快慢（电场力做功快慢）的电学量叫作**电功率**，用单位时间内电流做功的多少来表示其大小。在直流电路中，电功率的值不随时间变化而变化，根据电功的定义，电流所做的功是 $W=UIt$，则电功率为

$$P = \frac{UIt}{t} = UI \tag{1.1.3}$$

如果某用电器在 1s 的时间内消耗电功 1J，就说该用电器的功率是 1W。在 SI 中，功率的单位是 W（瓦[特]）。对于大功率，常采用 kW（千瓦）或 MW（兆瓦）作单位；对于小功率，则用 mW（毫瓦）或 μW（微瓦）作单位。

如果在某一相同时间内，电流所做的功不相等，即用电器工作时的功率时刻都在变化，就不能用式（1.1.3）来表示，要用瞬时功率（即任何一个时刻的功率）来表示，即

$$p = \frac{\mathrm{d}W}{\mathrm{d}t} \tag{1.1.4}$$

在电源内部，非静电力做功，正电荷由低电位移向高电位，电流逆着电场方向流动，电流做负功，其电功率为

$$P = -UI$$

电功率为负数，表示其并非消耗电能，而是将其他形式的能量转化为电能，电源为供能元件。

根据电路的特点，电路中的某一支路，若其电压和电流的实际方向相同，则该支路必消耗电能；若其电压和电流的实际方向相反，则该支路必提供电能。根据这一原则可判断支路是消耗电能还是提供电能。

在计算中，若某支路电流、电压选用关联参考方向，则是将支路假设成消耗电能电路，支路消耗电功率为

$$P = UI$$

$P>0$ 时，表示支路实际消耗功率，为耗能元件；
$P<0$ 时，表示支路实际发出功率，为供能元件。
若电流、电压选用非关联参考方向，则是将支路假设成供电电路，支路消耗电功率为

$$P = -UI$$

$P>0$ 时，表示支路实际消耗功率，为耗能元件；
$P<0$ 时，表示支路实际发出功率，为供能元件。
用以上两种方法都可以判断支路是起供电作用还是耗电作用。

【例 1.1.1】如图 1.1.9 所示，A 为电路中的一部分电路，若分析时求得 $U = -3\mathrm{V}$，$I = -2\mathrm{A}$。

试判断该部分电路是供电电路还是耗电电路。

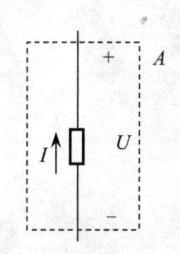

图 1.1.9 例 1.1.1 图

解：方法 1：根据电路的电流参考方向和分析结果可得该部分电路两端的电压和流过它的电流的实际方向相反，因此该部分电路是供电电路。

方法 2：电路的电流、电压参考方向为非关联参考方向，根据电功率的公式可得
$$P = -UI = -(-3) \times (-2) = -6 < 0$$
所以该部分电路实际上不是消耗功率，是供电电路。

当已知设备的功率为 P 且恒定时，其在 t 秒内消耗的电能为
$$W = Pt$$
电能就等于电场力所做的功，单位是 J。

【例 1.1.2】 将电炉的挡位调到 1000W 炖汤，问工作 2 小时消耗多少电能？

解：由电能的公式可得
$$W = Pt = 1000\text{W} \times 3600\text{s} \times 2 = 7200000\text{J} = 7.2 \times 10^6 \text{J}$$

这个数值通常太大，用于生活极不方便，常用的方法是，不将时间化为秒，直接就用小时（h），同时，功率改为用千瓦（kW）作单位：
$$W = Pt = 1\text{kW} \times 1\text{h} \times 2 = 2\text{kW} \cdot \text{h}$$

此时得到的电功的单位为千瓦时（kW·h），就是我们通常说的度。比如上面的问题，答案即为电炉炖汤 2 小时，耗电 2kW·h。
$$1\text{kW} \cdot \text{h} = 3.6 \times 10^6 \text{W} \cdot \text{s}$$

6. 电阻

水流在水管里流动的时候，水管的管壁对水流会有摩擦阻力，电流流经导体的时候导体也会对电流存在阻碍作用，导体对电流的阻碍作用被称为电阻，用字母 R 表示。

为了特定的需求而设计出的具有一定电阻的元件，称为电阻器（很多时候也直接把电阻器简称为电阻）。图 1.1.10 所示的是几种常用电阻器。

在 SI 中，电阻的单位是 Ω（欧[姆]），计量大电阻时用 kΩ（千欧）或 MΩ（兆欧）。其换算关系为
$$1\text{k}\Omega = 1000\Omega, \quad 1\text{M}\Omega = 1 \times 10^6 \Omega$$

通常，我们把电阻的倒数称为电导，即
$$G = \frac{1}{R}$$

在 SI 中，它的单位为 S（西[门子]）。

图 1.1.10　几种常用电阻器

7. 电感

电感器是一个用导线沿铁芯绕制成的线圈，图 1.1.11 展示了几种常用电感器的外形。在电路中用符号 ⌒⌒⌒ 表示电感器。如果流经电感器的电流不随时间变化，那么电感器就相当于一根导线，其电阻非常小。因此电感器类元件（如喇叭等）不能单独接直流电源，否则电感器会因电流过大而烧坏。

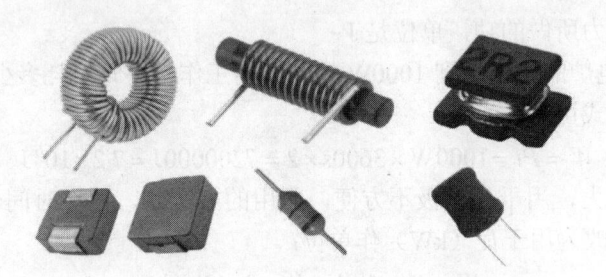

图 1.1.11　几种常用电感器的外形

在电工学中，对于理想的螺线管（长直，无磁漏），电感的大小为

$$L = \frac{\psi}{i} = \frac{N\phi}{i}$$

其中，ψ 称为磁链，等于每匝线圈内的磁通 ϕ 乘以线圈的匝数 N。

电感的单位是亨利（H），简称亨，常用单位有毫亨（mH）和微亨（μH）。

如果流经电感器的电流发生变化，那么其产生的磁场也会发生变化，变化的磁场会产生一个感应电动势，这时电感器相当于一个电压源。若电动势的参考方向和流经电感器的电流的参考方向如图 1.1.12（a）所示，则它们之间有如下关系：

$$\varepsilon = -L \frac{\mathrm{d}i}{\mathrm{d}t} \tag{1.1.5}$$

电感器的电动势总是试图阻碍原有电流的变化，以图 1.1.12（a）为例，如果原电流在减小，即 $\mathrm{d}i/\mathrm{d}t < 0$，那么由感应电动势产生的感应电流应该对原电流起补充作用，即应该与原电流方向相同，因此 $\varepsilon > 0$；反之，如果原电流在增大，那么产生的感应电流应该阻碍原电流的变化，即与原电流的方向相反，$\varepsilon < 0$。感应电动势的这种"阻碍"性质，在电磁学中被称为楞次定律。

若电感两端的电位用电压来表示，并采用图 1.1.12（b）所示的关联参考方向，则电压和电流有以下关系：

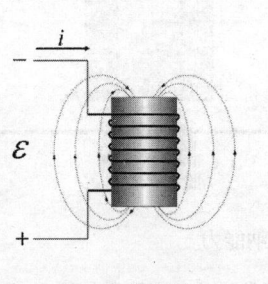

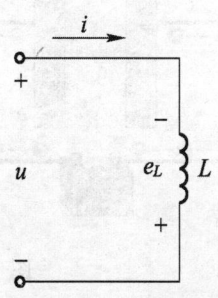

$$u = L\frac{\mathrm{d}i}{\mathrm{d}t} \tag{1.1.6}$$

（a）电感线圈　　　　　　　　　（b）电感符号及其电量的参考方向

图 1.1.12　电感示意图和它的电量参考方向

8. 电容

电容器是一种容纳电荷的器件，也叫容器。最简单的电容器就是一对平行放置的导体板，中间可以是空气，也可以是绝缘材料（也称电介质），如图 1.1.13 所示。

工程上使用的各种电容器常以空气、云母、绝缘纸、陶瓷等材料作为极板间的电介质，当忽略其漏电阻和引线电感时，便可认为它们是只具有存储电场能量特征的电容元件，几种常见电容器的外形如图 1.1.14 所示。在电路图中，用符号 ┤├ 表示电容器。多数电容器不区分正负极，但是在一些特殊场合下会用到电解电容器，该种电容器有正负极之分，在电路图中用符号 ┤┠ 表示，电解电容器的电容通常都较大，且正负极不能接反。

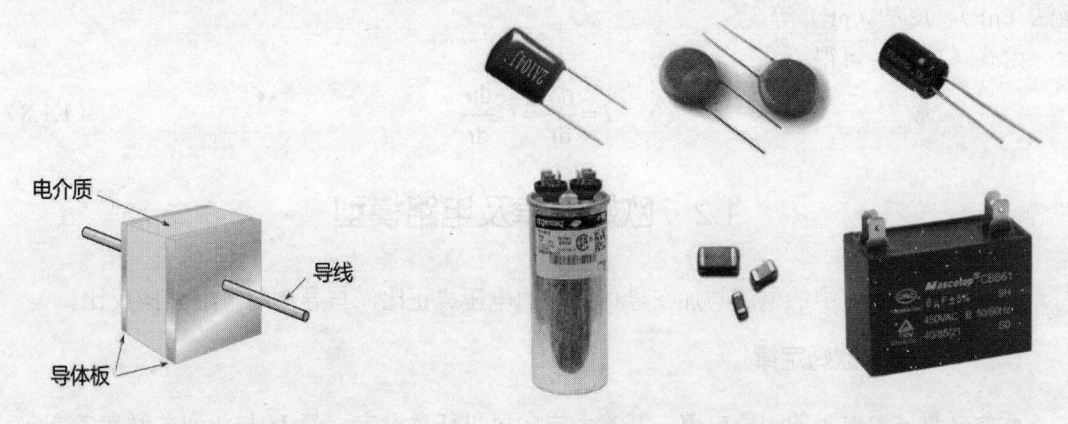

图 1.1.13　简单电容器模型　　　　　　图 1.1.14　几种常见电容器的外形

电容器对电荷的容纳能力用电容表示。如图 1.1.15 所示，电容器的极板原来不带电，其与电源连通后，与电源正极相连的极板因自由电子在电场的作用下流入电源正极而带正电，与电源负极相连的极板因电源负极的自由电子在电场的作用下流向其移动而带负电。随着极板上的电荷增多，极板间会形成从正电荷指向负电荷的电场并产生越来越大的电压。这对继续流入的电荷会产生越来越强的排斥作用，当极板间电压等于电源电压时，自由电子不再流动，电路达到稳态，充电过程结束。

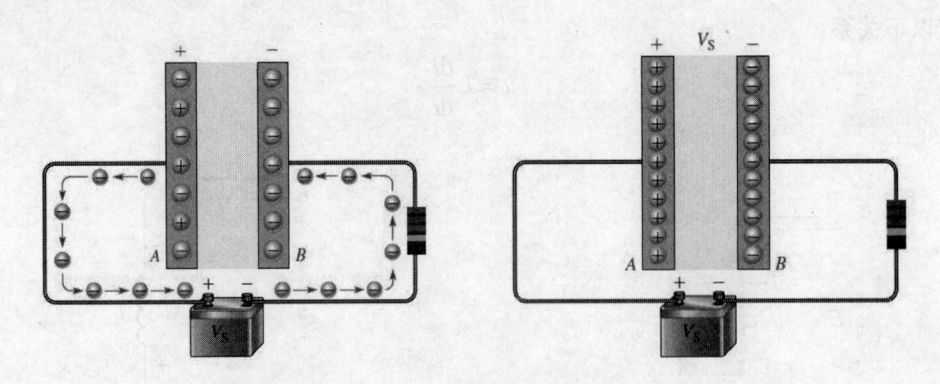

图 1.1.15　电容器对电荷的容纳能力

给不同的电容器被施加一定的电压后，极板可容纳的电荷不同，也就是它们容纳电荷的能力不同。电容器的这种容纳电荷的能力叫作电容，用 C 来表示。电容的大小用施加单位电压时电容器所容纳的电荷来计算，即

$$C = \frac{q}{u} \tag{1.1.7}$$

对于同一个电容器，其两端电压越大，则可容纳的电荷越多，但其电容 C 不变，由式（1.1.7）可得

$$C = \frac{\Delta q}{\Delta u} = \frac{dq}{du}$$

从上式可以看出，电容还可以理解为电容器两端电压每上升 1V，电容器新增的容纳电量。显然，电容的单位为 C/V，称为法拉，简称法，用大写字母 F 表示，常用单位有毫法（mF）、微法（μF）、皮法（pF）等。

由式（1.1.1）可得

$$i = \frac{dq}{dt} = C\frac{du}{dt} \tag{1.1.8}$$

1.2　欧姆定律及电路模型

欧姆定律：导体中的电流与加在导体两端的电压成正比，与导体的电阻 R 成反比。

1.2.1　电阻的欧姆定律

不含电源只含电阻的一段电路，其参考方向可以任意设定。若 U 与 I 取关联参考方向，如图 1.2.1 所示，则欧姆定律表示为

$$U = IR$$

若 U 与 I 取非关联参考方向，如图 1.2.2 所示，则欧姆定律必须表示为

$$U = -IR$$

否则计算所得结果与实际不符。如图 1.2.2 所示的参考方向，$R = 2\Omega$，若通过计算求得 $I = 1A$，则说明电阻的实际电流为自下往上，实际电压的方向也是自下而上。若用 $U = IR$ 求得 $U = 2V$，则可判断电压的方向为由上而下，这与电阻的实际方向不符。因此电阻的欧姆定律会因为电压、

电流的参考方向不同而有两种表达形式。

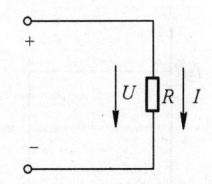

图 1.2.1　U、I 取关联参考方向 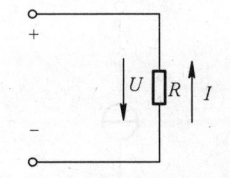　　　　图 1.2.2　U、I 取非关联参考方向

由电压的概念和欧姆定律两表达式的特点可得：分析电阻电路时，沿着电流参考方向电阻的电位降 IR，逆着电流参考方向电阻的电位降 $-IR$，即升 IR。这规律在以后分析电路过程中经常用到。

1.2.2　理想电路元件及电路模型

1. 理想电路元件

理想电路元件是一种只考虑其主要电磁特性的理想化模型，简称为电路元件。电阻元件是一种消耗电能的元件，不考虑其磁场特性；电感元件是一种可以存储磁场能量的元件，忽略其电阻特性；电容元件是一种可以存储电场能量的元件等，如图 1.2.3 所示。电路图中出现的元件都是理想电路元件。

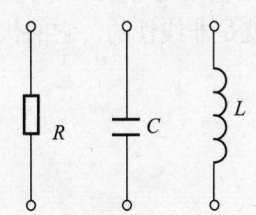

图 1.2.3　几种常见的理想电路元件

此外，电学中还有两种较为常用的理想电路元件，即理想电压源和理想电流源两种。端电压不随负载电流变化而变化的电源称为**理想电压源或恒压源**。它的输出电压与外电路无关，其输出电流由负载决定。其可用图 1.2.4（a）的模型来表示。恒压源的伏安特性如图 1.2.4（b）所示，其外特性曲线是一条水平线。

（a）恒压源模型 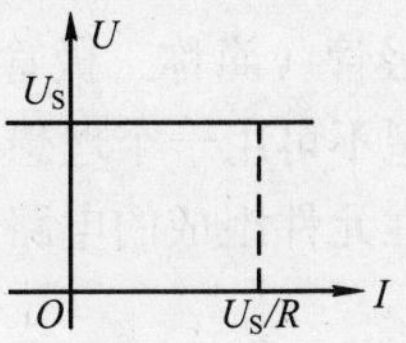　　　　（b）恒压源伏安特性

图 1.2.4　恒压源

恒压源是一种理想模型，生活中并不存在，但有些电源可近似看作是恒压源。当干电池的内电阻远小于负载电阻 R_L 时，随着外电路负载电流的变化，电源的端电压可认为基本不变，此时就接近于一个恒压源。

电源输出的电流大小与外电路无关，我们称这种电源为**理想电流源或恒流源**。恒流源用

图 1.2.5 所示的元件符号表示。其端电压由负载决定,其伏安特性如图 1.2.6 所示。

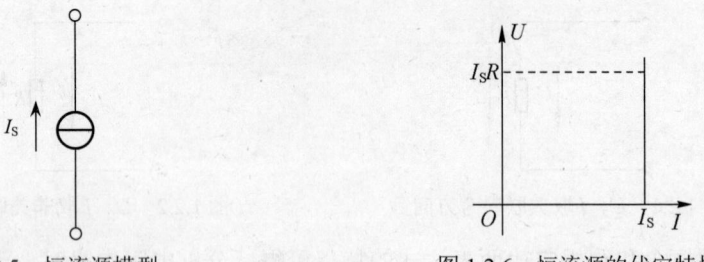

图 1.2.5 恒流源模型

图 1.2.6 恒流源的伏安特性

实际电路设备可以用一个或若干个理想电路元件经理想导体连接来模拟,这种模拟电路称为实际电路设备的电路模型。如一个干电池,可以用一个理想电压源和一个电阻串联表示;灯泡可用一个理想电阻表示等。

2. 线性电阻、非线性电阻

在温度一定的条件下,把加在电阻两端的电压与通过电阻电流之间的关系称为电阻伏安特性。一般金属电阻的阻值不随所加电压和通过电流改变而改变,即在一定的温度下其阻值是常数。这种电阻的伏安特性曲线是一条经过原点的直线,如图 1.2.7 所示,这种电阻称为**线性电阻**。

电阻两端电压与通过它电流的比值不是常数,这类电阻称为**非线性电阻**。例如,半导体二极管(简称二极管)的正向电阻就是非线性的,它的伏安特性如图 1.2.8 所示。

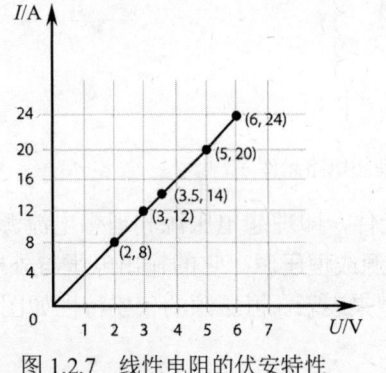

图 1.2.7 线性电阻的伏安特性

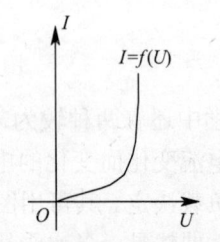

图 1.2.8 二极管的伏安特性

半导体三极管(简称三极管)的输入、输出电阻也都是非线性的。对于非线性电阻的电路,其电路模型不可用一个理想电阻来简单表示,欧姆定律也不再适用。

全部由线性元件组成的电路称为线性电路,本章仅讨论线性直流电路。

1.3　电阻的串联及并联

1.3.1　电阻的串联

由若干个电阻顺序地连接成一条无分支的电路,称为**串联电路**。图 1.3.1 所示电路是由 3 个电阻串联组成的。

图 1.3.1 电阻的串联

电阻元件串联有以下几个特点：

（1）流过各元件的电流相等，即
$$I_1 = I_2 = I_3 = I$$

（2）等效电阻等于各电阻之和：
$$R = R_1 + R_2 + R_3$$

（3）总电压等于各电压之和：
$$U = U_1 + U_2 + U_3$$

（4）总功率等于各功率之和：
$$P = P_1 + P_2 + P_3$$

（5）电阻串联具有分压作用，即
$$U_1 = U \times \frac{R_1}{R}, \quad U_2 = U \times \frac{R_2}{R}, \quad U_3 = U \times \frac{R_3}{R}$$

1.3.2 电阻的并联

将几个电阻元件都接在两个共同端点之间的连接方式称为**并联**。图 1.3.2 所示电路是由 3 个电阻并联组成的。

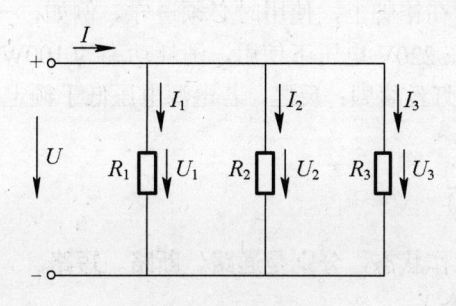

图 1.3.2 电阻的并联

并联电路的基本特点：

（1）并联电阻电压相同，即
$$U = U_1 = U_2 = U_3$$

（2）总电流等于各元件电流之和：
$$I = I_1 + I_2 + I_3$$

（3）总电阻的倒数等于各电阻的倒数之和：
$$\frac{1}{R} = \frac{1}{R_1} + \frac{1}{R_2} + \frac{1}{R_3}$$

写成电导形式则为
$$G = G_1 + G_2 + G_3$$

若只有两个电阻并联，其等效电阻 R 可用下式计算：
$$R = R_1 // R_2 = \frac{R_1 \times R_2}{R_1 + R_2}$$ （"//"表示并联）

（4）总功率等于各功率之和：
$$P = P_1 + P_2 + P_3$$

（5）电阻并联具有分流作用，即
$$I_1 = I \times \frac{R}{R_1}, \quad I_2 = I \times \frac{R}{R_2}, \quad I_3 = I \times \frac{R}{R_3}$$

1.4 电气设备的额定值及电路状态

1.4.1 电气设备的额定值

电气设备的额定值是制造厂家按照安全、经济、寿命等因素全面考虑，为电气设备规定的正常运行参数、各项性能指标和技术数据，主要有如下几项。

（1）额定电流（I_N）：电气设备长时间稳定运行时的允许电流。

（2）额定电压（U_N）：允许加在电气设备上的电压限值。

（3）额定功率（P_N）：在直流电路中，额定电压与额定电流的乘积就是**额定功率**，即
$$P_N = U_N I_N$$

电气设备的额定值都标在铭牌上，使用时必须遵守。例如，一盏日光灯，标有"220V，100W"的字样，表示该灯在 220V 电压下使用，消耗功率为 100W，若将该灯泡接在 380V 的电源上，则会因电流过大将灯丝烧毁；反之，若电源电压低于额定值，虽灯泡能发光，但灯光暗淡。

1.4.2 电路的工作状态

电路在工作时有 3 种工作状态，分别是**通路**、**断路**、**短路**。

1. 通路（有载工作状态）

如图 1.4.1 所示，当开关 S 闭合，电源与负载接成闭合回路，电路便处于**通路**状态。根据负载大小，电路在通路时又分为 3 种工作状态。当电气设备的电流等于额定电流时，电路处于满载工作状态；当电气设备的电流小于额定电流时，电路处于轻载工作状态；当电气设备的电流大于额定电流时，电路处于过载工作状态。

2. 断路

断路就是电源与负载没有构成闭合回路。在图 1.4.1 所示电路中，当 S 断开时，电路处于断路状态。

3. 短路

短路就是电源未经负载而直接由导线接通成闭合回路，如图 1.4.2 所示。

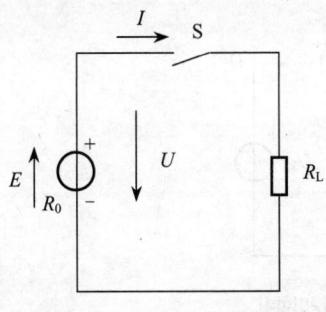

图 1.4.1 通路的示意图　　　　　　　　图 1.4.2 短路的示意图

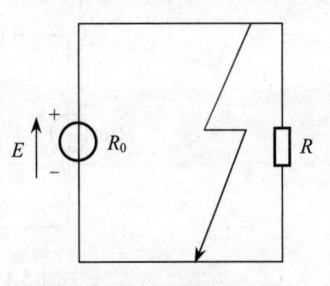

因为电源内阻 R_0 很小，所以**短路电流**很大。电源短路将会烧毁电源、导线及电气设备，所以应严加防止。

为了防止发生短路事故损坏电源，常在电路中串接熔断器。熔断器中装有熔丝。熔丝是由低熔点的铅锡合金丝或铅锡合金片做成的。一旦短路，串联在电路中的熔丝将因发热而熔断，从而保护电源免于烧坏。

熔断器的符号如图 1.4.3（a）所示，熔断器在电路中的接法如图 1.4.3（b）所示。

（a）熔断器的符号　　　　（b）熔断器在电路中的接法

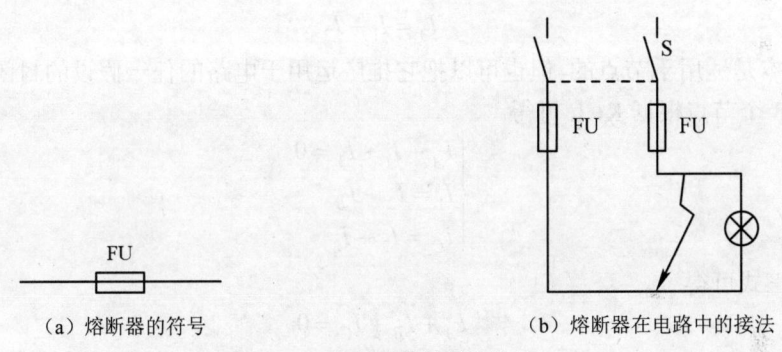

图 1.4.3 熔断器的符号和接法

1.5 基尔霍夫定律及其应用

分析一个电路时，我们通常需要找出各支路电流的关系或各元件电压之间的关系，然后才能得到电流和电压结果，基尔霍夫电压定律（Kirchhoff Voltage Law，KVL）、基尔霍夫电流定律（Kirchhoff Current Law，KCL）是解决此类问题的基本的方法。

（1）支路：电路中无分支的一段电路。如图 1.5.1 所示，电路中有 3 条支路：ACB、ADB 和 AB。但 CAB 不是支路，因为其在 A 点有分支了。其中，支路 ACB 和 ADB 中含有电源，称为有源支路；支路 AB 中不含电源，称为无源支路。

（2）节点：电路中 3 条或 3 条以上支路的连接点。图 1.5.1 所示电路中有两个节点：A 和 B。

（3）回路：电路中的任一闭合路径。图 1.5.1 所示电路中有 3 个回路：ABCA、ABDA 和 ADBCA。

（4）网孔：内部不含有任何支路的回路。图 1.5.1 所示电路中有两个网孔：ABCA 和 ABDA，回路 ADBCA 因为中间含有支路 AB 而不能叫作网孔。

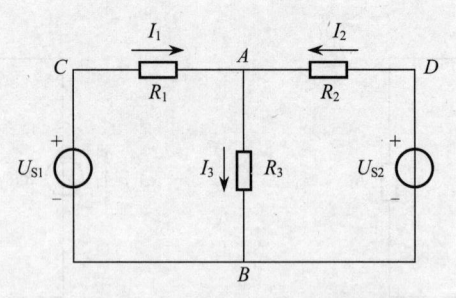

图 1.5.1 支路、节点、回路和网孔

1.5.1 基尔霍夫电流定律（KCL）

在电路中，对于任一节点而言，流入节点电流之和等于流出节点电流之和，即

$$\Sigma I_i = \Sigma I_o \qquad (1.5.1)$$

如图 1.5.1 所示，对节点 A 有

$$I_1 + I_2 = I_3$$

对节点 B 有

$$I_3 = I_1 + I_2$$

KCL 原本是适用于节点的，但也可以把它推广运用于电路的任一假设的封闭面。如图 1.5.2 所示，对于 3 个节点根据 KCL 可得

$$\begin{cases} I_A + I_1 + I_3 = 0 \\ I_1 = I_2 + I_B \\ I_C = I_2 + I_3 \end{cases}$$

由以上三式可得

$$I_A + I_B + I_C = 0$$

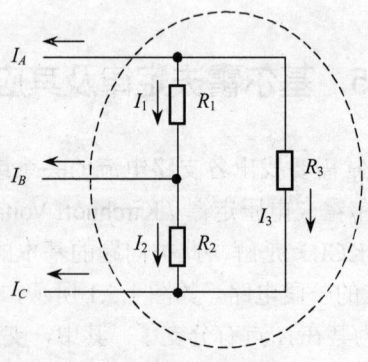

图 1.5.2 KCL 的推广应用

也就是说，虚线内封闭面包围的全部电路可看作一个节点，应用 KCL 即可得上述结论。

1.5.2 基尔霍夫电压定律（KVL）

在电路中，任何时刻沿任一回路绕行一周，回路中所有元件电压（电位降）的代数和等于 0，即

$$\Sigma U = 0 \quad (1.5.2)$$

规定电位降取正号，电位升取负号，简单概括为"降正升负"。

如图 1.5.1 所示，沿 ADBCA 回路，有

$$-I_2R_2 + U_{S2} - U_{S1} + I_1R_1 = 0$$

若电源改为图 1.5.3 所示的电动势表示，则沿 ADBCA 回路有

$$I_1R_1 + E_2 - E_1 - I_2R_2 = 0$$

KVL 原本是适用于回路的，但也可以把它推广运用于回路的任一段电路。

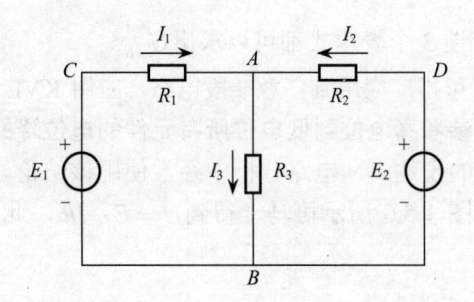

图 1.5.3　电动势表示的电路

图 1.5.4（b）所示的虚线部分为图 1.5.4（a）所示电路中的一部分支路。在图 1.5.4（a）中把该除支路外的所有电路看作是一个广义元件 X，不管该广义元件结构多么复杂，其和支路必构成回路。根据 KVL 有 $-U_{S1} + I_1R_1 + U = 0$，即

$$U = -I_1R_1 + U_{S1}$$

这是一段含有电源的支路两端电压和支路电流的关系表达式。与欧姆定律相比，其多了一个电源的值，这个表达式也叫作**有源支路的欧姆定律**。

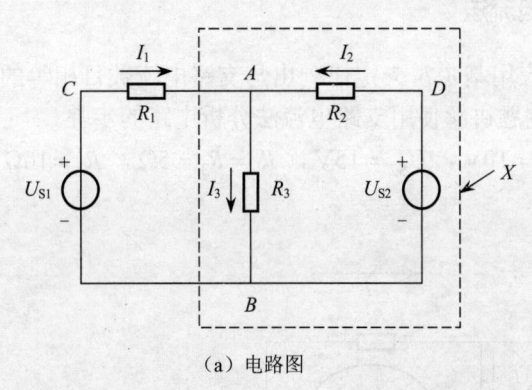

（a）电路图　　　（b）部分电路

图 1.5.4　KVL 的推广应用

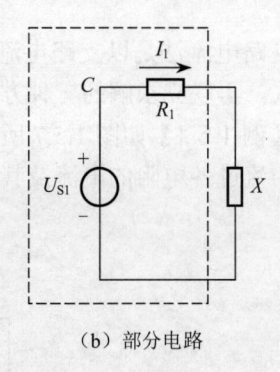

KVL 也可以推广应用于非闭合电路，例如，电路如图 1.5.5 所示，求电压 U_{AB}。

A、B 之间没接任何电路，但若将 AB 点间看作一无穷大电阻，则电路可照常看作是含多条回路，用 KVL 列出回路方程并整理可得

$$U_{AB} = I_1R_1 - I_2R_2$$
$$U_{AB} = -I_1R_3 + E_1 - I_2R_2$$
$$U_{AB} = -I_1R_3 + E_1 - E_2 + I_2R_4$$

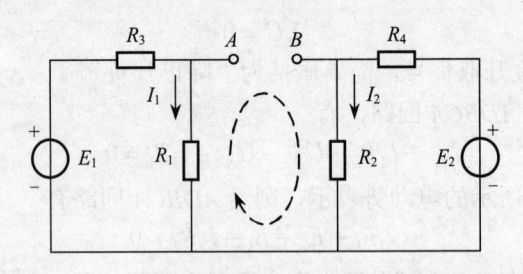

图 1.5.5 非闭合电路

分别求出 I_1、I_2 后用上述 3 个表达式都可以求出 U_{AB}。

由以上分析可知，KVL 可推广应用到任意一段电路，应用 KVL 后可得出结论：任意一段电路的电压等于这段电路从参考高电位到低电位所有元件的电位降的代数和。用该结论可以直接得到电路任意两端的电压的表达式，电路分析中经常使用该结论。

如分析电源模型时，由图 1.5.6 所示可马上得到 $U = E - IR$，此表达式即电源的外特性表达式。

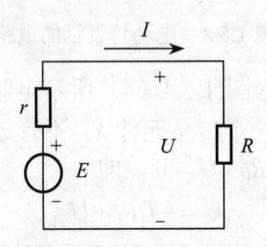

图 1.5.6 电源工作电路

1.5.3 基尔霍夫定律的应用——支路电流法

支路电流法是以支路电流为未知量，应用基尔霍夫定律列出与支路电流数目相等的独立方程式，再联立求解的一种方法。下面用例题讲解使用支路电流法分析电路的步骤。

【例 1.5.1】 如图 1.5.7 所示，已知 $U_{S1} = 10\text{V}$，$U_{S2} = 15\text{V}$，$R_1 = R_3 = 5\Omega$，$R_2 = 10\Omega$，求电路中流过各电阻的电流及其两端的电压。

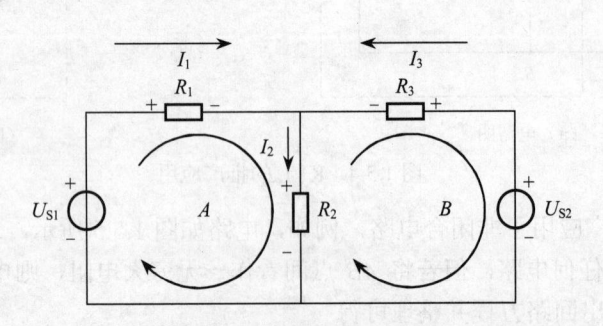

图 1.5.7 例 1.5.1 图

解：(1) 选定电流参考方向，如图 1.5.7 所示的流过 3 个电阻的电流的参考方向。

(2) 选取节点，列节点方程，图中有两个节点，列出两个节点方程如下：

$$I_1 + I_3 = I_2 \tag{1.5.3}$$
$$I_2 = I_1 + I_3 \tag{1.5.4}$$

这两个方程本质上是一样的,任意一个都可推出另外一个。也就是说,只有一个方程是独立方程。一般而言,一个电路有 n 个节点,则有 $n-1$ 个独立的 KCL 方程。也就是从这 $n-1$ 个独立方程中联立可以推导出第 n 个。因此 n 个节点只需列 $n-1$ 个节点方程即可。

(3) 选取回路,列出全部回路方程如下:
$$I_1 R_1 + I_2 R_2 - U_{S1} = 0 \tag{1.5.5}$$
$$-I_3 R_3 + U_{S2} - I_2 R_2 = 0 \tag{1.5.6}$$
$$-U_{S1} + I_1 R_1 - I_3 R_3 + U_{S2} = 0 \tag{1.5.7}$$

以上任意两个方程都可以推出第三个,也就是说三个方程中只有两个是独立的。三个方程中任意两个都是独立的。为求 m 个支路的电流,需列出 m 个关于电流的独立方程方可求解。依节点已可列出 $n-1$ 个独立的节点方程,因此只需再列 $m-(n-1)$ 个独立回路方程,即可联立方程求 m 个支路的电流。应用时,依网孔列出的回路方程因比较简洁而被常用。

(4) 选节点方程式(1.5.3)和回路方程式(1.5.5)、式(1.5.6)并将数据代入可得方程组
$$\begin{cases} +5I_1 + 10I_2 - 10 = 0 \\ -5I_3 + 15 - 10I_2 = 0 \\ I_1 + I_3 = I_2 \end{cases}$$

解方程组得:$I_1 = 0$,$I_2 = I_3 = 1\text{A}$。

1.6 电路中电位的计算

在电路中要求得某点的电位,必须在电路中选择一个参考点,这个参考点叫**零电位点**。零电位点可以任意选择,它是分析电路中其余各点电位高低的比较标准,用符号"⊥"表示。

电路中某点的**电位**,就是从该点出发,沿任选的一条路径"走"到参考点所经过的全部电压的代数和。

计算电位的方法和步骤如下:

(1) 选择一个零电位点。

(2) 标出电源和负载的电压极性。

(3) 求点 A 的电位时,选定一条从点 A 到零电位点的路径,从点 A 出发沿此路径"走"到零电位点,只要是参考电位从正极到负极,就取该电位降为正,反之就取负值,然后求代数和。

以图 1.6.1 所示电路为例,选点 D 为参考点,各电源的极性和电流的方向如图中所示,求点 A 的电位时有 3 条路径:

沿 AD 路径:
$$V_A = E_1$$

沿 ABD 路径:
$$V_A = I_1 R_1 + I_3 R_3 + E_3$$

沿 ABCD 路径：
$$V_A = I_1R_1 + I_2R_2 - E_2$$

3 种计算方法的结果是相同的，但沿 AD 路径元件最少，计算点 A 电位最简单。

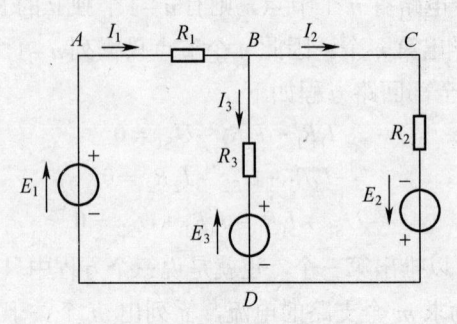

图 1.6.1 电位的计算

【例 1.6.1】在图 1.6.2 所示电路中，若 $R_1=R_2=R_3=1\Omega$，$E_1=12V$，$E_2=15V$，若以点 B 为参考点，试求点 A 的电位 V_A，若改用点 D 作为参考点，再求 V_A。

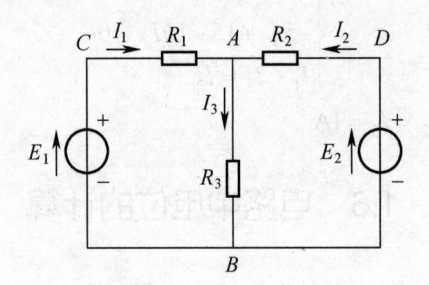

图 1.6.2 例 1.6.1 图

解：（1）根据基尔霍夫定律列方程有
$$I_1 + I_2 = I_3$$
$$I_2R_2 + I_3R_3 = E_2$$
$$I_1R_1 + I_3R_3 = E_1$$

联立解方程组得
$$I_1 = 3A，I_2 = 6A，I_3 = 9（A）$$

（2）若以点 B 为参考点，则
$$V_A = I_3R_3 = 9 \times 1 = 9（V）$$
或
$$V_A = -I_1R_1 + E_1 = -3 + 12 = 9（V）$$
或
$$V_A = -I_2R_2 + E_2 = -6 + 15 = 9（V）$$

（3）若以点 D 为参考点，则
$$V_A = -I_2R_2 = -6（V）$$
或
$$V_A = I_3R_3 - E_2 = 9 - 15 = -6（V）$$
或
$$V_A = -I_1R_1 + E_1 - E_2 = -3 + 12 - 15 = -6（V）$$

1.7 电压源、电流源及其等效变换

1.7.1 电压源与电流源模型

接不同负载时电源的输出电压和输出电流的关系叫电源的伏安特性，也叫电源的外特性，电源的外特性可用图 1.7.1（a）所示来测量，调节滑动变阻器 R_p 改变电源的负载电阻，记录不同负载时实际电源的输出电压和输出电流，即可得到如图 1.7.1（b）所示的电源的外特性曲线。图中虚线部分因负载电阻过小，负载电流过大不作测量。负载电阻无穷大（即不接负载时）测得电源的端电压称为开路电压，用图 1.7.1（b）中 U_{OC} 表示。负载电阻为零时测得电源的输出电流称为电源的短路电流，用图 1.7.1（b）中的 I_{SC} 表示。

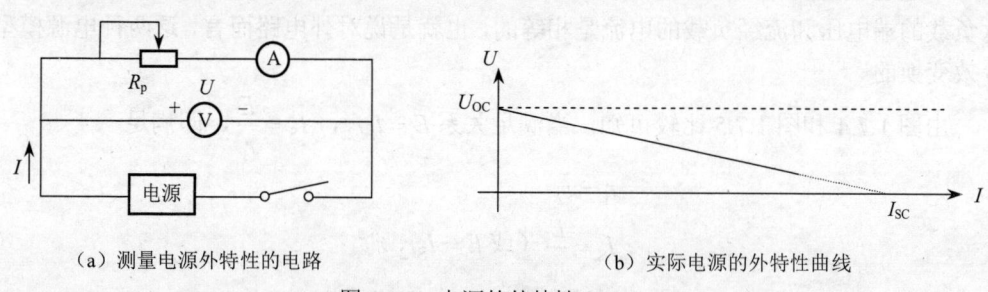

（a）测量电源外特性的电路　　　（b）实际电源的外特性曲线

图 1.7.1　电源的外特性

如有一电路模型，其外特性与实际电源相同，则可以用此模型来代替实际电源来进行分析。一个恒压源和一个电阻元件串联的电路模型叫电源的电压源模型，简称**电压源**，如图 1.7.2 所示。一个恒流源和一个电阻元件并联的电路模型叫电源的电流源模型，简称**电流源**，如图 1.7.3 所示。电压源和电流源在满足一定条件时，其外特性曲线和实际电源，可用来代替实际电源进行分析。

图 1.7.2　电源的电压源模型　　　图 1.7.3　电源的电流源模型

对于电压源模型，根据 KVL 的推广应用可得 $U = -Ir_1 + E$，其外特性曲线如图 1.7.4 所示，对比图 1.7.1（b）的实际电源的外特性曲线，只要 $E = U_{OC}$，$r_1 = U_{OC} / I_{SC}$，则其外特性曲线将会和实际电源的外特性曲线一样。

对于电流源模型根据 KVL 的推广应用可得 $U = (I_S - I)r_2$，其外特性曲线如图 1.7.5 所示，只要 $I_S = I_{SC}$，$r_2 = U_{OC} / I_S$，其外特性曲线将会和实际电源的外特性曲线一样。因此实际的电源可以用电压源和电流源两种模型来表示。由上可知电压源和电流源的外特性要和实际电源的

外特性要相同，都要求它们的电阻都要与实际电源的 U_{OC}/I_{SC}。

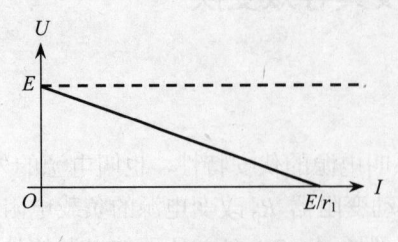

图 1.7.4　电压源的外特性曲线

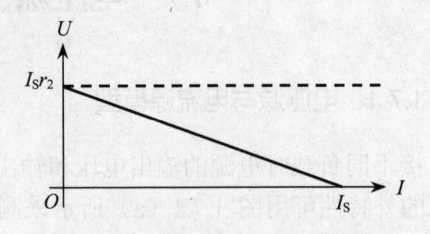

图 1.7.5　电流源的外特性曲线

1.7.2　电压源与电流源的等效变换

如果电流源与电压源的外特性相同，则分别用它们代替实际电源进行分析时，求得的任意负载的端电压和流经负载的电流是相等的，也就是说对外电路而言，这两种电源模型是可以等效变换的。

由图 1.7.4 和图 1.7.5 比较可知，当满足关系 $E = I_S r_2$，$I_S = \dfrac{E}{r_1}$，即满足

$$r_1 = r_2$$
$$I_S = \dfrac{E}{r_1} \text{（或 } E = I_S r_2 \text{）} \tag{1.7.1}$$

时，电压源与电流源对外电路而言等效，电路如图 1.7.6 所示。

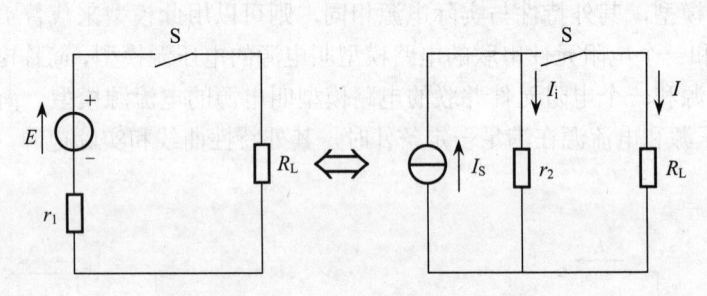

图 1.7.6　电压源与电流源的等效变换

注意：

（1）电压源与电流源的等效变换只能对外电路等效，对内电路则不等效。例如，电压源开路时，本身不消耗电能，但电流源开路时，内部有电流，本身就消耗电能，两种模型本身不等效。

（2）把电压源变换为电流源时，电流源中的 I_S 等于电压源输出端短路电流 E/r_1，I_S 方向与电压源对外电路输出电流方向相同，电流源中的并联电阻 r_2 与电压源的内阻 r_1 相等。

（3）把电流源变换为电压源时，电压源中的电动势 E 等于电流源输出端断路时的端电压 $I_S r_2$，E 的方向与电流源对外输出电流的方向相同，电压源中的内阻 r_1 与电流源的并联电阻 r_2 相等。

（4）电压源与电流源本身之间不能进行等效变换。电压源和电流源的等效变换主要用于电路的等效变换，使电路分析变得简单。

【例 1.7.1】已知两个电压源，E_1=24V，R_{01}=3Ω；E_2=18V，R_{02}=6Ω。将它们同极性相并联，试求其等效电压源的电动势和内电阻 R_0。

解：如图 1.7.7 所示，先将两个电压源分别等效变换为两个电流源，其中

$$I_{S1} = \frac{E_1}{R_{01}} = \frac{24}{3} = 8 \text{（A）}$$

$$I_{S2} = \frac{E_2}{R_{02}} = \frac{18}{6} = 3 \text{（A）}$$

将两个电流源合并为一个等效电流源，即

$$I_S = I_{S1} + I_{S2} = 8 + 3 = 11 \text{（A）}$$

$$R_0 = \frac{R_{01} \times R_{02}}{R_{01} + R_{02}} = \frac{3 \times 6}{3 + 6} = 2 \text{（Ω）}$$

然后，将这个等效电流源变换成等效电压源，即

$$E = R_0 I_S = 2 \times 11 = 22 \text{（V）}$$

$$R_0 = 2 \text{（Ω）}$$

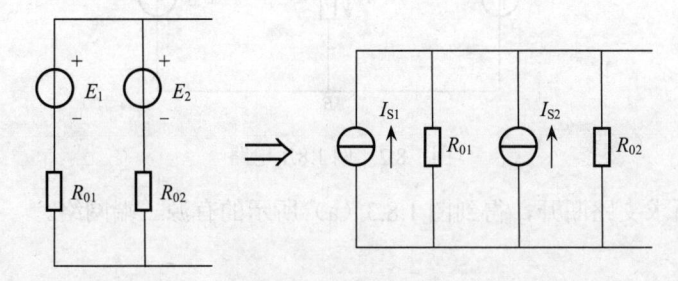

图 1.7.7　例 1.7.1 图

1.8　戴维南定理和叠加定理

1.8.1　戴维南定理

在一些比较复杂的电路中，若只需求解某一条支路的电流，则可把整个电路划分为两部分，一部分为待求支路，另一部分是一个有源二端网络（有两个端口的网络）。若有源二端网络能够化简为一个电压源，则复杂电路就变成一个电压源和待求支路相串联的电路，则求解支路的电流会变得非常简单，如图 1.8.1 所示。

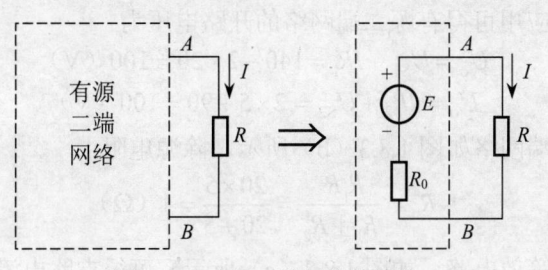

图 1.8.1　有源二端网络的等效

戴维南定理：任何一个有源二端线性网络都可以用一个等效电压源来代替，等效电压源的电动势 E 应该等于有源二端网络的开路电压 U_o，它的内阻 R_o 应该等于有源二端网络的除源电阻（恒压源短路、恒流源开路时，有源二端网络两端口之间的电阻）。戴维南定理可用替代定理和叠加定理证明，在此只需要会使用即可。

应用戴维南定理求解电路一般按照如下步骤进行。

（1）把待求支路从电路中断开，其余部分电路即形成一个有源二端网络，求有源二端网络的开路电压 U_o 和除源电阻 R_o。

（2）根据戴维南定理画出戴维南等效电路，求出待求支路的电流。

【例 1.8.1】如图 1.8.2 所示，已知 $U_{S1}=140V$，$U_{S2}=90V$，$R_1=20\Omega$，$R_2=5\Omega$，$R_3=6\Omega$，试用戴维南定理求支路电流 I_3。

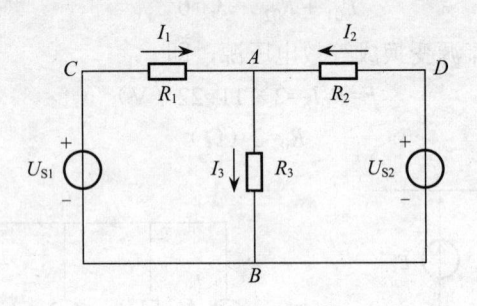

图 1.8.2　例 1.8.1 电路

解：（1）将所求支路断开，得到图 1.8.3（a）所示的有源二端网络。

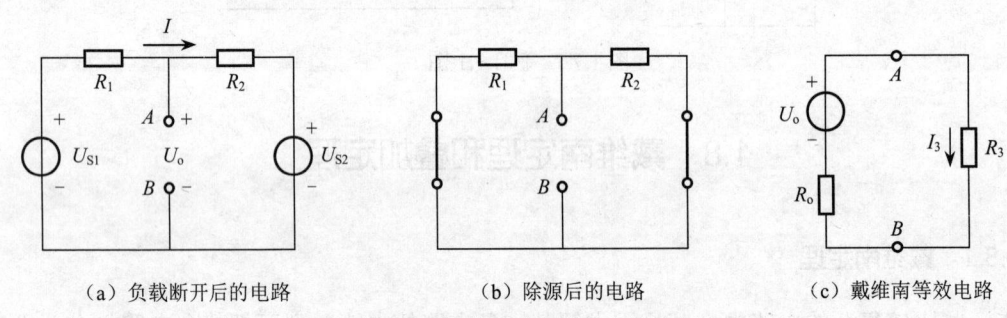

（a）负载断开后的电路　　（b）除源后的电路　　（c）戴维南等效电路

图 1.8.3　计算开路电压和内阻的电路

R_3 断开后，根据 KCL 可得电路中的电流 I 为

$$I = \frac{U_{S1} - U_{S2}}{R_1 + R_2} = \frac{140 - 90}{20 + 5} = 2 \text{（A）}$$

根据 KVL 的推广应用可得有源二端网络的开路电压为

$$U_o = U_{S1} - IR_1 = 140 - 2 \times 20 = 100 \text{（V）}$$

或

$$U_o = IR_2 + U_{S2} = 2 \times 5 + 90 = 100 \text{（V）}$$

（2）除源后的二端网络如图 1.8.3（b）所示，除源电阻

$$R_o = \frac{R_1 R_2}{R_1 + R_2} = \frac{20 \times 5}{20 + 5} = 4 \text{（}\Omega\text{）}$$

（3）画出戴维南等效电路，如图 1.8.3（c）所示，可得支路电流 I_3 为

$$I_3 = \frac{U_o}{R_o + R_3} = \frac{100}{4+6} = 10 \text{ (A)}$$

1.8.2 叠加定理

当电路中使用多个电源时，可以用叠加定理来分析线性电路。**叠加定理**指出：在多个电源作用的线性电路中，任意一条支路的电流（或电压）都可以认为是电路中各个电源单独作用时，在该支路中产生的各电流分量（或电压分量）的代数和。

电源单独作用就是只有其中一个电源对电路作用，而其余电源作除源处理。所谓除源，就是完全去除原有电源的效果。对于恒流源，它的作用是提供恒定电流，要使其在原电路所在处不提供任何电流，必须将其断开；而对于恒压源，它的作用是提供恒定电压，要使其在原电路处不再提供任何电压，则必须将其短路。

将每个电源单独作用时的待求量计算出来以后，将它们进行代数求和，就得到所有电源都工作时待求量的实际值。以下的例子示范了用叠加定理解题的步骤。

【例 1.8.2】电路如图 1.8.4 所示，已知 U_S=6V，I_S=3A，R_1=2Ω，R_2=4Ω。试用叠加定理求 R_2 支路的电流 I_2。

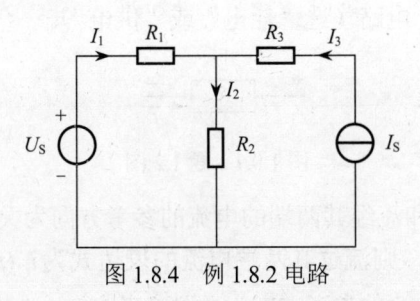

图 1.8.4 例 1.8.2 电路

解：由电路结构可知，此电路中有两个电源，画出 U_S 和 I_S 单独作用时的等效电路，如图 1.8.5 所示。

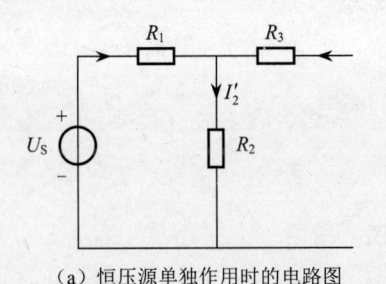

（a）恒压源单独作用时的电路图　　（b）恒流源单独作用时的电路图

图 1.8.5 叠加定理除源

在图 1.8.5（a）所示电路中，R_2 支路的电流为

$$I_2' = \frac{U_S}{R_1 + R_2} = \frac{6}{2+4} = 1 \text{ (A)}$$

在图 1.8.5（b）所示电路中，R_2 支路的电流为

$$I_2'' = \frac{R_1}{R_1 + R_2} I_S = \frac{2}{2+4} \times 3 = 1 \text{ (A)}$$

两个分电路中 R_2 的电流的参考方向都与原电路相同,根据叠加定理有
$$I_2 = I_2' + I_2'' = 1 + 1 = 2 \text{ (A)}$$

使用叠加定理时,应注意以下几点。

(1) 只能用来计算线性电路的电流和电压。

(2) 不能用来计算电功率。

(3) 叠加时要注意电流和电压的参考方向。求代数和时,各个电源单独作用时各电流分量或电压分量的参考方向与该支路电流或电压参考方向相同为正,相反为负。

(4) 化为几个单独电源作和的电路来进行计算时,所谓电压源不作用,就是恒压源用短路代替;所谓电流源不作用,就是在该恒流源处用断路代替。

习 题

1.1 如果单位时间内通过导体截面的电荷量 q 与时间 t 的关系为 $q(t)=4t^2$ C,则过该导体的电流表达式应为 $i(t)=$ _____ A。

1.2 如图 1.9.1 所示,X 为电路中的一部分电路,若分析时求得 $U = 4$V,$I = -4$A。则该部分电路是 _____ 电路(选"耗电"或"供电")。

图 1.9.1 题 1.2 图

1.3 如果电容的端电压和流经其两端的电流的参考方向为关联参考方向,且电容端电压为 $u_C(t) = 4t^2$ V,$C = 1000\mu$F,则流过其两端电流的表达式为 $i_C(t) =$ _____ A。如果电感的端电压的和流经它的电流的参考方向为关联参考方向,$L = 100$mH,且流过电感的电流的表达式为 $i_L(t) = 2\sin 100t$ A,则其端电压的表达式为:$u_L(t) =$ _____ V。

1.4 如图 1.9.2 所示,$U = 4$V,$R = 2\Omega$,求电流 I。

图 1.9.2 题 1.4 图

1.5 在图 1.9.3 所示电路中,已知 U_{ab} 为 50V,求 a、b 间的等效电阻 R_{ab} 和电流 I,$I_0 \sim I_3$。

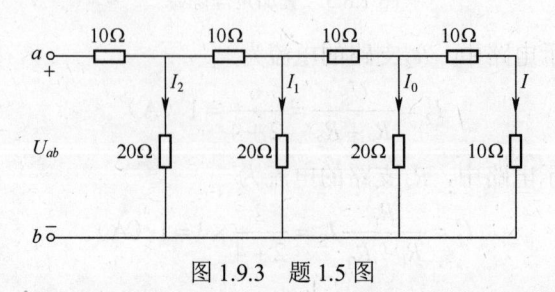

图 1.9.3 题 1.5 图

1.6 根据图1.9.4，求其中的 I_1 和 I_2。

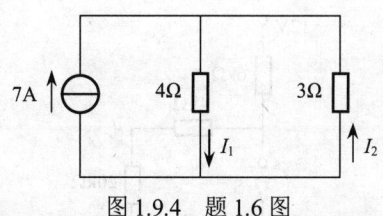

图1.9.4 题1.6图

1.7 电路在工作时有哪三种工作状态？什么是短路？它有什么危害？

1.8 写出图1.9.5中三极管的各极电流之间的关系。

1.9 图1.9.6是复杂电路中的一部分，根据 KVL 列出如图所示闭合回路的电压方程。

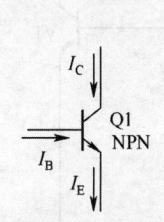

图1.9.5 题1.8图　　　　图1.9.6 题1.9图

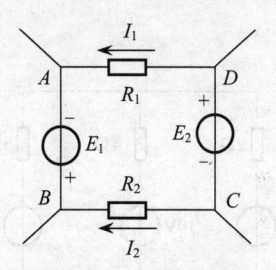

1.10 图1.9.7是复杂电路中一部分，求图中的 U_{bc}、U_{ab}、U_{ca}。

1.11 写出图1.9.8电压 U_{AC}、U_{BD} 的表达式。

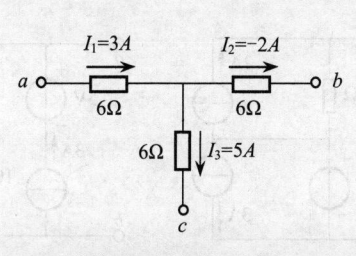

图1.9.7 题1.10图　　　　图1.9.8 题1.11图

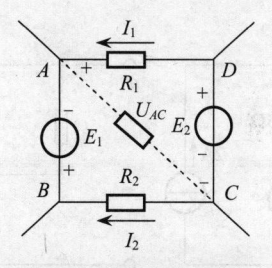

1.12 如图1.9.9所示电路，$E_1=10V$，$R_1=6\Omega$，$E_2=26V$，$R_2=2\Omega$，$R_3=4\Omega$，求各支路电流。

1.13 如图1.9.10所示，已知 $U_{S2}=12V$，$R_1=6\Omega$，$R_2=4\Omega$，$R_3=6\Omega$，$R_3=6\Omega$，$R_4=8\Omega$，$R_5=10\Omega$。求电压 A、B 两端电压 U_{AB}。

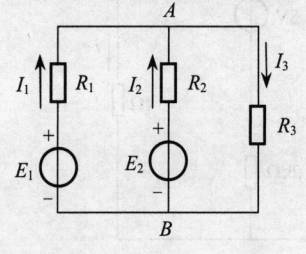

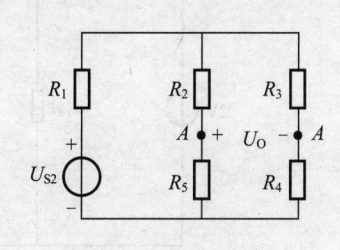

图1.9.9 题1.12图　　　　图1.9.10 题1.13图

1.14 分别求图 1.9.11 中开关 S 闭合和断开时 a 点的电位。

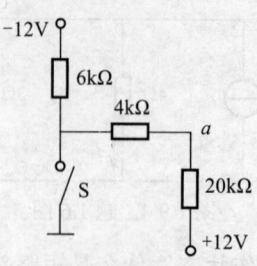

图 1.9.11 题 1.14 图

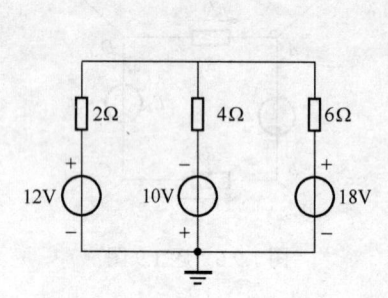

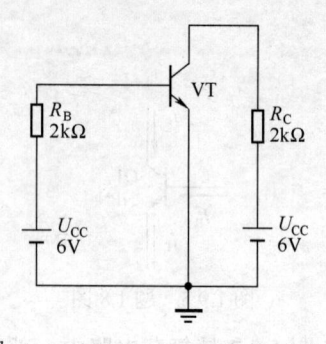

1.15 用电位来表示图 1.9.12 中的电路图。

图 1.9.12 题 1.15 图

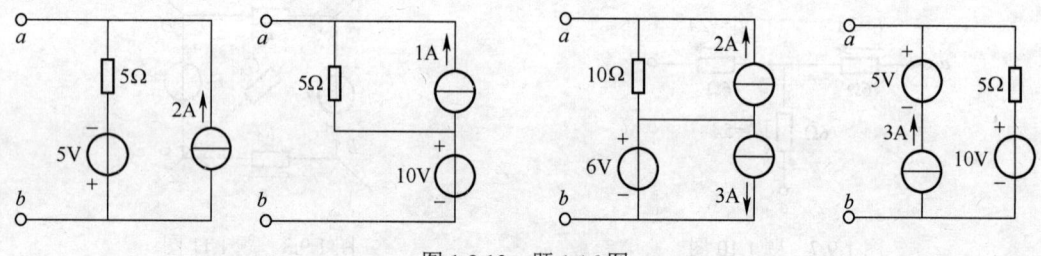

1.16 简化图 1.9.13 所示各电路。

图 1.9.13 题 1.16 图

1.17 试用电压源和电流源等效变换的方法计算图 1.9.14 中的电流 I。

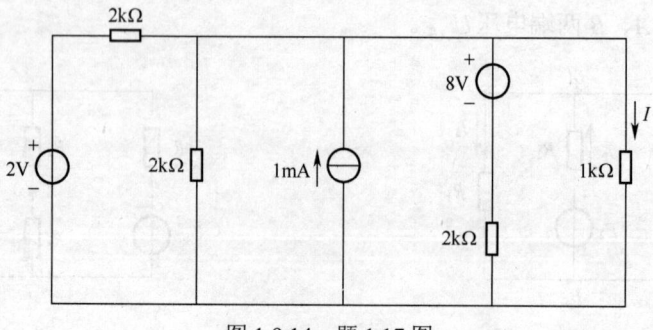

图 1.9.14 题 1.17 图

1.18 利用戴维南定理，确定图 1.9.15 中通过负载 R_L 的电流。

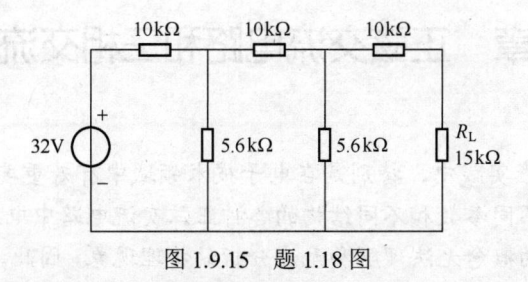

图 1.9.15 题 1.18 图

1.19 求图 1.9.16 所示不平衡电桥电路中检流计的电流 I。

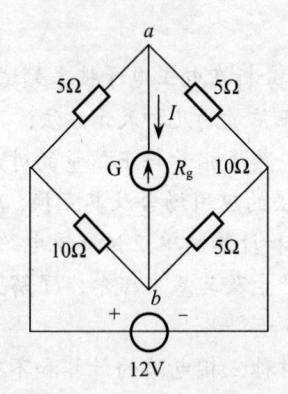

图 1.9.16 题 1.19 图

1.20 设 $U_{S1}=30V$，$U_{S2}=40V$，$R_1=4\Omega$，$R_2=5\Omega$，$R_3=2\Omega$，用叠加定理求解图 1.9.17 电路中的电流 I_3。

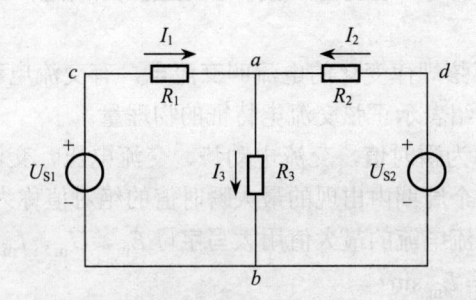

图 1.9.17 题 1.20 图

第 2 章 正弦交流电路和三相交流电路

正弦交流电路在生产实践中,特别是在电子技术领域中有着重要的地位。分析与计算正弦交流电路主要是确定不同参数和不同结构的各种正弦交流电路中电压与电流之间的关系。交流电路具有用直流电路的概念无法理解和无法分析的物理现象,因此,在学习本章的时候必须建立交流的概念,以便正确理解、分析交流电路。

知识点与学习要求

(1)了解正弦交流稳态电路的分析在电工电子技术领域中的重要地位,掌握单一元件上的电压、电流关系及功率关系;了解正弦量的几种表示方法;了解功率、功率因数及效率等概念。

(2)理解正弦量的基本概念;熟悉相量与正弦量的对应关系,了解相量的代数表示法和极坐标表示法,熟练掌握两种表示法的应用场合及其互换;理解相量图在正弦交流电路分析中带来的方便,掌握运用相量法分析和计算简单正弦交流电路的方法。

(3)了解三相正弦交流电的产生及其基本概念;了解三相三线和三相四线供电体制,理解三相四线制的优越性。

(4)理解中线的作用;掌握对称三相电路的计算和不对称三相电路的简单分析方法。

(5)理解线电压与相电压、线电流与相电流的关系;掌握三相负载电路的连接方法;熟悉三相功率的计算。

2.1 正弦交流电的基本概念

大小和方向随时间按正弦规律变化的电流叫**交流电**,有交流电动势、交流电压、交流电流等。下面以电动势为例介绍表示正弦交流电特征的物理量。

交流电任意时刻的值称为**瞬时值**,交流电动势、交流电压、交流电流的瞬时值用小写字母 e、u、i 表示。交流电在一个周期内出现的最大瞬时值的绝对值称为交流电的**最大值**或**幅值**。交流电动势、交流电压、交流电流的最大值用大写字母 E_m、U_m、I_m 来表示。图 2.1.1 所示为最简单的正弦交流电动势 $e = E_m \sin t$。

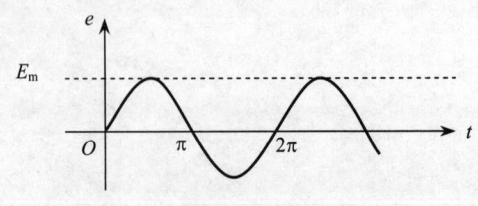

图 2.1.1 简单的正弦交流电动势

交流电每变化一次所用的时间称为**周期**,用 T 表示,单位为秒(s)。从上图可知,该正弦交流电动势的周期为 $T = 2\pi$(s)。

交流电 1s 内变化的次数称为**频率**，用 f 来表示，单位为赫兹（Hz）。由周期可知，$f = \dfrac{1}{T}$。周期和频率都是反映正弦交流电变化快慢的物理量。

考虑时间 t 前的系数，$e = E_m \sin \omega t$ 也是大小和方向随时间按正弦规律变化的正弦交流电动势，图 2.1.2 所示为其图像。

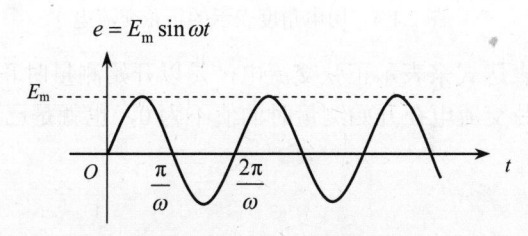

图 2.1.2　正弦交流电的函数图像

与图 2.1.1 相比较，该正弦电动势的周期和频率发生了变化，从图中可看出 $T = 2\pi / \omega$，则 $f = \omega / 2\pi$，系数 ω 越大，正弦交流电周期越小，频率越大。因此系数 ω 也跟周期和频率一样是反映正弦交流电变化快慢的一个物理量。如磁极对数为 1 的交流发电机，以 ω 为角速度切割线圈发电如图 2.1.3 所示，则该发电机产生的电动势的周期就与上述正弦交流电动势的周期相同。因此系数 ω 定义为**角频率**，单位为弧度每秒（rad/s）。若要产生频率为 50Hz，即 $e = E_m \sin 100\pi t$ V 的交流电动势，则产生该电动势的磁极对数为 1 的交流发电机需要以 $\omega = 100\pi$（rad/s）的角速度旋转。因此正弦交流电的角频率可以理解为产生该交流电的磁极对数为 1 的交流发电机旋转需要的角速度。当然，若发电机的磁极对数不是 1，则线圈交流电动势的角频率与发电机转动的角速度就不相等了。

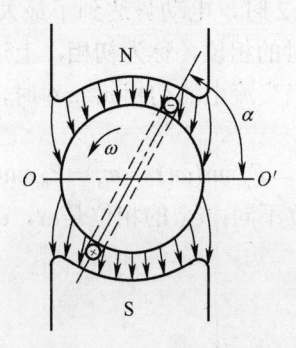

图 2.1.3　交流发电机

在表示正弦交流电时，若我们将横坐标用时间 t 来刻度，则虽然能从图像的疏密来分辨出正弦交流电频率或周期的大小，但是各种波形的 ω 的分散性比较大，坐标相差比较大，不利于画图。例如，两正弦波的角频率 $\omega = 2\pi$ 和 $\omega = 100\pi$，它们一个周期的坐标长度相差 50 倍，不容易画在一起比较。因此正弦交流电的横坐标常用 ωt 来刻度。ωt 也叫**电角度**，这个角度不表示任何空间角度，只是用来描述正弦交流电的变化规律。

从图 2.1.4 中可以看出，各种角频率的正弦交流电用电角度作为横坐标画出来的波形完全一样，其频率可从横坐标的刻度单位来确定。不同角频率的正弦波，它们变化到相同的电角度时所用的时间不同。

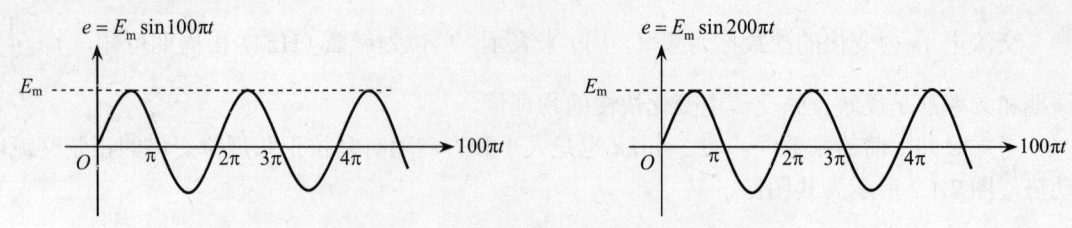

图 2.1.4 用电角度表示的正弦交流电

上述的用正弦函数表达式来表示正弦交流电,是以开始测量时正弦交流电的值为 0 来讨论的,但在实际中,正弦交流电在开始测量时的值不为 0,也就是已经变化了一定的电角度,如图 2.1.5 所示。

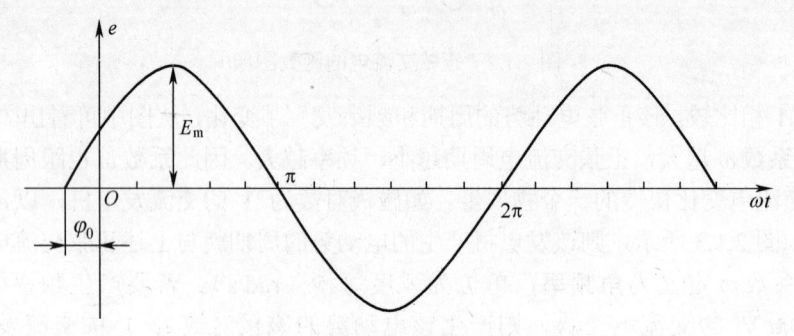

图 2.1.5 初始值不为 0 的正弦交流电

由数学的知识可知,该正弦交流量的表达式为 $e = E_m \sin(\omega t + \varphi_0)$。它的瞬时值随着电角度 $\omega t + \varphi_0$ 变化而变化。电角度 $\omega t + \varphi_0$ 叫作正弦交流电的**相位**。它反映了正弦交流量随时间变化的进程,如当相位随时间变到π/2时,电动势达到了最大值,当相位随时间变到π时,电动势变为零值。正弦交流电在 $t=0$ 时的相位,称为**初相**,上述式中的 φ_0 即交流电的初相,初相反映了正弦交流电的起始状态。当交流电的初相 $\varphi_0 = \pi/6$ 时,其在计时开始时交流电的值已经达到最大值的一半。

假设有两正弦交流电动势 $e_A = E_m \sin(\omega t)$,$e_B = E_m \sin(\omega t + \varphi_0)$,这两个正弦交流电动势的最大值相同,频率相同,但相位不同;e_A 的相位是 ωt,e_B 的相位是 $(\omega t + \varphi_0)$,则它们的波形如图 2.1.6 所示。

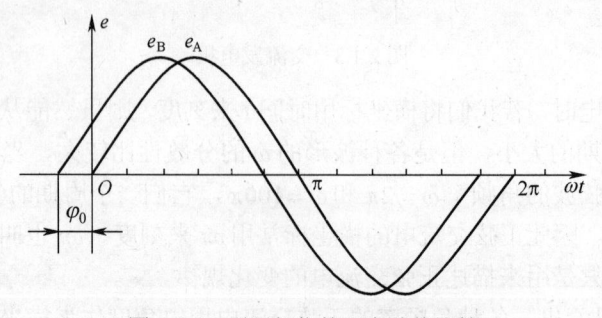

图 2.1.6 不同相位的两电动势比较

两个同频率的正弦交流电的相位之差叫作**相位差**。相位差表示两正弦量到达最大值的先后差距。如图 2.1.6 所示，e_B 比 e_A 达到最大值的时间早 φ_0/ω。

例如，已知 $i_1 = I_{1m}\sin(\omega t + \varphi_1)$，$i_2 = I_{2m}\sin(\omega t + \varphi_2)$，则 i_1 和 i_2 的相位差为

$$\varphi = (\omega t + \varphi_1) - (\omega t + \varphi_2) = \varphi_1 - \varphi_2 \tag{2.1.1}$$

这表明两个同频率的正弦交流电的相位差等于初相之差。若 $\varphi > 0$，称 "i_1 超前于 i_2"；若 $\varphi < 0$，称 "i_1 滞后于 i_2"；若 $\varphi_1 - \varphi_2 = 0$，称 "$i_1$ 和 i_2 同相位"；若相位差 $\varphi_1 - \varphi_2 = \pm 180°$，则称 "$i_1$ 和 i_2 反相位"。必须指出，在比较两个正弦交流电之间的相位时，两正弦量一定要同频率才有意义。否则随时间不同，两正弦量之间的相位差是一个变量，这就没有意义了。

综上所述，**正弦交流电的最大值、频率和初相叫作正弦交流电的三要素**。三要素描述了正弦交流电的大小、变化快慢和起始状态。当三要素决定后，就可以确定唯一一个正弦交流电。

正弦交流电的瞬时值在正负最大值之间变化，因此无法用具体的值来表示其大小。通常计量时用正弦交流电的有效值表示。"有效"也可以理解为"等效"，即与直流电的热效应等效。在相同的电阻中，分别通入交流电和直流电，在一个交流电周期内，若它们在电阻上产生的热量相等，则把直流电的数值叫作交流电的**有效值**，如图 2.1.7 所示。

（a）交流电的热效应　　（b）直流电的热效应

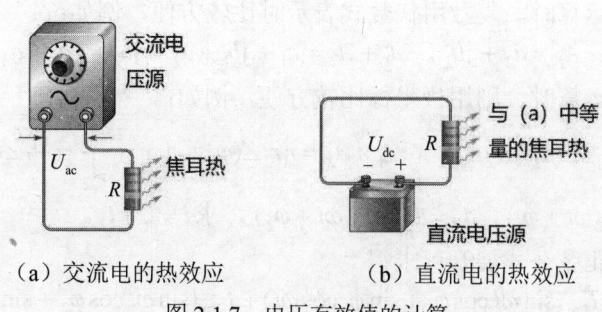

图 2.1.7　电压有效值的计算

用电器上的标称值一般都是有效值。有效值规定用大写字母表示，如 E、I、U。日常家庭用的 50Hz 的交流电，其电压的有效值就是 220V。按电压有效值的定义，有

$$\frac{U^2}{R}T = \int_0^T \frac{u^2}{R}dt$$

$$U = \sqrt{\frac{1}{T}\int_0^T u^2 dt}$$

设通过电阻 R 的正弦交流电流为 $u = U_m \sin \omega t$，则

$$U = \sqrt{\frac{1}{T}\int_0^T u^2 dt} = \sqrt{\frac{1}{T}\int_0^T U_m^2 \sin^2 \omega t\, dt} = \sqrt{\frac{U_m^2}{2}} = 0.707 U_m$$

或

$$U_m = \sqrt{2}U \tag{2.1.2}$$

家用交流电是最大值为 311V 的正弦交流电，因此其有效值为 220V。

可见，正弦交流电的最大值是有效值的 $\sqrt{2}$ 倍。对正弦交流电流和电动势亦有同样的关系：

$$\begin{cases} I_m = \sqrt{2}I \\ E_m = \sqrt{2}E \end{cases}$$

2.2 同频率正弦量的运算和相量

同频率正弦量相加减,可以用正弦函数相加减的方法,但这种计算方法非常烦琐。因此计算几个同频率的正弦量的相加、相减时,常用相量相加减的方法。相量的运算涉及以下的一些概念和规则。

若 A 为复数,其模为 r,辐角为 φ,则其可用极坐标式、三角函数式、代数式来表示,即

$$A = r\angle\varphi$$

或

$$A = r\cos\varphi + jr\sin\varphi$$

或

$$A = a + jb$$

极坐标式变换成代数式时:

$$A = r\angle\varphi = r\cos\varphi + jr\sin\varphi = a + jb$$

代数式变换成极坐标式时:

$$a + jb = \sqrt{a^2 + b^2}\angle\arctan\frac{b}{a}$$

两复数进行加减运算时,复数用代数式表示时比较方便,例如:

$$A_1 = a_1 + jb_1, \quad A_2 = a_2 + jb_2, \quad A_1 + A_2 = a_1 + jb_1 + a_2 + jb_2 = (a_1 + a_2) + j(b_1 + b_2)$$

两复数进行乘除运算时,则用极坐标比较方便,例如:

$$A_1 = r_1\angle\varphi_1, \quad A_2 = r_2\angle\varphi_2, \quad A_1 \times A_2 = r_1 r_2\angle(\varphi_1 + \varphi_2), \quad \frac{A_1}{A_2} = \frac{r_1}{r_2}\angle(\varphi_1 - \varphi_2)$$

例如:$i_1 = I_{1m}\sin(\omega t + \varphi_1)$,$i_2 = I_{2m}\sin(\omega t + \varphi_2)$,求 $i = i_1 + i_2$。

如果用两角和的正弦公式展开可求得

$$i = i_1 + i_2 = I_{1m}(\sin\omega t\cos\varphi_1 + \sin\varphi_1\cos\omega t) + I_{2m}(\sin\omega t\cos\varphi_2 + \sin\varphi_2\cos\omega t)$$

$$= (I_{1m}\cos\varphi_1 + I_{2m}\cos\varphi_2)\sin\omega t + (I_{1m}\sin\varphi_1 + I_{2m}\sin\varphi_2)\cos\omega t$$

$$= \sqrt{(I_{1m}\cos\varphi_1 + I_{2m}\cos\varphi_2)^2 + (I_{1m}\sin\varphi_1 + I_{2m}\sin\varphi_2)^2}\sin(\omega t + \varphi)$$

其中,$\varphi = \arctan\dfrac{I_{1m}\sin\varphi_1 + I_{2m}\sin\varphi_2}{I_{1m}\cos\varphi_1 + I_{2m}\cos\varphi_2}$。

由以上分析可知,该过程很繁杂,特别是当多个正弦交流电相加减的时候。但从上述分析的结果可以得出一个很重要的结论:**两同频正弦交流电相加减后,其和差仍是同频的**,只是最大值和初相改变而已。因此,如果能有一种方法能快速、简单地求出两正弦交流电相加减后的最大值和初相,那么可直接写出两正弦交流电相加减后的表达式。相量法利用的就是这个基本思想。

模为交流电的最大值,辐角为交流电的初相的复数叫**最大值相量**,其用大写字母顶上加"·"和加脚标 m 表示,如 $\dot{E}_m$、$\dot{U}_m$、$\dot{I}_m$ 等。

模为交流电的有效值,辐角为交流电的初相的复数叫**有效值相量**,其用大写字母顶上加"·"表示,如 $\dot{E}$、$\dot{U}$、$\dot{I}$ 等。

用最大值相量来表示正弦交流电并进行加减后,将会得到一个新的相量。可以证明这个新的相量的模就是两个正弦交流电相加减后的交流电的模,辐角就是两个正弦交流量相加减后的交流电的初相。因为两同频交流电的和差的频率不变,根据相量的和差的结果可得正弦交流

电的和差的表达式。

【例 2.2.1】已知两个同频率的正弦交流电流分别为 $i_1 = 100\sin(\omega t + 45°)$ A，$i_2 = 60\sin(\omega t - 30°)$ A，求 $i = i_1 + i_2$。

解：（1）用三角函数解析式法可以求得 $i = 129\sin(\omega t + 18°20')$ A，但过程繁杂。

（2）用相量法求时，设 $i = i_1 + i_2 = I_m \sin(\omega t + \varphi_i)$，其最大值相量为 $\dot{I}_m = I_m \angle \varphi_i$。$i_1$ 的最大值相量为 $\dot{I}_{1m} = 100\angle 45°$ A，i_2 的最大值相量为 $\dot{I}_{2m} = 60\angle 30°$ A，则

$$\dot{I}_m = \dot{I}_{1m} + \dot{I}_{2m}$$
$$= 100(\cos 45° + j\sin 45°) + 60[\cos(-30°) + j\sin(-30°)]$$
$$= (70.7 + j70.7) + (52 - j30)$$
$$= 122.7 + j40.7$$
$$= 129e^{j18°20'}$$
$$= 129\angle 18°20' \text{（A）}$$

于是
$$i = 129\sin(\omega t + 18°20') \text{ A}$$

一般地，我们用的更多的是交流电的有效值，因此运算时更多的是用交流电的有效值相量来进行计算。没作特殊说明时，交流电的相量指的都是其有效值相量。

【例 2.2.2】$i_1 = 100\sqrt{2}\sin(314t + 45°)$ A，$i_2 = 60\sqrt{2}\sin(314t - 30°)$ A，求 $i = i_1 + i_2$。

设 i 的相量为 $\dot{I} = I \angle \varphi$，由题可知 i_1 的相量为 $\dot{I}_1 = 100\angle 45°$ A，i_2 的相量为 $\dot{I}_2 = 60\angle 30°$ A。

$$\dot{I} = \dot{I}_1 + \dot{I}_2 = 129\angle 18°20' \text{ A}$$

于是
$$i = 129\sqrt{2}\sin(314t + 18°20') \text{A} \approx 182.4\sin(314t + 18°20')\text{A}$$

把几个同频率的正弦量都用相量表示并画在同一个坐标系中，由此所构成的图称为相量图，电流相量图如图 2.2.1（a）所示。

由电流相量图可以看出，i_1 和 i_2 的合成量 i 的相位比 i_2 超前 48°20'，比 i_1 滞后 26°40'。

在多个相量中，我们常选择其中一个相量作为参考相量，即把它的初相定义为 0。本例中，如果选择 $\dot{I}_{2m}$ 作为参考相量，那么得到的相量图如图 2.2.1（b）所示，据此可以作出 3 个正弦量的函数曲线（波形），如图 2.2.2 所示，这样可较为直观地观察到各正弦量的相位关系。

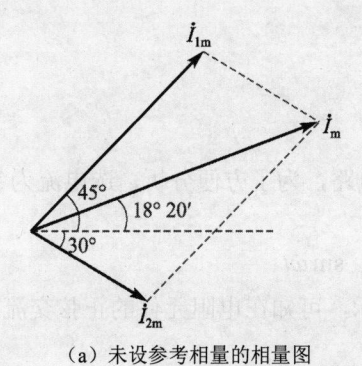

(a) 未设参考相量的相量图　　　　　　　(b) 设置参考变量的相量图

图 2.2.1　例 2.2.2 电流相量图

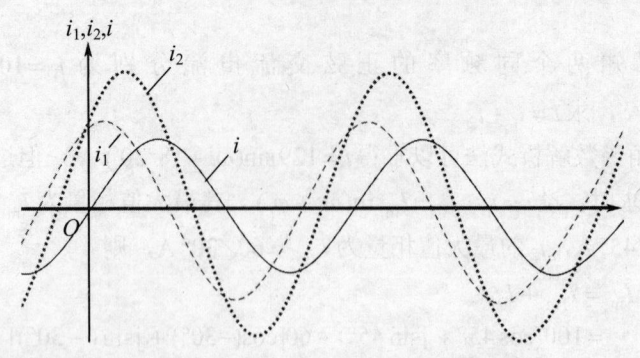

图 2.2.2　例 2.2.2 中 3 个正弦量的波形图

2.3　单一参数的交流电路

电阻在直流电路与交流电路中作用相同，起着限制电流的作用，并把取用的电能转换成热能。电感线圈在直流电路中相当于导线，但在交流电路中，由于电流是交变的，所以线圈中有感应电动势产生。电容器接入直流电路时，电容器被充电，充电结束后，电路处在断路状态。但在交流电路中，由于电压是交变的，所以电容器时而充电时而放电，电路中出现了交变电流，使电容器处在导通状态。

由于交流电路中电流、电压、电动势的大小和方向随时间变化，所以分析和计算交流电路时，必须在电路中给电流、电压、电动势标定一个参考方向。同一元件，电压和电流的参考方向应标定一致，如图 2.3.1 所示。若在某一时刻电流为正值，则表示此时电流的实际方向与标定方向一致；反之，电流为负值，则表示此时电流的实际方向与标定方向相反。

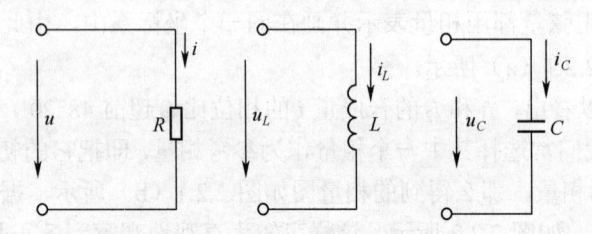

图 2.3.1　交流电参考方向的设定

2.3.1　电阻元件的正弦交流电路

1. 电阻元件两端电压与电流的关系

图 2.3.2（a）所示为一线性电阻元件的正弦交流电路，为了方便分析，选电流为参考正弦量，即设 $i = I_\mathrm{m} \sin \omega t$，则根据欧姆定律得

$$u = Ri = RI_\mathrm{m} \sin \omega t = U_\mathrm{m} \sin \omega t$$

画出电压和电流的正弦波形图如图 2.3.2（b）所示，可知在电阻元件的正弦交流电路中，电压和电流同频同相。对比电压和电流，且有

$$\frac{U_\mathrm{m}}{I_\mathrm{m}} = \frac{U}{I} = R \tag{2.3.1}$$

由此可知，在电阻元件的正弦交流电路中，电压的幅值（或有效值）与电流的幅值（或有效值）的比值为电阻 R。

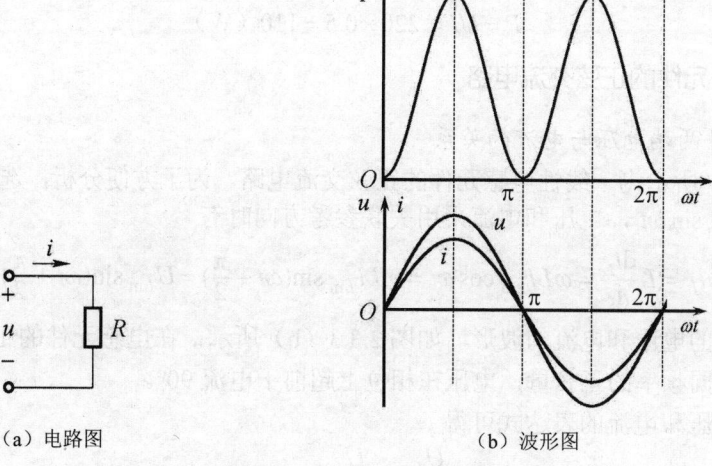

（a）电路图　　（b）波形图

图 2.3.2　电阻电路分析图

在电路中，常需要用电流或电压相量来进行运算，并将其中之一作为参考相量，因此需要知道两者之间的关系，以便从参考变量得到另一变量的相量表达式。由相量表达式可得 $\dfrac{\dot{U}}{\dot{I}}=R$。

2. 功率

（1）瞬时功率。在正弦交流电路中，某段电路在任意时刻所消耗的功率称为该段电路的瞬时功率，用小写字母 p 表示。在电路的电压和电流为关联参考方向时，瞬时功率等于电压瞬时值和电流瞬时值的乘积。在电阻元件的正弦交流电路中，瞬时功率为

$$p = ui = U_m I_m (\sin\omega t)^2 = UI(1-\cos 2\omega t) \qquad (2.3.2)$$

由上式可知，瞬时功率 p 是由两部分组成的，第一部分是常数 UI，第二部分是幅值为 UI、角频率为 2ω 的交变 $-UI\cos 2\omega t$。p 随时间变化的波形如图 2.3.2（b）所示。由于在电阻元件的正弦交流电路中，u 与 i 同相，它们同时为正，同时为负，所以，瞬时功率总为正值，即 $p \geqslant 0$。瞬时功率为正，表示外电路从电源获取能量，即电阻元件为耗能元件。

（2）有功功率（平均功率）。由于交流电的瞬时功率不是一个恒定值，不好用来衡量交流电的做功快慢，工程上所说的功率一般都是指有功功率。有功功率是指瞬时功率在一个周期内的平均值，故又称平均功率，用大写字母 P 表示。在电阻元件的正弦交流电路中，有功功率为

$$P = \frac{1}{T}\int_0^T p\mathrm{d}t = \frac{1}{T}\int_0^T UI(1-\cos 2\omega t)\mathrm{d}t = UI = I^2R = \frac{U^2}{R} \qquad (2.3.3)$$

可见，用电压和电流的有效值表示时，正弦交流电路中电阻元件的有功功率计算公式与直流电路中的功率计算公式相同。

【例 2.3.1】 已知电阻 $R=440\Omega$，将其接在电压 $U=220\text{V}$ 的交流电路上，试求电流 I 和功率 P。

解：电流为
$$I = \frac{U}{R} = \frac{220}{440} = 0.5 \ (\text{A})$$

功率为
$$P = \frac{U_m I_m}{2} = UI = I^2 R$$
$$P = UI = 220 \times 0.5 = 110 \ (\text{W})$$

2.3.2 电感元件的正弦交流电路

1. 电感元件两端电压与电流的关系

图 2.3.3（a）所示为一线性电感元件的正弦交流电路。为了方便分析，选电流为参考正弦量，即设 $i_L = I_{Lm} \sin \omega t$，电压和电流采用关联参考方向时有

$$u_L = L\frac{\mathrm{d}i_L}{\mathrm{d}t} = \omega L I_{Lm} \cos \omega t = \omega L I_{Lm} \sin(\omega t + \frac{\pi}{2}) = U_{Lm} \sin(\omega t + \frac{\pi}{2})$$

可画出电感的电压和电流的波形，如图 2.3.3（b）所示，在电感元件的正弦交流电路中，电压与电流都是同频率的正弦量，电压在相位上超前于电流 90°。

同时，从电压和电流的表达式可得

$$\frac{U_{Lm}}{I_{Lm}} = \frac{U_L}{I_L} = \omega L \tag{2.3.4}$$

当电压 U_L 一定时，ωL 越大，电流 I 越小。可见，ωL 具有对电流起阻碍作用的性质，称为感抗，用 X_L 表示，即

$$X_L = \omega L = 2\pi f L \tag{2.3.5}$$

与电阻相似，感抗的单位为欧姆（Ω）。当电感 L 一定时，感抗 X_L 与频率 f 成正比。因此，电感元件对高频电流的阻碍作用很大，而对直流（$f=0$ 时）则可视为短路。

由电压和电流的表达式可得电感元件两端电压与电流的相量为

$$\begin{aligned} \dot{I}_L &= I_L \angle 0° \\ \dot{U}_L &= \omega L I_L \angle 90° \end{aligned} \tag{2.3.6}$$

据此可画出电感元件两端电压和流过的电流相量图，如图 2.3.3（c）所示。

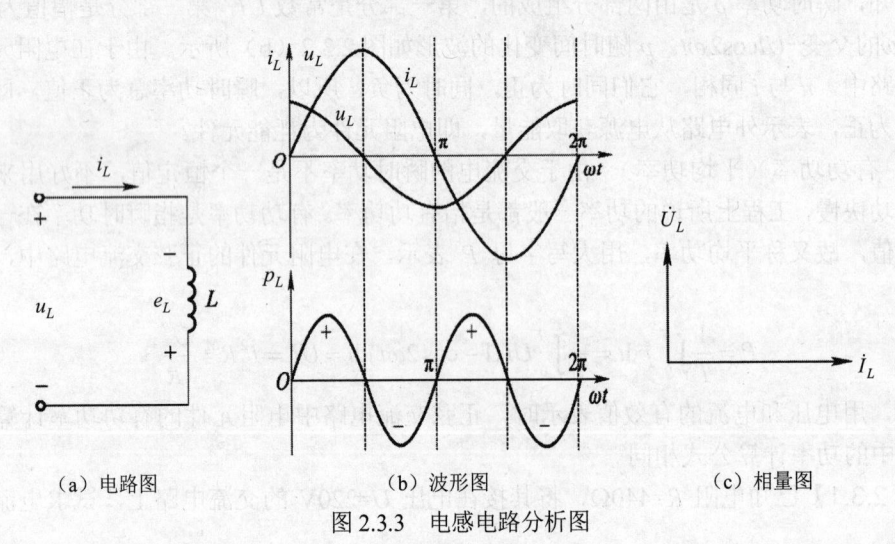

（a）电路图　　（b）波形图　　（c）相量图

图 2.3.3 电感电路分析图

对于式（2.3.6）表示的电压和电流相量有

$$\frac{\dot{U}_L}{\dot{I}_L} = \frac{U_L\angle 90°}{I_L\angle 0°} = jX_L \tag{2.3.7}$$

将电流相量乘以感抗，再逆时针旋转 90°，即可得到电感元件两端的电压相量。因此感抗 X_L 表示了电感电压与电流大小的关系，j 表示了电感电压与电流的相位的关系。jX_L 叫作电感的复数阻抗。若已知其中某个相量为参考相量，则可根据此关系得另外一相量，可用于正弦交流量的计算。

2. 电感电路的功率

（1）瞬时功率 p。当电压和电流为关联参考方向时，电感元件正弦交流电路的瞬时功率为

$$p_L = u_L i_L = U_{Lm}I_{Lm}\sin\omega t\sin(\omega t + 90°) = U_{Lm}I_{Lm}\sin\omega t\cos\omega t = U_L I_L \sin 2\omega t \tag{2.3.8}$$

由上式可知，p 是一个幅值为 UI、角频率为 2ω 的交变量。p 随时间变化的波形如图 2.3.3（b）所示。

（2）有功功率 P。从图 2.3.3 所示的波形图可以看出，对电感元件，瞬时功率表明，在电流的一个周期内，电感与电源进行两次能量交换，交换功率的平均值为零，即纯电感电路的有功功率为零，即

$$P = \frac{1}{T}\int_0^T p\,\mathrm{d}t = 0 \tag{2.3.9}$$

式（2.3.9）说明，纯电感元件在电路中不消耗有功功率，它是一种存储电能的元件。

（3）无功功率 Q_L。以上说明，在电感元件的正弦交流电路中没有能量消耗，只存在电源与电感元件之间的能量互换。正半周电感元件吸收能量，电能转化为电磁能；负半周电感元件提供能量，电磁能转化为电能。这种能量互换的规模可用无功功率来衡量。无功功率是指瞬时功率的最大值，为了与后文电容的无功功率相区别，此处用 Q_L 表示，即

$$Q_L = UI = X_L I^2 = \frac{U^2}{X_L} \tag{2.3.10}$$

无功功率表示的是电感元件与外电路交换能量的最大速率，但它并不是电路实际消耗的功率。因此，无功功率与有功功率虽然具有相同的量纲，但为了区别，规定无功功率的单位为乏（Var），工程上还经常用到千乏（kVar）。

2.3.3 电容元件的正弦交流电路

1. 电容元件两端电压与电流的关系

图 2.3.4（a）所示为仅含电容的交流电路，称为纯电容电路。

设电压为参考正弦量，即设电容 C 两端加上电压 $u_C = U_{Lm}\sin\omega t$。由式（1.1.7）得电容中的电流为

$$i_C = C\frac{\mathrm{d}u_C}{\mathrm{d}t} = C\frac{\mathrm{d}(U_m\sin\omega t)}{\mathrm{d}t} = \omega C U_{Cm}\cos\omega t = \omega C U_{Cm}\sin(\omega t + 90°) = I_{Cm}\sin(\omega t + 90°)$$

由此可得电容元件两端电压与电流的相量为

$$\dot{I}_C = I_C\angle 90°, \quad \dot{U}_C = U_C\angle 0° \tag{2.3.11}$$

可知在电容元件的正弦交流电路中，电压与电流都是同频率的正弦量，电流在相位上超前于电

压 90°。纯电容电路中通过的正弦电流和加在它两端的正弦电压的波形图和相量图如图 2.3.4（b）和图 2.3.4（c）所示。

从电压和电流的表达式可得

$$\frac{U_{Cm}}{I_{Cm}} = \frac{U_C}{I_C} = \frac{1}{\omega C}$$

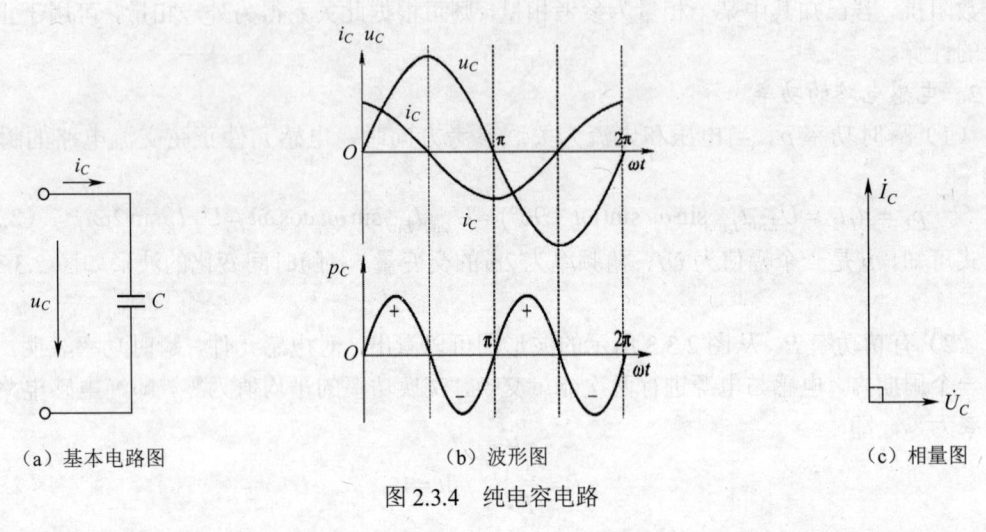

图 2.3.4　纯电容电路
（a）基本电路图　（b）波形图　（c）相量图

在电容元件的正弦交流电路中，电压的幅值（或有效值）与电流的幅值（或有效值）的比值为 $\frac{1}{\omega C}$。当电压 U 一定时，$\frac{1}{\omega C}$ 越大，电流 I 越小。可见，$\frac{1}{\omega C}$ 具有对电流起阻碍作用的性质，称为容抗，用 X_C 表示，即

$$X_C = \frac{1}{\omega C} = \frac{1}{2\pi f C} \tag{2.3.12}$$

在 SI 中，X_C 的单位是 Ω。

电压、电流相量关系为

$$\frac{\dot{U}_C}{\dot{I}_C} = \frac{U_C \angle 0°}{I_C \angle 90°} = -jX_C \tag{2.3.13}$$

将电流相量乘以容抗，再顺时针旋转 90°，即可得到电容元件两端的电压相量。因此容抗 X_C 表示了电容电压与电流大小的关系，-j 表示了电容电压比电流滞后 90°。

2. 电容的功率

（1）瞬时功率 p 为

$$p = ui = U_m I_m \sin\omega t \cos\omega t = \frac{1}{2} U_m I_m \sin 2\omega t = UI \sin 2\omega t \tag{2.3.14}$$

式（2.3.14）表明，纯电容电路瞬时功率波形与电感电路的相似，以电压角频率的 2 倍按正弦规律变化。电容器也是储能元件，当电容器充电时，它从电源吸收能量；当电容器放电时，它将能量送回电源。

（2）有功功率 P。瞬时功率表明，在电流的一个周期内，电容与电源进行两次能量交换，交换功率的平均值为零，即纯电容电路的有功功率为零。

$$P = \frac{1}{T}\int_0^T p\,dt = 0 \tag{2.3.15}$$

式（2.3.15）说明，纯电容在电路中不消耗有功功率，它是一种存储电能的元件。

（3）无功功率 Q_C。电容元件虽然不消耗电能，但它与电源之间存在着能量交换，为了衡量电容元件与电源之间能量交换的规模，引入无功功率的概念。电容元件的**无功功率**定义为电容元件两端电压、电流有效值的乘积，用 Q_C 来表示。即

$$Q_C = U_C I = I^2 X_C \tag{2.3.16}$$

电容元件的无功功率仍等于瞬时功率的最大值。为了与电感元件正弦交流电路的无功功率相比较，我们也设电流 $i = I_m \sin\omega t$ 为参考正弦量，则

$$u = U_m \sin(\omega t - 90°)$$

于是，瞬时功率 p 为

$$p = p_C = ui = -UI\sin 2\omega t \tag{2.3.17}$$

因此，同样以电流作为参考正弦量以后，电容器的功率变化规律与电感元件的相反，即与图 2.3.4 所示波形反相。也就是说，对于相同的电流，若将电容器与电感器串联，在任意的瞬间，电容器瞬时功率和电感反相。但其功率的最大值仍为

$$Q_C = U_C I_C = I^2 X_C \tag{2.3.18}$$

【例 2.3.2】 把一个 100Ω 的电阻元件接到频率为 50Hz，电压有效值为 10V 的正弦电源上，求电流为多少？若保持电压值不变，而电源频率改变为 5000Hz，这时电流将变为多少？若将 100Ω 的电阻元件分别改为 0.1H 的电感元件和 $25\mu F$ 的电容元件，试求两种频率下电流将如何变化？

解：（1）当 $f = 50$Hz 时，流过电阻元件的电流为

$$I = \frac{U}{R} = \frac{10}{100} = 0.1\,(\text{A}) = 100\,(\text{mA})$$

（2）当 $f = 5000$Hz，电压值保持不变时，电流值也不变，即

$$I = \frac{U}{R} = \frac{10}{100} = 0.1\,(\text{A}) = 100\,(\text{mA})$$

（3）将 100Ω 的电阻元件改为 0.1H 的电感元件，当 $f = 50$Hz 时，有

$$X_L = 2\pi f L = 2 \times 3.14 \times 50 \times 0.1 = 31.4\,(\Omega)$$

$$I = \frac{U}{X_L} = \frac{10}{31.4} \approx 0.318\,(\text{A}) = 318\,(\text{mA})$$

当 $f = 5000$Hz 时，有

$$X_L = 2\pi f L = 2 \times 3.14 \times 5\,000 \times 0.1 = 3140\,(\Omega)$$

$$I = \frac{U}{X_L} = \frac{10}{3140} \approx 0.003\,18\,(\text{A}) = 3.18\,(\text{mA})$$

可见，电压有效值一定时，频率越高，通过电感元件的电流有效值越小。

（4）将 100Ω 的电阻元件改为 $25\mu F$ 的电容元件，当 $f = 50$Hz 时，有

$$X_C = \frac{1}{2\pi f C} = \frac{1}{2 \times 3.14 \times 50 \times 25 \times 10^{-6}} \approx 127.4\,(\Omega)$$

$$I = \frac{U}{X_C} = \frac{10}{127.4} = 0.0785 \text{ (A)} \approx 78.5 \text{ (mA)}$$

当 f =5000Hz 时，有

$$X_C = \frac{1}{2\pi f C} = \frac{1}{2 \times 3.14 \times 5000 \times 25 \times 10^{-6}} \approx 1.274 \text{ (}\Omega\text{)}$$

$$I = \frac{U}{X_C} = \frac{10}{1.274} \approx 7.85 \text{ (A)}$$

可见，电压有效值一定时，频率越高，通过电容元件的电流有效值越大。

2.4 电阻、电感、电容串联电路

2.4.1 RLC 串联电路电压与电流的关系

图 2.4.1 所示为 RLC 串联的正弦交流电路。电路中各元件流过同一电流 i，通过 R、L、C 元件后，分别产生的电压降为 u_R、u_L 和 u_C，因为 3 个元件流过相同的电流，所以以电流为参考正弦量，则有

$$i = I_m \sin \omega t$$
$$u_R = U_{Rm} \sin \omega t$$
$$u_L = U_{Lm} \sin(\omega t + 90°)$$
$$u_C = U_{Cm} \sin(\omega t - 90°)$$

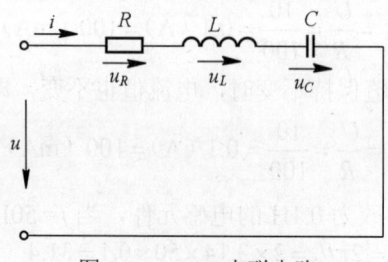

图 2.4.1 RLC 串联电路

设电源电压为

$$u = U_m \sin(\omega t + \varphi)$$

则 $u = u_R + u_L + u_C$，若以三角函数解析式方法求和，则过程复杂，因此以相量法来求 3 个元件串联后的总电压。设总电流的相量 $\dot{I} = I \angle 0°$，总电压的相量为 $\dot{U}$。根据前面介绍的电阻、电感、电容的端电压的相量和流过它们的电流的相量的关系可得

$$\begin{aligned}\dot{U} &= \dot{U}_R + \dot{U}_L + \dot{U}_C \\ &= R\dot{I} + jX_L\dot{I} - jX_C\dot{I} \\ &= \dot{I}(R + jX_L - jX_C)\end{aligned} \quad (2.4.1)$$

令 $Z = R + j(X_L - X_C)$，其实部为电阻，虚部为电抗，称为电路的复阻抗，则

$$Z = \frac{\dot{U}}{\dot{I}} \tag{2.4.2}$$

此式反映了 *RLC* 串联电路总电压与电流的关系，也叫**复数形式的欧姆定律**。由元件参数可求出复阻抗，若已知电流相量，则可求总电压的相量，也就可以写出总电压的正弦函数表达式。Z 用极坐标表示时，由式（2.4.1）和式（2.4.2）可得

$$\frac{\dot{U}}{\dot{I}} = \frac{U}{I}\angle\varphi = Z = |Z|\angle\varphi = \sqrt{R^2 + (X_L - X_C)^2}\angle\arctan\frac{X_L - X_C}{R} \tag{2.4.3}$$

由此可得

$|Z| = \sqrt{R^2 + (X_L - X_C)^2} = \dfrac{U}{I}$ 为阻抗模，表示电路总电压和总电流的大小关系；

$\angle\varphi = \angle\arctan\dfrac{X_L - X_C}{R} = \angle\varphi_u - \varphi_i$ 为阻抗角，表示电路总电压和总电流的相位关系。

由上式可以看出，阻抗决定了电路的属性。辐角的大小和正负由电路元件的参数决定。当 $X_L > X_C$ 时，$\varphi > 0$，电压超前于电流，此时电路为电感性电路；当 $X_L < X_C$ 时，$\varphi < 0$，电压滞后于电流，此时电路为电容性电路；当 $X_L = Z_C$ 时，$\varphi = 0$，电压和电流同相，此时电路为电阻性电路，电路处于串联谐振状态。$|Z|$、R 和 X 三者之间的关系可用一个直角三角形来表示，称为阻抗三角形，如图 2.4.2 所示。

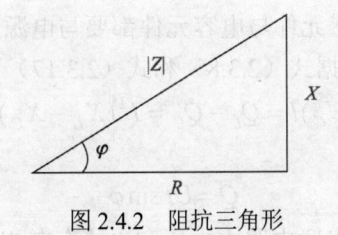

图 2.4.2 阻抗三角形

串联时各元件电流与电压的相量图如图 2.4.3（a）所示。若令 $\dot{U}_X = \dot{U}_L + \dot{U}_C$，则 $\dot{U}_R$、$\dot{U}_X$ 和 $\dot{U}$ 能够组成一个直角三角形，称之为电压三角形，如图 2.4.3（b）所示。

（a）相量图　　　　　　　　　　（b）电压三角形

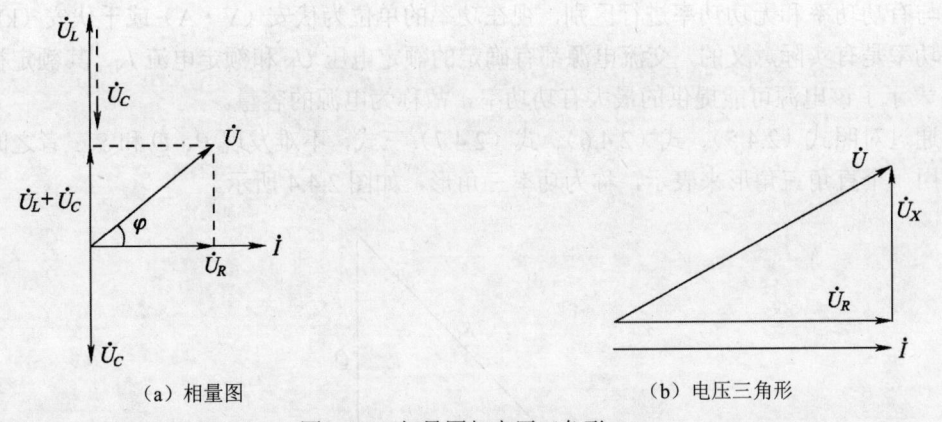

图 2.4.3 相量图与电压三角形

由式（2.4.3）也可得

$$U = I|Z| = \sqrt{I^2 R^2 + I^2(X_L - X_C)^2} = \sqrt{U^2 + (U_L - U_C)^2}$$

也证明了上述电压三角形的关系。

2.4.2 RLC 串联电路的功率

（1）瞬时功率和有功功率。RLC 串联电路中的瞬时功率为
$$p = ui = U_m I_m \sin(\omega t + \varphi) \sin \omega t$$
$$p = UI \cos \varphi - UI \cos(2\omega t + \varphi) \tag{2.4.4}$$

有功功率为
$$P = \frac{1}{T} \int_0^T p\,\mathrm{d}t = \frac{1}{T} \int_0^T [UI \cos \varphi - UI \cos(2\omega t + \varphi)]\mathrm{d}t$$
$$P = UI \cos \varphi \tag{2.4.5}$$

上式表明，正弦交流电路中，有功功率的大小不仅与电压、电流有效值的乘积有关，而且还与 $\cos \varphi$ 有关。$\cos \varphi$ 称为功率因数，它是衡量电能传输效果的重要指标。

由图 2.4.3（b）可以看出
$$U \cos \varphi = U_R = IR$$

于是
$$P = UI \cos \varphi = U_R I = I^2 R$$

即有功功率仅是电路中电阻元件所吸收的功率。

（2）无功功率。电路中电感元件与电容元件都要与电源进行能量互换，当以电流为参考变量时，由电路的瞬时功率，根据式（2.3.8）和式（2.3.17）可得电路的无功功率为
$$Q = (U_L - U_C)I = Q_L - Q_C = I^2(X_L - X_C) = UI \sin \varphi$$

并结合图 2.3.3（b）
$$Q = UI \sin \varphi \tag{2.4.6}$$

（3）视在功率。由于 RLC 串联电路中电压和电流存在相位差，所以，电路的有功功率一般不等于电压和电流有效值的乘积 UI。我们把 UI 称为视在功率，用大写字母 S 表示，即
$$S = UI = |Z|I^2 \tag{2.4.7}$$

为了与有功功率和无功功率进行区别，视在功率的单位为伏安（V·A）或千伏安（kV·A）。视在功率是有实际意义的，交流电源都有确定的额定电压 U_N 和额定电流 I_N，其额定视在功率 $U_N I_N$ 表示了该电源可能提供的最大有功功率，故称为电源的容量。

通过对照式（2.4.5）、式（2.4.6）、式（2.4.7）三式，不难发现 P、Q 和 S 三者之间的关系也可用一个直角三角形来表示，称为功率三角形，如图 2.4.4 所示。

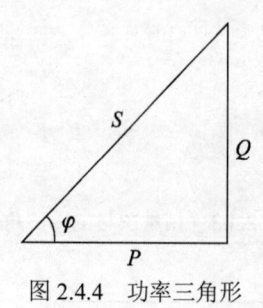

图 2.4.4 功率三角形

2.5 串联谐振

2.5.1 谐振条件和谐振频率

如上所述，在 RLC 串联电路中，当 $X_L = X_C$ 时，串联电路中总电压和电流同相位，这时电路中产生**谐振**现象，所以，$X_L = X_C$ 称为电路产生谐振的条件。

又知 $X_L = 2\pi fL$，$X_C = \dfrac{1}{2\pi fC}$，故

$$2\pi f_0 L = \dfrac{1}{2\pi f_0 C}$$

其中，f_0 为谐振频率。

2.5.2 串联谐振时的电路特点

（1）总电压和电流同相位，电路呈电阻性。

（2）串联谐振时电路阻抗最小，电路中电流最大。串联谐振时电路阻抗为

$$Z_0 = \sqrt{R^2 + (X_L - X_C)^2} = R \tag{2.5.1}$$

串联谐振时的电流为

$$I_0 = \dfrac{U}{Z_0} = \dfrac{U}{R} \tag{2.5.2}$$

（3）串联谐振时，电感两端电压、电容两端电压可以比总电压大许多倍。

电感电压为

$$U_L = IX_L = \dfrac{X_L}{R}U = QU \tag{2.5.3}$$

电容电压为

$$U_C = IX_C = \dfrac{X_C}{R}U = QU \tag{2.5.4}$$

可见，谐振时电感（或电容）两端的电压是总电压的 Q 倍，Q 称为电路的品质因数。

$$Q = \dfrac{X_L}{R} = \dfrac{X_C}{R} = \dfrac{\omega_0 L}{R} = \dfrac{1}{\omega_0 CR} \tag{2.5.5}$$

在电子电路中，Q 的数值通常为几至几十，用串联谐振，可以实现无线电的接收，例如，某些收音机的接收回路便用到串联谐振。在电力线路中应尽量防止谐振发生，因为谐振时电容、电感两端出现的高电压会使电器损坏。

2.6 三相交流电路

目前，电能的产生、输送和分配，基本都采用三相交流电路。三相交流电路是由 3 个频率相同、最大值相等、相位上互差 120°电角度的正弦电动势组成的电路。这样的 3 个电动势称为三相对称电动势。

广泛应用三相交流电路的原因是它具有以下优点：①在相同体积下，三相发电机输出功率比单相发电机大；②在输送功率相等、电压相同、输电距离和线路损耗都相同的情况下，三相制输电比单相输电节省输电线材料，输电成本低；③与单相电动机相比，三相电动机结构简单，价格低廉，性能良好，维护使用方便。

2.6.1 三相交流电动势的产生

图 2.6.1 所示是一座小型水电站的模型原理图，大坝上方的水在往下流动的过程中，冲击发电机的涡轮高速旋转，涡轮通过传动机构（如转轴、传送带等）带动发电机中的转子高速转动。

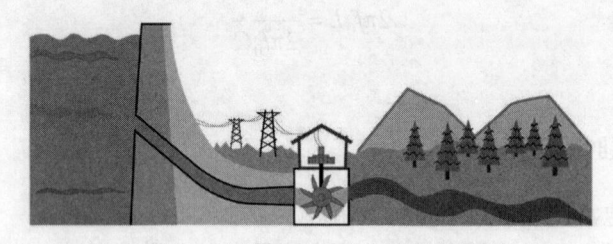

图 2.6.1 小型水电站模型原理图

图 2.6.2 所示是一个简化的单相发电机原理图，其中的磁铁被前面所说的传动机构带动着高速转动，称之为**转子**，当它的 N 极扫过定子（除转子以外不动的部分，本图中用圆圈表示）时，线圈切割磁感线，此时线圈中会产生感应电动势，因而对外会输出一个电压，磁场是一个近似正弦规律分布的磁场，随着磁极的靠近、扫过和远离，将形成一个正弦交流电。

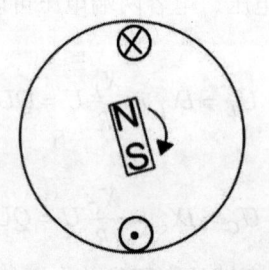

图 2.6.2 单相交流发电机原理图

上述单项交流发电机有一个问题，就是转子的利用率不是很高，在转动的过程中只能让一个线圈发电。为了更大效率地利用转子，可以再在定子铁环上面增加更多的线圈，如图 2.6.3 所示。

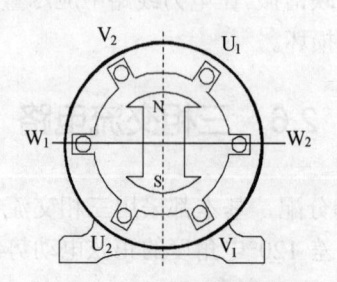

图 2.6.3 三相发电机原理图

在定子铁心的内槽均匀放置相同匝数和尺寸的三相电枢绕组 U_1U_2、V_1V_2、W_1W_2。假设绕组的 U_1、V_1、W_1 为首端,并假设为电压高电位端,U_2、V_2、W_2 为末端,并假设为绕组的低电位端,则首端之间相隔 120°。转子转动一周的过程中,每个线圈都会切割磁感线,都会输出正弦电压,但是,每个线圈切割的先后顺序不同,因而 3 组绕组 U_1U_2、V_1V_2、W_1W_2 输出频率相同、幅值相同、相位相差 120°的正弦电压 u_1、u_2、u_3。也就是说,输出的电压有 3 个不同的相位,所以叫作三相对称电压。设三相对称电压的参考方向为由首端指向末端,并以 u_1 为参考正弦量,则有

$$\begin{cases} u_1 = U_m \sin \omega t \\ u_2 = U_m \sin(\omega t - 120°) \\ u_3 = U_m \sin(\omega t - 240°) = U_m \sin(\omega t + 120°) \end{cases} \quad (2.6.1)$$

其相量为

$$\begin{cases} \dot{U}_1 = U \angle 0° \\ \dot{U}_2 = U \angle -120° \\ \dot{U}_3 = U \angle 120° \end{cases} \quad (2.6.2)$$

由此可得三相对称电压的波形图和相量图如图 2.6.4 所示。

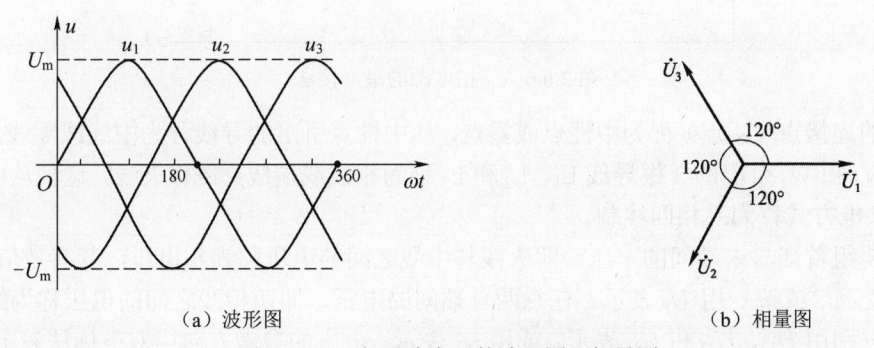

(a) 波形图　　　　　　　　　　(b) 相量图

图 2.6.4　三相对称电压的波形图、相量图

从波形图和相量图可知,三相对称电压的瞬时值及相量之和均为零,即

$$\begin{cases} u_1 + u_2 + u_3 = 0 \\ \dot{U}_1 + \dot{U}_2 + \dot{U}_3 = 0 \end{cases} \quad (2.6.3)$$

2.6.2　三相电源的连接

三相发电机的 3 个绕组连接方式有两种,一种叫星形(Y)接法,另一种叫三角形(△)接法。

1. 星形(Y)接法

若将电源的 3 个绕组末端 U_2、V_2 和 W_2 接在一起并引出一条线 N,而将 3 个首端作为输出端,并引出三条线 L_1、L_2、L_3,如图 2.6.5 所示,则称这种连接方式为三相电源的星形接法。

如果在电路图中这样画三相电的连接的话,会给绘制和识别带来麻烦,于是将线圈抽象简化,如图 2.6.6 所示。

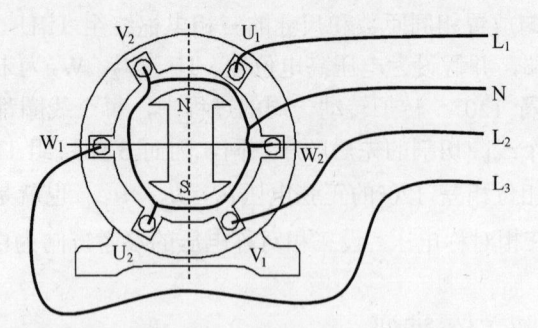

图 2.6.5 三相发电机的星形接法

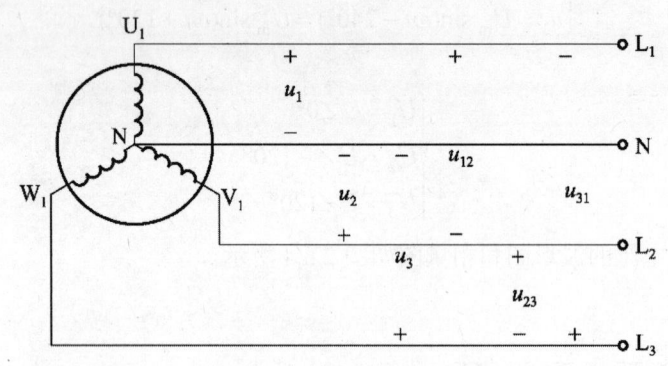

图 2.6.6 三相电源的星形接法

末端的连接点（N 点）称为中性点或零点，从中性点引出的导线称为中线或零线。从 3 个首端 U_1、V_1 和 W_1 引出的 3 根导线 L_1、L_2 和 L_3 称为相线或端线，俗称火线。这种从电源引出 4 根线的供电方式称为三相四线制。

每相绕组首端与末端间的电压，即火线与中线之间的电压称为相电压，其有效值用 U_1、U_2 和 U_3 表示，或统一用 U_P 表示。任意两首端间的电压，即两相线之间的电压称为线电压，其有效值分别用 U_{12}、U_{23} 和 U_{31} 表示，或用 U_L 表示。电压的参考方向用双下标法表示。例如，线电压 u_{12} 的参考方向是由 L_1 指向 L_2，书写时顺序不能颠倒，否则相位相差 180°。如 $u_{21}=-u_{12}$。

三相交流电源星形连接时，其相电压和线电压显然是不相等的，它们之间的关系根据 KVL 的推广应用可得

$$\begin{cases} u_{12} = u_1 - u_2 \\ u_{23} = u_2 - u_3 \\ u_{31} = u_3 - u_1 \end{cases} \quad (2.6.4)$$

用相量表示为

$$\begin{cases} \dot{U}_{12} = \dot{U}_1 - \dot{U}_2 \\ \dot{U}_{23} = \dot{U}_2 - \dot{U}_3 \\ \dot{U}_{31} = \dot{U}_3 - \dot{U}_1 \end{cases} \quad (2.6.5)$$

图 2.6.7 所示为相电压和线电压的相量图。从图中可以看出，线电压也是频率相同、振幅相等、相位互差 120°的三相对称电压。从相量图上还可得出，相电压与线电压的关系为线电压有效值 U_L 是相电压有效值 U_P 的 $\sqrt{3}$ 倍，且线电压在相位上比相应的相电压超前 30°，即

$$\begin{cases} \dot{U}_{12} = \sqrt{3}\dot{U}_1 \angle 30° \\ \dot{U}_{23} = \sqrt{3}\dot{U}_2 \angle 30° \\ \dot{U}_{31} = \sqrt{3}\dot{U}_3 \angle 30° \end{cases} \quad (2.6.6)$$

$$U_L = \sqrt{3} U_P \quad (2.6.7)$$

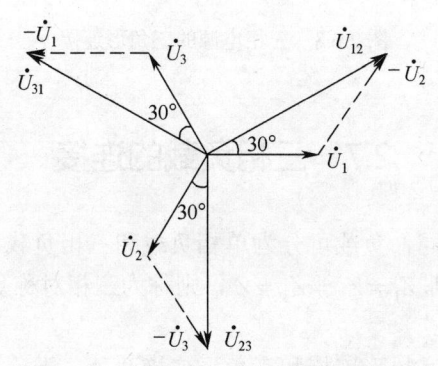

图 2.6.7　星形连接中的相电压和线电压

从相量图还可得出，3 个线电压在相位上互差 120°，故线电压也是对称的。

星形连接的三相电源，有时只引出 3 根端线，不引出中线。这种供电方式称作三相三线制，它只能提供线电压，主要在高压输电时采用。

【例 2.6.1】 已知三相交流电源相电压 $U_P = 220V$，求线电压 U_L。

解：线电压为

$$U_L = \sqrt{3} U_P = \sqrt{3} \times 220 \approx 380 \text{（V）}$$

由此可见，我们平日所用的 220V 电压是指相电压，即相线和中线之间的电压，380V 电压是指相线和相线之间的电压，即线电压。所以，三相四线制供电方式可给我们提供两种用电电压。

2. 三角形（△）接法

除星形连接以外，电源的 3 个绕组还可以连接成三角形，即把一相绕组的首端与另一相绕组的末端依次连接，再从 3 个接点处分别引出端线，如图 2.6.8 所示。其线电压等于相应相电压，即

$$\begin{cases} \dot{U}_{12} = \dot{U}_1 \\ \dot{U}_{23} = \dot{U}_2 \\ \dot{U}_{31} = \dot{U}_3 \end{cases} \quad (2.6.8)$$

三相交流电源做三角形连接时，3 个电压源同时作用在三相绕组的闭合回路中，由于 $\dot{U}_1 + \dot{U}_2 + \dot{U}_3 = 0$，所以回路中的总电压为零，不会产生环流。但若有一相绕组接反，则 $\dot{U}_1 + \dot{U}_2 + \dot{U}_3 \neq 0$，回路中将会产生很大的环流，致使三相交流电源设备烧毁。因此，在使用时应加以注意。

发电机绕组很少用三角形接法，但作为三相电源用的三相变压器绕组，星形和三角形两种接法都会用到。

图 2.6.8　三相电源的三角形连接

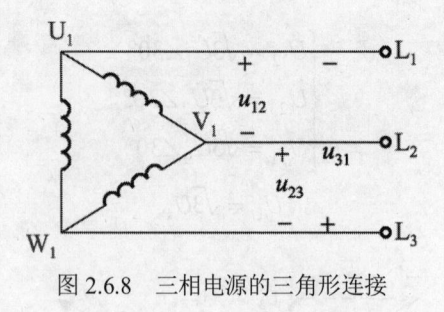

2.7　三相负载的连接

按对供电电源的要求不同，负载可分为单相负载和三相负载。三相负载又可分为两类：若每相负载的复阻抗相等，即 $Z_1 = Z_2 = Z_3 = Z$，则称为三相对称负载，如三相交流电动机等；否则称为三相不对称负载。

三相负载的连接方式也有星形连接和三角形连接两种。无论采取哪种连接方式，都有以下命名规则：将每相负载首、末两端之间的电压称为相电压；将两相负载首端之间的电压称为线电压；流过每相负载的电流称为相电流，其有效值用 I_P 表示；流过相线的电流称为线电流，其有效值用 I_L 表示。在将负载接入三相电路时，应遵循以下两个原则。

（1）加在负载上的电压必须等于其额定电压。

（2）应尽可能使电源的各相负载均匀对称，从而使三相交流电源趋于平衡。

1. **三相负载的星形连接**

如图 2.7.1 所示，将三相负载的末端连接于 N'点，并与三相交流电源的中线相连，三相负载的首端分别接到 3 根相线上，这种连接方式称为三相负载的星形连接，这种连接方式组成的电路称为负载做星形连接的三相四线制电路。图中标出了电压和电流的参考方向，$|Z_1|$、$|Z_2|$ 和 $|Z_3|$ 分别为每相负载的阻抗模。在这种连接方式中，不论负载对称与否，其相电压和线电压均分别等于三相交流电源的相电压和线电压。

显然，三相负载做星形连接时，其相电流等于相应的线电流，即

$$I_P = I_L$$

图 2.7.1　三相负载的星形连接

此时，各相电源与各相负载经中线构成各自独立的回路，因此，可以利用单相交流电路的分析方法来对每相负载进行独立分析。每相电流为

$$\begin{cases} \dot{I}_1 = \dfrac{\dot{U}_1}{Z_1} = \dfrac{U_1\angle 0°}{|Z_1|\angle\varphi_1} = I_1\angle -\varphi_1 \\ \dot{I}_2 = \dfrac{\dot{U}_2}{Z_2} = \dfrac{U_2\angle -120°}{|Z_2|\angle\varphi_2} = I_2\angle(-120°-\varphi_2) \\ \dot{I}_3 = \dfrac{\dot{U}_3}{Z_3} = \dfrac{U_3\angle 120°}{|Z_3|\angle\varphi_3} = I_3\angle(120°-\varphi_3) \end{cases} \quad (2.7.1)$$

中线的电流可根据 KCL 得出，即

$$\dot{I}_N = \dot{I}_1 + \dot{I}_2 + \dot{I}_3 \quad (2.7.2)$$

三相负载做星形连接时，其电压和电流的相量图如图 2.7.2 所示。

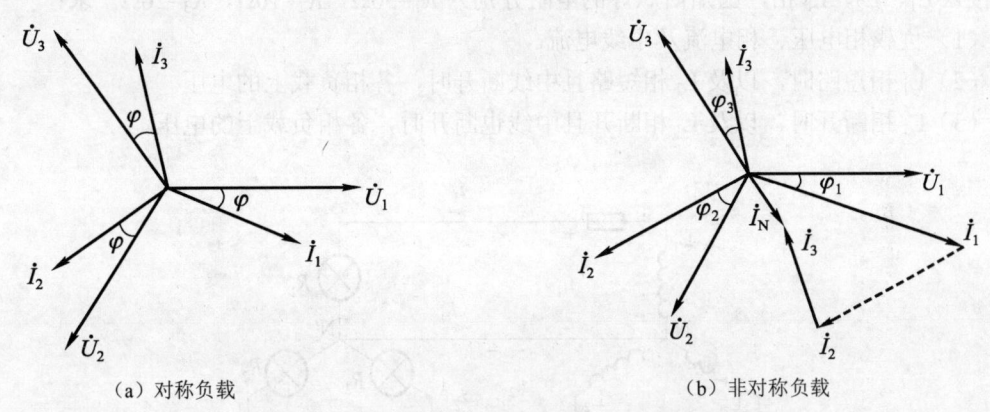

（a）对称负载　　　　　　　　　　　　（b）非对称负载

图 2.7.2　星形连接时的三相负载电压电流相量图

因电源为对称的三相交流电源，若电路中的三相负载也对称，即 $Z_1 = Z_2 = Z_3 = Z$，则此时的电路为三相对称电路。由于电压对称及各相负载相同，所以流过各相负载的电流也是对称的，即

$$\begin{cases} \dot{I}_1 = \dfrac{\dot{U}_1}{Z} = \dfrac{U_1\angle 0°}{|Z|\angle\varphi} = I_P\angle -\varphi \\ \dot{I}_2 = \dfrac{\dot{U}_2}{Z} = \dfrac{U_2\angle -120°}{|Z|\angle\varphi} = I_P\angle(-120°-\varphi) \\ \dot{I}_3 = \dfrac{\dot{U}_3}{Z} = \dfrac{U_3\angle 120°}{|Z|\angle\varphi} = I_P\angle(120°-\varphi) \end{cases}$$

此时，中线的电流等于零，即

$$\dot{I}_N = \dot{I}_1 + \dot{I}_2 + \dot{I}_3 = 0 \quad (2.7.3)$$

这种情况下，取消中线也不会影响三相交流电路的工作，三相四线制电路实际上就变成了三相三线制电路，如图 2.7.3 所示。由于工业生产上的三相负载一般都是对称的，所以三相三线制电路在工业生产上的应用十分广泛。

当三相负载不对称时，中线电流不等于零。此时中线绝对不能去掉，否则，负载上的相电压将会不对称，从而导致有的负载上的相电压高于额定电压，有的负载上的相电压低于额定电压，负载不能正常工作。

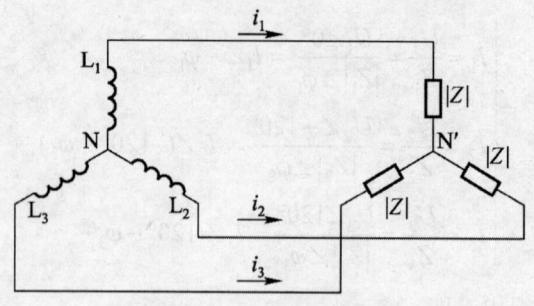

图 2.7.3 三相三线制电路

【例 2.7.1】 如图 2.7.4 所示，三相对称电源 U_P=220V，将 3 盏额定电压为 220V 的白炽灯分别接入 L_1、L_2、L_3 相，已知白炽灯的电阻分别为 R_1=50Ω，R_2=10Ω，R_3=20Ω。求：

（1）负载相电压、相电流及中线电流。

（2）L_1 相短路时，以及 L_1 相短路且中线断开时，各相负载上的电压。

（3）L_1 相断开时，以及 L_1 相断开且中线也断开时，各相负载上的电压。

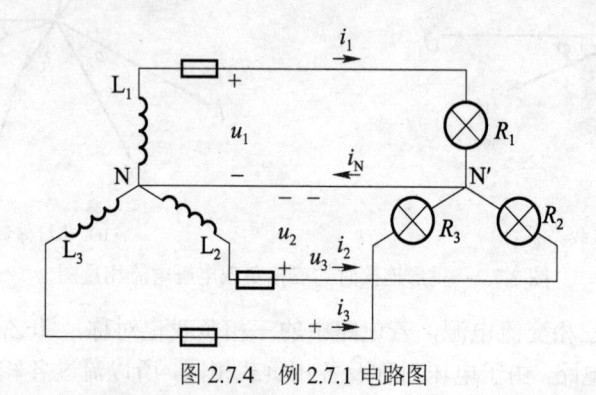

图 2.7.4 例 2.7.1 电路图

解：（1）在负载做星形连接的三相四线制电路中，负载的相电压等于电源的相电压，是对称的，其有效值为 220V。各相电流为

$$\dot{I}_1 = \frac{\dot{U}_1}{R_1} = \frac{220\angle 0°}{5} = 44\angle 0° \text{（A）}$$

$$\dot{I}_2 = \frac{\dot{U}_2}{R_2} = \frac{220\angle -120°}{10} = 22\angle -120° \text{（A）}$$

$$\dot{I}_3 = \frac{\dot{U}_3}{R_3} = \frac{220\angle 120°}{20} = 11\angle 120° \text{（A）}$$

于是可得中线电流

$$\dot{I}_N = \dot{I}_1 + \dot{I}_2 + \dot{I}_3$$
$$= 44\angle 0° + 22\angle -120° + 11\angle 120°$$
$$= [44 + (-11 - j18.9) + (-5.5 + j9.45)]$$
$$= 27.5 - j9.45$$
$$= (29.1\angle -19°) \text{（A）}$$

（2）L_1 相短路时，短路电流很大，L_1 相中的熔断器将会熔断，R_1 两端的电压 $U_1=0$；此时 L_2 相和 L_3 相不受影响，R_2、R_3 两端的相电压 U_2、U_3 仍为 220V。

L_1 相短路且中线断开时，电路如图 2.7.5 所示。此时，负载中性点 N′ 即 L_1，因此，各负载的相电压为

$$\begin{cases} \dot{U}_1' = 0 \\ \dot{U}_2' = \dot{U}_{21} \\ \dot{U}_3' = \dot{U}_{31} \end{cases}$$

即

$$\begin{cases} U_1' = 0 \\ U_2' = 380 \text{ V} \\ U_3' = 380 \text{ V} \end{cases}$$

由于 R_2、R_3 两端的电压都超过了其额定电压，所以两灯将会被烧坏。

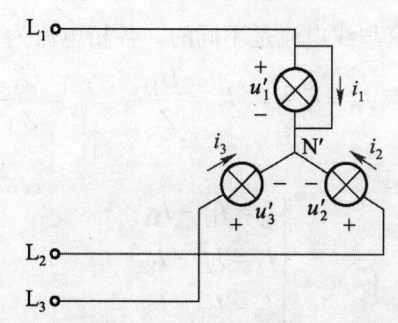

图 2.7.5　例 2.7.1 中 L_1 相短路时的等效负载接线

（3）L_1 相断开时，R_1 两端的相电压 $U_1=0$；此时 L_2、L_3 相不受影响，R_2、R_3 两端的相电压 U_2、U_3 仍为 220 V。

L_1 相断开且中线也断开时，电路变为单相电路，即 R_2、R_3 串联，接在线电压 $U_{23}=380V$ 的电源上，两相电流相同。根据串联电路的分压关系，R_2、R_3 两端的相电压分别为

$$\begin{cases} U_2' = \dfrac{R_2}{R_2+R_3}U_{23} = \dfrac{10}{10+20}\times 380 \approx 127 \text{（V）} \\ U_3' = \dfrac{R_3}{R_2+R_3}U_{23} = \dfrac{20}{10+20}\times 380 \approx 253 \text{（V）} \end{cases}$$

可见，R_2 两端的相电压小于额定电压，而 R_3 两端的相电压大于额定电压，两灯都不能正常工作。

由本例可知，为了保证负载正常工作，中线不得断开。因此，规定中线上不准安装开关和熔断器，而且为了使中线本身具有足够大的机械强度，可在中线上加装钢芯。

2. 三相负载的三角形连接

将三相负载分别连接到三相交流电源的两根相线之间，这种连接方式称为三相负载的三角形连接，如图 2.7.6 所示。电压和电流的参考方向都已在图中标出，$|Z_{12}|$、$|Z_{23}|$ 和 $|Z_{31}|$ 分别为每相负载的阻抗模。

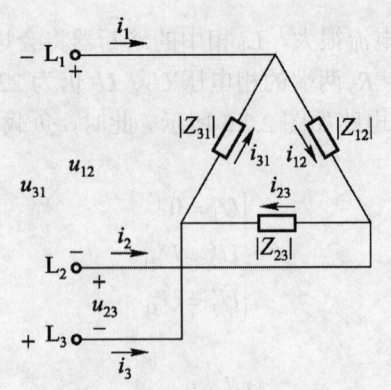

图 2.7.6 三相负载的三角形连接

由于每相负载都直接连接在电源的两根相线之间,所以负载的相电压与电源的线电压相等,且不论负载对称与否,其相电压总是对称的,即

$$U_{12} = U_{23} = U_{31} = U_P = U_L \tag{2.7.4}$$

负载做三角形连接时,其相电流与线电流是不同的。各相电流为

$$\dot{I}_{12} = \frac{\dot{U}_{12}}{Z_{12}}, \quad \dot{I}_{23} = \frac{\dot{U}_{23}}{Z_{23}}, \quad \dot{I}_{31} = \frac{\dot{U}_{31}}{Z_{31}}$$

根据 KCL,可得各线电流为

$$\begin{cases} \dot{I}_1 = \dot{I}_{12} - \dot{I}_{31} \\ \dot{I}_2 = \dot{I}_{23} - \dot{I}_{12} \\ \dot{I}_3 = \dot{I}_{31} - \dot{I}_{23} \end{cases}$$

若三相负载对称,即 $Z_{12} = Z_{23} = Z_{31} = Z$,则负载的相电流也是对称的。此时,线电流与相电流的相量图如图 2.7.7 所示。显然,线电流也是对称的,其有效值为相电流的 $\sqrt{3}$ 倍,其相位比相应的相电流滞后 30°,即

$$\begin{cases} \dot{I}_1 = \sqrt{3}\dot{I}_{12}\angle -30° \\ \dot{I}_2 = \sqrt{3}\dot{I}_{23}\angle -30° \\ \dot{I}_3 = \sqrt{3}\dot{I}_{31}\angle -30° \end{cases}$$

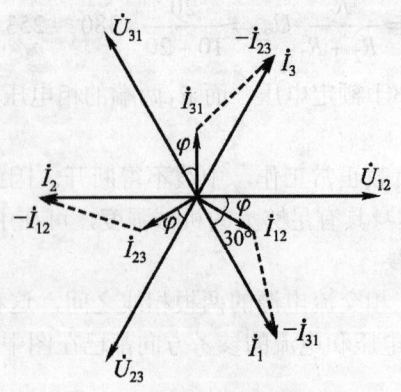

图 2.7.7 线电流与相电流的相量图

2.8 三相交流电路的功率

三相交流电路可看作是 3 个单相交流电路的组合，因此，单相交流电路的功率计算可直接应用到三相交流电路中。三相交流电路的功率主要包括有功功率、无功功率和视在功率。

1. 有功功率

在三相交流电路中，不论负载如何连接，电路总的有功功率都等于各相有功功率之和，即

$$P = P_1 + P_2 + P_3 \tag{2.8.1}$$

在电源和负载均对称的三相交流电路中，由于各相电压、相电流及阻抗角都相等，所以，式（2.8.1）可写为

$$P = 3P_P = 3U_P I_P \cos\varphi \tag{2.8.2}$$

式中，φ 为相电压 U_P 与相电流 I_P 之间的相位差。

由于实际工作中线电压和线电流的测量较为容易，所以三相功率通常用线电压和线电流来计算。当对称负载做星形连接时有

$$U_P = \frac{U_L}{\sqrt{3}}, \quad I_P = I_L, \quad P = \sqrt{3} U_L I_L \cos\varphi$$

当对称负载做三角形连接时有

$$U_P = U_L, \quad I_P = \frac{I_L}{\sqrt{3}}, \quad P = \sqrt{3} U_L I_L \cos\varphi$$

因此，无论对称负载是做星形连接还是做三角形连接，其有功功率均为

$$P = \sqrt{3} U_L I_L \cos\varphi \tag{2.8.3}$$

式中，φ 为相电压 U_P 与相电流 I_P 之间的相位差。

2. 无功功率

三相交流电路中负载的无功功率也等于各相负载的无功功率之和。同理，三相对称负载无论是做星形连接还是做三角形连接，其无功功率均为

$$Q = 3U_P I_P \sin\varphi = \sqrt{3} U_L I_L \sin\varphi \tag{2.8.4}$$

式中，φ 仍是相电压 U_P 与相电流 I_P 之间的相位差。

3. 视在功率

三相对称负载的视在功率为

$$S = \sqrt{P^2 + Q^2} = 3U_P I_P = \sqrt{3} U_L I_L \tag{2.8.5}$$

三相负载铭牌上标注的功率是额定有功功率，标注的电压是额定线电压，标注的电流是额定线电流。

【例 2.8.1】有一三相对称负载，每相电阻 $R=6\Omega$，电抗 $X=8\Omega$，三相交流电源的线电压为 380V。求：

（1）负载做星形连接时的有功功率 P。
（2）负载做三角形连接时的有功功率 P'。

解：每相阻抗的阻抗模为

$$|Z| = \sqrt{6^2 + 8^2} = 10 \ (\Omega)$$

功率因数为
$$\cos\varphi = \frac{R}{|Z|} = \frac{6}{10} = 0.6$$

（1）负载做星形连接时，相电压为 220V，线电流等于相电流，即
$$I_L = I_P = \frac{U_P}{|Z|} = \frac{220}{10} = 22 \text{（A）}$$

由式（2.8.3）可得有功功率为
$$P = \sqrt{3} U_L I_L \cos\varphi = \sqrt{3} \times 380 \times 22 \times 0.6 = 8688 \text{（W）} \approx 8.7 \text{（kW）}$$

（2）负载做三角形连接时，相电压等于线电压，即 $U_P' = U_L = 380\text{V}$，相电流为
$$I_P' = \frac{U_P'}{|Z|} = \frac{380}{10} = 38 \text{（A）}$$

线电流为相电流的 $\sqrt{3}$ 倍，即
$$I_L' = \sqrt{3} I_P' = \sqrt{3} \times 38 \approx 65.8 \text{（A）}$$

根据式（2.8.3）可得有功功率为
$$P' = \sqrt{3} U_L I_L' \cos\varphi = \sqrt{3} \times 380 \times 65.8 \times 0.6 = 25985 \text{（W）} \approx 26 \text{（kW）}$$

习 题

2.1 已知某正弦电压的瞬时值表达式为 $u = 300\sin(\omega t + 45°)\text{V}$，画出该电压波形图。

2.2 一个电热器接在 10V 的直流电源上和接在交流电源上在一个交流周期内产生的热量相同，则该交流电源电压的最大值为（　　）V。

  A．14.14   B．1
  C．10   D．5

2.3 一个电热器接在 10V 的直流电源上，在时间 t 内产生的热量为 Q，今将该电热器接在一交流电源上，它在 $2t$ 内产生的热量为 Q，则这一交流电源的交流电压的最大值和有效值分别是（　　）。

  A．最大值是 $10\sqrt{2}$ V，有效值是 10V
  B．最大值是 10V，有效值是 $5\sqrt{2}$ V
  C．最大值是 $5\sqrt{2}$ V，有效值是 5V
  D．最大值是 20V，有效值是 $10\sqrt{2}$ V

2.4 一正弦交流电压 $u = 220\sin(\omega t + 60°)\text{V}$，它的有效值为（　　）V。

  A．156   B．100
  C．70.7   D．200

2.5 某正弦电压有效值为 380V，频率为 50Hz，计时始数值等于 380V，其瞬时值表达式为（　　）V。

  A．$u = 380\sin 314t$ B．$u = 537\sin(314t + 45°)$
  C．$u = 380\sin(314t + 90°)$ D．$u = 537\sin 314t$

2.6 电流波形如图 2.9.1 所示，已知波形频率 $f = 50\text{Hz}$。求电流的 I_m，I，ω，φ，i。

图 2.9.1 题 2.6 图

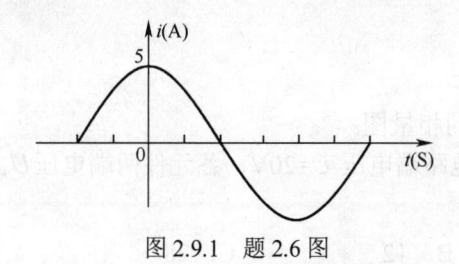

2.7 如 $i_1 = 5\sqrt{2}\sin(\omega t + 90°)$ A，$i_2 = 5\sqrt{2}\sin\omega t$ A，用相量法求 $i = i_1 + i_2$。

2.8 已知 $u_1 = 220\sin(\omega t + 90°)$ V，$u_2 = 220\sin(\omega t + 30°)$ V，用相量法求 $u = u_1 - u_2$ 的有效值。

2.9 已知 $i_1 = 2\sin(\omega t + 30°)$ A，$i_2 = 5\sin(\omega t + 90°)$ A，$i_3 = 5\sin\omega t$ A，$i_4 = 10\sin(\omega t - 120°)$ A，用相量法求 $i = i_1 + i_2 + i_3 + i_4$。

2.10 纯电感电路中，已知电流的初相角为 $-60°$，则电压的初相角为（　　）。

  A．30°   B．60°   C．90°   D．120°

2.11 加在容抗为 100Ω 的纯电容两端的电压 $u_C = 100\sin\left(\omega t - \dfrac{\pi}{3}\right)$ V，则通过电容的电流是（　　）A。

  A．$i_C = 100\sin\left(\omega t + \dfrac{\pi}{3}\right)$ B．$i_C = \sin\left(\omega t + \dfrac{\pi}{6}\right)$

  C．$i_C = \sqrt{2}\sin\left(\omega t + \dfrac{\pi}{3}\right)$ D．$i_C = \sqrt{2}\sin\left(\omega t + \dfrac{\pi}{6}\right)$

2.12 两纯电感串联，$X_{L1} = 10Ω$，$X_{L2} = 15Ω$，下列结论正确的是（　　）。

  A．总电感为 25H   B．总感抗 $X_{L1} = \sqrt{X_{L1}^2 + X_{L2}^2}$

  C．总感抗为 25Ω   D．总感抗随交流电频率增大而减小

2.13 某电感线圈接入直流电，测出 $R=12Ω$，接入工频交流电，测出阻抗模为 $|Z|=20Ω$，则线圈的感抗为（　　）Ω。

  A．32   B．20   C．16   D．8

2.14 电容元件的正弦交流电路中，电压有效值不变，频率增大时，电路中电流将（　　）。

  A．增大   B．减小   C．不变   D．以上答案均不正确

2.15 在图 2.9.2 所示的电路中，当交流电压 u 的有效值不变，频率增高时，电阻元件、电感元件、电容元件上的电流将如何变化？

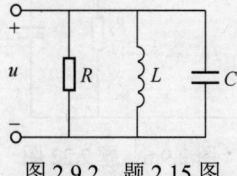

图 2.9.2 题 2.15 图

2.16 已知一电感 $L = 80\text{mH}$，外加电压 $u = 50\sin(314t + 65°)$ V。试求：

（1）感抗 X_L。

（2）电感中的电流 I。
（3）电流瞬时值 i。
（4）画出电压与电流的相量图。

2.17 已知 RLC 串联电路端电压 $U=20$V，各元件两端电压 $U_R=12$V，$U_L=28$V，$U_C=$（　　）V。

　　A. 4　　　　B. 12　　　　C. 28　　　　D. 32

2.18 在 RL 串联电路中，$U_R=16$V，$U_L=12$V，则总电压为（　　）V。

　　A. 28　　　　B. 16　　　　C. 2　　　　D. 20

2.19 电路如图 2.9.3 所示，已知 $\omega=2$rad/s，求电路的总阻抗 Z_{ab}。

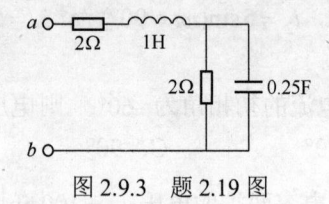

图 2.9.3　题 2.19 图

2.20 如图 2.9.4 所示电路，已知 $U=100$V，$R_1=20\Omega$，$R_2=10\Omega$，$X_L=10\sqrt{3}\Omega$，求：

（1）电流 I，并画出电压电流相量图。
（2）计算电路的功率 P 和功率因数 $\cos\varphi$。

2.21 如图 2.9.5 所示电路中 $u_s=10\sin 314t$V，$R_1=20\Omega$，$R_2=10\Omega$，$L=637$mH，$C=637\mu$F，求电流 i_1、i_2 和电压 u_C。

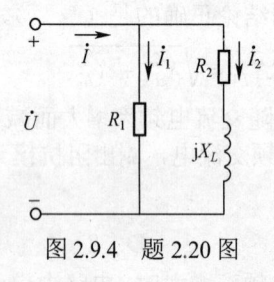

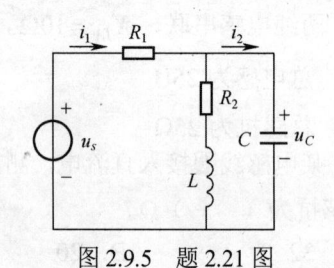

图 2.9.4　题 2.20 图　　　　图 2.9.5　题 2.21 图

2.22 如图 2.9.6 所示电路中，已知电源电压 $U=12$V，$\omega=2000$rad/s，求电流 I、I_1。

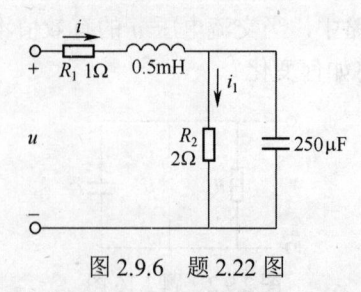

图 2.9.6　题 2.22 图

2.23 在 RLC 串联电路中，当电源电压大小不变，而频率从其谐振频率逐渐减小时，电路中的电流将（　　）。

　　A. 保持某一定值不变　　　　B. 从某一最小值逐渐变大

C. 从某一最大值逐渐变小　　　　　　D. 不能判定

2.24　三相交流发电机产生的三相交流电动势的频率、振幅和相位有什么特点？

2.25　已知对称三相电源的相电压 $u_B = 10\sin(\omega t - 60°)$V，相序为 $A \to B \to C$，则电源作星形连接时，线电压 u_{BC} 为（　　）V。

A. $10\sqrt{3}\sin(\omega t - 30°)$　　　　B. $10\sqrt{3}\sin(\omega t - 90°)$
C. $10\sin(\omega t + 90°)$　　　　　　D. $10\sin(\omega t + 150°)$

2.26　三相四线制供电电路中，已知作星形连接的三相负载中 U 相位为纯电阻，V 相为纯电感，W 相为纯电容，通过三相负载的电流均为 10A，则中性电流为（　　）A。

A. 30　　　　B. 10　　　　C. 7.32　　　　D. 20

2.27　已知对称三相交流电路，每相负载的电阻 $R=8\Omega$，感抗为 $X_L=6\Omega$，设电源电压为 $U_L=380$V。求负载星形连接时的相电流、相电压和线电流的相量值，并画出它们的相量图。

2.28　对称三相电路如图 2.9.7 所示，已知 $\dot{U}_A = 220\angle 0°$V，$Z = (3+j4)\Omega$，求每相负载的相电压、相电流及线电流的相量。

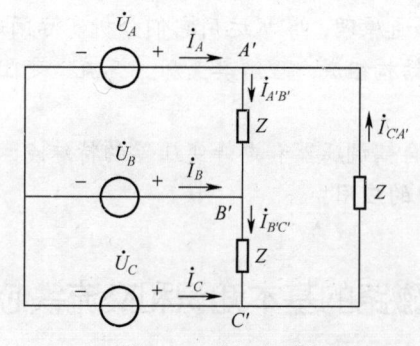

图 2.9.7　题 2.28 图

2.29　在图 2.9.8 中，试求负载中的电流和电压以及线电压的大小。

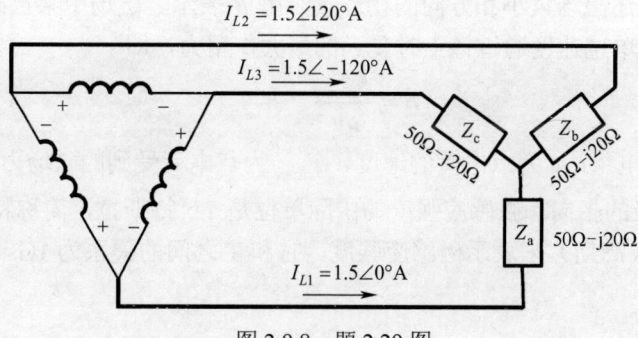

图 2.9.8　题 2.29 图

第 3 章 磁路和变压器

电工技术中不仅要讨论电路问题,还要讨论磁路问题。在电力系统中广泛应用的变压器、电动机、发电机、继电器及接触器等电气设备,其内部都有铁芯和线圈,当线圈通过较小电流时,能在铁芯内部产生较强磁场,从而使线圈上感应出电动势或对线圈产生电磁力。线圈通电属于电路问题;电流产生的磁场局限于铁芯内部,形成磁路,属于磁路问题。磁路问题与磁场有关,与磁介质有关,而且磁场往往还与电流相关联,因此,本章要先讨论磁路、磁场及其基本物理量,然后研究变压器的磁路,理解变压器的基本结构、组成及工作原理。

知识点与学习要求

(1) 了解铁芯线圈磁路中几个基本物理量的概念;了解铁磁性材料的磁性能、分类及用途;理解磁路欧姆定律和主磁通原理,掌握运用它们分析实际问题的方法。

(2) 了解变压器的基本结构组成;理解其变压、变流、变阻抗工作原理及它们与变比之间的关系。

(3) 了解仪用互感器、自耦调压器和电焊变压器的特殊点;熟悉它们的应用场合;理解这些特殊变压器在工程实际中的应用。

3.1 磁路的基本知识和交流铁芯线圈

3.1.1 磁感应强度

磁感应强度是描述磁场大小和方向的物理量,用 B 表示。磁场中某点磁感应强度 B 的大小等于单位正电荷以单位速度通过该点时受到的最大作用力,即

$$B = \frac{F_{max}}{qv} \tag{3.1.1}$$

其中,q 为点电荷的电量;v 为点电荷的速度,F_{max} 为点电荷受到的磁场力的最大值。B 的方向即该处小磁针 N 极的指向。磁感应强度的国际单位是 T(特斯拉,简称特)。工程中常用到一个较小的单位 Gs(高斯)来表示磁感应强度。它和 T 之间的关系为 $1Gs=10^{-4}T$。

3.1.2 磁通

磁通(磁通量)是描述磁场某一范围分布情况的物理量。磁感应强度 B 与垂直于磁场方向的某一横截面面积 S 的乘积称为通过该面积的磁通 Φ,如图 3.1.1 所示。

$$\Phi = BS \tag{3.1.2}$$

磁通是标量。在 SI 中,磁通的单位是 Wb(韦伯)。

图 3.1.1 磁通

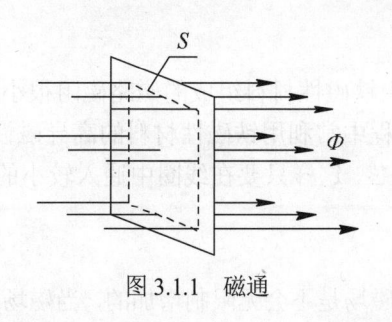

3.1.3 磁导率

1. 磁导率和相对磁导率

磁导率是表征磁介质导磁性能的物理量。磁导率可分为**绝对磁导率**和**相对磁导率**。绝对磁导率通常简称磁导率,用 μ 表示。实验测得真空中的磁导率为 $\mu_0=4\pi\times10^{-7}$ H/m。

磁导率 μ 的单位是 H/m(亨/米)。磁导率值大的材料,导磁性能好。所谓导磁性能好,指的是这类材料被磁化后能产生很大的附加磁场。这类物质有铁、钴、镍及其合金。通常把这类物质叫作铁磁性物质或磁性物质。

某物质的磁导率 μ 与真空磁导率 μ_0 的比值称作该物质的相对磁导率,用 μ_r 表示,即 $\mu_r=\mu/\mu_0$。空气、木材、纸、铝等非磁性材料的磁导率与真空磁导率近似相等,即 $\mu\approx\mu_0$,由此可知,非磁性材料的 $\mu_r\approx1$。

2. 非磁性材料和铁磁性材料

自然界的物质大致可分为两大类:非磁性材料和铁磁性材料。

(1)非磁性材料,如空气、塑料、铜、铝、橡胶等。这些材料的导磁能力很差,磁导率均与真空的磁导率非常接近,它们的相对磁导率均约等于 1。非磁性材料的磁导率可认为是常量。

(2)铁磁性材料,如铁、镍、钴、钢及其合金等。这些材料的导磁能力非常强,其磁导率一般为真空的几百、几千乃至几万、几十万倍。如铸铁,其相对磁导率 $\mu_r\approx200\sim400$;铸钢的相对磁导率 $\mu_r\approx500\sim2200$;硅钢的 $\mu_r\approx7000\sim10000$;坡莫合金的 $\mu_r\approx20000\sim200000$。显然,铁磁性材料的磁导率不是常量,而是一个范围,即随外部条件变化。铁磁性材料的相对磁导率远大于 1。

3.1.4 磁场强度

磁场强度是一个辅助矢量,用 H 表示。对于各向同性线性磁介质,H 和 B 的关系为

$$H=\frac{B}{\mu} \tag{3.1.3}$$

式中,μ 为磁介质的(绝对)磁导率。磁场强度 H 的国际单位是 A/m(安/米)。

3.1.5 铁磁性材料的磁性能

自然界的所有物质可根据磁导率的大小分为铁磁性材料和非磁性材料两大类,一类是铁磁性材料,如铁、钴等,磁性材料的相对磁导率 $\mu_r\gg1$,导磁性能远比真空好,常用来做成铁芯;另一类是非磁性材料,如各种气体、非金属材料等,非磁性材料的相对磁导率 $\mu_r\approx1$,导磁性能与真空接近。其中,铁磁性材料具有下列磁性能。

1. 高导磁性

磁导率 μ 可达 $10^2 \sim 10^4$，由铁磁性材料组成的磁路磁阻很小，在线圈中通入较小的电流即可获得较大的磁通。在实际工程中常利用铁磁性材料的高导磁性，如在变压器、电动机、电磁铁等电气设备的线圈中放入铁芯，这样只要在线圈中通入较小的励磁电流，就可产生足够大的磁通和磁感应强度。

2. 磁饱和性

铁磁性材料因磁化产生的磁场是不会无限制增加的，当磁场强度 H（或励磁电流 I）增大到一定程度时，磁感应强度 B 不会随 H 的增大而无限增大，这时的磁感应强度 B 将达到饱和值。

铁磁性材料的磁化特性通常用**磁化曲线**表示，即 B-H 曲线，如图 3.1.2 所示。

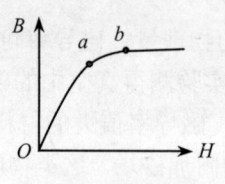

图 3.1.2 磁化曲线

磁化曲线可分为 3 段：在 Oa 段曲线，磁感应强度 B 随着磁场强度 H 的增大而几乎是线性增大，磁导率 μ 很大；在 ab 段曲线，随着 H 的增大，B 的增大变慢，趋向饱和，在 b 点附近，μ 达最大值；在 b 点以后的曲线，H 增大，B 几乎不再增大，这说明磁路已达饱和。

不同铁磁性材料的磁化曲线也不同，几种常用铁磁性材料的磁化曲线如图 3.1.3 所示。

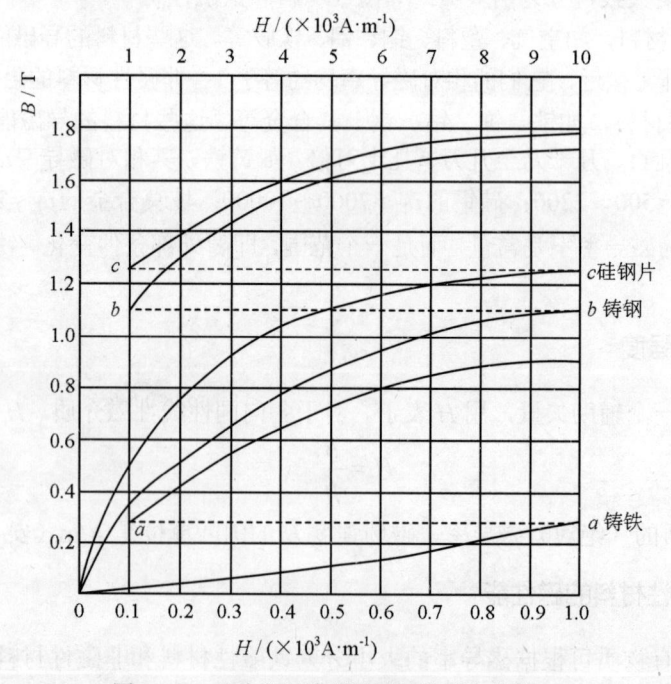

图 3.1.3 几种常用铁磁性材料的磁化曲线

3. 磁滞性

磁滞现象可以用磁畴来解释。铁磁质的磁性主要来源于电子自旋磁矩。在无外磁场的情况下，铁磁质内有许多电子自旋磁矩整齐排列的自发磁化小区。这种自发磁化小区就是磁畴，如图 3.1.4（a）所示。它的体积约为 $10^{-8} \sim 10^{-10}$ m³ 数量级，其中包含 $10^{17} \sim 10^{21}$ 个原子。用实验的方法可以观察到磁畴的结构，铁磁质的许多特性都起因于磁畴。在无外磁场作用时，这些磁畴排列杂乱无章，它们的磁性相互抵消，对外不显磁性。在外磁场的作用下，磁畴趋向外磁场的方向，产生一个很大的附加磁场和外磁场相加，如图 3.1.4（b）所示。

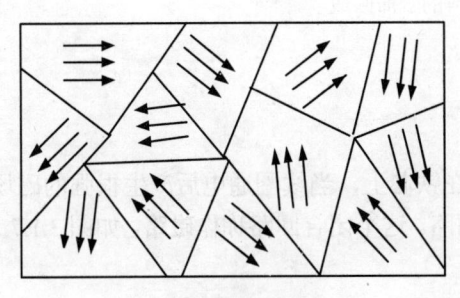

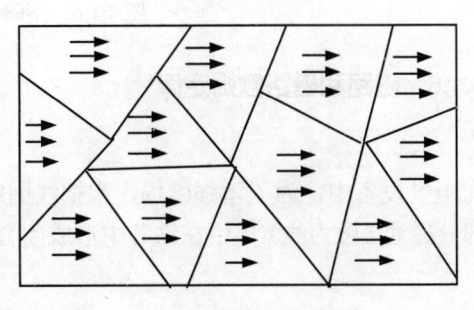

（a）无外磁场时的磁畴　　　　（b）有外磁场时的磁畴

图 3.1.4　磁畴

实际工程中的励磁电流是大小和方向都随时间往复变化的交流电流，线圈中通过交变电流时，H 的大小和方向都会改变，这时铁芯在交变磁场中反复磁化，在反复磁化的过程中，B 的变化总是滞后于 H 的变化，铁磁性材料的这种特性称为磁滞性，其曲线称为磁滞回线，如图 3.1.5 所示。

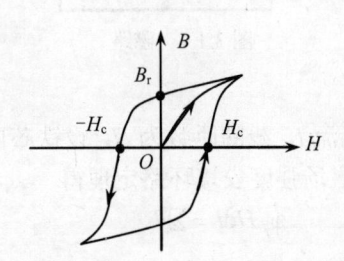

图 3.1.5　磁滞回线

由图 3.1.5 可见，当 H 减小时，B 也随之减小。但当 $H=0$ 时，铁芯在磁化时所获得的磁性还未完全消失，这时铁芯中所保留的磁感应强度称为剩磁 B_r。若要去掉剩磁，需要在反方向增加外磁场，通常是加反向励磁电流。这种使 $B=0$ 的磁场强度 H_c 称为矫顽力。

根据铁磁性材料的磁滞回线和磁化曲线，铁磁性材料可分为以下 3 种。

（1）软磁材料：矫顽力和剩磁都小，磁滞回线［图 3.1.6（a）］较窄，磁滞损耗小，常用来制造变压器、电机和接触器等的铁芯。

（2）硬磁材料：剩磁和矫顽力均较大，磁滞性明显，磁滞回线［图 3.1.6（b）］较宽，常用来制造永久磁铁。

（3）矩磁材料：只要受较小的外磁场作用就能磁化到饱和，当外磁场去掉时，磁性仍保持，磁滞回线［图 3.1.6（c）］几乎成矩形。该种材料的剩磁大，矫顽力小，常在电子技术和计算机技术中用作记忆元件、开关元件和逻辑元件。

(a) 软磁材料　　　(b) 硬磁材料　　　(c) 矩磁材料

图 3.1.6　不同材料的磁滞回线

3.1.6　磁路和磁路欧姆定律

1. 磁路

在电气设备中，为了增强磁场，常把线圈绕在铁芯上，当线圈通电后产生很强的磁场，并且大部分磁通（磁力线）集中在铁芯中形成闭合回路。这个闭合回路称作**磁路**，如图 3.1.7 所示。

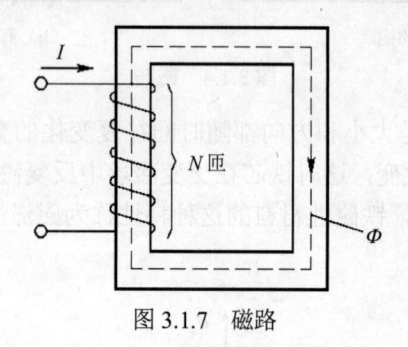

图 3.1.7　磁路

2. 磁动势

如图 3.1.7 所示，线圈通入电流 I，线圈匝数为 N，设铁芯内部磁路中的磁场强度为 H，所绕行的闭合磁路的长度为 L。由磁场强度安培环路定理得

$$\oint_L H \mathrm{d}l = \sum I$$

$$HL = NI \tag{3.1.4}$$

由上式可知，增大电流 I 或增大线圈匝数 N，都可以达到增大磁通的目的。可见，NI 的乘积是建立磁通的根源。所以把乘积 NI 称作磁路的**磁动势**，简称**磁势**。磁势用 F 来表示，即

$$F = NI \tag{3.1.5}$$

磁势的单位是 A。

3. 磁路欧姆定律和磁阻

以图 3.1.6 所示的磁路为例，将 $B = \mu H$ 和 $\Phi = BS$ 代入式（3.1.4）并整理得

$$\Phi = BS = \mu HS = \frac{HL}{\dfrac{L}{\mu S}} = \frac{HL}{R_\mathrm{m}} \tag{3.1.6}$$

式中：S 为磁路的横截面积，m^2；R_m 为磁路磁阻，$R_\mathrm{m} = \dfrac{L}{\mu S}$，1/H。

式（3.1.6）为**磁路欧姆定律**。因为铁磁性材料的磁导率 μ 不是常数，所以，磁路欧姆定律通常只用于定性分析，而不能用于定量分析。

4. 涡流

将导体放在交变电场中时，变化的磁场在导体内部中激发起涡旋电场，涡旋电场驱使导体中的自由电荷运动而形成电流，此电流称为涡电流，简称**涡流**，又叫傅科电流。

由于构成磁路的铁芯是闭合导体，因此在铁芯中将产生涡流，如图 3.1.8（a）中虚线所示。电机和变压器铁芯中的涡流是有害的，因为它不仅消耗电能，使电气设备效率降低，而且涡流损耗转变为热量，使设备温度升高，严重时将影响设备正常运行。在这种情况下，要尽量减小涡流。减小涡流的方法是采用表面彼此绝缘的硅钢片叠合，做成电气设备的铁芯，如图 3.1.8（b）所示。这样，一方面把产生涡流的区域变小，另一方面增加涡流的路径总长度，相当于增大涡流路径的电阻，因而可以减小涡流。

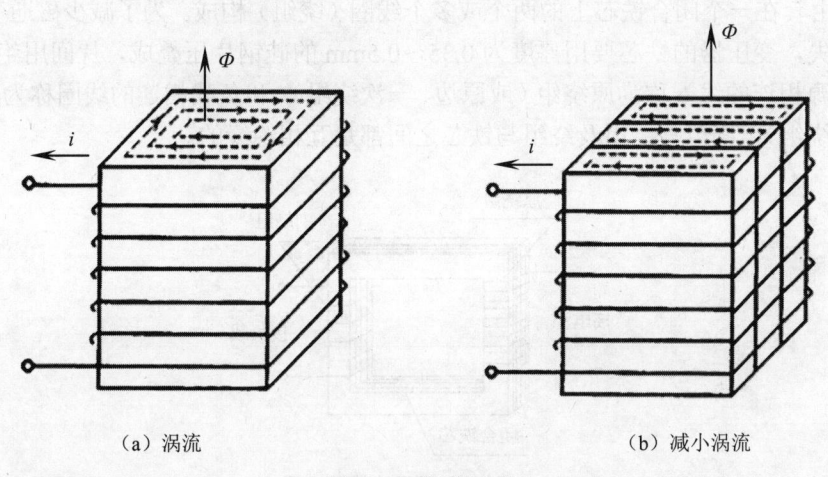

（a）涡流　　　　　　　　（b）减小涡流

图 3.1.8　涡流示意

5. 铁芯耗损

磁路在工作时，存在两种损耗，即磁滞损耗和涡流损耗。我们把这两种损耗统称为铁芯损耗。

（1）磁滞耗损。在直流磁场和交变磁场作用下，铁磁性材料由于存在不可逆磁化过程造成磁感应强度落后于磁场强度的变化，从而将损失一部分能量，称为**磁滞损耗**。它是铁磁性材料内部的小磁畴在交变磁化过程中反复转向，相互摩擦引起铁芯发热所致。

（2）涡流耗损。由涡流造成的焦耳热损耗称为**涡流损耗**。某些场合，涡流损耗是非常有害的。例如，电机和变压器中的涡流损耗会使铁芯发热，严重时烧毁设备。但是，人们又在许多方面利用涡流的热效应，如利用涡流的热效应制成高频感应电炉，它被广泛用于冶金工业和科学研究中。

3.2　变压器的基本构造和工作原理

3.2.1　变压器的分类

变压器的类型有很多，我们主要从以下几个方面进行简单介绍。

1. 按照用途分类

按用途不同,变压器可分为**电力变压器**和**特殊变压器**两类。其中,电力变压器是应用于电力系统中进行变配电的变压器,常用的有升压变压器、降压变压器、配电变压器等;特殊变压器是针对特殊需要而制造的变压器,如整流变压器、冲击变压器、电焊变压器等。

2. 按电源的相数分类

按照电源相数不同,变压器可分为**单相变压器**、**三相变压器**和**多相变压器**。

3.2.2 变压器的基本构造

变压器种类繁多,但其基本结构是相同的,主要由铁芯和绕组两部分构成。如图 3.2.1 所示,变压器由套在一个闭合铁芯上的两个或多个线圈(绕组)构成。为了减少磁通变化时所引起的涡流损失,变压器的铁芯要用厚度为 0.35~0.5mm 的硅钢片压叠成,片间用绝缘漆隔开。变压器和电源相连的线圈称为原绕组(或原边、一次绕组),和负载相连的线圈称为副绕组(或副边、二次绕组)。绕组与绕组及绕组与铁芯之间都是互相绝缘的。

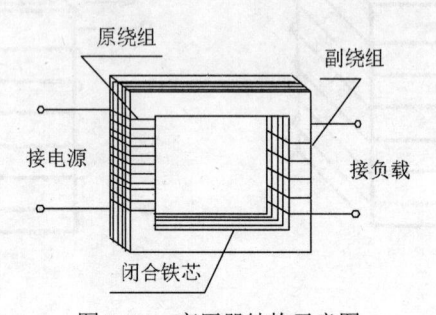

图 3.2.1 变压器结构示意图

3.2.3 变压器的工作原理

变压器的工作原理即电磁感应原理。如图 3.2.2 所示,设一次绕组的匝数为 N_1,输入电压为 u_1,输入电流为 i_1,主磁通电动势为 e_1;二次绕组的匝数为 N_2,输出电压为 u_1,输出电流为 i_2,主磁通电动势为 e_2。忽略漏磁磁通和相应的漏磁通电动势。

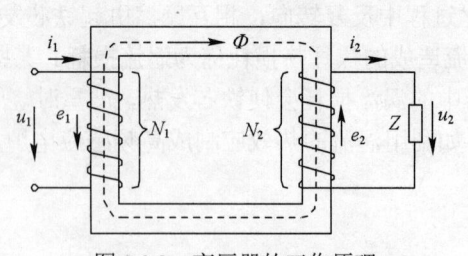

图 3.2.2 变压器的工作原理

1. 电压变换

应用基尔霍夫定律可推导出,一、二次绕组的电压变换关系为

$$\frac{U_1}{U_2} \approx \frac{e_1}{e_2} = \frac{N_1}{N_2} = K \tag{3.2.1}$$

式中,K 为变压器的变比,即一、二次绕组匝数之比。

由式（3.2.1）可知，当输入电压 U_1 一定时，只要改变匝数比，就可以得到不同的输出电压。当 $K>1$ 时，$N_1>N_2$，$U_1>U_2$，这种变压器称为降压变压器；反之，当 $K<1$ 时，$N_1<N_2$，$U_1<U_2$，这种变压器称为升压变压器。

2. 电流变换

如图 3.2.2 所示，输出端接通负载，二次绕组有电流 i_2 通过，可推导得到一、二次绕组的电流变换关系为

$$\frac{I_1}{I_2} \approx \frac{N_2}{N_1} = \frac{1}{K} \tag{3.2.2}$$

上式表明，变压器一、二次绕组电流之比与它们的匝数成反比。其中，一次绕组的电流由变压器所接负载的电流决定。

3. 阻抗变换

若在变压器副边接一电阻 R，如图 3.2.3（a）所示，则从原边两端来看，如图 3.2.3（b）所示，等效电阻为

$$R' = \frac{U_1}{I_1} = \frac{N_1 U_2 / N_2}{N_2 I_2 / N_1} = \left(\frac{N_1}{N_2}\right)^2 \frac{U_2}{I_2} \tag{3.2.3}$$

因为 $\frac{U_2}{I_2} = R$，所以

$$R' = \left(\frac{N_1}{N_2}\right)^2 R \tag{3.2.4}$$

式中，R' 为折算电阻。式（3.2.4）表明折算电阻是原电阻 R 的 $\left(\frac{N_1}{N_2}\right)^2$ 倍，说明变压器起到了阻抗变换作用。

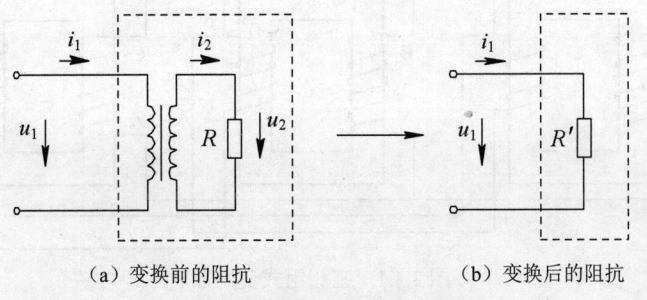

（a）变换前的阻抗　　　　　　（b）变换后的阻抗

图 3.2.3　变压器的阻抗变换

3.2.4　变压器的外特性

变压器的外特性是指在电源电压 u_1 和负载功率因数 $\cos\varphi_2$ 不变的条件下，二次绕组的电压 u_2 随负载电流 i_2 变化的规律 $u_2 = f(i_2)$，其曲线如图 3.2.4 所示。

负载为纯电阻性质时，$\cos\varphi_2 = 1$，输出电压 u_2 随负载电流 i_2 的增加略有下降；负载为感性时，u_2 随 i_2 的增加下降的程度加大；负载为容性时，输出特性曲线呈上翘状态，说明 u_2 随 i_2 的增加反而加大。因此，负载的功率因数对变压器的外特性影响很大。

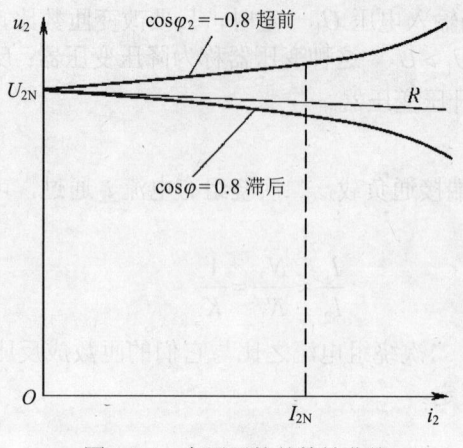

图 3.2.4　变压器的外特性曲线

3.3　三相变压器的结构、接法及额定值

3.3.1　三相变压器

电力工业中，输配电几乎都采用三相制，单相电路也是从三相供电系统中接引出来的，而三相电压的升降需要三相变压器。

如图 3.3.1 所示，把 3 个单相变压器的绕组拼合在一起，便组成了一个三相组式变压器。

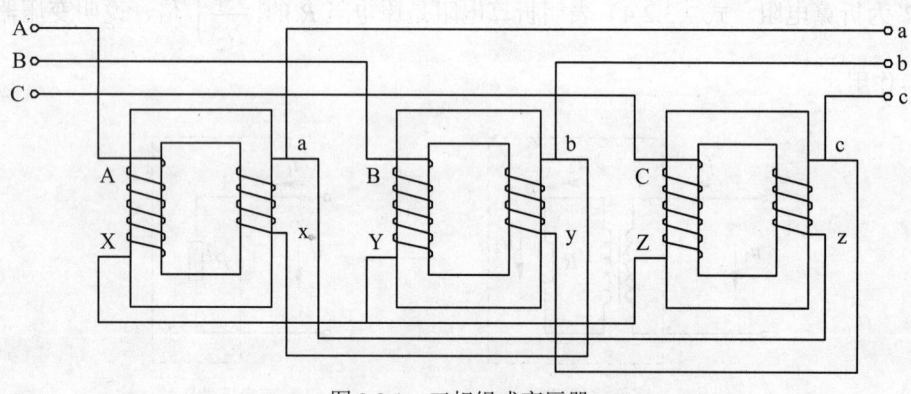

图 3.3.1　三相组式变压器

把 3 个单相变压器的铁芯贴合在一起，省略中间铁芯柱，便组成了三相芯式变压器，如图 3.3.2 所示。

由于三相磁通对称（各相磁通幅值相等，相位互差 120°），所以通过中间铁芯的总磁通为零，故中间铁芯柱可以取消，所以在实际制作中，三相芯式变压器通常把 3 个铁芯柱排列在同一平面，如图 3.3.3 所示。这种三相变压器效率高、成本低、体积小，因此应用广泛。

三相变压器的额定容量为

$$S_E = \sqrt{3}U_{2N}I_{2N} \approx \sqrt{3}U_{1N}I_{2N} \tag{3.3.1}$$

其中，U_{2N}、I_{2N} 分别为二次绕组额定线电压、额定线电流。

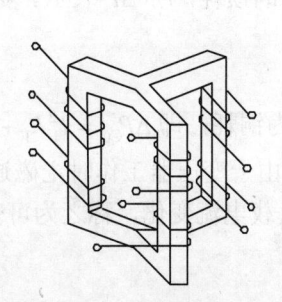

图 3.3.2　三相芯式变压器　　　　　　图 3.3.3　常用三相变压器

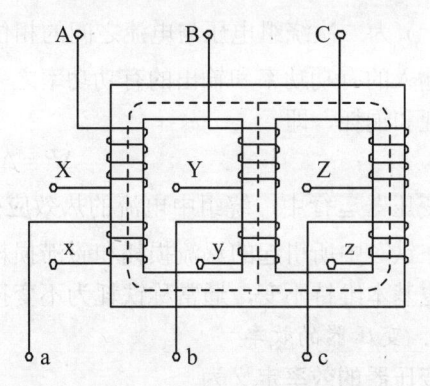

3.3.2　变压器的铭牌数据

变压器的额定值是指变压器在规定的环境和运行条件下的主要技术数据限定值。它通常标注在铭牌上，故又被称为**铭牌数据**。铭牌数据是选择和使用变压器的依据。

1. 额定电压

额定电压包括一次额定电压和二次额定电压。一次额定电压是指变压器正常工作时一次绕组上应加的电源电压，用 U_{1N} 表示；二次额定电压是指变压器正常工作时二次绕组上的空载电压，用 U_{2N} 表示。例如 6000V/400V，表示一次额定电压 U_{1N} 为 6000V，二次额定电压 U_{2N} 为 400V。由于变压器有内阻降压，所以二次绕组的额定电压一般比满载时的电压高 5%～10%。

2. 额定电流

额定电流是指按规定工作方式（长时连续工作、短时工作或间歇工作）运行时，一、二次绕组允许通过的最大电流，包括一次额定电流 I_{1N} 和二次额定电流 I_{2N}。它们是根据绝缘材料允许的温度确定的。

3. 额定容量

额定容量是二次绕组的额定电压与额定电流的乘积，用 S_N 表示。它是视在功率，单位为 V·A。

单相变压器的额定容量为

$$S_N = U_{2N}I_{2N} \approx U_{1N}I_{2N} \tag{3.3.2}$$

4. 额定频率

额定频率是指变压器额定运行时一次绕组外加交流电压的频率。我国规定的额定频率为 50Hz。

5. 变压器的损耗

变压器负载运行时，一次绕组的有功功率为

$$P_1 = U_1 I_1 \cos\varphi_1 \tag{3.3.3}$$

其中，φ_1 为一次绕组电压与电流之间的相位差；U_1 为一次绕组的电压；I_1 为一次绕组的电流。

二次绕组给负载输出的有功功率为

$$P_2 = U_2 I_2 \cos\varphi_2 \tag{3.3.4}$$

其中，φ_2为二次绕组电压与电流之间的相位差；U_2为二次绕组的电压；I_2为二次绕组的电流。

输入的有功功率和输出的有功功率之差，就是**变压器的损耗**，用ΔP表示。变压器的损耗有铁耗和铜耗，即

$$\Delta P = \Delta P_{Cu} + \Delta P_{Fe} \tag{3.3.5}$$

变压器运行中，绕组中电流的热效应引起的损耗称为铜耗，即$\Delta P_{Cu} = I_1^2 R_1 + I_2^2 R_2$，交变磁场在铁芯中所引起的涡流损耗和磁滞损耗合称为铁耗。由于变压器工作时主磁通不变，所以铁耗也基本维持不变，通常称铁耗为不变损耗；铜耗随负载电流变化，称之为可变损耗。

6. 变压器的效率

变压器的效率定义为

$$\eta = \frac{P_2}{P_1} \times 100\% \tag{3.3.6}$$

变压器没有旋转部分，因此效率比较高。控制装置中的小型电源变压器的效率通常在80%以上；电力变压器的效率一般可达95%以上。变压器在运行中需注意，并非运行在额定负载时效率最高。实践证明，变压器所带负载为满载的70%左右时效率最高。因此，应根据负载情况采用最好的运行方式。例如，控制变压器运行台数，投入适当容量的变压器等，以使变压器能够处在高效率情况下运行。

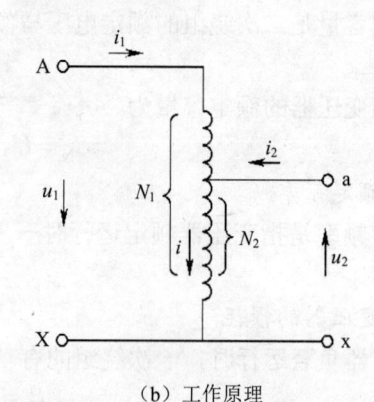

3.4 专用变压器

3.4.1 自耦变压器

自耦变压器实物如图3.4.1（a）所示，其结构示意图如图3.4.1（b）所示。自耦变压器的一次绕组电路与二次绕组电路共用一部分绕组，如图3.4.1所示。一、二次绕组之间除有磁的联系外，还有直接的电的联系。这是自耦变压器区别于一般变压器的特点。

（a）实物图　　　　　　　　（b）工作原理

图3.4.1　自耦变压器

图3.4.1（b）中，设一次绕组线圈匝数为N_1，二次绕组（公用绕组）线圈匝数为N_2。当一次绕组加上额定电压后，若不考虑电阻的压降和漏感电势，则

$$\frac{U_1}{U_2} \approx \frac{N_1}{N_2} = K \tag{3.4.1}$$

其中，K 是自耦变压器的变比。

当自耦变压器接上负载，二次绕组有电流 i_2 输出时，有

$$i_1 \approx -\frac{N_2}{N_1}i_2 = -\frac{1}{K}i_2 \tag{3.4.2}$$

上式表明，自耦变压器中一、二次绕组电流的大小与线圈匝数成反比，且在相位上相差 180°。

因此，自耦变压器中，一、二次绕组共同部分的电流为 $i = i_1 + i_2$。考虑到 i_1 与 i_2 相位相反，故 $\dot{I} = \dot{I}_1 - \dot{I}_2$。

当变比 K 接近 1 时，由于 i_1 与 i_2 数值相差不大，所以线圈公共部分电流 I 很小。因此，这部分线圈可用截面较小的导线，以节省材料。

自耦变压器的优点是结构简单、节省材料、效率高。但这些优点只有在变压器变比不大的情况下才有意义。它的缺点是一次绕组和二次绕组有电的联系，不能用于变化较大的场合（一般变化不大于 2）。这是因为当二次绕组断开时，高电压就串入低压网络，容易发生事故。

使用自耦变压器时应注意，变压器的输入端接交流电源，输出端接负载，一定不能接错，否则可能烧毁变压器；一、二次绕组的共用端应当和电源线相连，以确保安全。

3.4.2 电焊变压器

普通变压器漏磁小，负载电流变化时，二次绕组电压变化不大，如图 3.4.2 中的曲线①所示。

电焊变压器是一种特殊变压器，在其空载时，要有足够的引弧电压（约 60～80V），而电弧形成后，输出电压应迅速降低。二次绕组即使短路（焊条碰在工件上），二次绕组电流也不应过大，即电焊变压器应具有陡峭的外特性，如图 3.4.2 中曲线②所示。这样，当电弧电压变化时，焊接电流变化并不显著，电焊比较稳定。

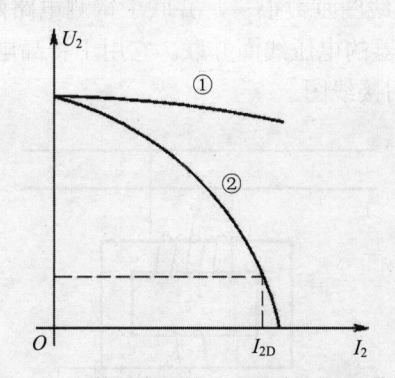

图 3.4.2 普通变压器和电焊变压器外特性

为了得到这种外特性，就要人为地增加它的漏磁通。因此，电焊变压器的一、二次绕组不是同芯地套在一起，而是分装在两个铁芯柱上，有的则是在二次绕组电路中串联一个铁芯电抗器，如图 3.4.3 所示。改变电抗器的感抗（调节电抗器的空隙长度或其线圈匝数），即可得到不同的焊接电流。

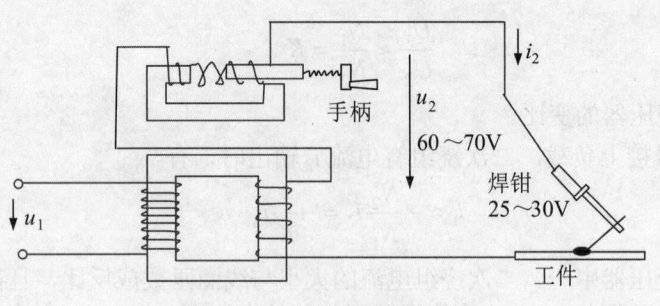

图 3.4.3 电焊变压器的结构图

3.4.3 仪用互感器

专门用在测量仪器和保护设备上的变压器称为**仪用互感器**，它分为**电压互感器**和**电流互感器**。使用仪用互感器的目的：①与小量程的标准化电表配合测量高电压、大电流；②使测量回路与被测回路隔离，以保障人员和设备的安全；③为各类继电保护和控制系统提供控制信号。

1. 电压互感器

电压互感器是用于测量电网高压的一种专用变压器，常见的电压互感器如图 3.4.4 所示。

图 3.4.4 常见的电压互感器

电压互感器的一次绕组的线圈匝数很多，并联于待测电路两端；二次绕组的线圈匝数较少，与电压表、功率表、继电器的电压线圈并联。它用于将高电压变换成低电压，以便测量。图 3.4.5 所示为电压互感器使用接线图。

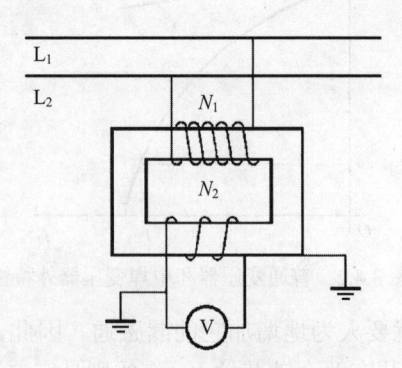

图 3.4.5 电压互感器使用接线图

电压互感器使用注意事项：
（1）电压互感器的二次绕组不允许短路。因为一旦发生短路，二次绕组将产生一个很大的电流，导致一次绕组电流随之激增，因此将烧坏互感器的绕组。

（2）电压互感器的二次绕组应当可靠接地。

（3）电压互感器的二次绕组阻抗不得小于规定值，以减小误差。

2. 电流互感器

电流互感器是用于测量大电流的一种专用变压器，常见的电流互感器如图 3.4.6 所示。

图 3.4.6 常见的电流互感器

电流互感器是一个升压变压器，它的一次绕组的线圈线径较粗且匝数少，与待测电路负载串联；二次绕组的线圈线径细且匝数多，与电流表、功率表、继电器的电流线圈串联，如图 3.4.7 所示。

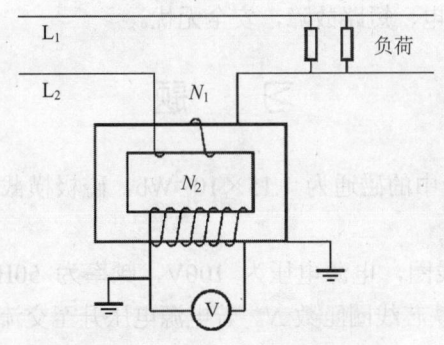

图 3.4.7 电流互感器使用接线图

电流互感器使用注意事项如下：

（1）电流互感器的二次绕组不允许开路。因为其一次绕组的电流是由被测电路决定的，正常运行时二次绕组相当于短路，具有强烈的去磁作用，所以铁芯中工作主磁通所需的励磁电流相应很小，若二次绕组开路，一次绕组的电流全部成为励磁电流，导致铁芯中工作主磁通剧增，铁芯严重饱和过热而烧损，同时因为二次绕组的线圈匝数很多，又会感应出危险的高电压，危及操作人员和测量设备的安全。

（2）电流互感器的二次绕组应当可靠接地。

（3）电流互感器的二次绕组阻抗不得超过规定值，以免增大误差。

3.5 电磁感应工业应用

电磁感应现象在工业上有很多很重要的应用，本节简单介绍其在石油化工行业的应用。

在石油化工领域，存在大量需要对压缩空气、氮气、氢气加热的地方，传统的加热方式主要有蒸汽加热和电加热两种。蒸汽加热热效率很低，一般为30%左右，且存在跑冒滴漏和余热回收等问题。电加热热效率一般为50%～70%，且由于加热器表面温度较高，气体中含有杂质，容易在加热器表面结碳，进一步降低热效率，且由于电热丝高温易断，所以需要定期进行更换及维护。因此传统的加热方式存在使用维护成本高、热效率低等问题。使用电磁感应加热技术能够很好地解决上述问题，做到绿色环保、高效节能。

采用电磁感应高频加热的优势如下。

（1）寿命长：电磁加热因线圈本身基本不会产生热量，寿命长，无须检修，无维护更换成本；加热部分采用环形电缆结构，电缆本身不会产生热量，并可承受500℃以上高温，使用寿命高达10年，不需维护，后期基本无维护费用。

（2）高效节能：电磁加热采用内热加热方式，加热体内部分子直接感应磁能而生热，热启动非常快，平均预热时间比电阻圈加热方式缩短60%以上，同时热效率高达90%以上，在同等条件下，比电阻圈加热节电30%～70%，大大提高了生产效率。

（3）准确控温：线圈本身不发热，热阻滞小、热惯性低，管道内外壁温度一致，温度控制实时准确，产品质量明显改善，生产效率高。

（4）绝缘性好：电磁线圈为定制专用耐高温高压特种电缆线绕制，绝缘性能好，无须与管道外壁直接接触，绝无漏电、短路故障，安全无忧。

习 题

3.1 发电机的一个磁极中的磁通为 $1.15×10^{-2}$Wb，磁极横截面积为 96cm^2，求该磁极中的磁感应强度 B。

3.2 已知某交流铁芯线圈，电源电压为 100V，频率为 50Hz，欲保持铁芯中最大磁通 Φ_m=2.50×10^{-3}Wb，试求该铁芯线圈匝数 N。若电源电压升至交流 220V，线圈匝数 N 不变，求该铁芯线圈铁芯中最大磁通 Φ_m。

3.3 一台照明变压器的容量为 20kVA，电压为 6600V/220V，它能够正常供应 220V、50W 的白炽灯多少盏？能供给 cosφ=0.7、电压为 220V、功率为 50W 的日光灯多少盏？

3.4 有一交流铁芯线圈，线圈的工频交流电压为 220V，电路中电流表的读数为 3A，功率表的读数为 100W，忽略不计漏磁通和线圈上的电阻，求：

（1）铁芯线圈的功率因素。

（2）铁芯线圈的等效电阻和感抗。

3.5 某铁芯变压器一次额定电压为 3300V，二次电压为 220V，负载是一台 220V/11kW 的电炉，试求一次绕组的电流。

3.6 某铁芯变压器一、二次绕组匝数分别为 2000 匝和 100 匝，一次绕组电流为 0.1A，负载电阻 R_L=20Ω，求一次绕组的电压和负载获得的功率。

3.7 已知一输出变压器的变比为 n=10，副线圈所接的负载电阻为 8Ω，原线圈接的信号源电压为 10V，内阻 R_0=200Ω，求负载上获得的功率。

3.8 有一变压器，其一次绕组电压为2200V，二次绕组电压为220V，接上一个纯电阻负载后，可测得二次绕组电流为15A，变压器的效率为90%。求：

（1）一次绕组的电流。

（2）变压器从电源吸收的功率。

（3）变压器的损耗功率。

3.9 已知铁芯变压器，变比 $n=10$，一次线圈接交流信号源电压 $U_S=100$V，内阻 $R_S=600\Omega$，二次线圈接负载电阻 $R_L=6\Omega$，求负载获得的功率。

第4章 电动机

电机是根据电磁感应定律实现机械能与电能相互转换的一种电磁设备。其中将机械能转换为电能的电机称为发电机,将电能转换为机械能的电机称为电动机。

电动机的种类较多,一般情况下电动机可分为交流电动机和直流电动机两大类。交流电动机又可分为异步电动机(或称感应电动机)和同步电动机。异步电动机有单相和三相两种。单相异步电动机一般为 1kW 以下的小容量电机,在实验室和日常生活中应用较多。三相异步电动机因其结构简单、坚固耐用、运行可靠、价格低廉、维护方便等优点,被广泛地用于驱动各种金属切削机床、轧钢机、起重机、铸造机械、通风机和水泵等。

知识点与学习要求

(1)熟悉单相和三相异步电动机的结构及各部分的作用;理解异步电动机的工作原理,了解其铭牌数据、额定值及使用时的选择方法。

(2)理解、掌握三相异步电动机的电磁特性和机械特性,并能运用这两个特性对工程实际问题进行分析。

(3)理解三相异步电动机的起动、调速和制动控制原理,熟悉控制过程及其使用方法。

4.1 三相异步电动机的结构和工作原理

异步电动机由定子和转子两个基本部分组成。定子是固定部分,转子是转动部分。为了使转子能够在定子中自由转动,定子、转子之间有 0.2~2mm 的空气隙。图 4.1.1 所示是鼠笼式异步电动机拆开后各个部件的形状。

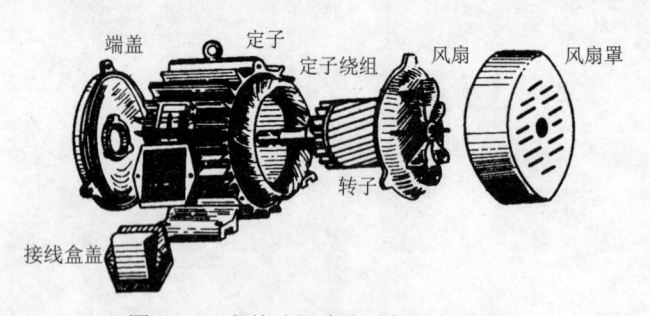

图 4.1.1 鼠笼式异步电动机的各部件

4.1.1 定子

定子由定子铁芯、机座(外壳)、定子绕组等组成。

1. 定子铁芯

定子铁芯是电动机磁路的一部分。为了降低铁耗,定子铁芯一般由 0.5mm 厚相互绝缘的环形硅钢片叠压而成，如图 4.1.2 所示。

定子铁芯内表面冲有均匀分布的平行槽，用来嵌放定子绕组，如图 4.1.3 所示。

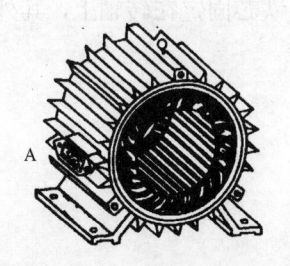

图 4.1.2 定子的硅钢片　　　　图 4.1.3 装有三相绕组的定子

2. 机座（外壳）

机座由铸铁或铸钢制成，它是电动机的外壳，起着支撑电动机的作用。中小型电机机座一般采用铸铁铸造，大型电机机座用钢板焊接而成。端盖多用铸铁铸成，用螺栓固定在机座两端。机座的外表一般铸有散热片，使其具有良好的散热性能。

3. 定子绕组

定子绕组是电动机定子电路的一部分。它由 3 个完全相同的绕组组成，每个绕组为一相，3 个绕组在空间上相差 120°电角度。3 个绕组的首端 U_1、V_1、W_1 和 3 个末端 U_2、V_2、W_2 都被引至接线盒（图 4.1.4 中虚线框部分）内，可根据需要连接成星形或三角形，如图 4.1.4 所示。目前我国生产的三相异步电动机，功率在 4kW 以内的一般采用星形接法，在 4kW 以上者采用三角形接法。

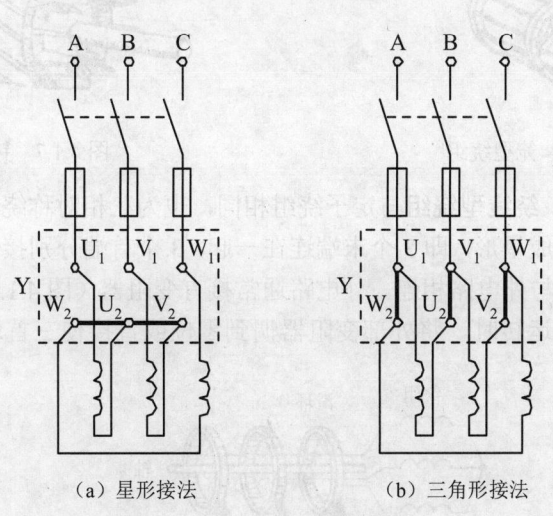

（a）星形接法　　　　（b）三角形接法

图 4.1.4 三相定子绕组的接法

4.1.2 转子

转子由转轴、转子铁芯和转子绕组组成。

1. 转轴

转轴用来固定转子铁芯和传递功率，一般用中碳钢制成。

2. 转子铁芯

转子铁芯是电动机磁路的一部分。它也用 0.5mm 厚相互绝缘的硅钢片叠压而成,如图 4.1.5 所示。转子铁芯固定在转轴上,其外围有均匀分布的槽,用来放置转子绕组。转子铁芯固定在转轴支架上。

图 4.1.5 转子的硅钢片

3. 转子绕组

转子绕组可分为笼型和绕线型两种,据此三相异步电动机可分为**笼型三相异步电动机**和**绕线型三相异步电动机**。

(1)笼型绕组。**笼型绕组**是在转子铁芯的每一个槽中插入一铜条(导条),在铜条两端各用铜环(端环)把铜条连接起来,称为铜排转子。若把铁芯拿出来,整个转子的绕组的外形很像一个鼠笼,如图 4.1.6 所示。还可用铸铝的方法,把转子导条、端环及风叶用铝液一次浇铸而成,称为铸铝转子,如图 4.1.7 所示。目前,100kW 以下的笼型电动机一般采用铸铝转子。笼型绕组具有结构简单、制造方便、工作可靠等优点,因而得到广泛应用。

图 4.1.6 笼型绕组　　　　图 4.1.7 铸铝转子

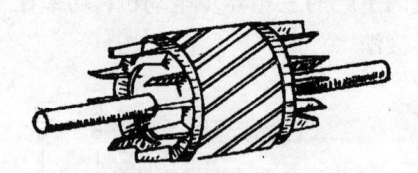

(2)绕线型绕组。**绕线型绕组**与定子绕组相同,也为三相对称绕组,嵌放在转子槽内。三相转子绕组通常连接成星形,即 3 个末端连在一起,3 个首端分别接到转轴上的 3 个绝缘集电环上,通过 3 个电刷与外电路相连。外电路通常接有变阻器(图 4.1.8),以便改善电机的起动和调速性能。在正常运转时,将外部变阻器调到零位或直接使三首端短接。

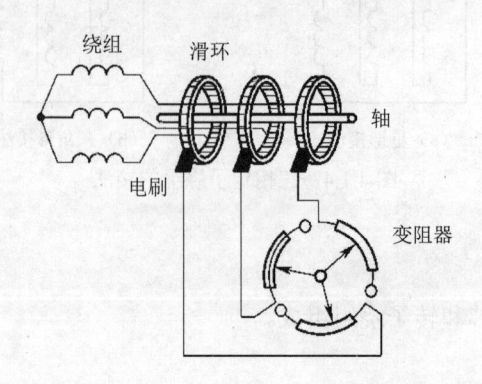

图 4.1.8 绕线型转子绕组与外接变阻器的连接

绕线型电动机由于结构复杂、价格较高，仅适用于要求有较大起动转矩及有调速要求的场合。

4.1.3 三相异步电动机的基本原理

由定子绕组产生一个**旋转磁场**，置身其中的自由转子会随之转动。旋转磁场转速快，转子也转动得快，反之亦然。

1. 旋转磁场的产生

最简单的三相异步电动机的定子，三相定子绕组对称放置在定子槽中，即三相绕组首端 U_1、V_1、W_1（或末端 U_2、V_2、W_2）的空间位置互差 120°电角度，如图 4.1.9 所示。

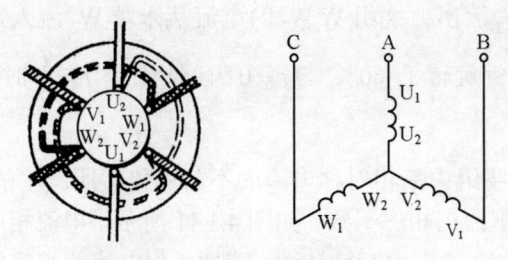

图 4.1.9 三相定子绕组做星形连接

若三相绕组连接成星形，末端 U_2、V_2、W_2 相连，首端 U_1、V_1、W_1 接到三相对称电源上，则在定子绕组中通过三相对称的电流 i_U、i_V、i_W。若三相绕组有三相对称电流通过，取绕组首端指向末端的方向为电流的参考方向（电流在正半周时，其值为正，其实际方向与参考方向一致；在负半周时，其值为负，其实际方向与参考方向相反），则流过三相绕组的电流分布分别为 $i_U = \sin\omega t$，$i_V = \sin(\omega t - 120°)$，$i_W = \sin(\omega t + 120°)$，如图 4.1.10 所示。

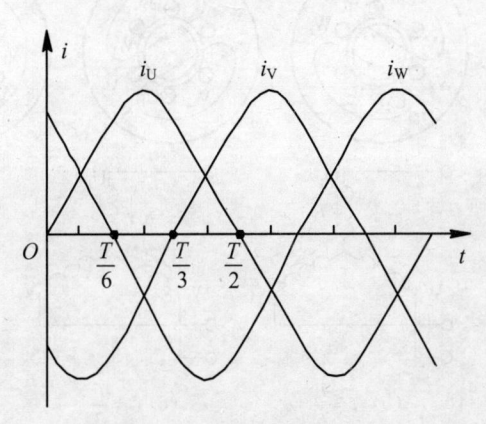

图 4.1.10 三相电流的波形

各相绕组中的电流是交变的，所以电流产生的磁场也是交变的，而三相电流所产生的合磁场则是一个旋转磁场。下面通过图 4.1.10 所示曲线的几个不同瞬间来分析旋转磁场的合成。

（1）当 $t = 0$ 时，$i_U = 0$，$i_V < 0$，$i_W > 0$。此时绕组 U_1U_2 无电流通过；绕组 V_1V_2 的电流从末端 V_2 流入，首端 V_1 流出；绕组 W_1W_2 的电流从首端 W_1 流入，末端 W_2 流出。各相电流方向及磁场方向如图 4.1.11（a）所示。

（2）当 $t = \dfrac{T}{6}$ 时，$i_U > 0$，$i_V < 0$，$i_W = 0$。此时绕组 U_1U_2 的电流从首端 U_1 流入，尾端 U_2 流出；绕组 V_1V_2 的电流从末端 V_2 流入，首端 V_1 流出；绕组 W_1W_2 无电流通过。各相电流方向及磁场方向沿顺时针转动了 60°，如图 4.1.11（b）所示。

（3）当 $t = \dfrac{T}{3}$ 时，$i_U > 0$，$i_V = 0$，$i_W < 0$。此时绕组 U_1U_2 的电流从首端 U_1 流入，末端 U_2 流出；绕组 V_1V_2 无电流通过；绕组 W_1W_2 的电流从末端 W_2 流入，首端 W_1 流出。各相电流方向及磁场方向沿顺时针转动了 60°，如图 4.1.11（c）所示。

（4）当 $t = \dfrac{T}{2}$ 时，$i_U = 0$，$i_V > 0$，$i_W < 0$。此时绕组 U_1U_2 无电流通过；绕组 V_1V_2 的电流从首端 V_1 流入，末端 V_2 流出；绕组 W_1W_2 的电流从末端 W_2 流入，首端 W_1 流出。各相电流方向及磁场方向又顺时针旋转了 60°，与 $t = 0$ 瞬间相比，$t = \dfrac{T}{2}$ 时合磁场共旋转了 180°，如图 4.1.11（d）所示。

由此可见，随着定子绕组中三相对称电流的不断变化，所产生的合磁场也在空间不断地旋转。旋转磁场的转向与电流的相序一致。如图 4.1.11 所示，电流相序为 U→V→W 时，旋转磁场按绕组首端 U_1→V_1→W_1 方向顺时针转动。若把三相电流的相序任意调换其中两相，如变为 U→W→V，则旋转磁场按照 U_1→W_1→V_1 方向逆时针旋转。

以上的定子绕组中只有一个线圈，这时产生的旋转磁场只有一对磁极（用字母 p 表示磁极对数，如一对磁极，表示为 $p = 1$），可称为两极旋转磁场。由上述分析可知，对于两极旋转磁场，电流变化一周，合磁场在空间旋转 360°（一转），且旋转方向与线圈中电流的相序一致。

(a) $t = 0$ (b) $t = \dfrac{T}{6}$ (c) $t = \dfrac{T}{3}$ (d) $t = \dfrac{T}{2}$

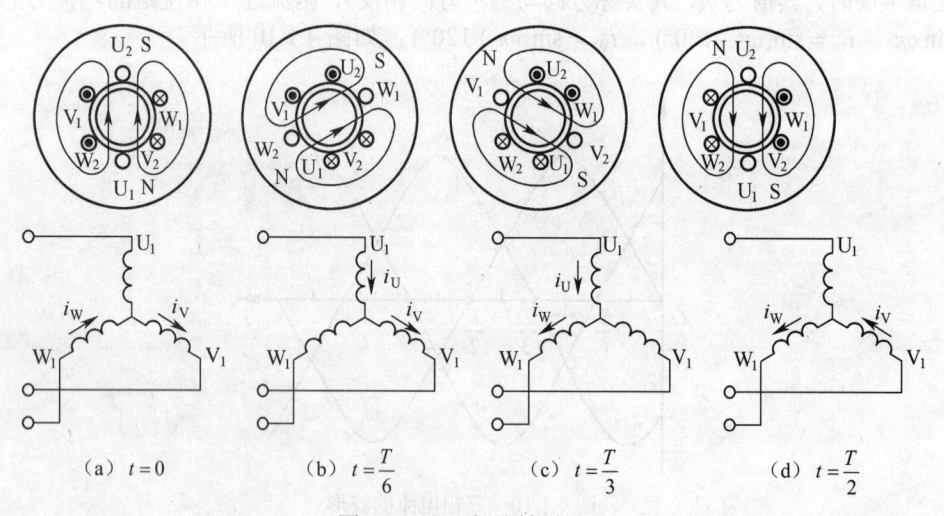

图 4.1.11　两极旋转磁场

旋转磁场的极数与每相定子绕组中串联线圈的个数及线圈的排列有关。如果每相定子绕组分别由两个线圈串联而成，如图 4.1.12 所示。其中，U 相绕组由线圈 U_1U_2 和 $U_1'U_2'$ 串联组成，V 相绕组由 V_1V_2 和 $V_1'V_2'$ 串联组成，W 相绕组由 W_1W_2 和 $W_1'W_2'$ 串联组成。当三相对称电流通过这些线圈时，便能产生两对磁极旋转磁场（$p = 2$，四极旋转磁场）。

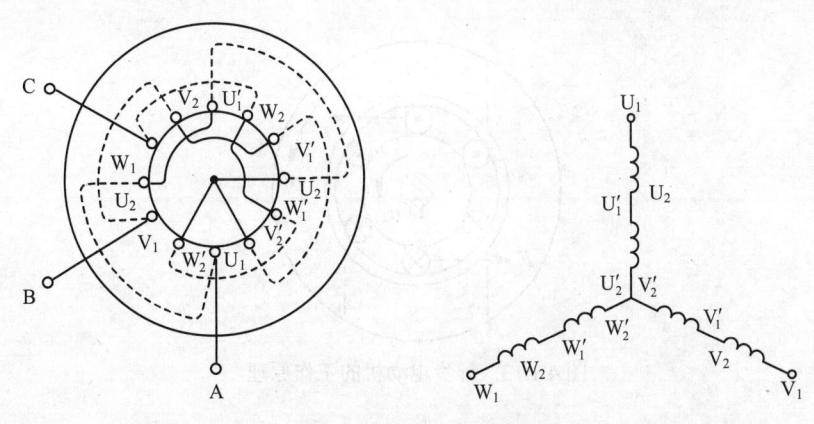

图 4.1.12　四极定子绕组

2. **旋转磁场的转速**

三相异步电动机的转速与旋转磁场的转速有关，而旋转磁场的转速则取决于磁场的磁极对数。一对磁极的旋转磁场，电流变化一周时，磁场在空间转过 360°（一转）；两对磁极的旋转磁场，电流变化一周时，磁场在空间转过 180°（1/2 转）；由此类推，当旋转磁场具有 p 对磁极时，电流变化一周，其旋转磁场就在空间转过 $1/p$ 转，即 p 对磁极旋转磁场的转速 n_1 应为

$$n_1 = \frac{60 f_1}{p} \tag{4.1.1}$$

上式中，f_1 为定子绕组电流的频率，单位为 Hz；转速 n_1 的单位为 r/min。

旋转磁场的转速又称为**同步转速**。国产异步电动机定子绕组电流的频率 f_1 为 50Hz，于是根据式（4.1.1）可知，不同磁极对数的异步电动机所对应的旋转磁场的转速也就不同，见表 4.1.1。

表 4.1.1　异步电动机转速和磁极对数的对应关系

p	1	2	3	4
n_1/(r·min^{-1})	3000	1500	1000	750

4.1.4　三相异步电动机的转动原理

当电动机的定子绕组通以三相交流电时，便在气隙中产生旋转磁场。设旋转磁场以 n_1 的转速顺时针旋转，则旋转磁场与静止导条有相对运动，相当于转子导条切割磁力线，转子导条中就会产生感应电动势和感应电流，其方向由右手定则确定，如图 4.1.13 所示。可以确定出上半部分导体的感应电动势垂直纸面向外，下半部分导体的感应电动势垂直纸面向里。

由于载流导体在磁场中要受到安培力的作用，所以可以用左手定则确定转子导体所受电磁力的方向，如图 4.1.13 所示。这些电磁力对转轴形成一电磁转矩，其作用方向同旋转磁场的旋转方向一致。这样，转子便以一定的速度沿旋转磁场的旋转方向转动起来，也就是说，转子转动方向与旋转磁场的旋转方向一致。

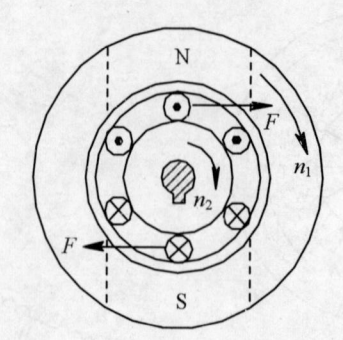

图 4.1.13 异步电动机的工作原理

4.1.5 转差率

尽管电动机转子的转动方向与旋转磁场的转向相同，但转子转速 n 低于旋转磁场的转速 n_1（同步转速），两者的差值 $(n_1 - n)$ 称为**转差**。转差就是转子与旋转磁场之间的相对转速。

为了便于计算，可引入转差率 s。**转差率**就是相对转速（即转差）与同步转速之比，即

$$s = \frac{n_1 - n}{n_1} \tag{4.1.2}$$

转差率是分析异步电动机运转特性的一个重要参数。在电动机起动瞬间，$n = 0$，$s = 1$，此时转差率最大；若电动机转速 n 达到同步转速 n_1 时，则 $s = 0$。由此可见，异步电动机在运行状态下，转差率的范围为 $0 < s < 1$，一般用百分数表示。通常，异步电动机在额定负载下运行时的转差率为 1%～9%。

由式（4.1.1）和式（4.1.2）可得

$$n = (1-s)n_1 = (1-s)\frac{60f_1}{p} \tag{4.1.3}$$

【例 4.1.1】一台三相四极 50Hz 异步电动机，已知额定转速为 1440r/min。求额定转差率 s_N。

解： 该电动机的同步转速为

$$n_1 = \frac{60f_1}{p} = \frac{60 \times 50}{2} = 1500 \text{（r/min）}$$

因而，电动机的额定转差率为

$$s_N = \frac{n_1 - n}{n_1} = \frac{1500 - 1440}{1500} = 0.04$$

4.2 三相异步电动机的电磁转矩和机械特性

如上所述，异步电动机之所以能够转动，是因为转子绕组中产生感应电动势，从而产生转子电流，此电流同旋转磁场的磁通作用产生电磁转矩。因此，在讨论电动机的转矩之前，必须弄清楚转子电路的各物理量及它们之间的关系。

4.2.1 转子电路各物理量的分析

1. 转子电动势与转子电流频率

与变压器类似,转子绕组中感应电动势 E_2 的有效值为

$$E_2 = 4.44 f_2 N_2 \Phi k_2 \tag{4.2.1}$$

其中,f_2 为转子电流频率;k_2 为转子绕组系数;Φ 为旋转磁场的每极平均磁通;N_2 为每相转子绕组的匝数。

因为旋转磁场和转子间的相对转速为 $n_1 - n$,所以

$$f_2 = \frac{p(n_1 - n)}{60} = \frac{n_1 - n}{n_1} \times \frac{pn_1}{60} = sf_1 \tag{4.2.2}$$

从式(4.2.2)可知,转子电流频率与转差率有关,也就是与转速 n 有关。在电动机起动瞬间,即 $n=0$,则 $s=1$,$f_2 = f_1$;在额定负载下,$s=0.02\sim0.06$,当 $f_1 = 50\text{Hz}$ 时,转子电流频率为 $1\sim3\text{Hz}$。

将式(4.2.2)代入式(4.2.1)可得

$$E_2 = 4.44 sf_1 N_2 \Phi k_2 = sE_{20} \tag{4.2.3}$$

$$E_{20} = 4.44 f_1 N_2 \Phi k_2 \tag{4.2.4}$$

其中,E_{20} 为转子静止时(起动瞬间)的感应电动势。

式(4.2.3)表明,转子电动势与转差率也有关。

2. 转子电抗

转子电抗是由转子漏磁通 $\Phi_{\sigma 2}$ 引起的,其值为

$$X_{\sigma 2} = 2\pi f_2 L_{\sigma 2} = 2\pi sf_1 L_{\sigma 2} = sX_{20} \tag{4.2.5}$$

其中,$X_{\sigma 2}$ 为转子绕组的转子电抗;X_{20} 为转子静止时的电抗,$X_{20} = 2\pi f_1 L_{\sigma 2}$。

由式(4.2.5)可知,转子旋转得越快,转子电抗越小。

3. 转子电流

转子绕组的电阻为 R_2,电抗为 $X_{\sigma 2}$,故其阻抗为 $|Z_{\sigma 2}| = \sqrt{R_2^2 + (sX_{20})^2}$。

因此,**转子电流**为

$$I_2 = \frac{E_2}{|Z_{\sigma 2}|} = \frac{sE_{20}}{\sqrt{R_2^2 + (sX_{20})^2}} \tag{4.2.6}$$

式(4.2.6)表明,转子电流随转差率的增大而增大,其变化规律如图4.2.1所示。

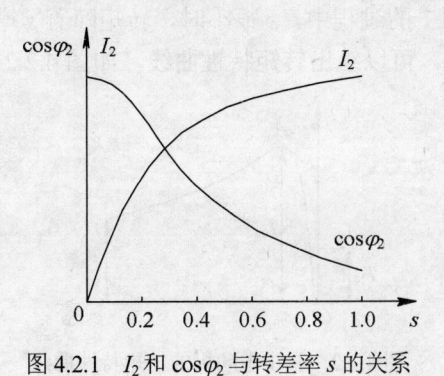

图 4.2.1 I_2 和 $\cos\varphi_2$ 与转差率 s 的关系

4. 转子功率因数

转子电路为感性电路，其转子电流总是滞后于转子电势 φ_2 角度，所以**转子电路功率因数**为

$$\cos\varphi_2 = \frac{R_2}{|Z_{\sigma 2}|} = \frac{R_2}{\sqrt{R_2^2 + (sX_{20})^2}} \tag{4.2.7}$$

式（4.2.7）说明，转子电路的功率因数随转差率的增大而下降，其变化规律如图 4.2.1 所示。

4.2.2 三相异步电动机的电磁转矩

1. 电磁转矩

电磁转矩是三相异步电动机的重要物理量之一。可以证明，异步电动机的电磁转矩为

$$T = C_T \Phi I_2 \cos\varphi_2 \tag{4.2.8}$$

其中，C_T 为异步电动机的转矩常数，与电动机自身的结构有关；Φ 为每对磁极平均磁通，在电源电压和频率一定时，其值为常量。

电磁转矩与转差率之间的关系 $T = f(s)$ 称为电动机的转矩特性，将式（4.2.6）和式（4.2.7）代入式（4.2.8），可得

$$\begin{aligned} T &= C_T \Phi \frac{sE_{20}}{\sqrt{R_2^2 + (sX_{20})^2}} \frac{R_2}{\sqrt{R_2^2 + (sX_{20})^2}} \\ &= C_T \Phi E_{20} \frac{sR_2}{R_2^2 + (sX_{20})^2} \end{aligned} \tag{4.2.9}$$

由于 $\Phi \approx \dfrac{U_1}{4.44 f_1 N_1} \propto U_1$，$E_{20} = 4.44 f_1 N_2 \Phi k_2 \approx \dfrac{N_2}{N_1} U_1 k_2 \propto U_1$，所以式（4.2.9）也可写成

$$T = K \frac{sR_2}{R_2^2 + (sX_{20})^2} U_1^2 \tag{4.2.10}$$

其中，K 为常量。电磁转矩与电源电压的平方成正比，所以，电源电压的波动对异步电动机的转矩影响很大。

2. 转矩特性曲线

由式（4.2.9）和式（4.2.10）可知，在电源电压和频率一定时，U_1、E_{20} 及 X_{20} 均为常数。因而，电磁转矩仅与转差率有关。

（1）在 s 很小时（如 $s=0\sim0.2$），$R_2^2 + (sX_{20})^2 \approx R_2^2$，则 $T \propto s$。

（2）当 s 较大时（如 $s=0.2\sim1$），$R_2^2 + (sX_{20})^2 \approx (sX_{20})^2$，则 $T \propto 1/s$。

所以，在 s 从 0 变化到 1 的过程中，s 很小时，转矩随着 s 增大而增大；而 s 较大时，转矩随着 s 增大而减小。由此，可以绘出**转矩特性曲线**，如图 4.2.2 所示。

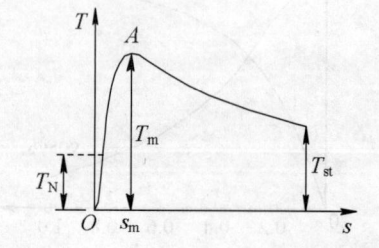

图 4.2.2 异步电动机的转矩特性曲线

从图 4.2.2 可以看出，电磁转矩的最大值为 T_m，最大转矩时的转差率为 s_m。s_m 称为临界转差率。利用数学分析，取 $\dfrac{dT}{ds}=0$，即可求出

$$s_m = \frac{R_2}{X_{20}} \tag{4.2.11}$$

$$T_m = K \frac{U_1^2}{2X_{20}} \tag{4.2.12}$$

由式（4.2.11）可知，因为鼠笼式异步电动机的转子电阻 R_2 很小，所以 s_m 也很小。对于绕线式异步电动机，由于可以外接电阻，所以可以改变转子回路电阻，从而改变 s_m，如图 4.2.3 所示。利用这一原理可以调节绕线式异步电动机的转速。

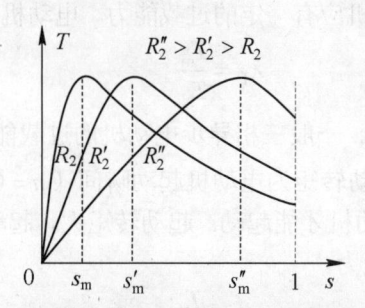

图 4.2.3　不同转子电阻时的转矩特性曲线

式（4.2.12）表明，在电动机结构一定时，最大转矩 T_m 只与电源电压有关。

3. 三相异步电动机的机械特性

电力拖动系统中，为了便于分析，通常将 $T = f(s)$ 曲线改画成 $n = f(T)$ 曲线，后者称为电动机的**机械特性曲线**，所以，电动机的机械特性就是指电动机的转速和电动机的电磁转矩之间的关系。

参照图 4.2.2，将曲线 $T = f(s)$ 中的 s 坐标换成转子的转速 n，并按顺时针方向转过 90°，再将表示 T 的横轴下移，即可得异步电动机的机械特性曲线，如图 4.2.4 所示。

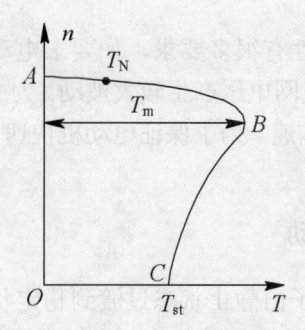

图 4.2.4　三相异步电动机的机械特性曲线

研究机械特性的目的是分析电动机的运行性能。图 4.2.4 中，BC 为不稳定运行阶段，AB 为稳定运行区。在稳定运行区，若电动机拖动的负载发生变化，电动机能适应负载的变化而自动调节达到稳定运行。

下面介绍异步电动机机械特性曲线上的 3 个特征转矩。

（1）额定转矩（T_N）：电动机在额定状态下运行的转矩 T_N，可由铭牌上的 P_N 和 n_N 求得

$$T_N = 9550 \frac{P_N}{n_N} \tag{4.2.13}$$

其中，P_N 为额定功率，单位为 kW；n_N 为额定转速，单位为 r/min；T_N 为**额定转矩**，单位为 N·m。

（2）最大转矩（T_m）：由式（4.2.12）可以确定**最大转矩**。应当注意，当电动机的负载转矩大于最大转矩时，电动机就要停转，所以最大转矩也称为停转转矩。此时，电动机的电流可达额定电流的 3～5 倍，电动机会因严重过热而烧坏绕组。

最大转矩对电动机的稳定运行有着重要意义。当电动机负载增大而过载时，电磁转矩接近最大转矩，此时应当保证电动机稳定运行，不因短时过载而停转（但长时间过载也会造成电动机过热损坏）。因此，要求电动机应有一定的过载能力。电动机的过载能力可用下式表示，即

$$\lambda_T = \frac{T_m}{T_N} \tag{4.2.14}$$

其中，λ_T 即电动机的过载能力。一般三相异步电动机的过载能力在 1.8～2.2 范围内。

（3）起动转矩（T_{st}）：**起动转矩**为电动机起动瞬间（$n=0$，$s=1$）的转矩。只有在起动转矩大于负载转矩时，异动电动机才能起动。起动转矩大，起动迅速。因此，常用起动转矩倍数 K_{st} 来反映异步电动机起动能力。

$$K_{st} = \frac{T_{st}}{T_N} \tag{4.2.15}$$

一般三相异步电动机的 K_{st}=1.0～2.2。

综上所述，三相交流异步电动机具有如下主要特点。

（1）异步电动机有较硬的机械特性，即随着负载的变化而转速变化较小。

（2）异步电动机有较大的过载能力和起动能力。

（3）电源电压的波动对异步电动机的工作影响较大。

4.3 三相异步电动机的起动、调速、制动、铭牌数据和选择

一般对异步电动机的工作特性有很多要求，如要求电动机不采用直接起动，因为若直接起动会产生很大的起动电流，使电网电压产生较大波动。为了满足工业生产对电动机不同转速的要求，往往需要对电动机进行调速。为了保证电动机快速、精准制动，又必须采取一定的制动措施。

4.3.1 三相异步电动机的起动

从异步电动机接通电源，转子由静止状态过渡到稳定状态的过程称为起动。在起动开始的瞬间，由于转子转速为零，转子和定子绕组中都有很大的起动电流，其值是额定电流的 4～7 倍。过大的起动电流会造成输电线路的电压降增大，容易对处在同一电网中的其他电气设备的工作造成危害，例如，使照明灯的亮度减弱，使邻近异步电动机的转矩减小等。另外，尽管转子电流较大，但因为转子电路的功率因数 $\cos\varphi_2$ 很低，起动转矩比较小。也就是说，直接起动造成电动机电流过大，容易升温，且起动时间也较长，在负载较大的情况下甚至不能起动。

因此，为了改善电动机的起动过程，要求电动机在起动时既把起动电流限制在一定数值内，又能获得足够大的起动转矩，从而缩短起动过程，提高生产率。

下面分别介绍鼠笼式电动机和绕线式电动机的起动方法。

1. 鼠笼式电动机的起动

鼠笼式电动机的起动方法有**直接起动**和**降压起动**两种。

（1）直接起动。**直接起动**也称为**全压起动**，是指利用闸刀开关或接触器将电动机直接接入电网使其在额定电压下起动，如图 4.3.1 所示。这种方法操作简单，设备少，投资少，起动时间短，但起动电流大，起动转矩小，所以一般只适用于小容量电动机（7.5kW 以下）的起动。

对较大容量的电动机，可参考以下经验公式来确定能否直接起动：

$$\frac{I_{st}}{I_N} \leqslant \frac{3}{4} + \frac{S_N}{4P_N} \tag{4.3.1}$$

其中，S_N 为电源总容量，单位为 kV·A；P_N 为电动机额定功率，单位为 kW。

只有满足式（4.3.1），电动机才可采用直接起动。

（2）降压起动。**降压起动**是指起动时降低加在电动机定子绕组上的电压，起动结束后再增大到额定电压。降压起动的主要目的是降低起动电流，但同时也限制了起动转矩，因此，这种方法只适用于轻载或空载情况下起动。常用的降压起动方法有下列几种。

1）串电抗器起动：在电动机定子绕组的电路中串入一个三相电抗器，其接线如图 4.3.2 所示。

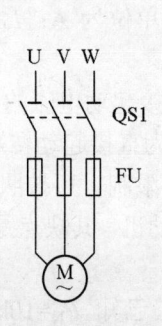

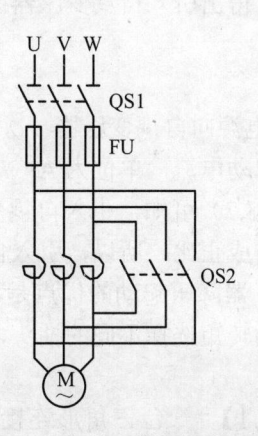

图 4.3.1　直接起动线路图　　　　图 4.3.2　串电抗器起动线路

2）Y-△降压起动：只适用于正常运转时定子绕组做三角形连接的电动机。起动时，先将定子绕组改成星形连接，起动结束后再做三角形连接。这样，加在每相绕组上的电压降低到额定电压的 $1/\sqrt{3}$，从而降低了起动电压；待电动机转速升高后，再将绕组接成三角形，使其在额定电压下运行。Y-△起动线路如图 4.3.3 所示。

可以证明，星形连接起动时的起动电流（线电流）仅为三角形连接直接起动时电流（线电流）的 1/3，即 $I_{Yst} = \frac{1}{3} I_{\Delta st}$；其起动转矩也为后者的 1/3，即 $T_{Yst} = \frac{1}{3} T_{\Delta st}$。

Y-△降压起动的优点是操作方便，起动设备简单，运行可靠，成本低和能量损失小。目前，4～100kW 的电动机均设计成 380V 三角形连接，所以，这种方法有很广泛的应用意义。

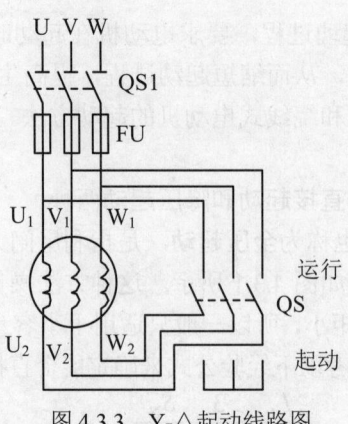

图 4.3.3　Y-△起动线路图

3）自耦变压器降压起动：适用于容量较大或正常运行时做星形连接的电动机。自耦变压器上通常备有多组抽头，可根据所要求的起动转矩来选择不同的电压（如电源电压的 73%、64%、55%）。

起动时，将开关扳到"起动"位置，自耦变压器一次绕组接电源，二次绕组接电动机定子绕组，实现降压起动。当转速接近额定值时，再将开关扳到"运行"位置，切成自耦变压器，使电动机直接接电源。

因自耦变压器的一、二次电压之比等于一、二次绕组的匝数之比，且起动电流与起动电压成正比，可得出引入自耦变压器前后起动电流的关系为

$$\frac{I_{st1}}{I_{st}} = \frac{1}{K^2} \tag{4.3.2}$$

其中，I_{st1} 为电源向自耦变压器一次绕组提供的降压起动电流，单位为 A；I_{st} 为电源向电动机提供的直接起动电流，单位为 A；K 为自耦变压器的变比。

由式（4.3.2）可知，引入自耦变压器后降压起动电流为直接起动电流的 $1/K^2$。因起动转矩与电压平方成正比，所以，引入自耦变压器后的起动转矩也为直接起动转矩的 $1/K^2$。

自耦变压器降压起动的优点是不受电动机绕组接线方法的限制，可按照允许的起动电流和所需的起动转矩选择不同的抽头，常用于起动容量较大的电动机。其缺点是设备费用高，不宜频繁起动。

【例 4.3.1】 一台三角形连接的三相鼠笼式异步电动机，已知 P_N=10kW，U_N=380V，I_N=20A，n_N=1450r/min，由手册查得 $\frac{I_{st}}{I_N}=7$，$\frac{T_{st}}{T_N}=1.4$，拟半载起动，电源容量为 200kV·A，试选择适当的起动方法，并求此时的起动电流和起动转矩。

解：（1）直接起动，根据式（4.3.1）：

$$\frac{I_{st}}{I_N} \leq \frac{3}{4} + \frac{S_N}{4P_N}$$

可得

$$\frac{I_{st}}{I_N} = 7 > \frac{3}{4} + \frac{200}{4 \times 10} = 5.75$$

所以不能采用直接起动。

（2）Y-△降压起动：

$$T_{\text{Yst}} = \frac{1}{3}T_{\text{st}} = \frac{1}{3} \times 1.4T_{\text{N}} = 0.47T_{\text{N}}$$

所以也不能采用 Y-△降压起动。

（3）自耦变压器起动：

由题意知 $T_{\text{st}} = 1.4T_{\text{N}}$，$T_{\text{st1}} = 0.5T_{\text{N}}$。

由 $T_{\text{st1}} = T_{\text{st}}/K^2$，可得 $K = 1.67$，$\frac{1}{K^2} = 0.36$，故将变压器抽头置于 60%位置，可用该方法起动。此时

$$T_{\text{N}} = 9550\frac{P_{\text{N}}}{n_{\text{N}}} = 9550 \times \frac{10}{1450} = 65.86 \text{（N·m）}$$

$$I'_{\text{st}} = \frac{1}{K^2}I_{\text{st}} = 0.6 \times 7 \times 20 = 50.4 \text{（A）}$$

$$T'_{\text{st}} = \frac{1}{K^2}T_{\text{st}} = 0.6 \times 1.4 \times 65.86 = 33.2 \text{（N·m）}$$

2. 绕线式电动机的起动

绕线式电动机是在转子电路中接入适当的起动电阻来起动，以减少起动电流，这种起动方法称为**转子串电阻起动**，如图 4.3.4 所示。起动时，先将起动变阻器调到最大值，使转子电路的电阻最大，从而降低起动电流和提高起动转矩。随着转子转速的升高，逐步减小起动电阻。起动完毕，切除起动电阻。

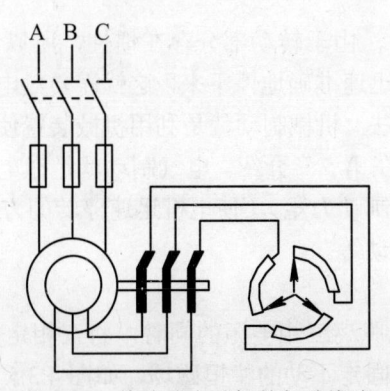

图 4.3.4 绕线式电动机的起动线路

转子串电阻起动常用于要求起动转矩较大的生产机械上，如卷扬机、锻压机、起重机及转炉等。

根据电动机的转动原理可知，转子转动的方向与旋转磁场转动方向一致，并滞后于旋转磁场。由此可知，若能将旋转磁场的转向反转，则转子的转向也随之反转。改变三相电源的相序（即把任意两相线对调），即可改变旋转磁场的方向，从而实现电动机的反转。

4.3.2 三相异步电动机的调速

由式（4.1.3）可知，改变电动机的转速有 3 种方式，即改变电源频率 f_1、磁极对数 p 和转差率 s。

1. 变频调速

由式（4.1.3）可知，电动机的转速正比于电源频率 f_1，若连续改变电动机供电电源的频率 f_1，即可实现连续改变电动机的转速。

交流变频调速需要有一套专门的变频设备，其价格较高，但可在大范围内实现较平滑的无级调速。近年来，随着电力电子技术发展，特别是晶闸管变流技术的日臻成熟，变频调速在生产实际中应用非常普遍，它打破了直流拖动在调速领域中的统治地位。

2. 变极调速

变极调速通过改变电动机定子绕组的接线以改变电动机的磁极对数，从而实现电动机的调速。由于磁极对数只能成倍变化，故无法实现无级调速，但其经济、简单、稳定性好，所以许多工厂的生产机械都采用这种方法和其他方法协调实现调速，如在金属切削机床中的应用。

值得注意的是，变极调速只适用于鼠笼式异步电动机。因为鼠笼式异步电动机的转子极数能自动与定子绕组的极数相适应。

3. 变转差率调速

在绕线式电动机的转子电路中，接入调速变阻器，改变转子回路电阻来改变转差率 s，实现调速。

这种调速方法可平滑地调节转子电阻，实现无级调速，但能耗较大，效率低，调速范围有限。目前，其主要应用在起重设备中。

4.3.3 三相异步电动机的制动

三相电动机脱离电源之后，由于转动部分存在惯性，所以电动机还会继续转动一段时间才能停止。但某些机械要求能迅速准确地停下来，这就需要对电动机进行制动。**机械制动**和**电气制动**是电动机制动的主要方法。机械制动就是利用机械装置使电动机断开电源后迅速停转的方法，常用的有电磁抱闸，将在第 5 章介绍。电气制动就是在电机切断电源后，产生一个和电机实际转向相反的电磁力矩（制动力矩），使电机迅速停转的方法，常用的方法有**能耗制动**、**反接制动**、**再生制动**、**电容制动**等。

1. 能耗制动

能耗制动方法是在电动机脱离三相电源的同时，将三相定子绕组的任意两相接入直流电源，从而在电动机中产生一个固定不动的稳恒磁场，如图 4.3.5 所示。

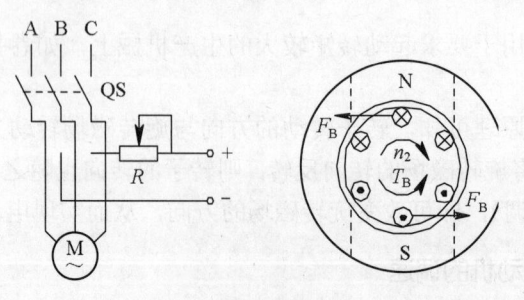

图 4.3.5 能耗制动

此时，转子由于惯性而继续旋转，根据楞次定律和安培定则判断，转子感应电流和稳恒磁场相互作用所产生的电磁转矩与转子转动方向相反，起制动作用，故该电磁转矩称为制动转矩，电动机在制动转矩的作用下很快停止。由于这种制动方法是把电动机转子的转动动能转变为电能并消耗在转子电阻上，所以被称为能耗制动。

能耗制动能量消耗小，制动平稳，无冲击，但需要直流电源，主要应用于要求电动机平稳准确停止转动的场合。

2. 反接制动

在电动机停止转动时，可将三相电源中的任意两相电源接线对调，从而使旋转磁场反向旋转，转子绕组中的感应电流及电磁转矩方向改变，与转子转动方向相反，因而成为制动转矩。在制动转矩的作用下，电动机的转速迅速下降，应当注意的是，当电动机的转速接近零时，应及时切断电源，以防电动机反转。反接制动如图4.3.6所示。

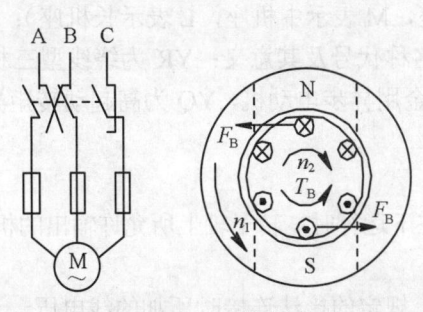

图 4.3.6　反接制动

反接制动线路简单，制动力大，制动效果好，但由于制动过程中冲击大，制动电流大，所以不宜在频繁制动的场合下使用。

3. 再生制动

再生制动亦称反馈制动，是一种使用在电动车辆上的制动技术。在制动时把车辆的动能转化及储存起来，而不是变成无用的热。

再生制动是一种比较经济的制动方法，制动时不需要改变线路即可从电动运行状态自动转入发电制动状态，把机械能转化为电能，再回馈到电网，节能效果明显。但存在应用范围过窄、仅当电机转速大于同步转速才能实现制动的缺点，所以常用于起重机和多速异步电动机由高速转为低速的情况。

4. 电容制动

电容制动是当电机切断交流电源后，立即在定子绕组出线端中接入电容器，迫使电机迅速停车的方法。电容制动是一种制动迅速、能量损耗小、设备简单的制动方法，适用于10kW的小容量电机、有机械摩擦和阻尼的生产机械或需要多台电机同时制动的场所。

当旋转着的电动机断开电源时，转子内仍有剩磁，转子具有惯性仍然继续转动，相当于在转子周围形成一个转子旋转磁场。这个磁场切割定子绕组，在定子绕组中产生感应电动势，通过电容器组成闭合电路，对电容器充电，在定子绕组中形成励磁电流，建立一个磁场，与转子感应电流相互作用，产生一个阻止转子旋转的制动转矩，使电动机迅速停下。

4.3.4　三相异步电动机的铭牌和选择

每台电动机的机座都有一个铭牌，它标记了电动机的型号和额定值等数据。例如，Y160M-6

型三相异步电动机铭牌如下。

型号 Y160M-6	功率 7.5kW	频率 50Hz
电压 380V	电流 17A	接法 △
转速 970r/min	绝缘等级 B	工作方式 连续
年 月	编号	××电机厂

现对铭牌的各项数据做简要介绍。

1. 型号

型号用来表示电动机的种类和形式,由汉语拼音字母、国际通用符号和阿拉伯数字组成。

如 Y160M-6 中,Y 为产品代号,表示三相异步电动机;160 为机座中心高 160mm;M 为机座长度代号(S 表示短机座,M 表示中机座,L 表示长机座);6 为磁极数。

各类常见电动机的产品名称代号及其意义:YR 为绕线型三相异步电动机,YB 为防爆型异步电动机,YZ 为起重、冶金用异步电动机,YQ 为高起动转矩异步电动机,YD 为多速三相异步电动机。

2. 功率

功率为电动机在额定状态下运行时,转子轴上所允许输出的机械功率。

3. 电压和接法

电压指定子绕组按铭牌上规定的接法连接时所加的线电压。连接方法有 Y 形和△形。通常,三相异步电动机自 3kW 以下者,连接成 Y 形;自 4kW 以上者,连接成△形。

4. 电流

电流指电动机在额定运行情况下定子绕组上的线电流。

5. 转速

转速为电动机在额定电压、额定电流和额定功率输出情况下的转速。

6. 频率

频率指加在电动机定子绕组上的允许频率。我国的工频为 50Hz。

7. 绝缘等级

绝缘等级是电动机内部所用绝缘材料所允许的最高温度等级,它决定了电动机工作时允许的温升。温升是电动机运行时绕组温度允许高出周围环境温度的数值。绝缘等级及极限工作温度列于表 4.3.1 中。

表 4.3.1 绝缘等级及极限工作温度

绝缘等级	A	E	B	F	H
极限温度/℃	105	120	130	155	180

8. 工作方式

电动机的工作方式有 3 种:连续工作方式、短时工作方式和断续工作方式。

(1)连续工作方式:在额定条件下长时间连续运行。

(2)短时工作方式:在额定条件下只能在规定时间内连续运行。

(3)断续工作方式:在额定条件下以周期性间歇的方式运行。

4.4 单相异步电动机

单相异步电动机为小功率电动机，其容量从几瓦到几百瓦，凡是有 220V 单相交流电源的地方均能使用单相异步电动机。由于它结构简单、成本低廉、噪声小、移动安装方便、对电源无特殊要求，其被广泛应用于工业、农业、医疗、办公场所，且大量应用于家庭，是电风扇、洗衣机、电冰箱、空调器、鼓风机、吸尘器等家用电器的动力机，有家用电器心脏之称。单相异步电动机按其定子结构和起动机构的不同，可分为**电容式**、**分相式**、**罩极式**等几种。

使单相异步电动机起动运转的关键就是，设法建立旋转磁场。不同类型的单相异步电动机，产生旋转磁场的方法也不同，常见的是电容起动式**单相异步电动机**。这种电动机的定子中装有两相绕组，一相叫主绕组，另一相叫副绕组。主绕组直接与电源连接，副绕组与一电容器串联后与主绕组并联接入电源，其接线如图 4.4.1 所示。两个绕组由同一单相电源供电，由于副绕组支路中串有电容器，故两个绕组中的电流相位不同。如果电容 C 选择合适，可以使两个电流的相位差 90°，相差 90° 的两个正弦交流电分别通入在空间互差 90° 的两个绕组，就会产生旋转磁场。（实际上两个绕组中电流有一定的相位差，便可以产生旋转磁场，并不一定准确相差 90° 才可以。）

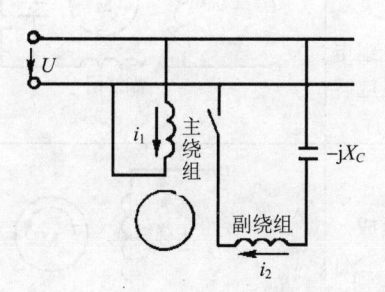

图 4.4.1 电容起动式单相异步电动机

那么如何使通入两个绕组的交流电流有一定的相位差呢？这就涉及单相异步电动机的几种常用起动方式。电动机起动后，离心开关 S 自动把起动绕组的电源切断，电动机进入正常运行。两相电流所产生旋转磁场的转速（同步转速）和三相旋转磁场一样，可由下式决定：

$$同步转速 = \frac{60 \times 电源频率}{磁极对数}$$

单相异步电动机的结构特点及应用见表 4.4.1。

表 4.4.1 单相异步电动机的结构特点及应用

电动机名称	结构特点	等效电路图	主要优缺点	应用范围
电阻分相单相异步电动机	1. 定子绕组由起动绕组及工作绕组两部分组成 2. 起动绕组电路中的电阻较大 3. 起动结束后，起动绕组被自动切除		1. 价格较低 2. 起动电流较大，但起动转矩不大	小型鼓磨机、搅风机、研拌机、小型钻床、医疗器械、电冰箱等

续表

电动机名称	结构特点	等效电路图	主要优缺点	应用范围
电容起动式单相异步电动机	1. 定子绕组由起动绕组及工作绕组两部分组成 2. 起动绕组中串入起动电容器 C 3. 起动结束后,起动绕组被自动切除	主绕组 M S C 副绕组	1. 价格稍贵 2. 起动电流及起动转矩较大	小型水泵、冷冻机、压缩机、电冰箱、洗衣机等
电容运行单相异步电动机	1. 定子绕组由起动绕组及工作绕组两部分组成 2. 起动绕组中串入起动电容器 C 3. 起动绕组参与运行	主绕组 M C 副绕组	1. 无起动装置,价格较低 2. 功率因数较高	电风扇、排气扇、电冰箱、洗衣机、空调器、复印机等
电容起动、电容运行单相异步电动机	1. 定子绕组由起动绕组及工作绕组两部分组成 2. 起动绕组中串入起动电容器 C 3. 起动结束后,一组电容被切除,另一组电容与起动绕组参与运行	主绕组 M S C_2 C_1 副绕组	1. 价格较贵 2. 起动电流、起动转矩较大,功率因数较高	电冰箱、水泵、小型机床等
罩极式电动机	定子由一组绕组组成,定子铁芯的一部分套有罩极铜环(短路环)	主绕组 M 罩极绕组	1. 结构简单,价格低,工作可靠 2. 起动转矩小,功率小,效率低	小型风扇、鼓风机、留声机、电动系仪表等

　　单相异步电动机的结构特点与三相异步电动机类似,即由产生旋转磁场的定子铁芯与绕组和产生感应电动势、电流并形成电磁转矩的转子铁芯与绕组两大部分组成。转子铁芯用硅钢片叠压而成,套装在转轴上,转子铁芯槽内装有笼型转子绕组。定子铁芯也是用硅钢片叠压而成的,定子绕组由两套线圈组成,一套是主绕组(工作绕组),一套是副绕组(起动绕组)。两套绕组的中轴线在空间上错开一定角度。两套绕组若在同一槽中,则一般将主绕组放在槽底(下层),副绕组在槽内上部。因电动机使用场合的不同,其结构形式也各异,大体上可分为以下几种。

　　1. 内转子结构形式

　　内转子结构形式的单相异步电动机与三相异步电动机的结构类似,即转子部分位于电动机内部,主要由转子铁芯、转子绕组和转轴组成。定子部分位于电动机外部,主要由定子铁芯、定子绕组、机座、前后端盖(有的电动机前后端盖可代替机座的功能)和轴承等组成。如图4.4.2所示,电容运行台扇电动机结构即内转子结构形式。

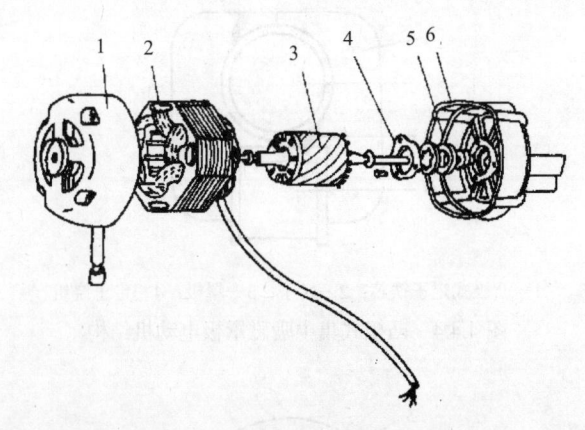

1—前端盖；2—定子；3—转子　4—轴承盖；5—油毡圈；6—后端盖

图 4.4.2　电容运行台扇电动机结构

2. 外转子结构形式

外转子结构形式的单相异步电动机定子与转子的布置位置与上面所述的结构形式正好相反，即定子铁芯及定子绕组置于电动机内部，转子铁芯、转子绕组压装在下端盖内。上、下端盖用螺钉连接，并借助于滚动轴承与定子铁芯及定子绕组一起组合成一台完整的电动机。电动机工作时，上、下端盖及转子铁芯与转子绕组一起转动。如图 4.4.3 所示，电容运行吊扇电动机结构即外转子结构形式。

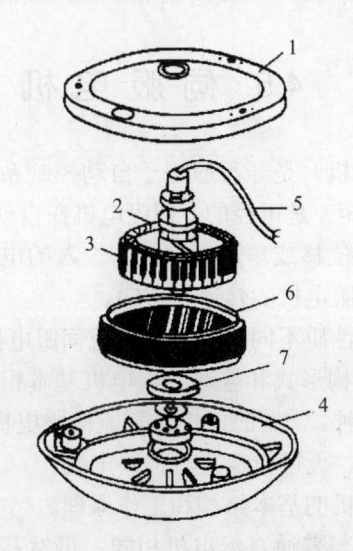

1—上端盖；2—挡油罩；3—定子；4—下端盖　5—引出线；6—外转子；7—挡油罩

图 4.4.3　电容运行吊扇电动机结构

3. 凸极式罩极结构形式

凸极式罩极结构形式的单相异步电动机又可分为**集中励磁罩极电动机**和**分别励磁罩极电动机**两类，其结构分别如图 4.4.4 和图 4.4.5 所示。其中集中励磁罩极电动机的外形与单相变压器相仿，套装于定子铁芯上的一次绕组（定子绕组）接交流电源，二次绕组（转子绕组）产生电磁转矩而转动。

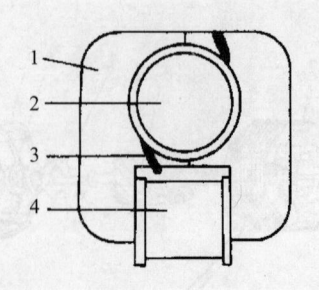

1—凸极式定子铁芯；2—转子；3—罩极；4—定子绕组
图 4.4.4　凸极式集中励磁罩极电动机结构

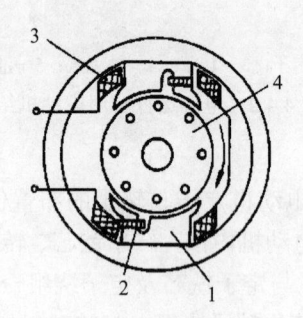

1—凸极式定子铁芯；2—罩极；3—定子绕组；4—转子
图 4.4.5　凸极式分别励磁罩极电动机结构

4.5　伺服电机

伺服电机（又称为**执行电机**）是一种应用于自动控制系统中的控制电机，它的输出参数（如位置、速度、加速度或转矩）是可控的。伺服电机在自动控制系统中作为执行元件，把输入的电压信号变换成转轴的角位移或角速度输出。输入的电压信号又称为控制信号或控制电压，改变控制电压可以变更伺服电机的转速及转向。

伺服电机按其使用的电源性质不同，可分为直流伺服电机和交流伺服电机两大类。

传统的直流伺服电机的结构形式和普通直流电机基本相同，传统的直流伺服电机按励磁方式可分为永磁式和电磁式两种。常用的低惯量直流伺服电机有盘形电枢直流伺服电机、空心杯形电枢永磁式直流伺服电机、无槽电枢直流伺服电机。

本节主要介绍直流伺服电机的基本结构和工作原理。

直流伺服电机的工作原理与普通直流电机相同，仍然基于电磁感应定律和电磁力定律这两个基本定律。

图 4.5.1 所示为直流电机的物理模型。在两个空间固定的永久磁铁之间，有一个铁制的圆柱体（称为电枢铁芯）。电枢铁芯与磁极之间的间隙称为空气隙。图中两根导体 ab 和 cd 连接成为一个线圈，并敷设在电枢铁芯表面上。线圈的首、尾端分别连接到两个圆弧形的铜片（称为换向片）上。换向片固定于转轴上，换向片之间及换向片与转轴都互相绝缘。这种由换向片构成的整体称为换向器。整个转动部分称为电枢。为了把电枢和外电路接通，特别装置了两个电刷 A 和 B。电刷在空间上是固定不动的，其位置如图 4.5.1 所示。当电枢转动时，电刷 A 只

能与转到上面的一个换向片接触,而电刷 B 则只能与转到下面的一个换向片接触。

如果将电刷 A、B 接直流电源,电枢线圈中就会有电流通过。假设由直流电源产生的直流电流从电刷 A 流入,经导体 ab、cd 后,从电刷 B 流出,如图 4.5.1(a)所示,根据电磁力定律,载流导体 ab、cd 在磁场中就会受到电磁力的作用,其方向可用左手定则确定。在图 4.5.1(a)所示瞬间,位于 N 极下的导体 ab 受到的电磁力 f 的方向是从右向左;位于 S 极下的导体 cd 受到的电磁力 f 的方向是从左向右,因此电枢上产生逆时针方向的力矩,称为电磁转矩 T_e。在该电磁转矩 T_e 的作用下,电枢将按逆时针方向转动。当电刷转过 180°,如图 4.5.1(b)所示时,导体 cd 转到 N 极下,导体 ab 转到 S 极下。由于直流电源产生的直流电流方向不变,仍从电刷 A 流入,经导体 cd、ab 后,从电刷 B 流出。可见这时导体中的电流改变了方向,但产生的电磁转矩 T_e 的方向并未改变,电枢仍然为逆时针方向旋转。

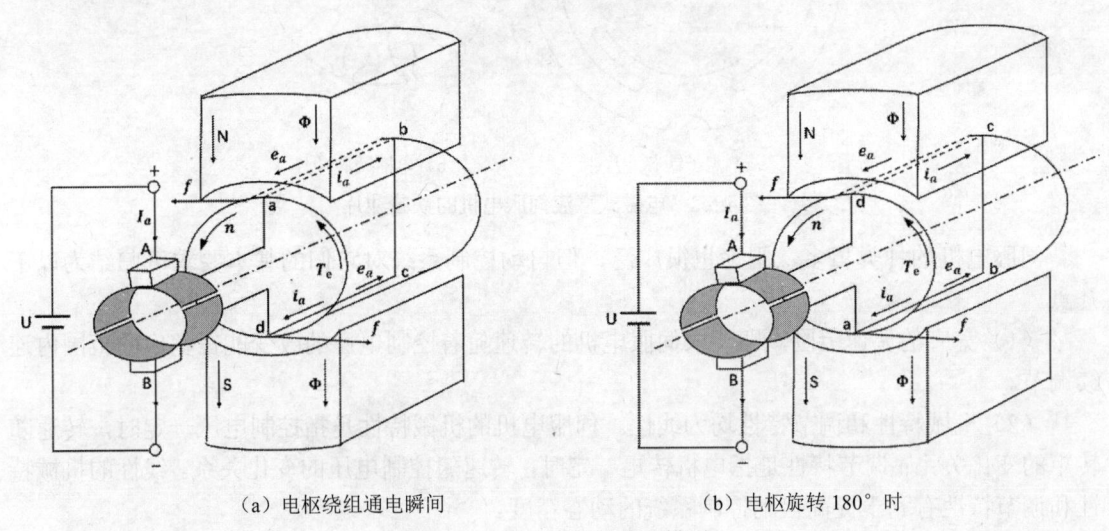

(a)电枢绕组通电瞬间   (b)电枢旋转 180°时

图 4.5.1   直流电机的物理模型

实际的直流电机中,电枢上也不是只有一个线圈,而是根据需要有许多线圈。但是,不管电枢上有多少个线圈,产生的电磁转矩始终是单一的作用方向,并使电机连续旋转。

在直流电机中,因为电枢电流 I_a 是由电枢电源电压 U 产生的,所以电枢电流 I_a 与电源电压 U 的方向相同。由于直流电机的电枢是在电磁转矩 T_e 的作用下旋转的,所以电机转速 n 的方向与电磁转矩 T_e 的方向相同,即在直流电机中,电磁转矩 T_e 是驱动性质的转矩。当电机旋转时,电枢导体 ab、cd 将切割主极磁场的磁力线,产生感应电动势 e_a(e_a 为电枢导体中的感应电动势),感应电动势 e_a 的方向如图 4.5.1 所示。从图中可以看出,感应电动势 e_a 的方向与电枢电流 I_a 的方向相反,因此,在直流电机中,感应电动势 e_a 为反电动势。改变直流电机旋转方向的方法是将电枢绕组(或励磁绕组)反接。

直流伺服电机的工作原理与普通直流电机相同,当电枢两端接通直流电源时,电枢绕组中就有电枢电流 I_a 流过,电枢电流 I_a 与气隙磁场(每极磁通 Φ)相互作用,产生电磁转矩 T_e,电机就可以带动负载旋转,改变电机的输入参数(电枢电压、每极磁通等),其输出参数(如位置、速度、加速度或转矩等)就会随之变化,这就是直流伺服电机的工作原理。

传统的直流伺服电机的结构形式和普通直流电机基本相同,也是由定子、转子两大部分组成,体积和容量都很小,无换向极,转子细长,便于控制。电磁式直流伺服电机的定子铁芯通常由硅钢片冲制叠压而成，磁极和磁轭整体相连，如图4.5.2（a）所示，在磁极铁芯上套有励磁绕组；转子铁芯与小型直流电机的转子铁芯相同，由硅钢片冲制叠压而成，在转子冲片的外圆周上开有均匀分布的齿槽，如图4.5.2（b）所示，在转子槽中放置电枢绕组，并经换向器、电刷引出。电枢绕组和励磁绕组分别由两个独立电源供电，属于他励式。电磁式直流伺服电机主磁场由励磁绕组中通入励磁电流产生。

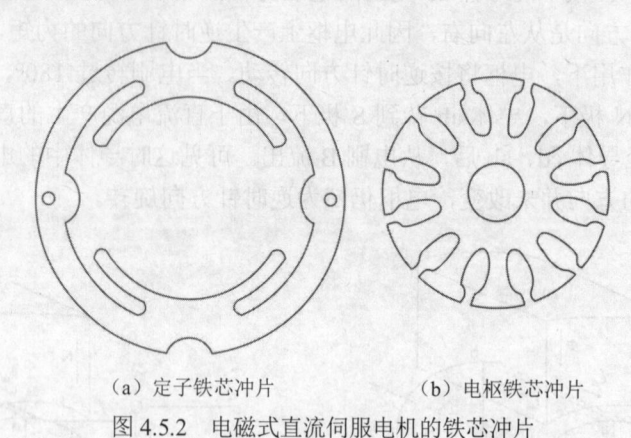

(a) 定子铁芯冲片　　　　(b) 电枢铁芯冲片

图 4.5.2　电磁式直流伺服电机的铁芯冲片

伺服电机的种类虽多，用途也很广泛，但自动控制系统对它们的基本要求可归结为以下几点。

（1）宽广的调速范围，即要求伺服电机的转速随着控制电压的改变能在宽广的范围内连续调节。

（2）机械特性和调节特性均为线性。伺服电机的机械特性是指控制电压一定时，转速随转矩的变化关系；调节特性是指电机转矩一定时，转速随控制电压的变化关系。线性的机械特性和调节特性有利于提高自动控制系统的动态精度。

（3）无"自转"现象，即要求伺服电机在控制电压降为零时能立即自行停转。

（4）快速响应，即电机的机电时间常数要小，相应地伺服电机要有较大的堵转转矩和较小的转动惯量。这样，电机的转速才能随着控制电压的改变而迅速变化。

（5）应能频繁起动、制动、停止、反转以及连续低速运行。

此外，还有一些其他要求，如希望伺服电机具有较小的控制功率、重量轻、体积小等。

4.6　步进电机

步进电机是一种用电脉冲控制运转的电动机，每输入一个电脉冲，电机就会旋转一定角度，因此步进电机也称为脉冲电机。它将电脉冲信号转换为角位移，角位移量与脉冲数成正比，转速与脉冲频率成正比，每输入一个电脉冲信号，就对应转动一个角度。因此，步进电机是一种把输入电脉冲信号转换成机械角位移的执行元件。

步进电机广泛应用在雕刻机、激光制版机、贴标机、数控机床、激光切割机、机器手等各大中型自动化设备和仪器中。步进电机的外形如图4.6.1所示。

图4.6.2所示为一四相步进电机，采用单极性直流电源供电。只要对步进电机的各绕组按合适时序通电，就能使步进电机步进转动。

图 4.6.1 步进电机的外形

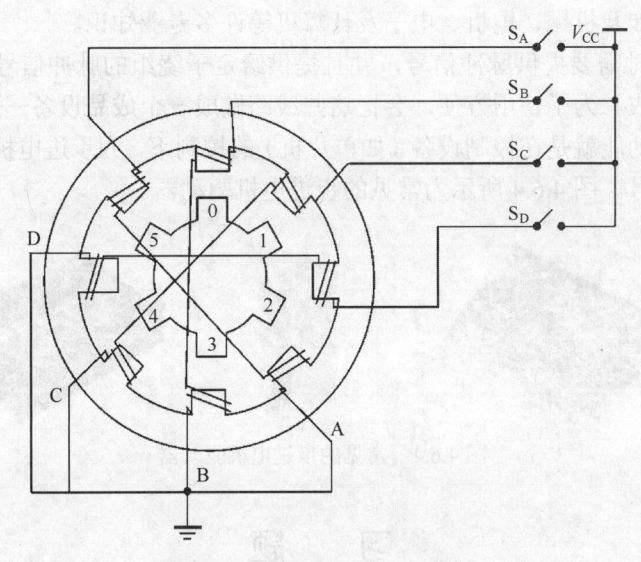

图 4.6.2 四相步进电机示意图

开始时，开关 S_B 接通电源，S_A、S_C、S_D 断开，B 相磁极和转子 0 号、3 号齿对齐，同时，转子的 1 号、4 号齿就和 C、D 相绕组磁极产生错齿，2 号、5 号齿就和 D、A 相绕组磁极产生错齿。

当开关 S_C 接通电源，S_B、S_A、S_D 断开时，由于 C 相绕组的磁力线和 1 号、4 号齿之间磁力线的作用，转子转动，1 号、4 号齿和 C 相绕组的磁极对齐。而 0 号、3 号齿和 A、B 相绕组产生错齿，2 号、5 号齿就和 A、D 相绕组磁极产生错齿。依次类推，A、B、C、D 四相绕组轮流供电，则转子会沿着 A、B、C、D 方向转动。

四相步进电机按照通电顺序的不同，可分为单四拍、双四拍、八拍 3 种工作方式。单四拍与双四拍的步距角相等，但单四拍的转动力矩小。八拍工作方式的步距角是单四拍与双四拍的一半，因此，八拍工作方式既可以保持较高的转动力矩又可以提高控制精度。

单四拍、双四拍与八拍工作方式的电源通电时序与波形如图 4.6.3 所示。

(a) 单四拍　　　　　(b) 双四拍　　　　　(c) 八拍

图 4.6.3 电源通电时序与波形

步进电机是将电脉冲信号转变为角位移或线位移的开环控制元件。在非超载的情况下，电机的转速、停止的位置只取决于脉冲信号的频率和脉冲数，而不受负载变化的影响，即给电机加一个脉冲信号，电机则转过一个步距角。这一线性关系的存在，加上步进电机只有周期性的误差而无累积误差等特点，使得在速度、位置等控制领域，用步进电机控制变得非常简单。虽然步进电机已被广泛地应用，但步进电机并不能像普通的直流电机、交流电机一样在常规条件下使用，它必须由双环形脉冲信号、功率驱动电路等组成控制系统方可使用。因此用好步进电机绝非易事，它涉及机械、电机、电子及计算机等许多专业知识。

步进电机工作时需要提供脉冲信号，并且提供给定子绕组的脉冲信号要不断切换，这些需要专门的线路完成。为了使用方便，会把这些线路做成一个成品设备——步进电机驱动器。步进电机驱动器的功能就是在控制设备（如单片机）的控制下，为步进电机提供工作所需要的幅度足够的脉冲信号。图4.6.4 所示为常见的步进电机驱动器。

图 4.6.4　常见的步进电机驱动器

习　题

4.1　已知一台四级三相异步电动机转子的额定转速为 1430r/min，求该电动机的额定转差率。

4.2　已知某异步电动机的额定转速为 n_N=1470r/min，电源频率 f_1=50Hz，求电动机的额定转差率 s_N。

4.3　已知一台三相异步电动机的同步转速 n_1=1000r/min，转差率 s_N=0.03，求该电动机额定运行时的转速。

4.4　已知某三相异步电动机在额定状态下运行，其转速为 1430r/min，电源频率为 50Hz。求：电动机的磁极对数 p、额定运行时的转差率 s_N、转子电路频率 f_2 和转差速度 Δn。

4.5　有一台三相异步电动机，f=50Hz，n=960r/min。试确定该电动机的磁极对数、额定转差率及额定转速时转子电流的频率。

4.6　某 4.5kW 三相异步电动机的额定电压为 380V，额定转速为 950r/min，过载系数为 1.6。求①额定转矩 T_N；②当电压下降至 300V 时，能否带额定负载运行？

4.7　已知某三相异步电动机，额定功率 P_N=1000kW，额定转速 n_N=955r/min，求其额定转矩 T_N。

4.8　某三相异步电动机，额定电压为 380V，输入功率 3kW，线电流为 8A，输出功率为 2.6kW，求其功率因素和效率是多少？

第 5 章　继电接触器控制

前面一章介绍了电动机。在生产中,如何安全有效地使用生产设备呢?通常使用低压电器对高压进行控制来保证安全性。利用继电器、接触器实现对电动机和生产设备的控制和保护,称为继电接触器控制。本章先介绍常用的低压电器,然后介绍常用的控制电路。

知识点与学习要求

(1)了解常用低压电器的结构、功能和用途。
(2)掌握自锁、联锁的作用和方法。
(3)掌握过载、短路和失压保护的作用和方法。
(4)掌握基本控制环节的组成、作用和工作过程;能读懂简单的控制电路原理图,能设计简单的控制电路。

5.1　常用的低压电器

低压电器是一种能根据外界的信号和要求,手动或自动地接通、断开电路,以实现对电路或非电对象的切换、控制、保护、检测、变换和调节的元件或设备。常用低压电器可分为控制电器和保护电器。**控制电器**主要控制电路的接通或断开,如隔离开关、接触器等。**保护电器**主要的作用是保护电源不工作在短路状态,保护电动机和变压器不工作在过载状态,如热继电器、熔断器都属于保护电器。下面介绍常用低压电器的用途及电工表示符号。

5.1.1　隔离开关

隔离开关是一种手动电器,用来接通和断开电路。隔离开关可分为开启式负荷开关、封闭式负荷开关、组合开关等,俗称刀开关。

1. 开启式负荷开关

开启式负荷开关也叫**闸刀开关**,其外形如图 5.1.1 所示。它没有灭弧装置,只用胶盖作为遮护以防止电弧伤人,用于不频繁地接通或断开的电路。

图 5.1.1　开启式负荷开关外形

2. 封闭式负荷开关

封闭式负荷开关也叫**铁壳开关**，其外形如图 5.1.2 所示。它与闸刀开关基本相同，但它在内部有速断弹簧，可以使闸刀快速接通和断开，以消除电弧。另外，在铁壳开关内还设有联锁装置，在闸刀闭合时，开关盖不能开启，以保证安全。

图 5.1.2 封闭式负荷开关外形

3. 组合开关

组合开关又被称为转换开关，其外形和结构如图 5.1.3 所示。它的刀片（动触头）是转动的，能组成各种不同的线路。动触头装在有手柄的绝缘方轴上方，绝缘方轴可 90°旋转，动触头随绝缘方轴的旋转与静触头接通或断开。

图 5.1.3 组合开关外形和结构

5.1.2 熔断器

熔断器俗称保险丝，它主要由熔断体和放置熔断体的绝缘管或绝缘座组成。熔断器应与电路串联，它的主要作用是做短路或严重过载保护。熔断器可分为磁插式熔断器、螺旋式熔断器。

1. 磁插式熔断器

磁插式熔断器结构如图 5.1.4 所示。磁插式熔断器结构简单、价廉、外形小、更换熔丝方便，所以被广泛用于中小容量的控制系统中，以前农村家庭安装的都是这种熔断器。

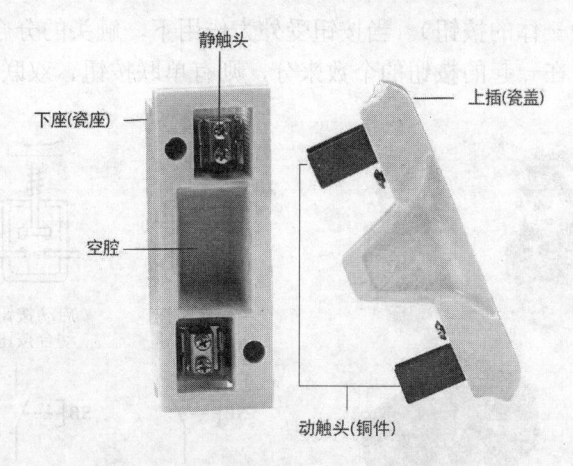

静触头
下座(瓷座)
上插(瓷盖)
空腔
动触头(铜件)

图 5.1.4　磁插式熔断器结构

2. 螺旋式熔断器

螺旋式熔断器的外形和结构如图 5.1.5 所示。在熔断管内装有熔丝，并填充石英砂，石英砂作熄灭电弧之用。熔断管口有红色色标，当熔断器熔断时，色标被反作用弹簧弹出顶部，通过瓷帽上的玻璃窗口观察是否看到色标便可判断熔丝是否熔断。螺旋式熔断器额定电流为 5～200A，主要用于短路电流大的支路如车床、机床控制装置等。此类熔断器换熔体较为方便。目前常用螺旋式熔断器新产品有 RL1、RL6、RL7 等系列。

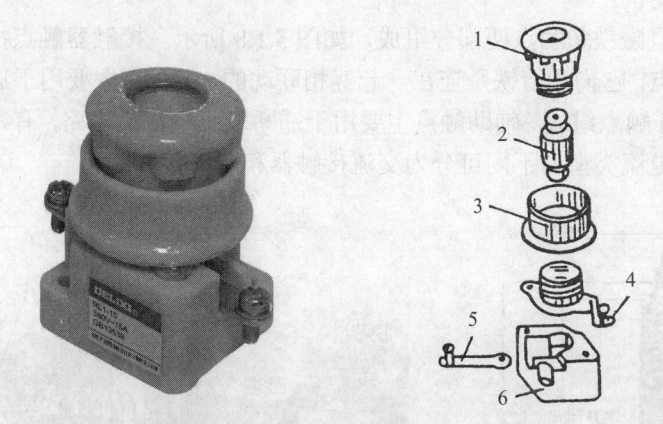

1—瓷帽；2—熔断管；3—瓷套；4—上接线盒；5—下接线盒；6—瓷座
图 5.1.5　螺旋式熔断器的外形和结构

5.1.3　按钮

按钮的常见外形如图 5.1.6 所示。它是一种手动操作、具有弹簧复位的控制开关，是一种最常用的主令电器。按钮的触头允许通过的电流较小，因此，一般情况下它不直接控制主电路（大电流电路）的通断，而是在控制电路中发出指令信号，控制接触器、继电器等电器，再由它们去控制主电路的通断、功能转换或电器联锁。按钮一般由按钮帽、复位弹簧、支柱连杆、静触头、桥式动触头及外壳等部分组成，其内部结构和符号如图 5.1.7 所示。按钮不受外力作用时触头的分合状态，分为停止按钮（即动断按钮）、启动按钮（即动合按钮）和复合按钮（即动合、动断触头组合为一体的按钮）。当按钮受外力作用下，触头的分合状态发生改变，即可接通或断开电路。按做在一起的按钮的个数来分，则有单联按钮、双联按钮和多联按钮。

图 5.1.6　按钮的常见外形

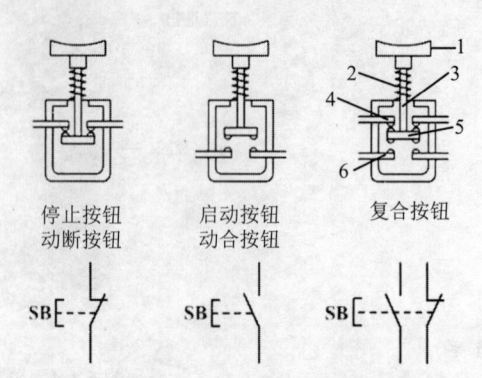

图 5.1.7　按钮的结构和符号

1—按钮帽；2—复位弹簧；3—支柱连杆；
4—常闭静触头；5—桥式动触头；6—常开静触头

5.1.4　接触器

接触器是用来频繁接通和断开电路的自动切换电器，它的优点是可频繁地通、断线路，以小电流控制大电流，配合热继电器工作还能对负载设备起到一定的过载保护作用。接触器的主要控制对象是电动机。

接触器主要由电磁铁和触点两部分组成，如图 5.1.8 所示。接触器触点按通断能力，可分为**主触点**和**辅助触点**，它们和衔铁是连在一起互相联动的。主触点主要用于通断较大电流的电路，一般由 3 对常开触点组成。辅助触点主要用于通断较小电流的电路，有常开触点和常闭触点。接触器按通入电流类型的不同可分为交流接触器和直流接触器。

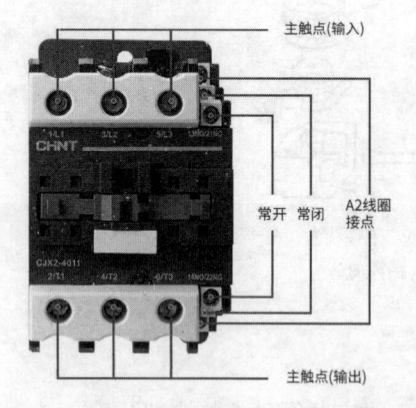

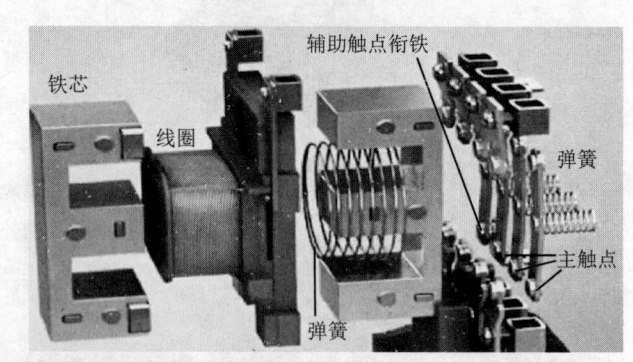

图 5.1.8　交流接触器的外形和结构

交流接触器的结构及符号如图 5.1.9 所示。当给交流接触器的线圈通入交流电时，铁芯上会产生电磁吸力，克服弹簧的反作用力，将衔铁吸合，衔铁的动作带动动触点断开或闭合。当电磁线圈断电后，铁芯上的电磁吸力消失，衔铁在弹簧的作用下回到原位，各触点也随之回到原始状态。

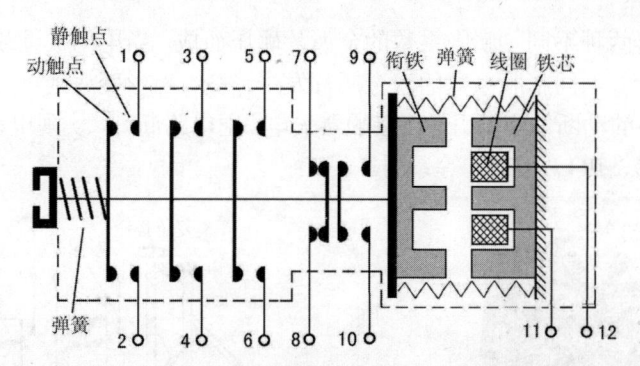

1-2、3-4、5-6端子内部为三组常开主触点；7-8端子内部为常闭辅助触点；
9-10端子内部为常开辅助触点；11-12端子内部为控制线圈

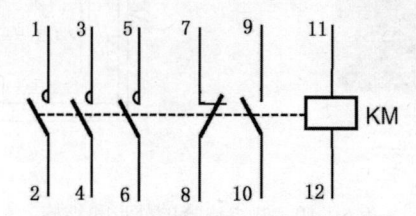

图 5.1.9　交流接触器的结构及符号

5.1.5　继电器

继电器是一种输入量（电、磁、声、光、热）达到一定值时，接通或断开电路的自动控制器件。继电器的种类很多，根据用途可分为控制继电器和保护继电器；根据反映的不同信号可分为电气量（如电流、电压、频率、功率等）继电器及非电量（如温度、压力、速度、时间等）继电器。

继电器是一种电子控制器件，它具有控制系统（又称输入回路）和被控制系统（又称输出回路），通常应用于自动控制电路中。它实际上是用较小的电流去控制较大电流的一种"自动开关"，故在电路中起着自动调节、安全保护、转换电路等作用。它具有动作快、工作稳定、使用寿命长、体积小等优点，广泛应用于电力保护、自动化、运动、遥控、测量和通信等装置中。下面介绍其中的几种继电器。

1. **热继电器**

热继电器是利用发热元件感受到的热量而动作的一种保护继电器，主要对电动机实现过载保护、断相保护、电流不平衡运行保护。

电动机在实际运行中，若机械出现不正常的情况或电路异常使电动机过载，则电动机转速下降、绕组中的电流增大，温度升高。若过载电流不大且过载的时间较短，电动机绕组不超过允许温升，则这种过载是允许的。但若过载时间长，过载电流大，电动机绕组的温升就会超过允许值，使电动机绕组老化，缩短电动机的使用寿命，严重时甚至会使电动机绕组烧毁。热继电器就是利用电流的热效应原理，在出现电动机不能承受的过载时切断电动机电路，为电动机提供过载保护的保护电器。

热继电器的外形和结构如图 5.1.10 所示。它由发热元件、双金属片、触点及一套传动和调整机构组成。发热元件是一段阻值不大的电阻丝，绕在双金属片上并串接在被保护电动机的主电路中。双金属片由两种不同热膨胀系数的金属片碾压而成。当电动机过载时,通过发热元件的电流超过额定电流,不同膨胀系数的双金属片发生形变,当形变达到一定距离时,就推动连杆动作,使控制电路的动断触点断开,使接触器失电,主电路断开,实现电动机的过载保护。热继电器的型号有 JR0、JR15、JR20 等系列。

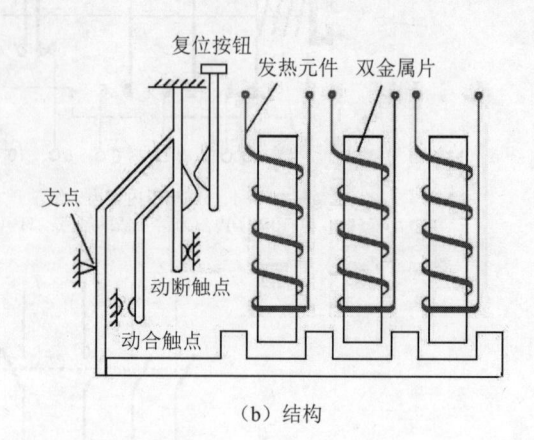

(a)外形　　　　　　　　　　　　　　(b)结构

图 5.1.10　热继电器的外形和结构

2. 时间继电器

时间继电器是在感受到外界信号后,延迟一定时间才动作的一种继电器。根据其延时方式的不同,时间继电器又可分为通电延时型和断电延时型两种。表 5.1.1 给出了两种时间继电器触点的表示符号。

表 5.1.1　时间继电器触点类型

延时方式	通电式		断电式	
延时动作	常开,通电后延时闭合		常闭,断电后延时闭合	
	常闭,通电后延时断开		常开,断电后延时断开	

通电延时型时间继电器在获得输入信号后,须待延时完毕,执行部分才输出信号以控制电路;当输入信号消失后,继电器立即恢复到动作前的状态。

断电延时型时间继电器则相反,当获得输入信号后,执行部分立即输出信号控制电路;输入信号消失后,继电器需要经过延时,才能恢复到动作前的状态。

5.1.6　行程开关

行程开关又称限位开关,它主要用于限制机械运动的位置,同时能使机械实现自动停止、反向、变速或自动往复等运动。行程开关的动作原理与按钮相似,二者的区别在于:按钮是用手来操作的,行程开关是靠机械的运动触碰来实现其动作的。

行程开关可分为按钮式和旋转式,旋转式又可分为单轮旋转式和双轮旋转式两种,它们的外形分别如图 5.1.11(a)至图 5.1.11(c)所示,其触点符号如图 5.1.11(d)所示。

(a)按钮式　　(b)单轮旋转式　　(c)双轮旋转式　　(d)行程开关的触点符号

常开触点

常闭触点

图 5.1.11　行程开关

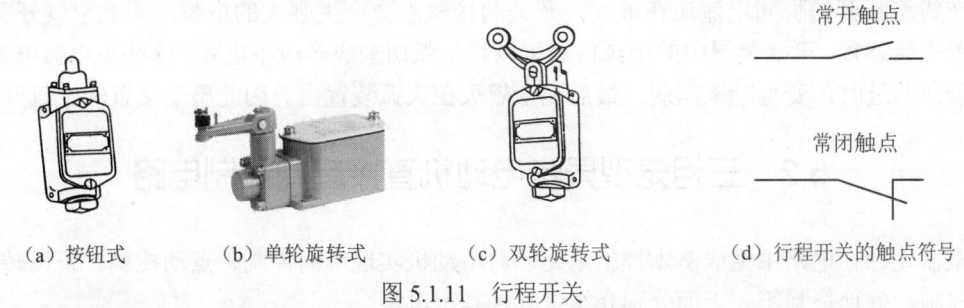

5.1.7　自动开关

自动开关又称自动空气开关（简称空开），或称断路器。它是隔离开关、热继电器和欠电压继电器的组合。当电路发生严重过载、短路以及失压等故障时，自动开关能自动切断故障电路，有效地保护串接在它们后面的电气设备。它既能自动控制，也能手动控制。

家庭常用的自动开关的结构如图 5.1.12 所示。整个自动开关主要由触发机构、脱扣器、触头和灭弧装置组成。触发机构由一个扳手、两个弹簧和一个中央杠杆组成。当扳手在下面时，电路处于断开状态，扳手向上扳动时，电路处于连接状态，此时底部的弹簧压缩，上面的弹簧拉伸，给扳手一个很小的往下的力，弹簧就能恢复，同时将线路断开。脱扣器包括短路保护脱扣器和双金属片脱扣器，短路保护脱扣器由线圈和内部有弹簧的顶针构成，正常通电时线圈产生的磁场推动顶针向下的力和弹簧向上的力正好处于平衡位置。双金属片脱扣器则由双金属片和 C 型杠杆构成。

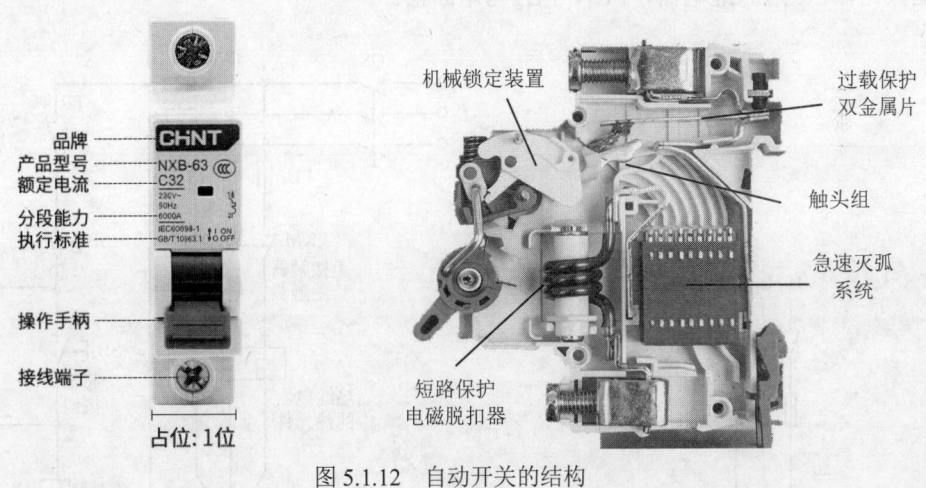

图 5.1.12　自动开关的结构

当工作正常时，电流进入空气开关后经过电磁线圈，再经过双金属片，最后流出整个空气开关，由于所产生的发热量有限，并不会超过脱扣部件所设定的上限，所以也并不会触发内部的任何装置。当线路短路时，空气开关中的电流会瞬间增加几十倍，磁场的磁力瞬间增加，推动顶针向下运动，顶针推动中央杠杆释放底部弹簧，断开电路连接，起短路保护作用。如电路出现电流过载但不足以推动顶针断开电路时，双金属片因通过较大电流发热而弯曲，带动 C 型杠杆向下弯曲，同时带动中央杠杆释放底部弹簧断开连接。

在线路断开的瞬间电流还在继续，开关的接触点会产生强大的电弧，因此空气开关内必须设置灭弧装置。灭弧装置中的绝缘格栅可以将电弧切割成多段小电弧，这些小电弧电弧继续沿着隔断前进时，变得越来越弱，最后完全熄灭在灭弧装置内。因此整个装置叫空气开关。

5.2 三相笼型异步电动机直接起动控制电路

电器元件在电路中组成基本控制电路，对电动机实现单向控制、点动控制、正反转控制、行程控制、多地控制等。下面分别介绍这几种基本电路。

5.2.1 单向控制电路

单向控制是指对电动机实现一个旋转方向的控制。单向控制可用隔离开关控制，也可用接触器控制。

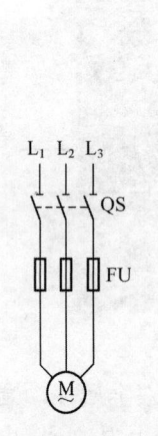

1. 隔离开关控制的单向控制电路

隔离开关控制的单向控制电路如图 5.2.1 所示。图中 QS 为隔离开关，M 为三相笼型异步电动机，FU 为三相熔断器，L_1、L_2、L_3 为三相电源。当合上隔离开关 QS 时，三相电源与电动机接通，电动机开始旋转。当拉开隔离开关 QS 时，三相电动机因断电而停止。

上述控制电路简单，但在起停时不安全，也没有失压、欠压和过载保护，所以其只适用于不频繁起动的小容量电动机。在实际中，应用较多的是下面介绍的用接触器控制的电路。

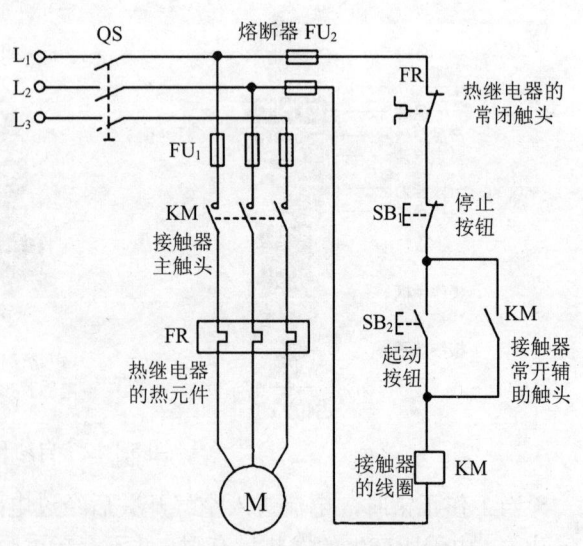

2. 接触器控制的单向控制电路

接触器控制的单向控制电路如图 5.2.2 所示。图中的 KM 为接触器，SB_1 为停止按钮，SB_2 为起动按钮，FR 为热继电器，FU_1、FU_2 为熔断器。

图 5.2.1 隔离开关控制的单向控制电路

图 5.2.2 接触器控制的单向控制电路

电路的工作原理如下：合上隔离开关 QS，按下起动按钮 SB_2 时，接触器 KM 的线圈通电，三相主触点闭合，电动机通入电源而转动。与此同时，与按钮 SB_2 并联的 KM 常开辅助触点闭合，此时，若松开 SB_2，因 KM 线圈仍保持通电状态，电动机继续转动。这种依靠接触器自身的常开辅助触点使自身的线圈保持通电的电路,称为**自锁**功能控制电路。该常开辅助触点称为**自锁触点**。当电动机需要停止时,按下停止按钮 SB$_1$,KM 线圈断电,接触器的三相触点断开,电动机停转。同时,KM 的常开辅助触点也断开。此时,松开停止按钮 SB$_1$,KM 的线圈也不会通电,电动机不能自行起动。此电路具有短路保护(熔断器 FU$_1$、FU$_2$)、过载保护(热继电器 FR)、失压和欠压保护(接触器 KM)的功能。电路的接法如图 5.2.3 所示。

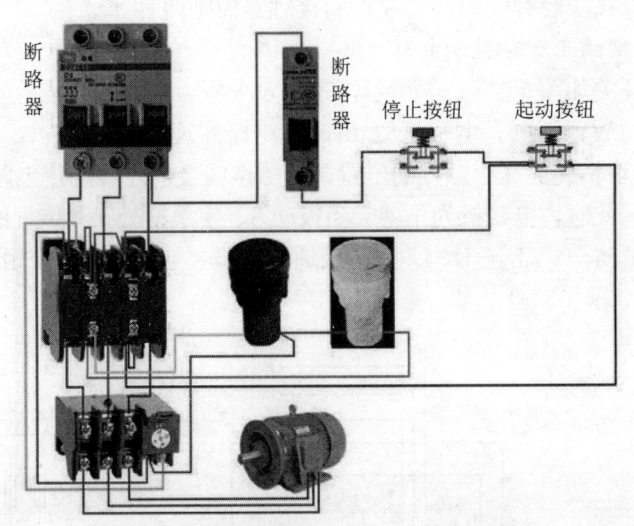

图 5.2.3 接触器控制的单向控制电路接线图

5.2.2 点动控制电路

点动控制,就是指按下按钮,电动机通电运转;松开按钮,电动机断电停止。点动控制电路如图 5.2.4 所示。它的工作过程较为简单:合上隔离开关 QS,按下点动按钮 SB,KM 的线圈通电,三相主触点闭合,电动机运行;松开点动按钮 SB,KM 的线圈断电,三相主触点断开,电动机断电,停止运转。点动控制可实现即开即断,但起停电流较大,会引起周边用电户的电压波动,可能会损坏电机及电器。

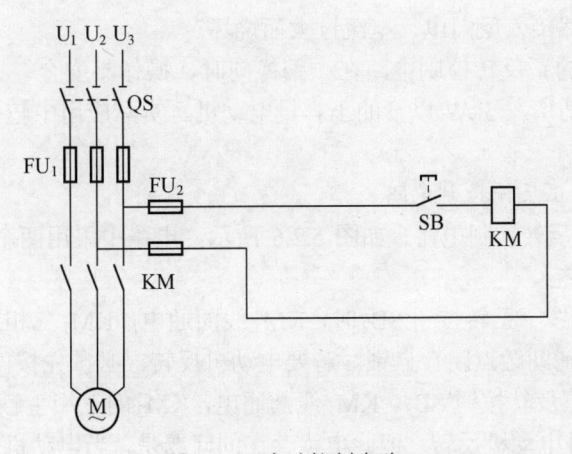

图 5.2.4 点动控制电路

5.2.3 正反转控制电路

生产机械的运动部件往往需要做正、反两个方向的运动,如车床主轴的正转和反转、工作台的前进和后退等,这就要求拖动生产机械的电动机具有**正、反转控制功能**。

若要实现电动机反向控制,只需将电源的 3 根相线任意对调两根(换相)即可。对电动机正、反转的控制方式一般有倒顺开关控制和接触器控制两种。

1. 倒顺开关控制的正反转控制电路

其中一种倒顺开关如图 5.2.5(a)所示,其有 6 个静触点,内部结构如图 5.2.5(b)所示。6 个静触点有 3 个位置,即顺、倒和悬空(停)。电路原理如图 5.2.5(c)所示。当合上开关 QS 后,再扳动 S 的手柄使其在"顺"的位置,动触点就会向左转动,电路按 L_1—U、L_2—V、L_3—W 接通电动机,此时,电动机为正转。当扳动 S,使手柄处在"倒"的位置时,动触点就会向右转动,电路按 L_1—V、L_2—U、L_3—W 接通电动机,电动机 3 个绕组的相序发生了改变,此时电动机反转。

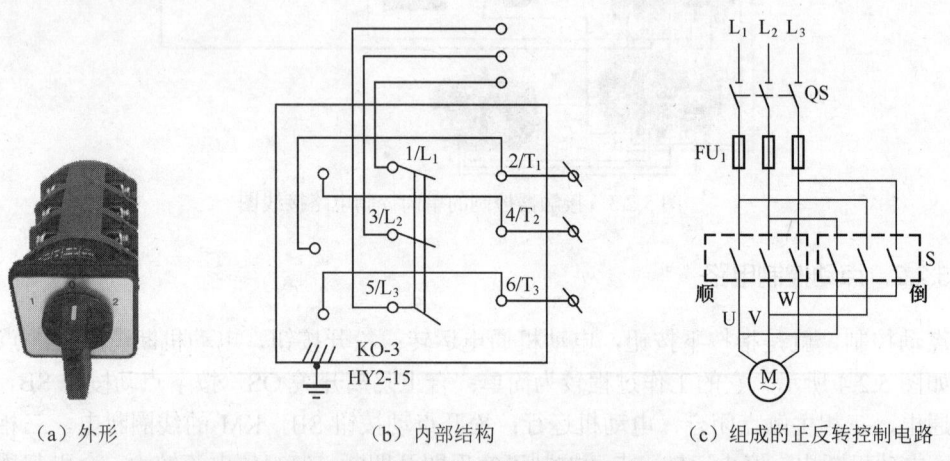

图 5.2.5 倒顺开关和其组成的正反转控制电路

(a)外形　　(b)内部结构　　(c)组成的正反转控制电路

当电动机由正转到反转,或者由反转到正转,必须将手柄扳到"停"的位置,否则电动机定子绕组会因为突然接入反向电,电流过大而烧坏。

用倒顺开关控制的正反转控制电路在频繁换向时,操作不安全。因此,这种电路一般用于额定电流在 10A、功率在 3kW 以下的小容量电动机。实际应用中较多应用接触器控制的正反转控制电路。

2. 接触器控制的正反转控制电路

(1)无联锁的正反转控制电路。如图 5.2.6 所示,电路中采用两个接触器 KM_1、KM_2 来控制电动机的正、反转。

当合上开关 QS,按下正转按钮 SB_2 时,KM_1 线圈通电,KM_1 三相主触点闭合,电动机旋转。同时,KM_1 常开辅助触点闭合自锁。若要电动机反转,必须先按停止按钮 SB_1,让 KM_1 三相主触点断开,按下反转按钮 SB_3,KM_2 线圈通电,KM_2 的三相主触点闭合,电源 U_1 和 U_2 对调,实现换相,此时电动机反转。但此电路存在的问题是,当电动机正转后,若同时按反转按钮,则电源会短路,烧坏电路。

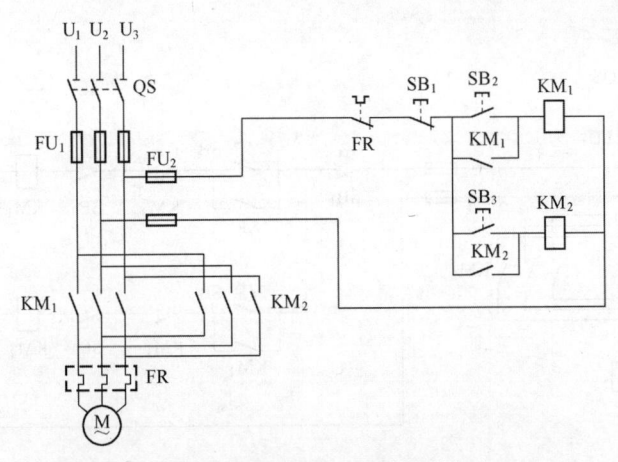

图 5.2.6　无联锁的正反转控制电路

（2）有联锁的正反转控制电路。为了克服上述电路的缺点，常用具有电气联锁的控制电路。具有电气联锁的正反转控制电路如图 5.2.7 所示。当按下 SB$_2$，KM$_1$ 通电时，KM$_1$ 的常闭辅助触点断开，这时，如果同时按下 SB$_3$，KM$_2$ 的线圈不会通电，保证了电路的安全。这种将一个接触器的常闭辅助触点串联在另一个线圈的电路中，使同一时间只允许一个接触器工作的控制作用称为**互锁**或**联锁**。利用接触器的常闭辅助触点的联锁，被称为**电气联锁**。

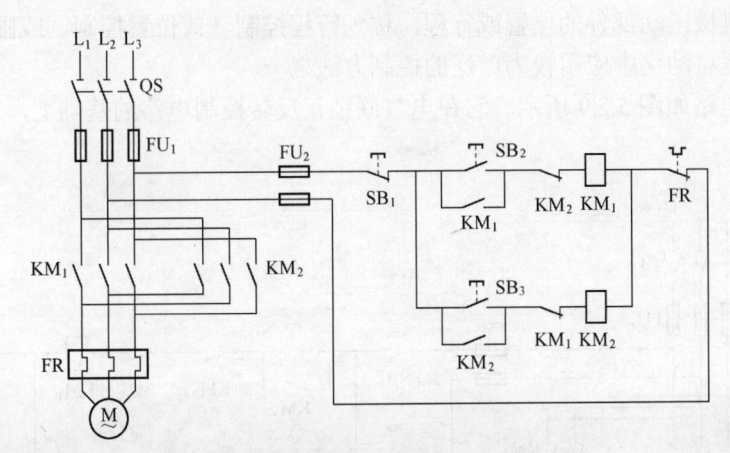

图 5.2.7　具有电气联锁的正反转控制电路

此电路的缺点也是在正转过程中要求反转，必先按停止按钮 SB$_1$，让联锁触点 KM$_1$ 闭合后，才能按反转起动按钮使电机反转。

为解决上述问题，还可采用由复合按钮组成的电路来实现，如图 5.2.8 所示。SB$_2$ 和 SB$_3$ 的动断按钮串联在对方的常开触点电路中。这种利用按钮的常开、常闭触点，在电路中互相牵制的接法，称为**机械联锁**。具有电气、机械双重联锁的控制电路是电路中常见的，也是最可靠的正反转控制电路。它能实现由正转直接到反转，或者由反转直接到正转的控制。

控制原理：当按下正转按钮 SB$_2$ 时，其常闭断触点断开，同时 KM$_1$ 的线圈通电，其常闭触点断开，能保证反转接触器 KM$_2$ 的线圈断电，松开 SB$_2$，其常闭触点闭合，电路自锁正转。当按下反转起动按钮 SB$_3$ 时，其常闭触点断开，让正转接触器 KM$_1$ 的线圈马上断电，其常闭触点闭合，电动机就反转了。

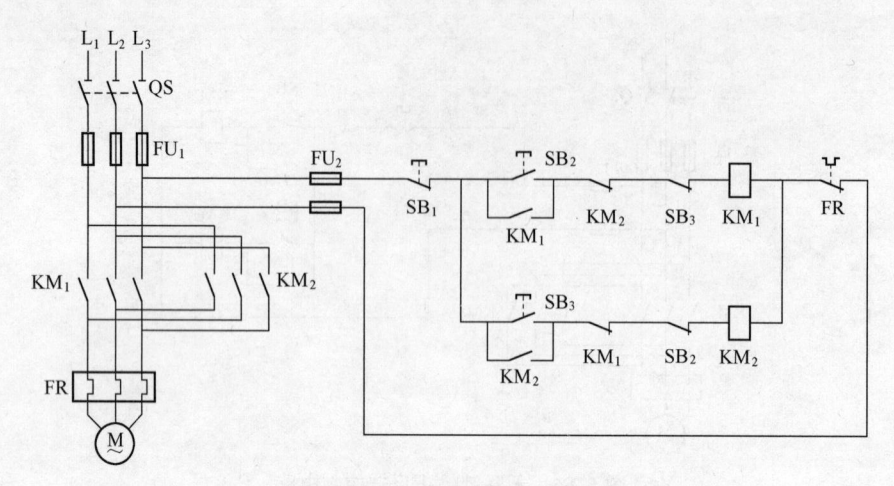

图 5.2.8 具有双重联锁的控制电路

5.2.4 行程控制电路

在生产机械中,常需要控制某些生产机械的行程位置。例如,铣床的工作台到极限位置时,会自动停止;起重设备上升到一定高度也能自动停下来等。行程控制要用到行程开关。

利用生产机械运动部件上的挡铁与行程开关碰撞,使其触点动作来接通或断开电路,以达到控制生产机械运动部件的位置或行程,称为**行程控制**(或**位置控制**,或**限位控制**)。行程控制是生产过程自动化中应用较为广泛的控制方法之一。

行程控制电路如图 5.2.9 所示。它在电气联锁正反转控制电路的基础上,增加了两个行程开关 SQ_1 和 SQ_2。

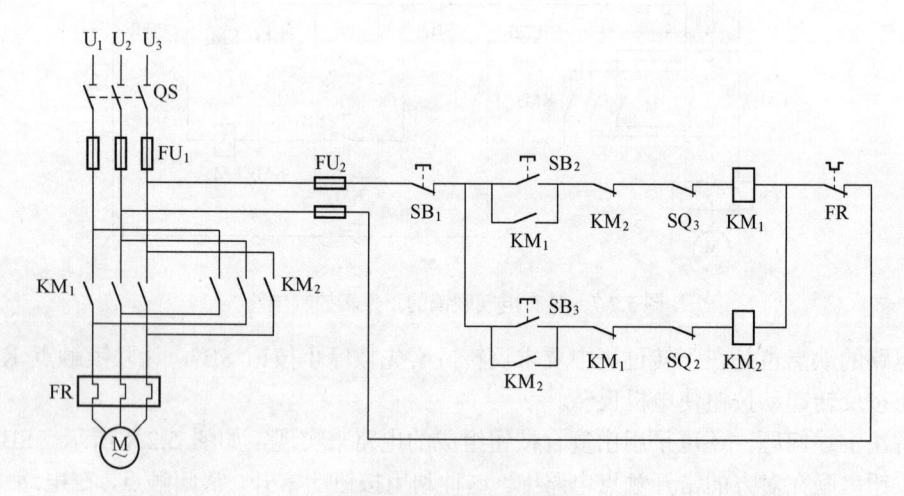

图 5.2.9 行程控制电路

电路的工作原理:按下正转按钮 SB_2,KM_1 通电,电动机正转,拖动工作台向左运行。工作台到达极限位置,挡铁 A 碰撞 SQ_1 时,使 SQ_1 的常闭触点断开,KM_1 线圈断电,电动机因断电自动停止,达到保护的目的。同理,按下反转按钮 SB_3,KM_2 通电,电动机反转,拖动工作台向右运行。工作台到达极限位置,挡铁 B 碰撞 SQ_2 时,使 SQ_2 的常闭触点断开,KM_2 线圈断电,电动机因断电自动停止。

5.2.5 多地控制电路

有些生产设备为了操作方便，需要在两地或多地控制一台电动机，如普通铣床的控制电路就是一种多地控制电路。这种能在两地或多地控制一台电动机的控制方式，称为电动机的**多地控制**。在实际应用中，大多为两地控制。

两地控制电路如图 5.2.10 所示。图中 SB_1、SB_4 为甲地的控制按钮，SB_2、SB_3 为乙地的控制按钮。这种电路的特点是两地的起动按钮并联，两地的停止按钮串联。这样就可以在甲、乙两地控制同一台电动机，操作起来较为方便。

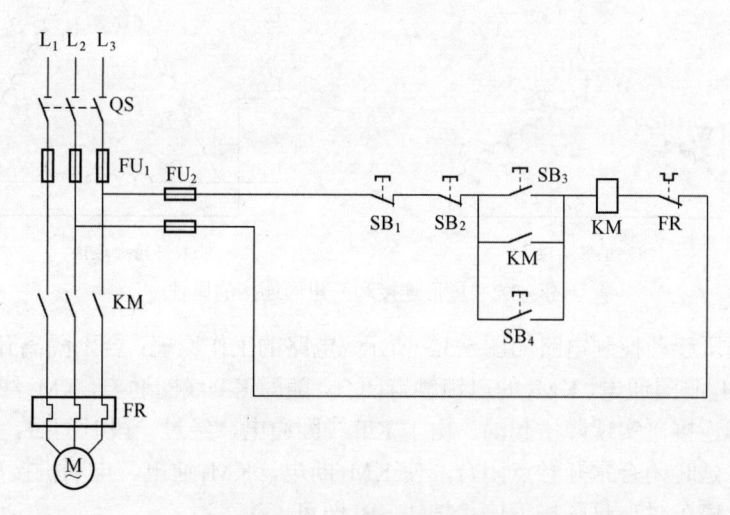

图 5.2.10　两地控制电路

5.3　三相异步电动机的降压起动和制动控制

5.3.1　降压起动控制

当电动机的功率在 10kW 以上，应采用降压起动。降压起动是指电动机在起动时，加在电动机定子绕组上的电压小于其额定电压。但应注意，在起动完成后，电动机定子绕组上的电压应恢复到额定值，否则，会使电动机损坏。常见的降压起动方式有 3 种：定子绕组串电阻降压起动、Y-△连接降压起动、自耦变压器降压起动等。

1. 定子绕组串电阻降压起动

三相笼型异步电动机定子绕组串电阻降压起动控制电路如图 5.3.1 所示。它是手动控制型起动，加在电动机定子绕组上的电压小于其额定电压，电动机进行降压起动。待转速上升到一定值时，把开关 S 合上，电阻 R 被短接，此时，电动机在全压下运行。

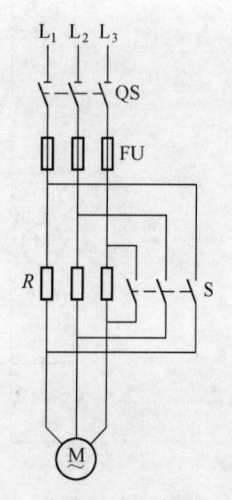

图 5.3.1　串电阻降压起动控制电路

2. Y-△连接降压起动

星形连接和三角形连接的原理如图 5.3.2 所示。电源线电压 U_L（380V）不变。图 5.3.2（a）所示为星形连接，电动机的相电压 $U_P = U_L/\sqrt{3}$，故相电压为 220V。图 5.3.2（b）所示为三角形连接，其相电压与线电压相等，为 380V。所以，起动时采用星形连接便可实现降压起动；起动完成后，再将电动机接成三角形，又可使电动机正常运转。

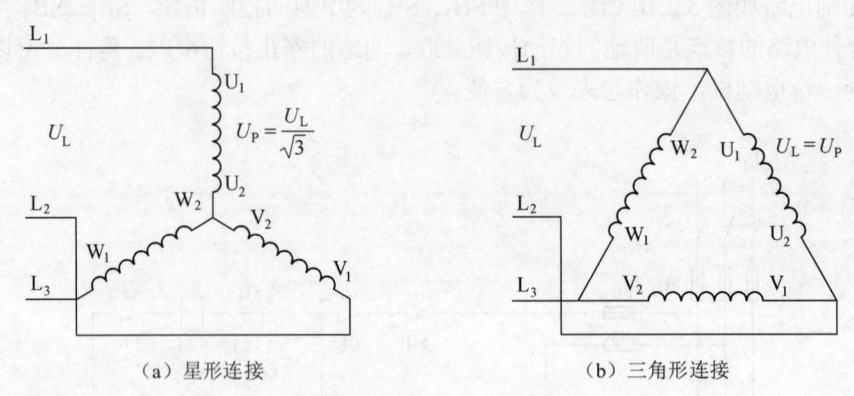

（a）星形连接　　　　　　（b）三角形连接

图 5.3.2　星形连接和三角形连接的原理

Y-△连接降压起动控制电路如图 5.3.3 所示。电路的工作原理：合上隔离开关 QS，按下起动按钮 SB_2，KM_1 线圈通电，KM_1 的自锁触点闭合，随即 KT 线圈通电，KM_2 线圈通电并自锁，电动机接成星形连接，实现降压起动。由于 KT 线圈通电，经过一段时间后，KT 的延时断开常闭触点断开，延时闭合常开触点闭合，使 KM_1 断电，KM_3 通电，电动机接成三角形连接，实现全压运行。停车时，只需按下停止按钮 SB_1 即可。

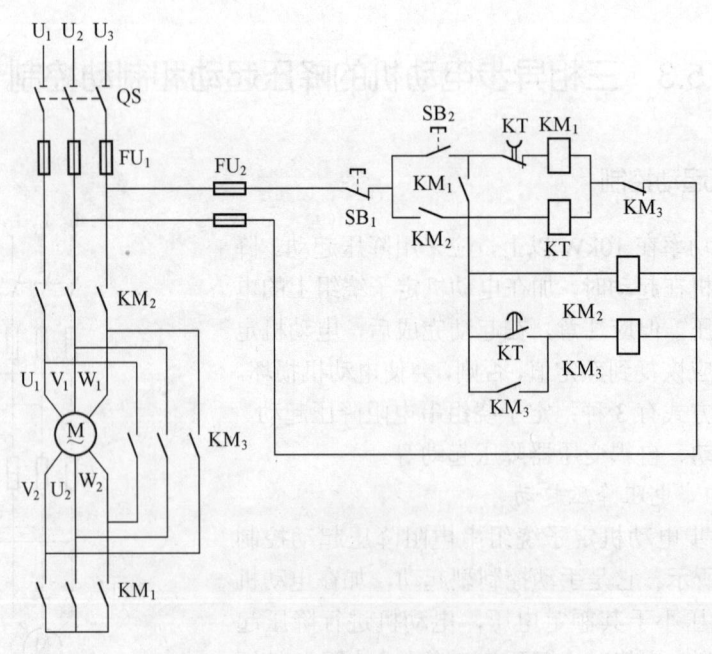

图 5.3.3　Y-△连接降压起动控制电路

5.3.2 制动控制电路

第4章4.3.4节已简单介绍了电动机制动的方法,本小节将详细介绍机械制动中的电磁抱闸和电气制动中的反接制动电路。

1. 电磁抱闸

电磁抱闸的结构如图5.3.4所示。电磁抱闸分为通电制动和断电制动两种。通电制动是指线圈通电时,闸瓦紧紧抱住闸轮,实现制动。而断电制动是指线圈断电时,闸瓦紧紧抱住闸轮,实现制动。

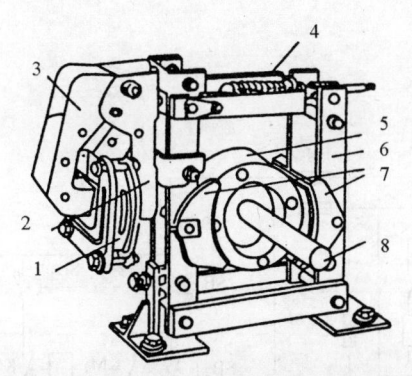

1—线圈;2—铁芯;3—衔铁;4—弹簧;5—闸轮;6—杠杆;7—闸瓦;8—轴

图 5.3.4 电磁抱闸的结构

电磁抱闸断电制动控制电路如图5.3.5所示。此电路的工作原理:当电路未通电时,闸瓦和闸轮紧紧抱住,使电动机制动。当按下起动按钮SB_1时,KM线圈通电,三相主触点闭合,使电磁铁YB通电,吸引衔铁克服弹簧力,使杠杆向上移动,闸瓦和闸轮分开,电动机起动运行。需要停止时,按下停止按钮SB_2,KM线圈断电,YB断电,杠杆在弹簧作用下向上移动,闸瓦抱住闸轮,使电动机迅速停下来。这种制动方法被广泛运用到起重设备中。其优点是定位准确,防止由于电动机突然断电,重物自行下落而造成事故。

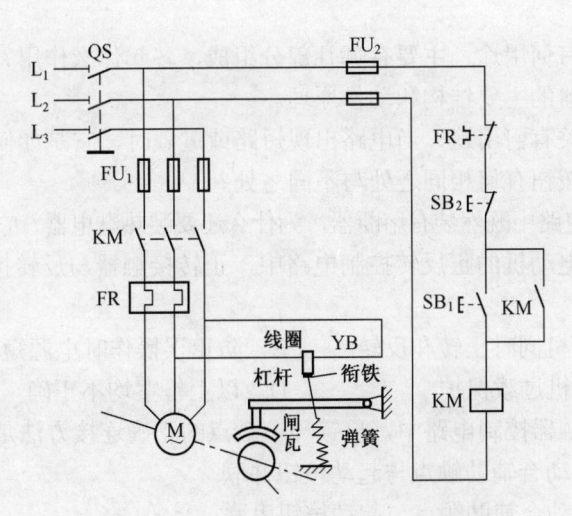

图 5.3.5 电磁抱闸断电制动控制电路

2. 反接制动控制电路

反接制动是改变电动机定子绕组上的电源相序来产生制动力矩，使电动机迅速停止的方法。反接制动电路如图 5.3.6 所示。图中的 KV 为速度继电器，R 为反接制动电阻。电路的工作原理：当合上隔离开关 QS，按下起动按钮 SB_2 时，KM_1 线圈通电，电动机开始旋转。当电动机转速达到 120r/min 时，速度继电器 KV 常开触点闭合，为反接制动做准备。当需要停止时，按下复合按钮 SB1，SB1 的常闭触点断开，使 KM_1 线圈断电，SB1 的常开触点闭合，KM_2 线圈接通，使电动机断开正向电，接通反向电。此时，电动机的转速下降。当电动机转速下降到 100r/min 时，KV 的常开触点断开，使 KM2 线圈断电，电动机断电后自然停止。

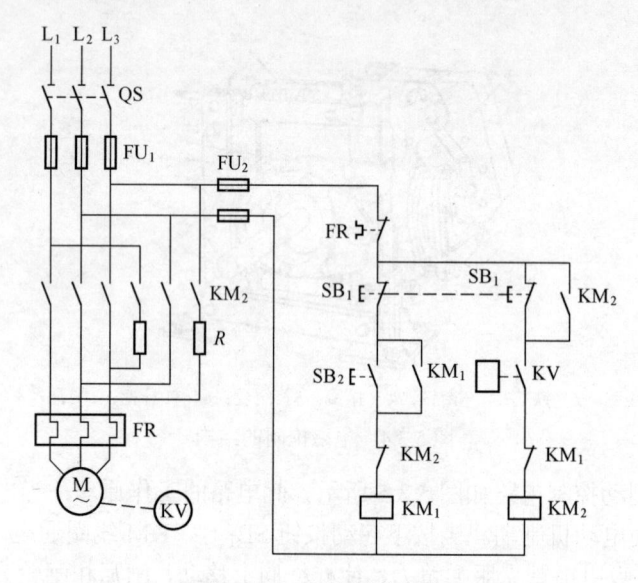

图 5.3.6 反接制动电路

习　题

5.1　交流接触器有何用途，主要有哪几部分组成，各起什么作用？
5.2　简述热继电器的主要结构和动作原理。
5.3　自动空气开关有何用途？当电路出现短路或过载时，它是如何动作的？
5.4　行程开关与按钮有何相同之处与不同之处？
5.5　在电动机主电路中既然装有熔断器，为什么还要装热继电器？它们各起什么作用？
5.6　在三相异步电动机的正反转控制电路中，正转接触器与反转接触器间的互锁环节功能是（　　）。
　　　A．防止电动机同时正转和反转　　B．防止误操作时电源短路
　　　C．实现电动机过载保护　　　　　D．以上答案均不正确
5.7　在继电器接触器控制电路中，自锁环节触点的正确连接方法是（　　）。
　　　A．接触器的动合辅助触点与起动按钮并联
　　　B．接触器的动合辅助触点与起动按钮串联

C. 接触器的动断辅助触点与起动按钮并联
D. 以上答案均不正确

5.8 图 5.4.1 所示的三相异步电动机控制电路接通电源后的控制作用是（   ）。
   A. 按下 SB_2，电动机不能运转
   B. 按下 SB_2，电动机点动
   C. 按动 SB_2，电动机起动连续运转，按动 SB_1，电动机停
   D. 以上答案均不正确

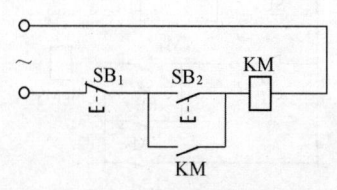

图 5.4.1 题 5.8 图

5.9 分析图 5.4.2 所示控制电路，当接通电源后其控制作用正确的是（   ）。
   A. 按 SB_1，接触器 KM 通电动作；按 SB_2，KM 断电恢复常态
   B. 按 SB_1，KM 通电动作，松开 SB_1，KM 即断电
   C. 按 SB_1，KM 通电动作，按 SB_2，不能使 KM 断电恢复常态，除非切断电源
   D. 以上答案均不正确

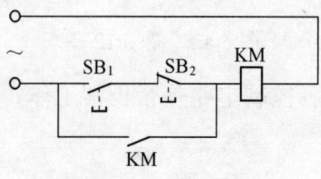

图 5.4.2 题 5.9 图

5.10 在图 5.4.3 所示的控制电路中，按下 SB_2，则（   ）。
   A. KM_1、KT 和 KM_2 同时通电，按下 SB_1 后经过一定时间 KM_2 断电
   B. KM_1、KT 和 KM_2 同时通电，经过一定时间后 KM_2 断电
   C. KM_1 和 KT 线圈同时通电，经过一定时间后 KM_2 线圈通电
   D. 以上答案均不正确

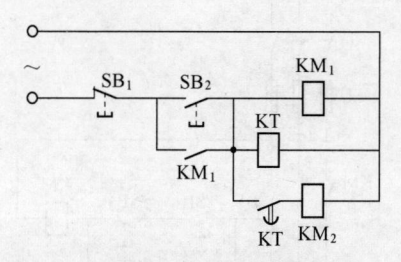

图 5.4.3 题 5.10 图

5.11 在图 5.4.4 所示电路中，接触器 KM_1 和 KM_2，均已通电动作，此时若按动按钮 SB_3，则（   ）。

A. 接触器 KM$_1$ 和 KM$_2$ 均断电停止运行
B. 只有接触器 KM$_1$ 断电停止运行
C. 只有接触器 KM$_2$ 断电停止运行
D. 以上答案均不正确

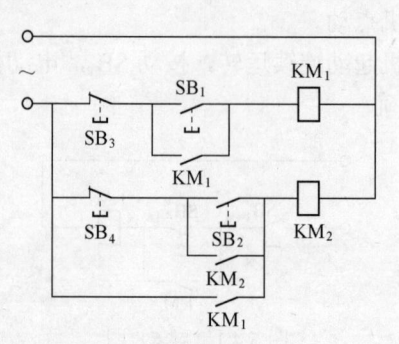

图 5.4.4　题 5.11 图

5.12　判断图 5.4.5 所示的各电路能否实现点动控制。

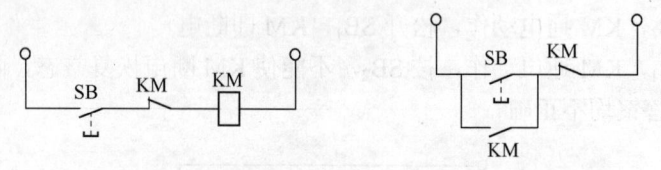

图 5.4.5　题 5.12 图

5.13　判断如图 5.4.6 所示的各控制电路是否正常工作？为什么？

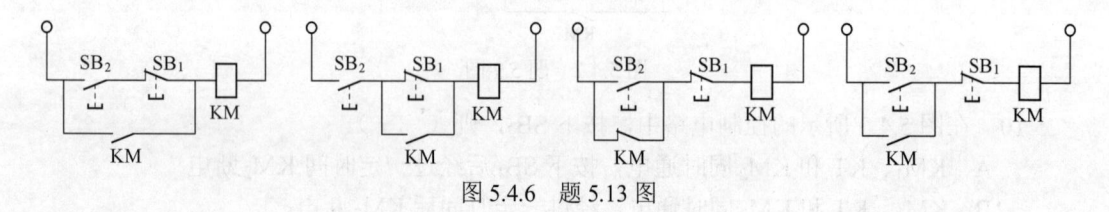

图 5.4.6　题 5.13 图

5.14　指出图 5.4.7 的错误之处。

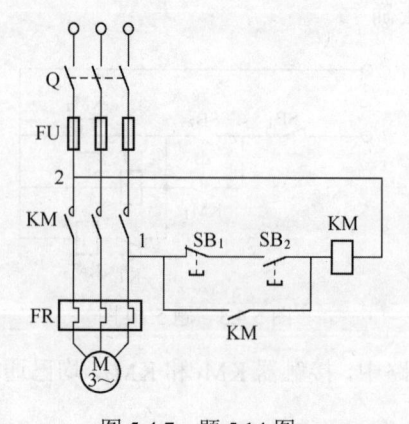

图 5.4.7　题 5.14 图

第2篇 电子技术

小到电视遥控器的开发，大到航空母舰、航天飞机的制造都需要电子技术，身边常见的手机、电视、计算机、汽车、声控/光控电灯、空调等都是在电子技术的基础上开发出来的。电子技术包括模拟电子技术和数字电子技术。模拟电子技术包括常用电子器件、模拟电路及其系统的分析和设计，读者学习后能获得模拟电子技术方面的基本知识、基本理论和基本技能，为深入学习电子技术及其在专业中的应用打下基础。模拟电子电路几乎覆盖整个电子领域，任何一个电子电路的功能实现都会涉及模拟电子电路。用数字信号完成对数字量进行算术运算和逻辑运算的电路称为数字电路或数字系统。由于它具有逻辑运算和逻辑处理功能，所以又称数字逻辑电路。研究数字电路的数字电子技术广泛应用于电视、雷达、通信、电子计算机、自动控制、航天等科学技术领域。

通常模拟电路的设计比数字电路更为困难，对设计人员的水平要求更高。这也是数字电路系统比模拟电路系统更加普及的原因之一。模拟电路通常需要更多的手工运算，其设计过程的自动化程度低于数字电路。

第6章 半导体器件

半导体器件是用半导体材料制成的。常用的半导体器件有二极管、三极管、特殊晶体管等。本章主要介绍常用半导体器件的基本知识,这是深入学习电子电路的基础。

知识点与学习要求

(1) 了解半导体的基本知识。
(2) 了解半导体二极管。
(3) 掌握三极管等器件的结构、工作原理、特性曲线、主要参数。

6.1 半导体基本知识

自然界中不同的物质,由于原子结构不同,所以导电能力各不相同。根据物质导电能力的强弱,常把物质分成绝缘体、导体、半导体和超导体。常温下导电能力介于导体与绝缘体之间的物质称为半导体,如硅、锗、砷化镓以及金属氧化物和硫化物等。

6.1.1 本征半导体

半导体的种类很多,常用的有硅(Si)、锗(Ge)等。半导体的晶体结构有多晶体和单晶体两种形态,制造半导体器件必须使用单晶体材料,即整个一块半导体材料是由一个晶体组成的。制造半导体器件的半导体材料纯度要求很高,要达到 99.9999% 以上。化学成分纯净、物理结构完整的半导体被称为**本征半导体**。

1. 结构特点

自然界的物质由原子组成,原子由带正电的原子核与带负电的核外电子组成。电子分层围绕原子核不停地做旋转运动,其中内层的电子受原子核的吸引力较大,外层电子受原子核的吸引力较小,外层的电子如果获得外来的能量,就容易挣脱原子核的束缚而成为**自由电子**。最外层的电子叫作**价电子**。在电子器件中,用得最多的半导体材料是锗和硅,它们的原子结构如图 6.1.1(a)所示。它们的原子最外层都具有 4 个价电子,如图 6.1.1(b)所示。最外层电子数为 4 的这类半导体通常统一用图 6.1.1(c)所示的简化模型来表示。模型中由除价电子外的其余原子部分组成的稳固结构通常被称为原子实,这样原子就可以用原子实和价电子来表示,便于类似半导体的分析。

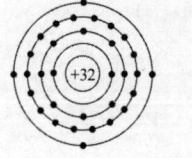

(a) 锗、硅的原子结构　　(b) 锗、硅原子的最外层电子　　(d) 四价元素原子简化模型

图 6.1.1　原子结构示意图

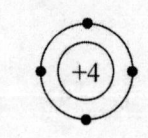

价电子的数目越接近 8 个,物质的化学结构也就越稳固。对于金属材料,其价电子一般较少,因此金属中的价电子很容易变成自由电子,所以金属是良导体;对于单质绝缘体,其价电子数一般多于 4 个,因此绝缘体中的价电子均被原子核牢牢地吸引着,很难形成自由电子,所以单质绝缘体不能导电;对于半导体,原子的价电子数为 4 个,其原子的外层电子既不像金属那样容易挣脱出来,也不像绝缘体那样被原子核紧紧束缚住,因此半导体的导电性能比较特殊,具备可变性。

当硅(或锗)被制成单晶体时,其原子有序排列,其结构如图 6.1.2(a)所示。结构中每个原子周围都有 4 个最近邻的原子,组成一个正四面体结构,这 4 个原子分别处在正四面体的顶角上,如图 6.1.2(b)所示。从晶体的 6 个方向看,晶体都有图 6.1.2(c)所示的平面结构。任一顶角上的原子和中心原子各贡献一个价电子形成一个共价键,共组成 4 个共价键,使相邻两原子紧密地连在一起,如图 6.1.2(d)所示。假设一个分子由两个原子组成,而这两个原子中的两个原子核可比作一对仇家,相处不了;而这两个原子核的核外电子可比作他们的孩子,他们的孩子却玩得很好。所以这一对仇家只能维持一定的状态,既不靠近又不远离,这种维持的状态就是共价键实质的一个生动的说明。

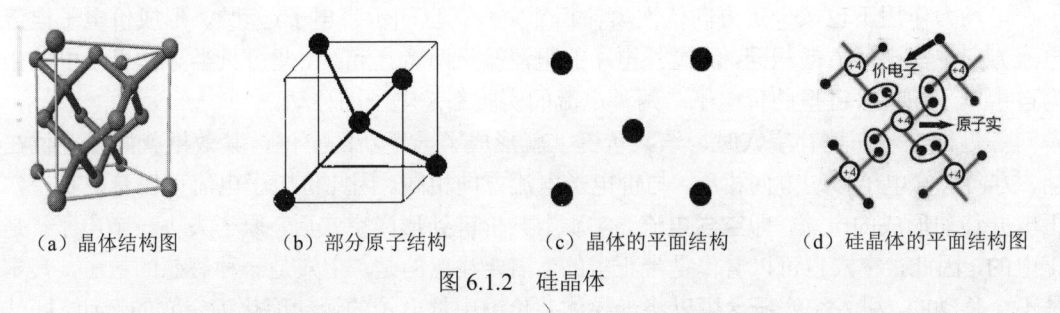

(a)晶体结构图　　(b)部分原子结构　　(c)晶体的平面结构　　(d)硅晶体的平面结构图

图 6.1.2　硅晶体

硅和锗晶体中的原子局部结构可以用图 6.1.3(a)来表示,分析时常用图 6.1.3(b)所示的晶体共价键结构。

(a)原子局部结构　　　　　　　　　　(b)晶体共价键结构

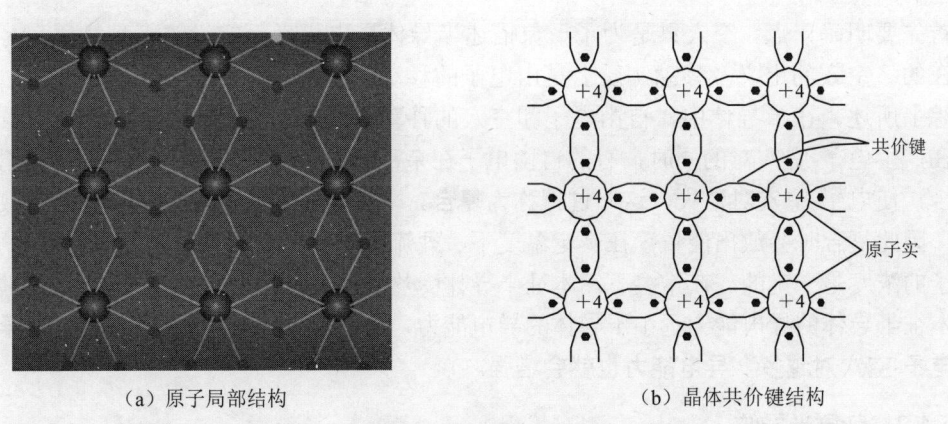

图 6.1.3　硅和锗的共价键结构的两种示意图

2. 半导体的导电机理

当温度升高或受到光线照射时,本征半导体共价键中的价电子在获得足够能量后,会挣脱原子核的束缚而成为**自由电子**,同时在原来共价键上留下了相同数量的空位,这种现象称为**本征激发**。在本征半导体中,每激发出来一个自由电子,就必然在**共价键**上留下一空位,我们把该空位称为**空穴**（**空穴是在共价键处**），可见自由电子和空穴总是成对出现的，我们称之为**电子-空穴对**，任何时候本征半导体中的自由电子数和空穴数总是相等的，如图 6.1.4 所示。

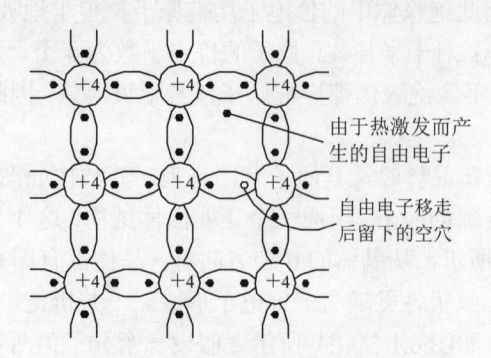

图 6.1.4　热激发产生电子-空穴对

在外电场的作用下，自由电子产生定向移动（也叫导带电子运动），形成**自由电子电流**，自由电子逆着电场方向移动，因此自由电子电流方向与电场方向相同。邻近的共价键里的价电子在电场力作用下也按一定方向依次填补相邻空穴（也叫价带电子运动），形成**价电子电流**，电流方向也与电场方向相同，流过外电路的电流等于两者之和。由此可见半导体里导电的微粒为自由电子和共价键里的价电子。两种电流的实质都是电子的移动。

邻近价电子在填补空穴时，该共价键上就形成了一个新的空位，其效果就好像空位在移动，方向与价电子移动方向相反，与价电子电流方向相同。因此价电子电流可以看成是空穴带正电并移动形成的电流，即**空穴电流**。实质上共价键处形成空穴后，原子失去一个电子，是带正电的，因此，空穴也可以看作是带正电的。需要注意的是，空穴是一种假想的粒子，其本身是不会移动的，引入空穴概念可以将半导体共价键中价电子的运动简化为空穴的运动，即认为价电子没有动，只是空穴在动，使分析价电子电流问题变得简单，同时这种假设分析经过证明是合理的。

首先要明确一点，空穴只是为了形象描述半导体导电机理而定义的一种物质，本身是并不存在的。空穴的定义及移动实质上是由电子的移动产生的一种状态。

综上所述，在半导体中，自由电子和空穴的移动都能形成电流，都叫**载流子**。

在产生电子-空穴对的同时，有的自由电子在杂乱的热运动中又会不断地与空穴相遇，重新结合，使电子-空穴对消失，这一过程称为**复合**。本征激发需要获取能量，复合是激发的逆过程，因此复合时会放出能量。在一定温度下，**载流子**的产生过程和复合过程是相对平衡的，载流子的浓度是一定的。在常温下，本征半导体受热激发所产生的自由电子和空穴数量很少，同时本征半导体的导电能力远小于导体的导电能力，导电能力很差。但**温度越高，半导体所产生的电子-空穴对越多，导电能力也就会增强**。

6.1.2　杂质半导体

本征半导体中虽然存在两种载流子，但因浓度很低，所以导电能力很差。在本征半导体中，有控制地掺入某种**微量杂质**，可增加载流子的数目，大大改变它的导电性能。掺入的杂质主要是三价或五价元素。掺入杂质的本征半导体被称为**杂质半导体**。按照掺入杂质的不同，可获得 N 型和 P 型两种杂质半导体。

1. N型半导体

在本征半导体硅中掺入五价元素（如磷、锑、砷等），便可形成 N 型半导体。掺入的**磷原子**取代了某处硅原子的位置，它同相邻的 4 个硅原子组成共价键时，多出了一个电子，这个电子不受共价键的束缚，因此在常温下获取足够的能量后便成为自由电子，如图 6.1.5（a）所示。于是掺入杂质的半导体便会具有相当数量的自由电子。显然，这种掺杂半导体主要靠电子导电，电子带负电（negative），因此这种掺杂半导体被称为 N 型半导体。由于掺入的五价杂质原子磷可提供自由电子，故被称为**施主**杂质。

五价原子失去一个自由电子后带一个单位正电荷，变成了正离子，但它们被固定在晶格中不能移动，因此不具有导电性。此外，在 N 型半导体中热运动也会产生少量的电子-空穴对，但数目比掺杂形成的自由电子少得多，因此 N 型半导体可用图 6.1.5（b）所示来表示。示意图中自由电子是**多数载流子**，简称**多子**；空穴是**少数载流子**，简称**少子**。

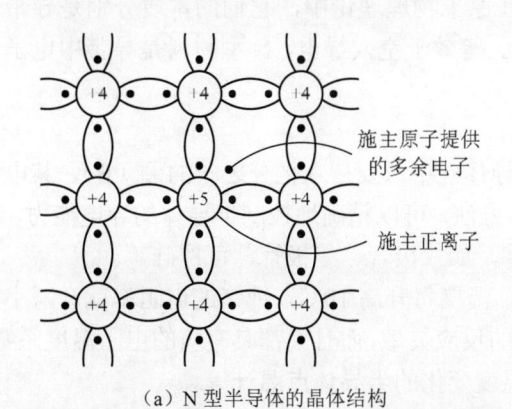

(a) N 型半导体的晶体结构　　　　(b) N 型半导体的结构示意图

图 6.1.5　N 型半导体

2. P型半导体

在本征半导体硅中掺入三价元素（如硼、镓、铟等），即可得到 P 型半导体。因杂质原子的最外层只有 3 个价电子，它与周围半导体原子组成共价键时，缺少一个电子，于是在晶体中便产生一个空位（需要注意的是，此处的空位不能叫空穴，因其不是共价键上的空位，并且该处不显正电）。当相邻共价键上的价电子受到热振动或在其他激发条件下获得能量时，就有可能填补这个空位，使三价原子得到电子成为不能移动的负离子；而原来半导体原子的共价键则因缺少一个电子，形成空穴，如图 6.1.6（a）所示。这样，掺入三价杂质的半导体中就具有数量相当的空穴，这种半导体主要靠空穴导电，空穴带正电（positve），故这种掺杂半导体称为 P 型半导体。掺入的三价杂质原子，因在硅晶体中接受电子，故被称为**受主**杂质。

三价原子得到一个电子后带一个单位负电，变成负离子，离子被固定在晶格中不能移动，也不参与导电。在 P 型半导体中由于热运动也产生少量的电子-空穴对，但其浓度远小于空穴浓度。所以，在 P 型半导体中，空穴是**多子**，电子是**少子**，P 型半导体可用图 6.1.6（b）所示表示。

必须指出，虽然 N 型半导体中有大量带负电荷的自由电子，P 型半导体中有大量带正电荷的空穴，但是由于带有相反极性电荷的杂质离子的平衡作用，所以无论是 N 型半导体还是 P 型半导体，对外表现都是电中性的。

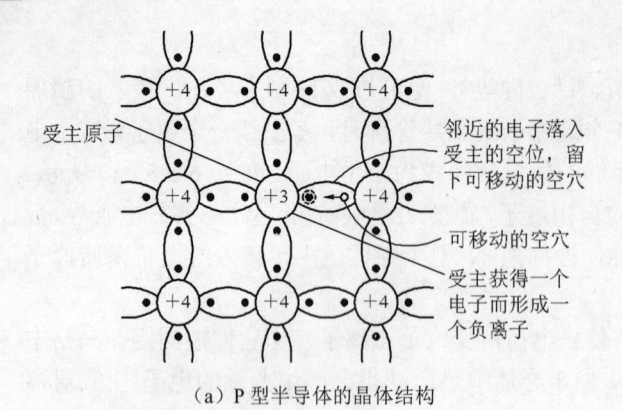

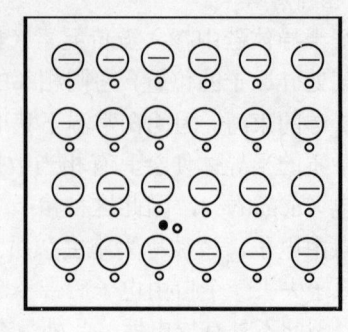

(a) P 型半导体的晶体结构　　　　　　(b) P 型半导体示意图

图 6.1.6　P 型半导体

自由电子导电和空穴导电是同时存在的,在原子物理理论中,它们的本质分别是导带和价带中电子的流动,P 型材料是价带中电子导电,等效于空穴导电,N 型材料是导带中电子导电,也就是自由电子导电。

3. 半导体的其他主要特性

(1) 杂敏性。半导体对掺杂很敏感,在半导体硅中只要掺入亿分之一的硼(B),其电阻率就会下降到原来的几万分之一。用控制掺杂的方法,可以精确地控制半导体的导电能力,制造出各种具有不同性能、不同用途的半导体器件,如二极管、三极管、可控硅等。

(2) 热敏性。半导体对温度很敏感。例如,温度每升高 10℃,纯锗的电阻率就会减小到原来的一半左右。由于半导体的电阻对温度变化的反应灵敏,而且大都具有负的电阻温度系数,所以常被制成各种**热敏电阻**或能迅速测量物体温度变化的半导体**点温计**等。

(3) 光敏性。半导体对光和其他射线都很敏感。例如,在没有光照射时,硫化镉半导体材料电阻高达几十兆欧;受到光照射时,电阻可降到几十千欧,两者相差上千倍。利用半导体的这种特性可以制成光敏电阻、光电二极管、光电三极管及太阳能电池等。

6.1.3　PN 结及其特性

单纯的 P 型或 N 型半导体仅仅是导电能力增强了,但还不具备半导体器件所要求的各种特性。若通过一定的生产工艺把一块 P 型半导体和一块 N 型半导体结合在一起,则它们的交界处就会形成 PN 结,利用这种半导体可以制成各种各样的半导体器件。

1. PN 结的形成

当 P 型半导体和 N 型半导体通过一定的工艺结合在一起时,由于 P 型半导体的空穴浓度高,电子浓度低,而 N 型半导体的自由电子浓度高,空穴浓度低,所以交界面附近两侧的载流子形成了浓度差。浓度差将引起载流子的**扩散运动**,即 P 区的多子空穴往 N 区流动,N 区的多子电子往 P 区流动,如图 6.1.7 (a) 所示。

一些自由电子从 N 区向 P 区扩散,并与 P 区的空穴复合;也有一些空穴从 P 区向 N 区扩散,并与 N 区的自由电子复合。由于电子和空穴都是带电的,所以扩散的结果就是 P 型半导体和 N 型半导体原来保持的电中性被破坏。P 区一边失去空穴,留下了带负电的**杂质离子**;N 区一边失去电子,留下了带正电的杂质离子。半导体中的杂质离子虽也带电,但由于物质结构的关系,它们不能任意移动,所以并不参与导电。这些不能移动的带电粒子集中在 P 区和 N

区交界面附近，形成了一个很薄的**空间电荷区**，这就是 PN 结。PN 结的载流子因为复合，浓度已减小到耗尽程度，因此这一薄层又称为**耗尽层**。

PN 结的空间电荷形成了一个由 N 区指向 P 区的内电场，如图 6.1.7（b）所示。P 区的少子电子和 N 区的少子空穴在该电场的作用下也会产生运动，这种**少子在电场的作用下产生的运动叫作漂移运动**。由上述分析可知，内电场将对载流子的运动带来两种影响：一是阻碍两区多子的扩散运动，因此 PN 结也叫**阻挡层**；二是增强两区少子的漂移运动。因此，PN 结具有阻多子利少子运动的特性。

总之，PN 结形成过程中，多子的运动叫作扩散运动，它是浓度梯度驱使的作用；少子的运动叫作漂移运动，它是电场牵引的作用。

（a）多子的扩散运动　　　　（b）PN 结的形成

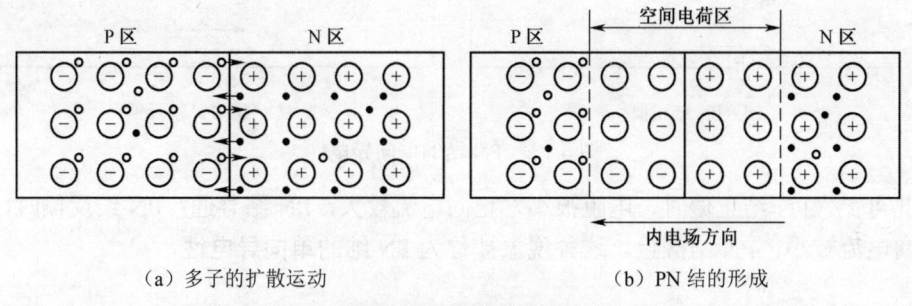

图 6.1.7　PN 结的形成

在 PN 结形成的最初阶段，多子扩散运动占优势，随着 PN 结的形成，内电场逐渐增强，少子的漂移运动加强，多子的扩散运动减弱，最终漂移运动将与扩散运动达到动态平衡，流过 PN 结的电流为零。

综上所述，PN 结形成过程存在着两种载流子的运动。一种是少子在内电场的作用下产生的漂移运动，另一种是多子克服电场阻力的扩散运动。因此，当扩散运动与漂移运动达到动态平衡时，PN 结的宽度和内电场就呈相对稳定状态。由于两种运动产生的电流方向相反，所以在无外电场或其他因素激励时，PN 结中无宏观电流。

综上所述，PN 结是一层薄薄的电荷区，但该电荷区特性常与加在 N 区和 P 区两端的电压有关，因此也常把空间电荷区和 P 区、N 区整个部分说成 PN 结。

2. PN 结的单向导电性

PN 结上外加电压的方式通常称为偏置方式。若外接电源后，P 区的电位高于 N 区的电位，则称 PN 结偏置方式为**正向偏置**（简称 PN 结正偏），如图 6.1.8（a）所示。这时电源产生的外电场将多子推向空间电荷区，使阻挡层变薄，于是内电场对多子扩散运动的阻碍减弱，扩散电流加大，漂移电流减小。多子的扩散运动大于少子的漂移运动，形成较大的扩散电流，即**正向电流**。扩散电流远大于漂移电流，可忽略漂移电流的影响。这时 PN 结的正向电阻很低，处于正向导通状态。正向导通时，外部电源不断向半导体供给电荷，使电流得以维持。

因此 PN 结正偏时，呈现低阻性。

若外接电源后，P 区的电位低于 N 区的电位，则称 PN 结偏置方式为**反向偏置**（简称 PN 结反偏），如图 6.1.8（b）所示。这时外电场使多子远离电荷区，阻挡层变厚，增强了内电场，作用是削弱了多子的扩散运动，增强了少子的漂移运动。因少子数量较少，从而形成微小的**漂移电流**，即**反向电流**。少子的数量随温度升高而增多，所以温度对反向电流的影响很大。在一定温度下，反向电流不仅很小，而且基本上不随外加反向电压变化，故称其为反向饱和电流。因此 PN 结反偏时，呈高阻性。

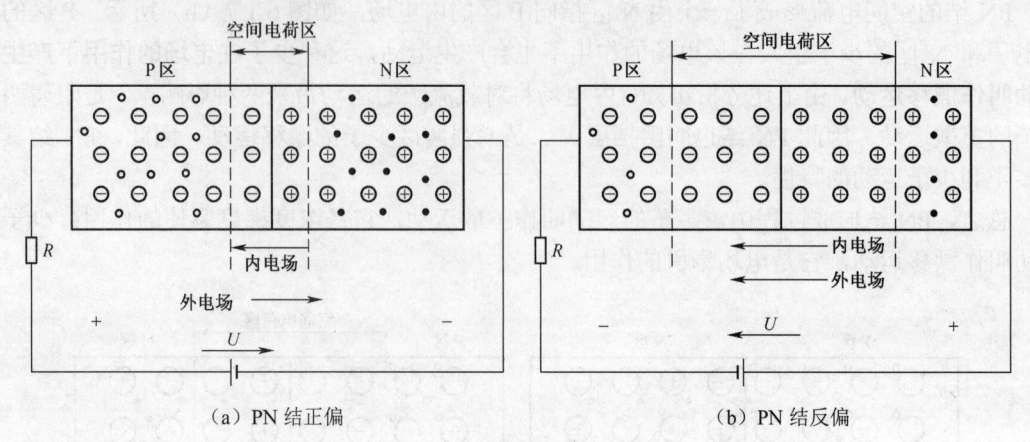

（a）PN 结正偏

（b）PN 结反偏

图 6.1.8　PN 结的单向导电性

由此可见，PN 结正偏时，电阻很小，正向电流较大，PN 结**导通**；PN 结反偏时，电阻很大，反向电流较小，PN 结**截止**。这种现象被称为 PN 结的**单向导电性**。

6.2　半导体二极管

6.2.1　二极管的结构和类型

二极管是最简单的半导体器件。它由一个 PN 结、两根电极引线组成，并用外壳封装而成。从 PN 结的 P 区引出的电极为**阳极**，从 PN 结的 N 区引出的电极为**阴极**。

几种常见的二极管的结构与符号如图 6.2.1 所示。

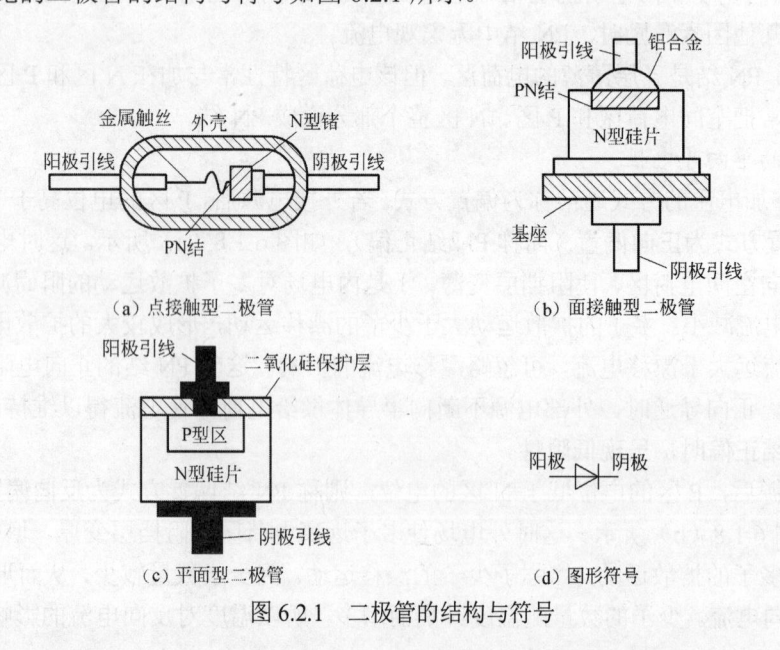

（a）点接触型二极管

（b）面接触型二极管

（c）平面型二极管

（d）图形符号

图 6.2.1　二极管的结构与符号

点接触型二极管的结构如图 6.2.1（a）所示。它的 PN 结面积很小，结电容也小，适用于高频（几百兆赫兹）、小电流（几十毫安以下）的场合，主要用于高频检波、小功率整流等。

常用的较大功率的整流二极管为面接触型的。它的 PN 结面积较大，允许流过较大的电流，同时其结电容也大，适合工作在较低频率（几十千赫兹以下），其结构如图 6.2.1（b）所示。

6.2.2 二极管的伏安特性

1. 伏安特性

二极管是由 PN 结构成的，它的所有特性都取决于 PN 结的特性。流过二极管的电流 i_D 与其端电压 u_D 之间的关系叫作二极管的伏安特性。二极管的伏安特性可用图 6.2.2（a）所示电路测得。逐一记录实验所得 i_D 和 u_D 可得硅二极管的伏安特性曲线，如图 6.2.2（b）所示。

（a）伏安特性测量电路　　（b）硅二极管的伏安特性曲线

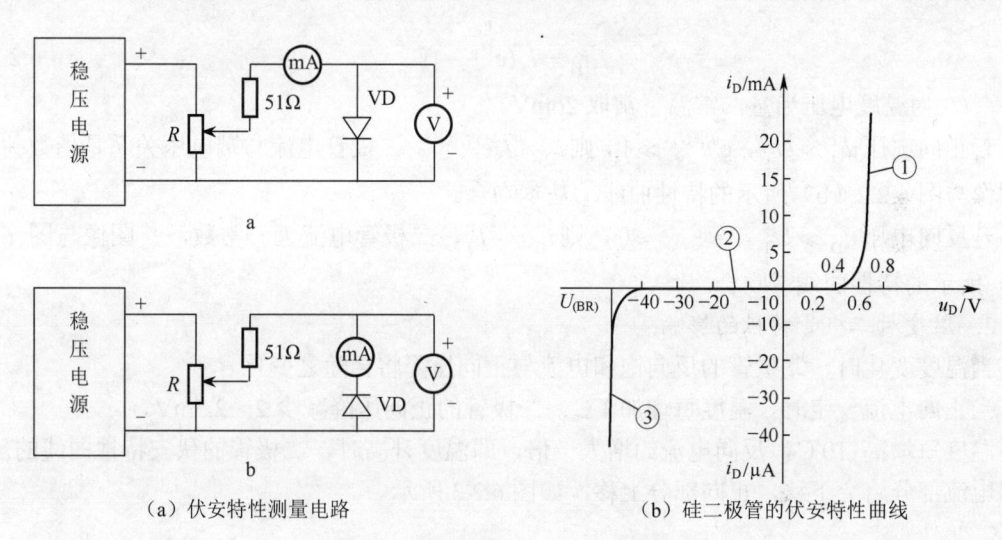

图 6.2.2　二极管伏安特性曲线

二极管的伏安特性主要有以下 3 点。

（1）**正向特性**。当二极管外加正向电压时，阳极电位比阴极高，如图 6.2.2（b）中曲线①部分所示。当正向电压数值较小时，由于外电场较小，不足以克服内电场对多子扩散运动的阻力，所以正向电流几乎为零，这个电压范围称为"**死区**"。当正向电压增大到超过某一数值 U_{on}（也叫门槛电压或阈值电压）后，二极管导通，正向电流随正向电压增加而迅速增大。

二极管导通后，在正常使用的电流范围内，其正向电压数值很小，且基本上恒定。对于小功率硅管，正向电压为 0.6～0.8V（典型值取 0.7V），对于**锗管**，正向电压为 0.2～0.3V（典型值取 0.3V）。也就是说，二极管导通后具有一定的稳压作用，利用这个特点可以实现钳位电压和电压值较小的简单稳压。此外，不能直接将 3.3V 或 5V 的电源加在二极管两端，否则二极管会因为电流太大而损坏。

（2）**反向特性**。当二极管外加反向电压时，其阳极电位比阴极低，二极管处于截止状态，由少数载流子的漂移产生**反向饱和电流**；在小于反向击穿电压的范围内，其数值都很小。一般硅管的反向饱和电流比锗管的要小得多，如图 6.2.2（b）中曲线②部分所示。小功率硅管的反向饱和电流约为几百纳安，锗管为几十微安。

（3）**反向击穿特性**。当外加反向电压增大至某一数值 $U_{(BR)}$ 时，反向电流急剧增大，这种现象被称为二极管的**反向击穿**，$U_{(BR)}$被称为**反向击穿电压**，如图 6.2.2（b）中曲线③部分所示。二极管的反向击穿电压一般在几十伏至几千伏之间，利用该特性可以做成各种稳压值的稳压二极管。

在反向击穿时，只要反向电流不是很大，PN 结未损坏；当反向电压降低后，二极管将退出反向击穿状态，仍恢复单向导电性。这种击穿也被称为 PN 结的**电击穿**，稳压二极管通常就是工作在这种状态的。

如果在反向击穿时，流过 PN 结的电流过大，使 PN 结温度过高而烧毁，就会造成二极管的永久损坏。这称为 PN 结的**热击穿**。

除用伏安特性曲线来表示二极管的电流和端电压的关系外，还可以运用半导体物理的知识获得二极管的电流方程：

$$i_D = I_S(e^{\frac{u_D}{U_T}} - 1) \qquad (6.2.1)$$

其中，U_T 为温度电压当量，常温下常取 26mV。

若正向电压 $u_D \gg U_T$，$e^{u_D/U_T} \gg 1$，则 $i_D \approx I_S e^{u_D/U_T}$，二极管电流与端电压关系是指数关系，其图像与图 6.2.2（b）所示的特性曲线①基本吻合。

若反向电压 $u_D \gg U_T$，$e^{u_D/U_T} \approx 0$，则 $i_D = -I_S$，二极管电流为一常数，其图像与图 6.2.2（b）所示的特性曲线②吻合。

2. 温度对二极管特性的影响

当温度变化时，二极管的反向饱和电流与正向压降将会随之变化。

当正向电流一定时，温度每增加 1℃，二极管的正向压降减少 2～2.5mV。

温度每增高 10℃，反向电流约增大一倍，即温度升高时，二极管的伏安特性曲线的反向饱和电流部分将会下移，正向部分上移，如图 6.2.3 所示。

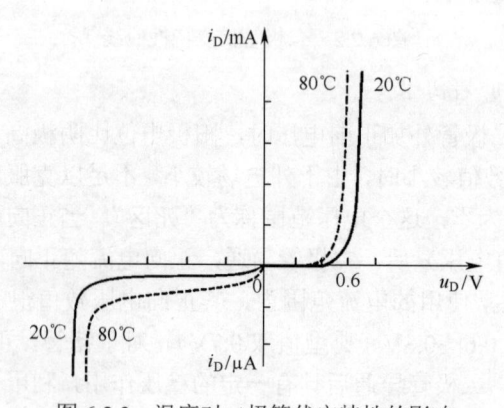

图 6.2.3　温度对二极管伏安特性的影响

6.2.3　二极管电路的分析方法

二极管是一种非线性器件，不能采用线性电路的分析方法来分析，常用非线性分析法与近似线性分析法。非线性分析法主要是指**图解法**，近似线性分析法则是指将非线性电路等效成线性电路的分析方法。实践中近似线性分析法主要采用**模型分析法**，在动态情况时，根据输入信号的大小，选用不同的模型，当信号很微小时，常采用**微变等效模型分析法**。

1. 非线性分析法——图解法

对二极管在直流电压作用下的电路分析叫作**静态分析**，用图解法分析非常方便。

图 6.2.4（a）所示是一个含有二极管的电路。如果需要求电路中二极管的电流和端电压，可以把电路看成是由两个单口网络组成的电路，其中一个为由电源和电阻组成的线性单口网络 N_1，另一个则为由二极管组成的非线性单口网络 N_2。网络端口处的电压 u、电流 i 不仅要满足 N_1 的电流和电压的关系（Volt Ampere Relation，VAR），也要满足 N_2 的 VAR。因此，求出 N_1、N_2 网络的 VAR 联立解或其伏安特性曲线的交点，即两网络端口相连处的电压、电流值。

图中线性网络端口的 VAR 为

$$u = U - ri$$

非线性网络端口的 VAR 为

$$i = f(u) = I_S(e^{\frac{u}{U_T}} - 1)$$

联立方程求解即可求得二极管的电流 i 和端口电压 u。但这个方程组不容易求出解，故常用图解法来近似求解。

在给出二极管的伏安特征曲线的前提下绘出线性单口网络 N_1 的 VAR 图像，如图 6.2.4（b）斜线所示。两网络端口处的电压 u 和流经端口的电流 i 关系要同时满足两个网络端口的 VAR，因此两部分电路 VAR 图像的交点所对应的坐标值便是所求电路中二极管的电流和电压。非线性元件在直流电源的作用下，其工作电流、电压的数值可用其特性曲线上一个确定的点表示，该点习惯上被称为**静态工作点** $Q(I_Q,U_Q)$，在上述电路中该点位置由电路中 U 和 r 决定。

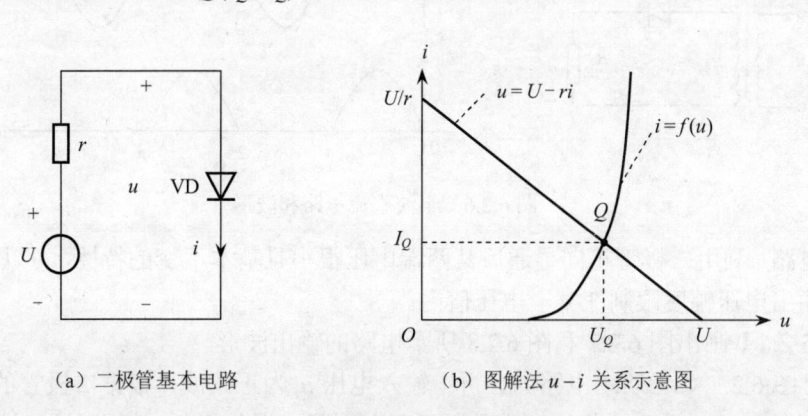

（a）二极管基本电路   （b）图解法 u-i 关系示意图

图 6.2.4 非线性电路的图解分析法

用图解法得出的二极管的电压和电流只是一个估算的数值，因此常常只是用来分析电路参数改变对电路所造成的影响，如用来分析电源电压变大或内阻变大对静态工作点的影响等。

2. 近似线性分析法

近似线性分析法是将二极管的正向伏安特性等效为线性模型后再进行分析的方法。分析中二极管的正向特性用两段直线来逼近，也称**二极管特性曲线折线近似**。常见的二极管线性模型有 3 种，即理想模型、恒压降模型、折线模型。

（1）**理想模型**。理想模型二极管导通时等效为短路，截止时等效为开路，模型如图 6.2.5 所示。此模型通常用于电源电压远大于二极管压降的情况。下面以半波整流电路和二极管的限幅电路说明此模型的应用。

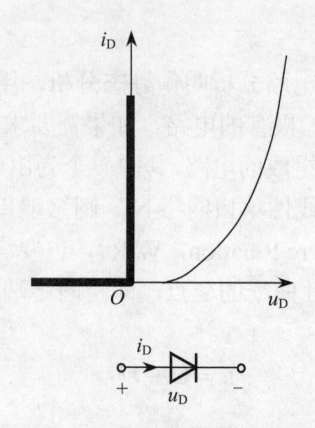

图 6.2.5 二极管理想模型整流电路

半波整流电路：利用二极管的单向导电性，将交流电变换为单向脉动直流电的电路，被称为整流电路，常见的有单相半波、全波和桥式整流电路等。图 6.2.6 所示为常见的半波整流电路和波形。该电路中因为变压器的输出电压比二极管导通压降大很多，故二极管用理想模型来分析对结果影响不大。

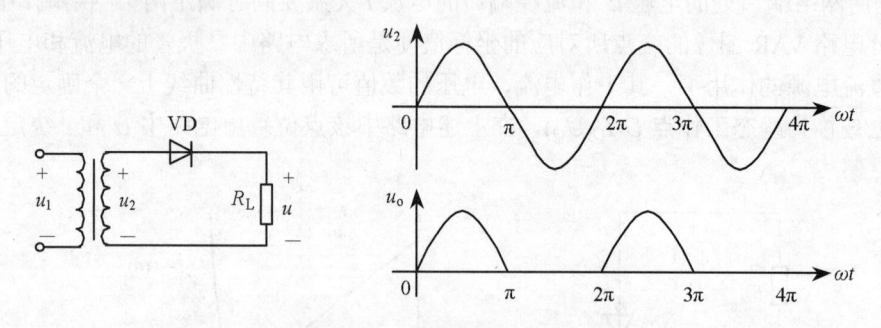

图 6.2.6 半波整流电路和波形

限幅电路：利用二极管正向导通后其两端电压很小且基本不变的特性，可以构成各种限幅电路，使输出电压幅度限制在某一电压值内。

【例 6.2.1】画出图 6.2.7 和图 6.2.8 所示电路的输出波形。

解：对图 6.2.7（a）所示电路的分析：输入电压 u_i 为正弦波，根据二极管的单向导电性，将 u_i 与-3V 叠加后，看看二极管两端是否为正向压降，据此判断二极管是否导通。假设二极管两端断开，则从 VD_1 阳极到阴极的电压为(u_i+3)V，当 u_i>-3V 时，VD_1 导通，二极管上压降看作为 0，u_{o1} 为-3V；当 u_i<-3V 时，VD_1 截止，相当于断开，故 $u_{o1}=u_i$，得出输出电压 u_{o1} 的波形如图 6.2.7（b）所示。从波形图中可以看出，输出电压幅度在一定范围被限制在-3V。修改直流电源的电压可以得到不同的限制电压。

对图 6.2.8（a）所示电路的分析：在正半周时，VD_2 一直承受反向电压而截止，这一路可视为断开。假设二极管 VD_1 两端断开，则从 VD_1 阳极到阴极的电压为（u_i-3）V，当 u_i>3V 时，VD_1 导通，二极管相当于短路，u_{o2}=3V；当 u_i<3V 时，二极管 VD_1 截止，相当于断路，$u_{o2}=u_i$。u_{o2} 波形如图 6.2.8（b）所示。负半周分析同理。

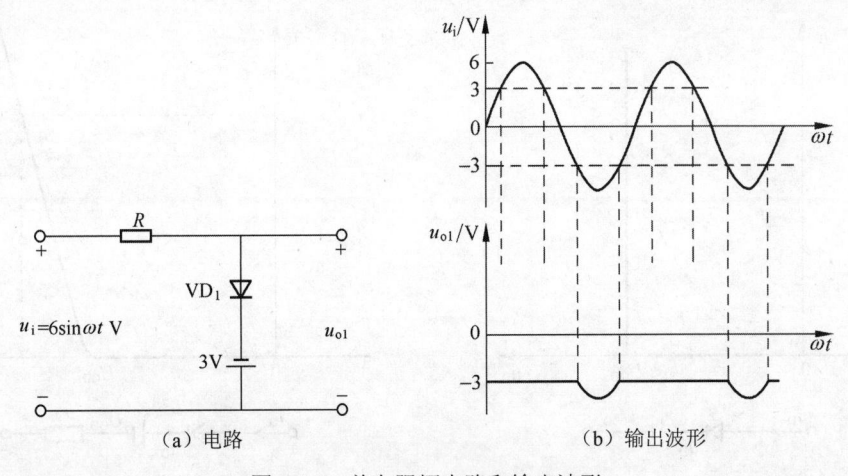

图 6.2.7 单向限幅电路和输出波形

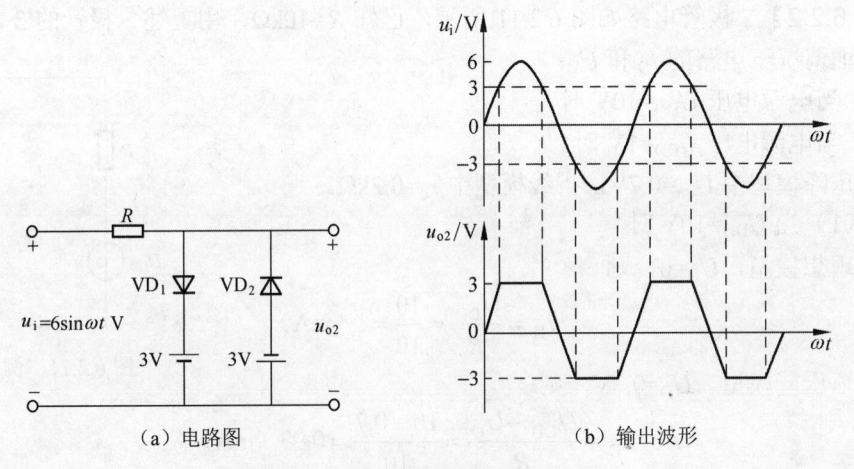

图 6.2.8 双向限幅电路和输出波形

由分析可知，二极管可以把电压限制在-3V 和+3V 之间，二极管在该电路中起的是限幅作用，用来保护电路，修改直流电源的电压可以得到不同的限制电压。图中将二极管用理想模型来代替进行分析，对结果的规律没有太大的影响，其真实值只需在原来的基础上加上二极管的导通电压即可。

(2) 恒压降模型。恒压降模型二极管导通时等效为一恒压源 U_{on}（通常硅管约为 0.7V，锗管约为 0.3 V），截止时等效为开路。二极管等效为一个理想二极管和一个恒压源串联，对应的电路模型如图 6.2.9 所示。只有当二极管的电源电压远大于二极管压降，电流 $i_D \geqslant 1\text{mA}$ 时，用该模型等效二极管计算的结果才比较准确。

(3) 折线模型。在恒压降模型的基础上做一定的修正，即二极管特性曲线与图 6.2.9 所示折线近似。二极管导通后电流 i_D 与电压 u_D 呈线性关系，直线的斜率为 $1/r_d$。特性曲线可以用 $u=U_{on}+ir_d$ 表示，可用一个恒压源 U_{on} 和一个电阻 r_d 来等效，二极管截止时等效为开路。二极管等效为一个理想二极管和一个恒压源及一个电阻串联，对应的电路模型如图 6.2.10 所示。当电源电压不是远大于二极管压降时，用此模型分析会得到比较准确的结果。

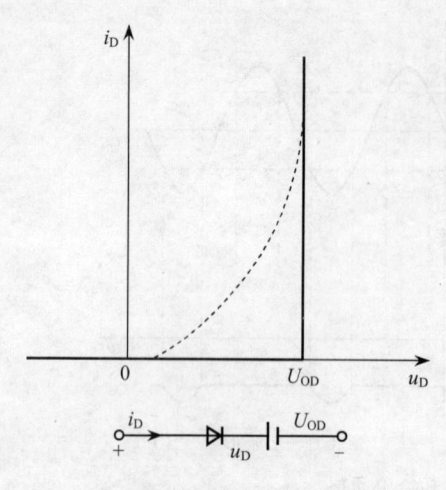

图 6.2.9 二极管的恒压降模型

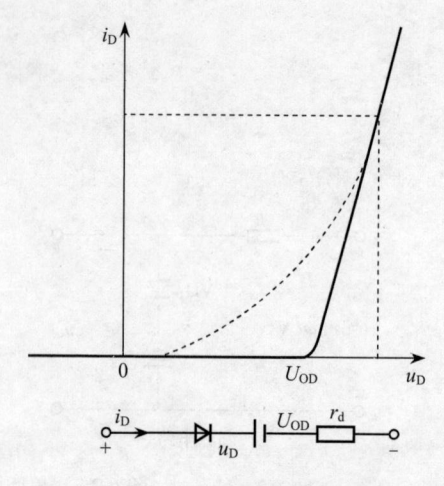

图 6.2.10 二极管的折线模型

【例 6.2.2】二极管电路如图 6.2.11 所示，已知 $R=10\text{k}\Omega$，用上述二极管的 3 种等效模型分别求下面情况下电路的 I_D 和 U_D：

（1）当电源电压 $U_{DD}=10\text{V}$ 时。

（2）当电源电压 $U_{DD}=1\text{V}$ 时。

其中，恒压降模型中 $U_{on}=0.7\text{V}$，折线模型中 $r_d=0.2\text{k}\Omega$。

解：（1）当 $U_{DD}=10\text{V}$ 时

①用理想模型，$U_D=0$，则

$$I_D = \frac{U_{DD}}{R} = \frac{10}{10} = 1\ (\text{mA})$$

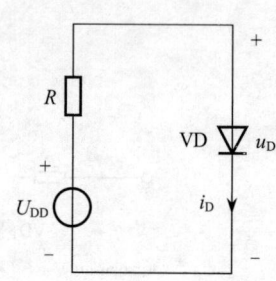

图 6.2.11 例 6.2.2 图

②用恒压降模型，$U_D=0.7\text{V}$，则

$$I_D = \frac{U_{DD}-U_D}{R} = \frac{10-0.7}{10} = 0.93\ (\text{mA})$$

③用折线模型，$U_{on}=0.7\text{V}$，$r_d=0.2\ \text{k}\Omega$，则

$$I_D = \frac{U_{DD}-U_{on}}{R+r_d} = \frac{10-0.7}{10+0.2} = 0.91\ (\text{mA})$$

$$U_D = U_{on} + r_D I_D = 0.88\ (\text{V})$$

（2）当 $U_{DD}=1\text{V}$ 时

① 用理想模型，$U_D=0\text{V}$，有

$$I_D = \frac{U_{DD}}{R} = \frac{1}{10} = 0.1\ (\text{mA})$$

② 用恒压降模型，$U_D=0.7\text{V}$，有

$$I_D = \frac{U_{DD}-U_D}{R} = \frac{1-0.7}{10} = 0.03\ (\text{mA})$$

③ 用折线模型，得

$$I_D = \frac{U_{DD}-U_{on}}{R+r_d} = \frac{1-0.7}{10+0.2} = 0.029\ (\text{mA})$$

$$U_D = U_{on} + r_d I_D = (0.7 + 0.2 \times 0.029) = 0.71\ (\text{V})$$

可见，当电源电压较小时，用折线模型计算出来的二极管的端电压和流过它的电流较准确。

结论：理想模型适用于电源电压远大于二极管压降时；恒压降模型用于流过二极管的电流大于等于 1mA 时；折线模型通常用于二极管两端的电压介于 0.5~0.7V 时。

6.2.4 二极管的使用常识

1. 二极管的主要参数

（1）**极限工作电流** I_F：二极管长期运行允许通过的最大正向平均电流。它由 PN 结的面积和散热条件所决定，使用时不得超过此值，否则会烧坏管子。

（2）**最高反向工作电压** U_{RM}：允许加在二极管上的反向电压的最大值（峰值）。一般地，最高反向工作电压约为击穿电压的一半。

（3）**反向电流** I_R：在室温下，二极管两端加上规定的反向电压时的反向电流。其数值越小，管子的单向导电性越好。它随温度升高而增大。

此外，二极管的参数还有最高工作频率、正向压降、结电容等。

2. 二极管的应用

二极管在使用时，应考虑不超过 I_F、$U_{(BR)}$、U_{RM} 等极限参数，以保证二极管不容易损坏。一般地，硅管适用于正向电流大、反向电压高、反向电流小的应用场合；锗管适用于正向压降小、工作频率高的场合。表 6.2.1 列出了常用半导体二极管的种类和用途。

表 6.2.1 常用半导体二极管的种类和用途

种类	普通二极管	整流二极管	开关二极管	稳压二极管
型号	2AP1~2AP9 2CP8~2CP60	2CZ50~2CZ60 2DZ2~2DZ20	2AK1~2AK20 2CK70~2CK86	2CW19~2CW50 2DW1~2DW19
用途	高频检波、鉴频限幅、小功率整流等	大、小功率的整流	电子计算机、脉冲控制、开关电路等	各种稳压电路

6.3 特殊二极管

6.3.1 稳压二极管

1. 稳压二极管及其伏安特性

稳压二极管是一种用特殊工艺制造的面接触型硅二极管，它在电路中能起稳定电压的作用。稳压二极管的电路符号与伏安特性曲线如图 6.3.1 所示。

由图 6.3.1 可知，稳压二极管的正向特性曲线与普通硅二极管相似；但是，它的反向击穿特性曲线较陡。

稳压二极管通常工作于**反向击穿区**。只要击穿后的反向电流不超过允许范围，稳压二极管就不会发生热击穿而损坏。因此，可以在电路中串联接入一个限流电阻加以保护。

反向击穿后，当流过稳压二极管的电流在很大范围内变化时，电流吞吐调节能力很强，管子两端的电压几乎不变，从而可以获得一个稳定的电压。多个稳压二极管可以串联起来工作，以获得不同的稳压值。

(a) 电路符号　　　　　　(b) 伏安特性曲线

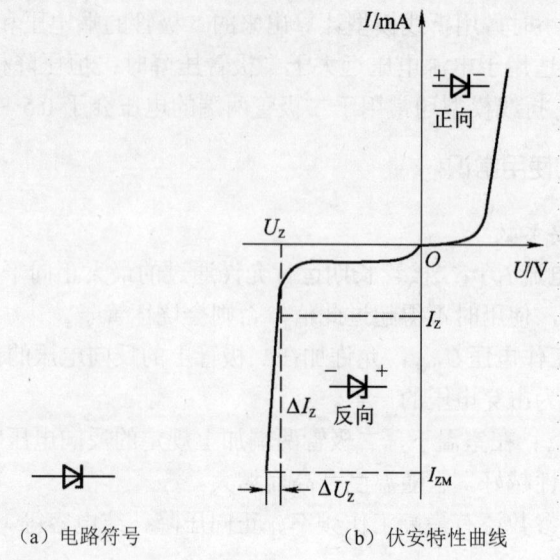

图 6.3.1　稳压二极管的电路符号与伏安特性曲线

2. 稳压二极管的主要参数

（1）**稳定电压** U_Z：稳压二极管通过规定的测试电流时管子两端的电压值。由于制造工艺不同，同一型号的管子的稳定电压有一定的分散性。例如，2CW55 型稳压二极管的 U_Z 为 6.2～7.5V（测试电流 10mA）。目前常见的稳压二极管的 U_Z 为几伏至几百伏。

（2）**稳定电流** I_Z：稳压二极管正常工作时的参考电流值。稳压二极管的工作电流越大，其稳压效果越好。实际应用中只要工作电流不超过最大工作电流 I_{ZM}，稳压二极管均可正常工作。

（3）**动态电阻** r_Z：定义为稳压二极管两端电压变化量与相应电流变化量的比值，即

$$r_Z = \frac{\Delta U_Z}{\Delta I_Z}$$

稳压二极管的反向特性曲线越陡，则动态电阻越小，稳压性能越好。

（4）**最大工作电流** I_{ZM} 和**最大耗散功率** P_{ZM}：最大工作电流 I_{ZM} 指稳压二极管允许流过的最大电流，最大耗散功率 P_{ZM} 指稳压二极管允许耗散的最大功率，P_{ZM} 的计算公式为

$$P_{ZM} = U_Z I_Z$$

稳压二极管的典型应用电路如图 6.3.2 所示。

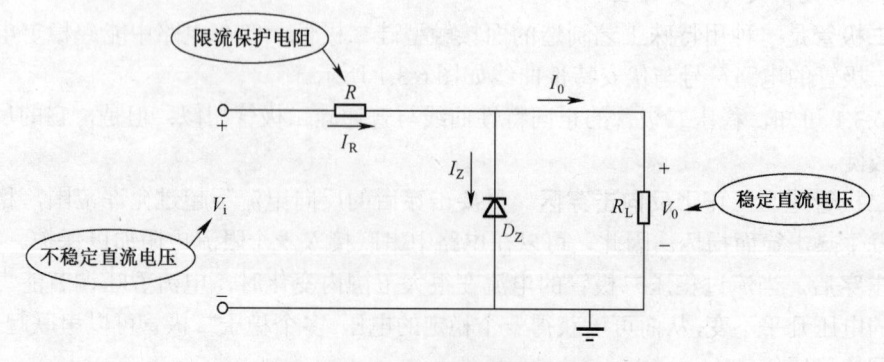

图 6.3.2　稳压二极管的典型应用电路

6.3.2 发光二极管

1. 结构和工作原理

发光二极管是一种将电能转换成光能的发光器件,其基本结构是一个 PN 结,采用砷化镓、磷化镓、氮化镓等化合物半导体材料制造而成。它的伏安特性与普通二极管类似,但由于材料特殊,其正向导通电压较大,为 1~4V,这是与一般二极管不同的地方。当发光二极管正向导通时将会发光。

发光二极管(Light Emitting Diode,LED)具有体积小、工作电压低、工作电流小(10~30mA)、发光均匀稳定、响应速度快和寿命长等优点,常用作显示器件。除单个使用外,也可使用多个发光二极管制成七段式或点阵式显示器,如图 6.3.3 所示。

图 6.3.3 几种常见的发光二极管

发光二极管的电路符号和外形如图 6.3.4 所示。

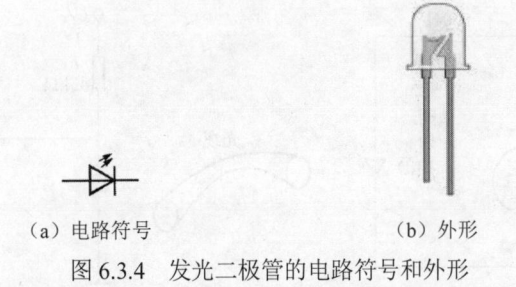

(a) 电路符号　　　　　　(b) 外形

图 6.3.4 发光二极管的电路符号和外形

2. 主要参数

发光二极管的参数包括电学参数和光学参数。

电学参数主要有**极限工作电流** I_{FM}、**反向击穿电压** $U_{(BR)}$、**反向电流** I_R、**正向电压** U_F、**正向电流** I_F 等,这些参数的含义与普通二极管类似。

光学参数主要有**峰值波长** λ_p,它是最大发光强度对应的光波波长,单位为纳米(nm)。

常见的发光二极管发光颜色有红、黄、绿、蓝、紫、白等。

6.3.3 光电二极管

1. 结构与工作原理

光电二极管又叫光敏二极管,它是一种能够将光信号转换为电信号的器件。

图 6.3.5(a)所示是光电二极管的电路符号和特性曲线。光电二极管的基本结构也是一个 PN 结,但管壳上有一个窗口,使光线可以照射到 PN 结上,如图 6.3.5(b)所示。

(a) 电路符号和特性曲线　　　　　　　　　　(b) 光电二极管实物

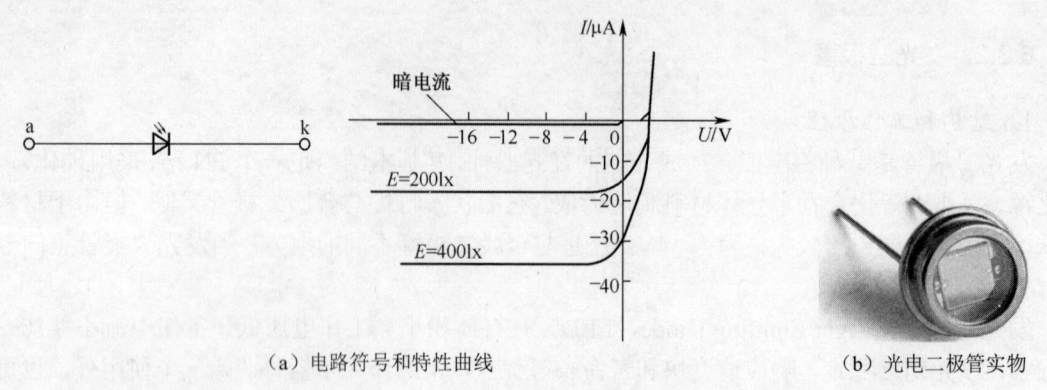

图 6.3.5　光电二极管的电路符号和特性曲线及其实物

光电二极管工作在反偏状态下。当无光照时，与普通二极管一样，反向电流很小，称为暗电流。当有光照时，其反向电流随光照强度的增加而增加，称为光电流。

2. 主要参数

光电二极管的主要电学参数有暗电流、光电流和最高工作电压。

光电二极管的主要光学参数有光谱范围、灵敏度和峰值波长等。

3. 应用举例

图 6.3.6 所示是红外线遥控电路的部分示意图。当按下发射电路中的按钮时，编码器电路产生调制的脉冲信号，由发光二极管将电信号转换成光信号发射出去。

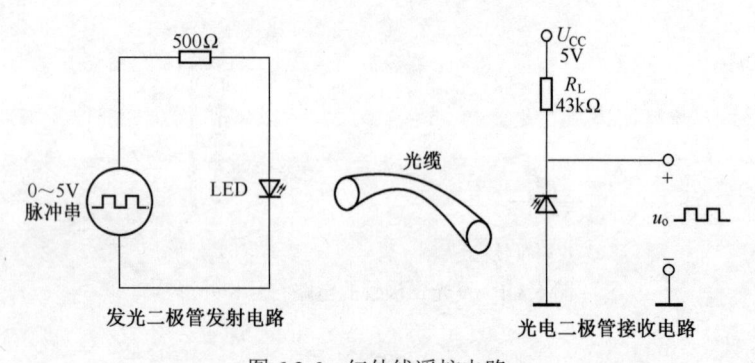

图 6.3.6　红外线遥控电路

接收电路中的光电二极管将光脉冲信号转换为电信号，经放大、解码后，由驱动电路驱动负载动作。当按下不同按钮时，编码器产生不同的脉冲信号，以示区别。接收电路中的解码器可以解调出这些信号，并控制负载做出不同的动作响应。

6.4　半导体三极管

6.4.1　三极管的结构和符号

三极管又称**晶体管**，是放大电路中的核心元件。其种类很多，按照工作频率，三极管可分为高频管和低频管；按照功率，三极管可分为小功率管和大功率管；按照半导体材料，三极管可分为硅管和锗管，等等。但是从它的外形来看，三极管都有 3 个电极，常见的三极管外形如图 6.4.1 所示。

图 6.4.1　常见的三极管外形

根据结构不同，三极管可分为 **NPN** 型和 **PNP** 型，图 6.4.2 所示是其结构示意图和符号。它由三块半导体两个 PN 结组成，从三块半导体上各自引出一个电极，它们分别是**发射极** e（emitter）、**基极** b（base）和**集电极** c（collector），对应的每块半导体称为发射区、基区和集电区。三极管有两个 PN 结，发射区与基区交界处的 PN 结为**发射结**，集电区与基区交界处的 PN 结为**集电结**。三极管符号中发射极的箭头表示三极管正常工作时的实际电流方向。使用时应注意，由于内部结构的不同，三极管的发射区为高掺杂浓度，集电极和发射极不能互换。

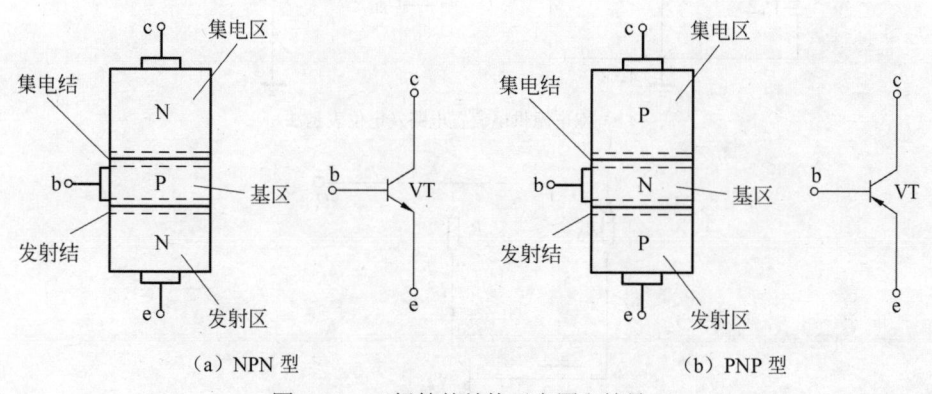

（a）NPN 型　　（b）PNP 型

图 6.4.2　三极管的结构示意图和符号

NPN 型与 PNP 型三极管的工作原理相同，不同之处在于使用时所加电源的极性不同。在实际应用中，采用 NPN 型三极管较多，所以下面以 NPN 型三极管为例进行分析讨论。

6.4.2　三极管的电流分配与放大作用

1. 三极管的放大条件

三极管要工作在放大状态，其必须满足"发射结正偏，集电结反偏"的外部放大条件，满足这条件的外部电路也叫**偏置电路**。偏置电路有很多，其中的一种如图 6.4.3 所示。该电路将三极管接成两条回路，一条由电源电压 U_{BB} 的正极经过电阻 R_B（常为几百千欧）、基极、发射极到电源电压 U_{BB} 的负极，称之为**基极回路**，该回路保证三极管发射结正偏。另一条由电源电压 U_{CC} 的正极经过电阻 R_C、集电极、发射极再回到电源电压 U_{CC} 的负极，称之为**集电极回路**，该回路保证三极管集电结反偏。把图 6.4.3（a）的三极管的结构示意图画成三极管的符号，可得图 6.4.3（b）所示的偏置电路使三极管工作在放大的状态。若使 $U_{BB}=U_{CC}$，则电路可用一个电源供电,并可用电位简化电路,如图6.4.3(c)所示。

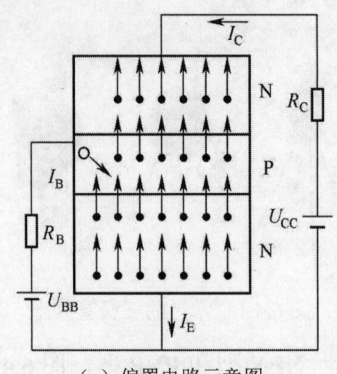

(a)偏置电路示意图

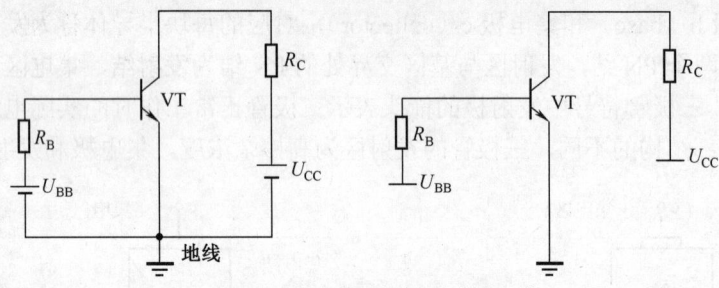

(b)双电源供电偏置电路及电位表示法

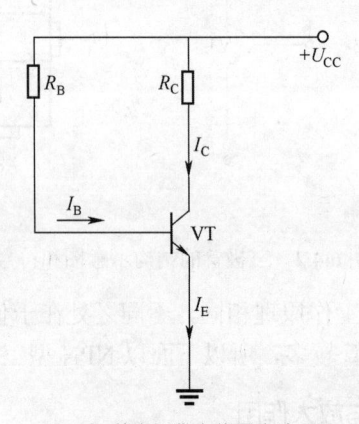

(c)单电源供电偏置电路

图6.4.3 三极管的偏置电路

2. 三极管内部载流子的传输过程

三极管在满足外部放大条件下,内部载流子的传输包括以下3个过程。

(1)发射区向基区注入电子,形成发射极电流I_E。由于发射结正偏,发射区多子自由电子越过发射结向基区扩散,形成发射极电流I_E,所以发射极电流的方向与电子流动方向相反,是由发射区流出三极管发射极的。为使有足够的多子向基区扩散,**发射区必须高掺杂**。

(2)电子在基区中的扩散与复合,形成基极电流I_B。发射区电子注入基区后,由于浓度差的作用继续向集电结方向扩散。但因为基区多子为空穴,所以在扩散过程中,有一部分自由电子要和基区的空穴复合，为保证基区空穴的浓度，必须由外电路通过基极向基区补充空穴，故基极的电流方向为由基极流入基区。在制造三极管时，**基区很薄，掺杂浓度低**，因此被复合掉的空穴只是一小部分，基极电流很小，大部分的自由电子可以很快到达集电结，在基区的这部分自由电子称为**非平衡少子**。

（3）大部分从发射区"发射"来的自由电子很快扩散到了集电结。由于集电结反偏，在这个较强的从集电区指向基区的电场的作用下，非平衡少子自由电子漂移过了集电结，到达集电区，集电区收集了大量扩散过来的电子。为保证集电区的电子浓度，外电路会将相同数量的电子从集电区拉到集电极，从而形成集电极电流 I_C。集电极电流的方向是从集电极流入集电区的。

为方便起见，上述分析忽略了一些少子形成的很小的漂移电流，还有基区的低掺杂的多子空穴形成的扩散电流。由上述分析可知，在制造三极管时应满足发射区高掺杂，基区面积小、低掺杂且薄的条件，以保证三极管具有电流放大的作用。

由图 6.4.3 可知，三极管电流分配关系为

$$I_E = I_B + I_C \tag{6.4.1}$$

3. 三极管的电流分配与放大作用

为说明三极管的电流分配与放大作用，我们用实验进行测试，实验电路如图 6.4.4 所示。实验时，改变 R_B，即可改变基极电流 I_B、集电极电流 I_C 和发射极电流 I_E，表 6.4.1 列出了一组实验数据。

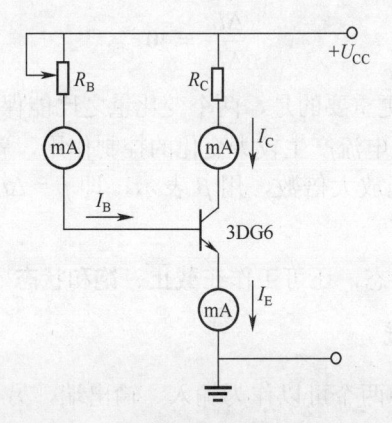

图 6.4.4 测量三极管电流分配实验电路

表 6.4.1 三极管电流分配实验数据

电流/mA	实验次数					
	1	2	3	4	5	6
I_B	0	0.02	0.04	0.06	0.08	0.10
I_C	<0.001	0.70	1.50	2.30	3.10	3.95
I_E	<0.001	0.72	1.54	2.36	3.18	4.05

根据表中数据可得出如下结论。

（1）三极管 3 个电极的电流符合 KCL，为 $I_E = I_B + I_C$，且 I_B 比 I_C、I_E 小得多，并且

$I_E \approx I_C$。

（2）I_C 随 I_B 的变化而变化，两者在一定范围内保持固定比例关系，即

$$\bar{\beta} \approx \frac{I_C}{I_B}$$

其中，$\bar{\beta}$ 为三极管的**直流电流放大倍数**，它反映了三极管的电流放大能力，说明了三极管具有放大作用。

（3）当 I_B 有微小变化时，I_C 即有较大的变化。例如，当 I_B 由 20μA 变到 40μA 时，集电极电流 I_C 则由 0.7mA 变为 1.5mA。这时，基极电流 I_B 的变化量为

$$\Delta I_B = 0.04 - 0.02 = 0.02 \text{（mA）}$$

而集电极电流的变化量为

$$\Delta I_C = 1.5 - 0.70 = 0.80 \text{（mA）}$$

$$\frac{\Delta I_C}{\Delta I_B} = 40$$

当 I_B 由 20μA 变到 60μA 时，集电极电流 I_C 则由 0.7mA 变为 2.3mA。这时，基极电流 I_B 的变化量为

$$\Delta I_B = 0.06 - 0.02 = 0.04 \text{（mA）}$$

而集电极电流的变化量为

$$\Delta I_C = 1.5 - 0.70 = 1.60 \text{（mA）}$$

$$\frac{\Delta I_C}{\Delta I_B} = 40$$

显然 I_C 变化量大得多，更重要的是，两个变化量之比能保持固定的比例不变。这种用基极电流的微小变化来使集电极电流产生较大变化的控制作用，就叫作三极管的电流放大作用。$\Delta I_C / \Delta I_B$ 叫作三极管交流电流放大倍数，用 β 表示，即 $\beta = \Delta I_C / \Delta I_B$。在工程计算时可认为 $\bar{\beta} \approx \beta$。

三极管除了工作在放大状态，还可工作在**截止**、**饱和**状态，这些将在后续的章节中讲解。

6.4.3 三极管的特性曲线

三极管有 3 个电极，其中两个可以作为输入、输出端，另外一个则作为公共端。因此由三极管构成四端网络时，有 3 种连接方法，这 3 种接法也称三极管放大电路的 3 种组态，如图 6.4.5 所示，具体说明如下。

（1）共发射极接法，发射极作为公共电极，用 CE（Common Emitter）表示。

（2）共集电极接法，集电极作为公共电极，用 CC（Common Collect）表示。

（3）共基极接法，基极作为公共电极，用 CB（Common Base）表示。

不管是哪种组态，其基本原理都是利用电流 I_B 变化引起电流 I_C 的变化，使电路产生放大作用。

三极管的**特性曲线**是指三极管在上述组态时各电极电压与电流之间的关系曲线，又称**伏安特性曲线**。它是分析和设计三极管电路的重要依据。用三极管构成四端网络时，输入端电压与电流的关系为**输入特性**，输出端电压与电流的关系为**输出特性**。

(a) CE (b) CC (c) CB

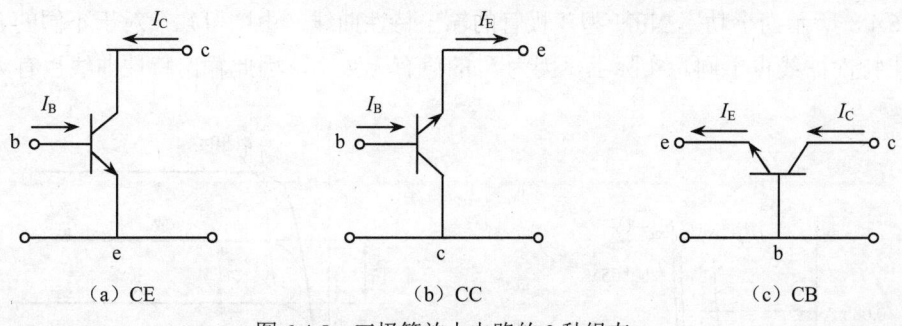

图 6.4.5 三极管放大电路的 3 种组态

三极管的不同组态的输入特性和输出特性不同，以共发射极为例，其基极是输入电极，输入电流是 i_B，输入电压是 u_{BE}；输出电流为集电极电流 i_C，输出电压为 u_{CE}，如图 6.4.6 所示。输出量对输入量有影响，输入量对输出量也有影响，输入和输出各需要有一组特性曲线来表示其电压电流关系。因此，三极管的伏安特性可用由两组、4 个参数构成的，互相牵连、互相制约的曲线来描述。

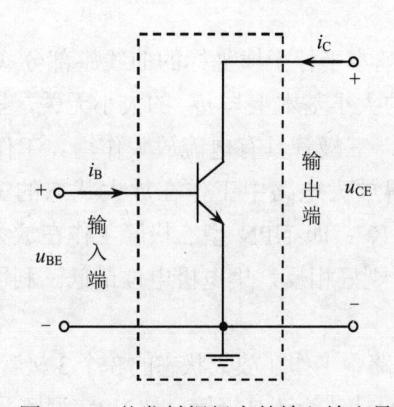

图 6.4.6 共发射根组态的输入输出量

（1）**输入特性曲线**。输入特性是指当 U_{CE} 为某一常数时，电压 u_{BE} 与基极电流 i_B 之间的关系，即

$$i_B = f(u_{BE})\Big|_{U_{CE}=常数}$$

图 6.4.7 所示为一种 NPN 型三极管的输入特性曲线。由图可知，$U_{CE}>1V$ 以后的输入特性曲线与 $U_{CE}=1V$ 的特性曲线基本重合，因为当 $U_{CE} \geq 1V$ 时，集电结就处于反向偏置，此时再增大 U_{CE} 对 i_B 的影响很小，所以半导体器件手册中通常只给出一条 $U_{CE} \geq 1V$ 时的输入特性曲线，**用来代替所有的输入特性曲线进行分析**。在工程分析时可认为输入特性不受输出量影响，即认为三极管的输入电压和电流有一一对应的关系。三极管的输入特性曲线与二极管的伏安特性曲线很相似，也存在一段死区，硅管的死区电压约为 0.5V，锗管的死区电压约为 0.2V。导通后，硅管的 U_{BE} 约为 0.7V，锗管的 U_{BE} 约为 0.3V。

（2）**输出特性曲线**。输出特性是在 I_B 一定的情况下，集电极电流 i_C 与电压 u_{CE} 之间的关系，即

$$i_C = f(u_{CE})\Big|_{I_B=常数}$$

图 6.4.8 所示为小功率 NPN 型三极管的输出特性曲线。由图可知，对于不同的 I_B，所得到的输出特性曲线也不同。实际上，因为 I_B 的值有无数个，因此输出特性曲线也有无数条。

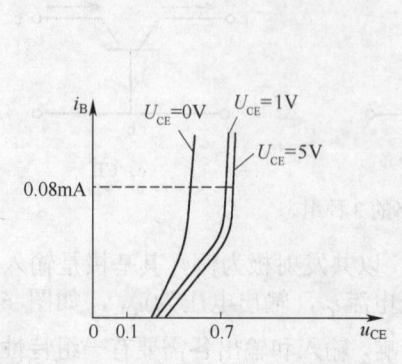

图 6.4.7　NPN 型三极管的输入特性曲线 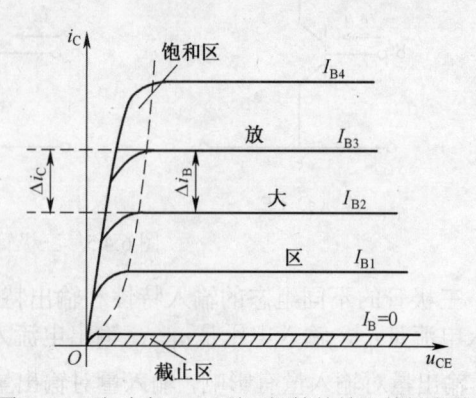　　图 6.4.8　小功率 NPN 型三极管的输出特性曲线

根据三极管 i_C 与 u_{CE} 的值和工作时的状态可把输出特性曲线分为 3 个区域：**放大区**、**截止区和饱和区**。

放大区：输出特性曲线中基本平行于横坐标的曲线族部分（$u_{CE} > 1V$，$I_B > 0$）。当 u_{CE} 超过一定值后（1V 左右），i_C 的大小基本上与 u_{CE} 的大小无关，呈现恒流特性，i_C 与 i_B 成比例关系，即 $I_C / I_B = \Delta I_C / \Delta I_B = \beta$，三极管具有电流放大作用。工作在放大区的三极管，其发射结正偏、集电结反偏，若测得放大电路中工作在放大状态的三极管的 3 个电极对地电位 V_B、V_C、V_E，则必有 $V_C > V_B > V_E$。即 NPN 型三极管工作在放大状态时，其集电极的电位最高。对于 PNP 型三极管而言，刚好相反，集电极电位最低。利用这个特点可以判断电路中三极管的类型。

【例 6.4.1】若测得放大电路中工作在放大状态的 3 个 3 极管的三个电极对地电位 V_1、V_2、V_3 分别为下述数值，试判断它们是硅管还是锗管，是 NPN 型还是 PNP 型，并确定 c、b、e 极。

（1）V_1=2.5V，V_2=6V，V_3=1.8V。
（2）V_1=−6V，V_2=−3V，V_3=−2.7V。
（3）V_1=−1.7V，V_2=−2V，V_3=0V。

解：（1）由于 $V_{13}=V_1-V_3=0.7V$，故该管为硅管，且 1、3 管脚中一个是 e 极，一个是 b 极，则 2 脚为 c 极。又因为 2 脚电位最高，故该管为 NPN 型，从而得出 1 脚为 b 极，3 脚为 e 极。

（2）由于 $|V_{23}|=0.3V$，故该管为锗管，且 2、3 管脚中一个是 e 极，一个是 b 极，则 1 脚为 c 极。又因为 1 脚电位最低，故该管为 PNP 型，从而得出 2 脚为 b 极，3 脚为 e 极。

（3）由于 $|V_{12}|=0.3V$，故该管为锗管，且 1、2 管脚中一个是 e 极，一个是 b 极，则 3 脚为 c 极。又因为 3 脚电位最高，故该管为 NPN 型，从而得出 1 脚为 b 极，2 脚为 e 极。

截止区：对应 $I_B = 0$ 以下的区域（$I_B \leq 0$）。在该区域，即使三极管 U_{CE} 电压较高，$I_C = I_{CEO} \approx 0$，集电极和发射极间只有微小的反向饱和电流，内阻很大，集电极和发射极间近似于一个开关的开路状态。工作在截止区的三极管的发射结和集电结均反偏，则 $V_B < V_E$，$V_B < V_C$。

饱和区：靠近输出特性曲线的纵坐标，曲线上升部分对应的区域（$u_{CE}<1V$，$I_B>0$）。在该区域中，三极管电压 u_{CE} 的数值很小，集电结正偏，失去了收集基区电子的能力，因此 i_C 不受 i_B 的控制，而是随 u_{CE} 的增加而很快地增大到较大值，集电极和发射极间内阻很小。此时，三极管集电极和发射极间近似于开关的接通状态，无电流放大作用。工作在饱和区的三极管的发射结和集电结均正偏，则 $V_B>V_E$，$V_B>V_C$。饱和时三极管集电极和发射极间的电压记作 U_{CES}，称之为饱和压降。对于小功率管，饱和时的硅管压降典型值 $U_{CES}\approx 0.3V$，锗管典型值 $U_{CES}\approx 0.1V$。在饱和状态下，三极管集电极电流为

$$I_{CS}=\frac{U_{CC}-U_{CES}}{R_C}=\frac{U_{CC}-0.3}{R_C}\approx\frac{U_{CC}}{R_C}$$

由以上分析可知，对于 NPN 型三极管工作时的 3 个电极的电位，V_B 最大时，三极管工作在饱和状态，V_B 最小时，工作在截止状态，V_B 处于中间值时，三极管工作在放大状态。

6.4.4 三极管的主要参数

三极管的参数是用来表征管子性能优劣和适用范围的，它是选用三极管的依据。了解这些参数的意义，对于合理使用和充分利用三极管达到设计电路的经济性和可靠性是十分必要的。

1. 电流放大倍数 $\bar{\beta}$、β

根据工作状态的不同，在直流（静态）和交流（动态）两种情况下分别用 $\bar{\beta}$、β 表示直流电流放大倍数和交流电流放大倍数。

直流电流放大倍数定义为电流静态值之比，即

$$\bar{\beta}=\frac{I_C}{I_B} \tag{6.4.2}$$

交流电流放大倍数定义为电流变化量之比，即

$$\beta=\frac{\Delta I_C}{\Delta I_B} \tag{6.4.3}$$

显然，$\bar{\beta}$、β 的含义是不同的，但在输出特性曲线线性比较好（平行、等间距）的情况下，两者差别很小。在一般工程估算中，可以认为 $\beta\approx\bar{\beta}$，两者可以混用。

由于制造工艺的分散性，即使同型号的三极管，它的 β 值也有差异，常用三极管的 β 值通常为 10～100。β 值太小放大作用差，但 β 值太大易使三极管性能不稳定，一般放大电路采用 β=30～80 的三极管为宜。

2. 极间反向电流

（1）**集基极间反向饱和电流 I_{CBO}**：表示发射极开路，集电极、基极间加上一定反向电压时的反向电流，如图 6.4.9（a）所示。它实际上和单个 PN 结的反向饱和电流是一样的，因此它只取决于温度和少数载流子的浓度。一般 I_{CBO} 的值很小，小功率锗管的 I_{CBO} 约为 10μA，而硅管的 I_{CBO} 则小于 1μA。

（2）**集射极间反向饱和电流（穿透电流）I_{CEO}**：表示基极开路时，集电极、发射极间加上一定反向电压时的集电极电流，如图 6.4.9（b）所示。I_{CEO} 和 I_{CBO} 的关系为

$$I_{CEO}=(1+\beta)I_{CBO}$$

I_{CEO} 和 I_{CBO} 都是衡量三极管质量的重要参数，由于 I_{CEO} 比 I_{CBO} 大得多，测量起来比较容易，所以我们平时测量三极管时，常常把测量 I_{CEO} 作为判断三极管质量的重要依据。小功率锗管的 I_{CEO} 约为几百微安，硅管在几微安以下。

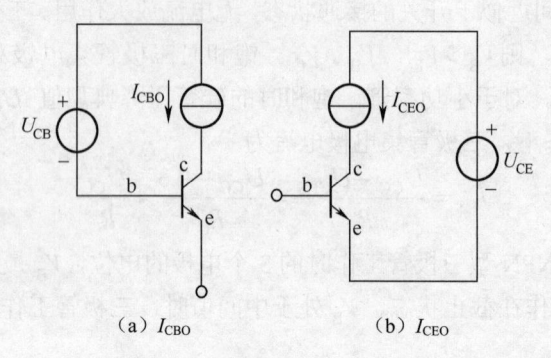

(a) I_{CBO}　　(b) I_{CEO}

图 6.4.9　测量 I_{CBO} 和 I_{CEO} 的电路

3. 极限参数

集电极最大允许电流 I_{CM}：三极管的参数变化不超过允许值时集电极允许的最大电流。当集电极电流超过 I_{CM} 时，三极管性能将显著下降，甚至有被烧坏的可能。

反向击穿电压 $U_{(BR)CEO}$：基极开路时，集电极与发射极间的最大允许电压。当 $U_{CE}>U_{(BR)CEO}$ 时，三极管的 I_{CEO} 急剧增加，表示三极管已被反向击穿，造成三极管损坏。使用时，应根据电源电压 U_{CC} 选取 $U_{(BR)CEO}$，一般应使 $U_{(BR)CEO}>（2\sim3）U_{CC}$。

集电极最大允许功率损耗 P_{CM}：表示三极管允许功率损耗的最大值。如果功率损耗超过此值，三极管的性能就会变坏或三极管被烧毁。三极管功率损耗的计算公式为

$$P_{CM} \approx i_C u_{CE}$$

P_{CM} 与环境温度有关，温度越高，则 P_{CM} 越小。因此，半导体三极管使用时受环境温度的限制，锗管的上限温度约为 70℃，硅管可达 150℃。对于大功率管，为了提高 P_{CM}，常采用加散热装置的办法，手册中给出的 P_{CM} 值是在常温（25℃）下测得的。

根据三极管的 P_{CM}，可在输出特性曲线上画出三极管的允许功率损耗 P_{CM} 曲线，如图 6.4.10 所示。由 P_{CM}、I_{CM} 和 $U_{(BR)CEO}$ 三条曲线所包围的区域为三极管的安全工作区。

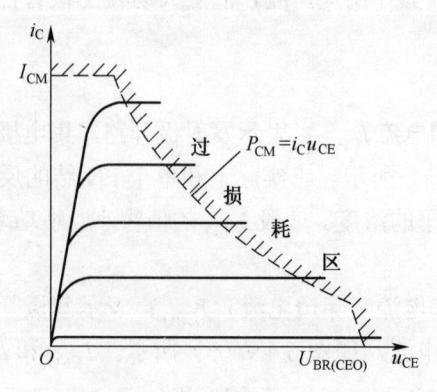

图 6.4.10　三极管的安全工作区

习 题

6.1 在本征半导体中加入（ ）元素可形成 N 型半导体。
   A．五价　　　B．四价　　　C．三价　　　D．二价

6.2 在本征半导体中加入（ ）元素可形成 P 型半导体。
   A．五价　　　B．四价　　　C．三价　　　D．二价

6.3 设二极管的端电压为 U，则二极管的电流方程是（ ）。
   A．$i_D = I_S e^U$
   B．$i_D = I_S e^{U/U_T}$
   C．$i_D = I_S(e^{U/U_T} - 1)$
   D．$i_D = I_S(e^U - 1)$

6.4 稳压管的稳压区是其工作在（ ）。
   A．正向导通　　B．反向截止　　C．反向击穿　　D．以上答案均不正确

6.5 写出如图 6.5.1 所示各电路的输出电压值，设二极管导通电压 $U_D=0.7V$。

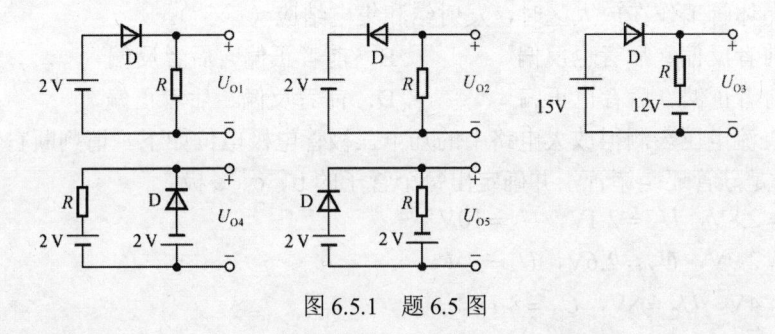

图 6.5.1 题 6.5 图

6.6 电路如图 6.5.2 所示，已知 $u_i=10\sin\omega t$ V，E=5V，试画出 u_i 与 u_o 的波形。设二极管正向导通电压可忽略不计。

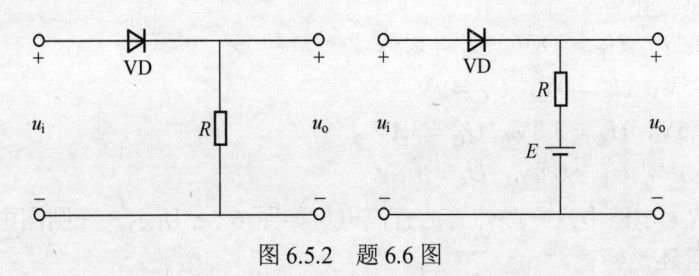

图 6.5.2 题 6.6 图

6.7 在 6.5.3 所示的电路中，已知 $u_i=10\sin\omega t$ V，E=5V，二极管的正向压降和反向电流均忽略不计，试分别画出输出电压 u_o 的波形。

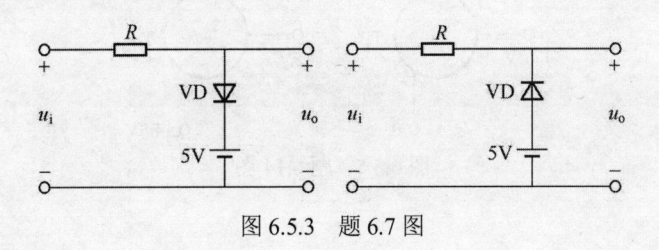

图 6.5.3 题 6.7 图

6.8 现有两个稳压管 VZ₁ 和 VZ₂，稳定电压分别是 4.5V 和 6.5V，正向压降都是 0.5V，试求图 6.5.4 各电路中的输出电压 u_o。

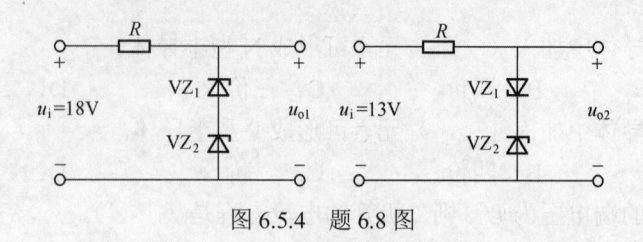

图 6.5.4 题 6.8 图

6.9 NPN 型晶体管工作在放大状态，三个极电位的关系是（ ）。

  A. $V_C > V_B > V_E$ B. $V_C > V_E > V_B$ C. $V_E > V_B > V_C$ D. $V_E > V_C > V_B$

6.10 测得三极管 I_B=10μA 时，有 I_C=1.1mA，当 I_B=20μA 时，有 I_C=2mA，则该管的交流电流放大系数为（ ）。

  A. 60   B. 75   C. 80   D. 100

6.11 当晶体管工作在放大区时，发射结和集电结应（ ）。

  A. 前者反偏、后者也反偏   B. 前者正偏、后者反偏
  C. 前者正偏、后者也正偏   D. 前者反偏、后者正偏

6.12 用直流电压表测得放大电路中的几个三极管电极电位如下。请判断它们是 NPN 型还是 PNP 型，是硅管还是锗管，并确定出每个管子的 b、c、e 极。

  (1) U_1 = 2.8V，U_2 = 2.1V，U_3 = 10V。
  (2) U_1 = 2.9V，U_2 = 2.6V，U_3 = 7V。
  (3) U_1 = 4V，U_2 = 8V，U_3 = 8.7V。
  (4) U_1 = 7V，U_2 = 7.3V，U_3 = 3.7V。

6.13 用直流电压表测得电路中的几个三极管电极电位如下。请判断它们的工作状态，是放大、饱和，还是截止？

  (1) U_B = 2.5V，U_E = 1.8V，U_C = 6.8V。
  (2) U_B = −5V，U_E = 0V，U_C = 9V。
  (3) U_B = 3.5V，U_E = 2.8V，U_C = 3.1V。
  (4) U_B = 6.1V，U_E = 6.8V，U_C = 1.8V。

6.14 测得放大电路中六只晶体管的直流电位如图 6.5.5 所示。在圆圈中画出管子，并分别说明它们是硅管还是锗管。

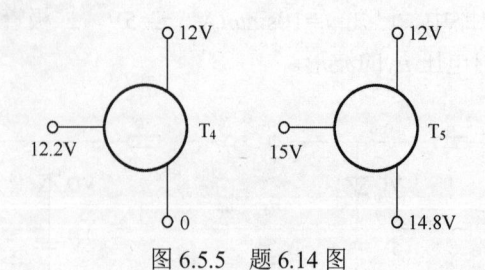

图 6.5.5 题 6.14 图

第 7 章　交流放大电路

放大电路是最基本的电子电路，应用十分广泛，日常使用的收音机、扩音器、测量仪器和复杂的自动控制系统等都有各种各样的放大电路。在这些电子设备中，放大电路的作用是将微弱的电信号放大，以便于人们测量和利用。由于放大电路是电子设备中最普遍的一种基本单元，所以其也是模拟电子技术课程的基本内容。

知识点与学习要求

（1）理解共发射极基本放大电路的组成及各部分的作用；掌握分压式偏置的共发射极电压放大器电路的静态、动态分析过程。

（2）理解共集电极放大电路的特征及其适用场合。

（3）熟悉多级放大电路特点；了解各类功放电路的特点，掌握双电源互补对称功放（OCL）的工作原理、指标的估算。

（4）熟悉反馈概念，了解放大电路中负反馈的基本类型，掌握差动放大电路的特点。

7.1　放大电路的组成和基本工作原理

7.1.1　共发射极放大电路

1. 共发射极放大电路的组成

一个放大电路通常由输入信号源、放大元件、直流偏置电路及输出负载 4 部分组成。根据输入回路和输出回路共用的电极不同，由单个三极管构成的基本放大电路可有 3 种**组态**，即**共发射极**、**共集电极**和**共基极**放大电路。

在 6.4.2 节图 6.4.3 所示的偏置电路中加入耦合电容和输入输出电路即可构成共发射极放大电路，如图 7.1.1 所示。共发射极放大电路，其输入信号和输出信号的公共端为发射极。公共端在图中的符号"⏚"被称为**接地**，但它不是真正接到大地，而是表示电路中的参考零电位。

三极管放大电路要完成对信号放大的任务，首先要设法让三极管工作于线性放大区。因此图中所加两个电源要保证发射结正偏和集电结反偏；然后设法将待放大的输入信号 u_i 加到三极管的发射结上，使三极管的发射结电压 u_{BE} 随着 u_i 变化而变化。在放大电路的输出端，再将经三极管放大了的集电极电流信号 Δi_C 转化为输出电压 u_o。

2. 电路中各元件的作用

三极管 VT：电路核心元件，起电流放大作用。

直流电源 U_{CC}：提供电路放大所需的能量，保证发射结正向偏置和集电结反向偏置，使三极管处于放大状态。

偏置电阻 R_B：它与电源 U_{CC} 一起为三极管提供合适的基极电流 I_B（直流分量），其阻值一般为几百至几千千欧。此电阻设置过大或过小都会影响放大电路的性能，使输出电压波形失真。

集电极负载电阻 R_C：把集电极电流 i_C 的变化转换为电压（$i_C R_C$）的变化，从而使三极管电压 u_{CE} 发生变化，经耦合电容 C_2 获得输出电压 u_o。其阻值一般为几千欧。此电阻设置过大或过小也会影响放大电路的性能。

耦合电容 C_1、C_2：起"隔直、通交"的作用。**隔直**是指利用电容对直流开路，可保证各部分电路的直流工作状态相互独立、互不影响。**通交**是指电容对交流信号近似短路（电容足够大），交流信号能顺利地通过电容。图 7.1.1（b）中 C_1、C_2 是有极性的电解电容，连接时要注意极性。

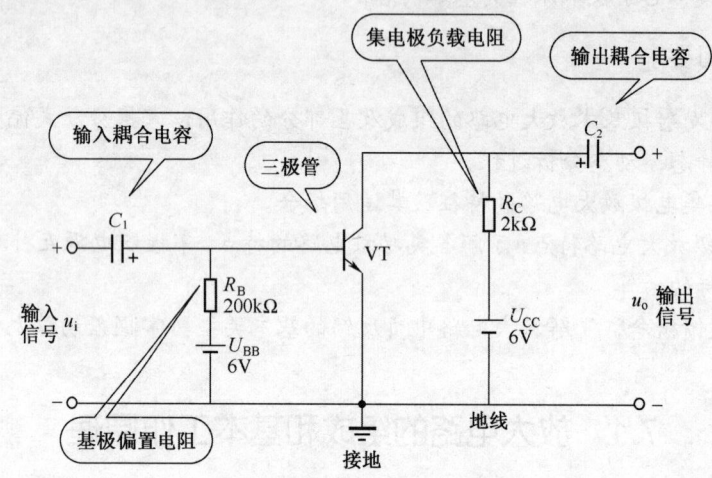

（a）用电源表示的共发射极放大电路

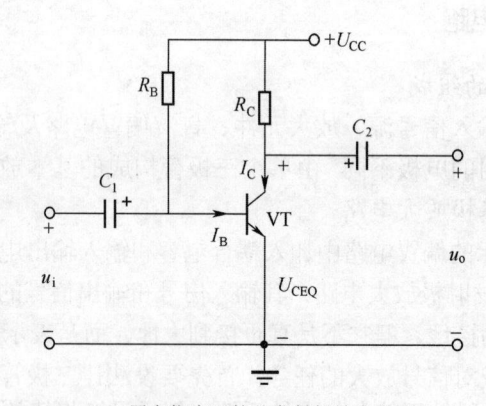

（b）用电位表示的共发射极放大电路

图 7.1.1 共发射极放大电路的两种表示方法

7.1.2 放大的本质与电路中符号表示

1. 放大的本质

电子电路中的放大对象是动态信号，在课程中为了分析方便，一般用**正弦波信号**来表示，这样便于分析和计算，实际中的动态信号则是千变万化的。

放大电路本身并不能放大能量，实际上负载得到的能量来自放大电路的供电电源，放大的本质是实现能量的控制。放大电路的作用只不过是控制了电源的能量，放大输出后的信号形态及变化规律要和输入的信号保持一致，不能失真。由于输入信号的能量过于微弱，不足以推动负载，所以，需要另外提供一个能源，由能量较小的输入信号控制这个能源（控制加在三极管的电流），使之输出较大的能量（输出电压），然后推动负载，这种小能量对大能量的**控制**作用，就是放大作用的本质。

在放大电路中既有直流量又有交流量。交流量就是需要放大的变化小信号，直流量就是为放大而建立基本条件。

2. 放大器中有关符号的规定

当交流信号 u_i 作用于图 7.1.1 所示电路时，我们以基极电流为例，说明在电路中电流电压的波形及表示符号。

直流分量：用大写字母带大写下标符号来表示。例如，基极直流电流用 I_B 表示。

交流分量：即动态信号，用小写字母带小写下标符号来表示。例如，基极交流电流用 i_b 表示。

交流、直流叠加量：瞬时值，用小写字母带大写下标符号来表示。例如，基极总电流用 i_B 表示。

交流分量的相量：计算交流量的数学工具，用大写字母带小写下标和"·"来表示。例如，基极电流相量用 $\dot{I}_b$ 表示。

（1）直流分量：图 7.1.2（a）所示的波形，是基极直流电流，用 I_B 表示。

（2）交流分量：图 7.1.2（b）所示的波形，是基极交流电流，用 i_b 表示。

（3）总电量：图 7.1.2（c）所示的波形，是交流电流和直流电流叠加后形成的，用 i_B 表示基极总电流：

$$i_B = I_B + i_b$$

其他极电流和端电压也可用类似的方法来表示。

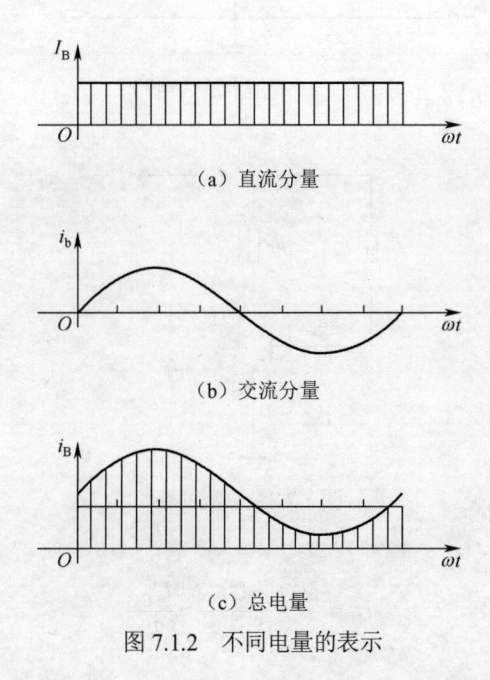

(a) 直流分量

(b) 交流分量

(c) 总电量

图 7.1.2 不同电量的表示

7.2 放大电路的静态分析

放大电路在没有动态输入信号（交流变化量 u_i=0）时的工作状态为**静态**，此时电路中的电压、电流是不变的，为静态值。**静态分析**就是求出静态时 I_B、U_{BE}、I_C 和 U_{CE} 的值。由于这组数值分别与三极管输入、输出特性曲线上一点的坐标值相对应，故常称这组数值为**静态工作点**，用 Q 表示。三极管处于放大状态时，发射结导通，其导通电压通常为变化不大的值，故可看作定值，所以静态分析指的就是求 I_B、I_C 和 U_{CE} 的值。

静态情况下放大器各直流电流的通路被称为放大器的**直流通路**。画直流通路的原则：电容开路，电感短路。静态工作点 Q 是由直流通路决定的。

7.2.1 用估算法计算静态工作点

如图 7.2.1 所示，放大电路输入为零，待求直流电流和电压是 I_B、I_C、U_{CE}（估算硅管 U_{BE} 为 0.7V，锗管 U_{BE} 为 0.3V）。由于电路中只有直流量，耦合电容 C_1、C_2 对直流开路，所以可画出图 7.2.2 所示的**直流通路**。

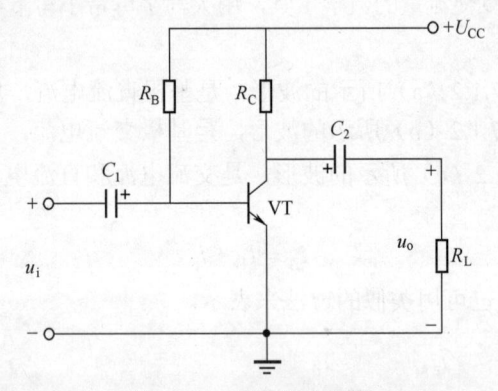

图 7.2.1 基本放大电路

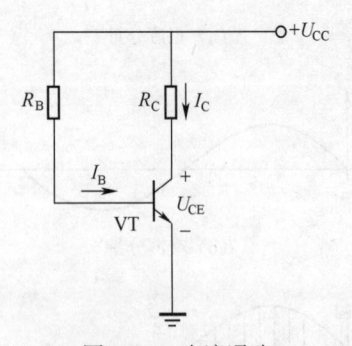

图 7.2.2 直流通路

由图 7.2.2 得

$$I_B = \frac{U_{CC} - U_{BE}}{R_B} \approx \frac{U_{CC}}{R_B}$$

式中 $U_{BE} \ll U_{CC}$，可忽略不计。

由上式可见，当 U_{CC}、R_B 固定后，I_B 也就固定下来，因此图 7.2.1 所示电路也叫作**固定偏置的共发射极放大电路**。静态基极电流 I_B 很重要，其确定了放大电路的直流工作状态，通常被称为**偏置电流**，简称**偏流**。产生偏流的电路，被称为**偏置电路**。R_B 被称为**偏置电阻**。

静态集电极电流为

$$I_C = \beta I_B$$

集电极和发射极间的电压为

$$U_{CE} = U_{CC} - I_C R_C$$

由上述 3 个公式求得的 I_B、I_C 和 U_{CE} 值即静态工作点 Q。

【例 7.2.1】 在图 7.2.1 所示的共发射极放大电路中，已知三极管的 $U_{CC}=12$V，$\beta=50$，$R_B=300$kΩ，$R_C=3$kΩ，$R_L=4$kΩ，试用估算法求出静态工作点。

解：由图 7.2.2 所示的直流通路可计算出

$$I_B \approx \frac{U_{CC}}{R_B} = \frac{12}{300} = 0.04 \text{ (mA)} = 40 \text{ (μA)}$$

$$I_C = \beta I_B = 50 \times 0.04 = 2 \text{ (mA)}$$

$$U_{CE} = U_{CC} - I_C R_C = 12 - 2 \times 3 = 6 \text{ (V)}$$

7.2.2 图解法求静态工作点

除用估算法估算电路的静态值之外，还可以用图解法求得。由于输入特性不易准确得到图解，所以对于输入电流，还是要用估算法。**静态的图解分析主要是针对输出回路的图解**。输出回路中含有电源和输出负载电阻的线性电路和三极管非线性电路，因此需要用图解的方法确定电路的电流电压值。对于线性部分可以确定电流和电压的关系（VAR），对于三极管可由输出特性曲线确定电流和电压的关系。例如，三极管的输出特性曲线如图 7.2.3 所示，则图解法步骤如下。

（1）用计算法求出基极电流 I_B，用以确定输出特性曲线，如上图中求得 $I_B=40$μA。

（2）根据 I_B 在输出特性曲线上找到对应的 I_C 曲线，如图 7.2.3 对应的 40μA 处的输出特性曲线。

（3）作出线性电路端口的 VAR 图像。利用广义 KVL 可得 $U_{CE} = U_{CC} - I_C R_C$，整理得

$$I_C = \frac{U_{CC}}{R_C} - \frac{U_{CE}}{R_C}$$

显然，该图像反映到输出特性图上为过 $\left(0, \dfrac{U_{CC}}{R_C}\right)$ 和 $(U_{CC}, 0)$ 两点的一条直线，其斜率为 $-\dfrac{1}{R_C}$，与 R_C 有关，被称为**直流负载线**。

（4）求静态工作点 Q 位置，找出直流负载线和 $I_B=40$μA 时的输出特性曲线的交点并确定 I_{CQ} 和 U_{CEQ}，如图 7.2.3 所示。

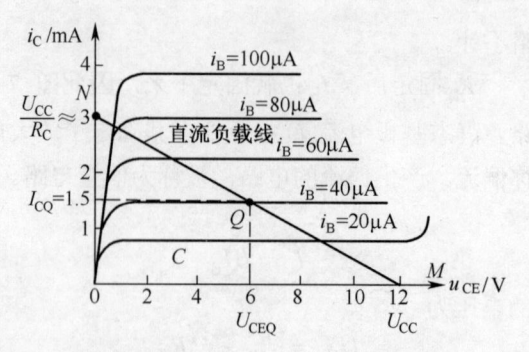

图 7.2.3 静态工作情况的图解分析

三极管的 I_C 和 U_{CE} 既要满足 $I_B=40\mu A$ 的输出特性曲线,又要满足直流负载线,因而三极管必然工作在它们的交点 Q,该点为**静态工作点**。Q 点所对应的坐标值便是静态值 I_{CQ} 和 U_{CEQ},如图 7.2.3 中的交点 $Q(1.5\text{mA},6\text{V})$。需要说明的是,用估算法和图解法求得的静态工作点都是一种估算的结果,跟真实的静态工作点会有一定的误差,两者的结果也有些微不同。

静态工作点 Q 对放大电路的性能指标影响很大,若 Q 点设置合适,放大电路能很好地放大输入信号,否则电路不能正常工作。在后面将要介绍的多级放大电路、运算放大器和振荡器等电路中,也需要设置静态工作点。

7.3 放大电路的动态分析

放大电路加上输入信号时,三极管各电极上的电流和电压都含有直流分量和交流分量,如图 7.3.1 所示。当加入输入电压时,伴随着基极电流发生变化,集电极电流将发生更大的变化,利用电容的隔直作用可输出变化的交流信号。除输入信号的幅度放大外,输出的相位也发生变化。

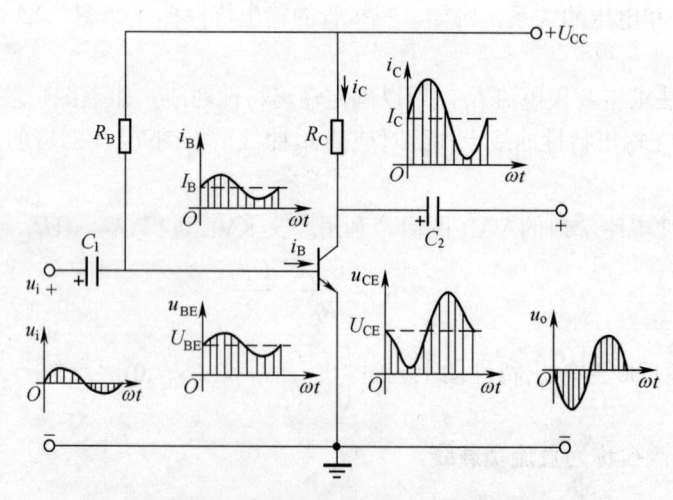

图 7.3.1 放大电路各点工作波形

对于图中的直流分量可由静态分析来确定,而交流分量则通过动态分析来求解。**图解法和微变等效电路法**是动态分析的两种基本方法。

7.3.1 放大电路的图解法

应用三极管的输入、输出特性,通过作图来分析放大电路的工作情况的方法称作**图解法**。**图解法**形象直观,对建立放大概念,理解放大电路的原理极有帮助。

1. 交流负载线的引入

前面讲过,静态工作点的确定,可以通过画出直流负载线来求得。找到 I_B 对应的三极管输出特性曲线和直流负载线的交点 Q,求得输出的静态工作点。静态工作点 $Q(U_{CE}, I_B, I_C)$,反映了放大电路无交流信号输入时的直流值。

加上动态信号后,放大电路的实际工作点就是动态的了,i_C 和 u_{CE} 必将沿**交流负载线**变化。所谓交流负载线即输入交流信号时 i_C 和 u_{CE} 之间的关系曲线。很多参考书用不同方法推导出交流负载线的表达形式,但过程比较复杂。在此仅介绍一种较为简单的求交流负载线的方法。画出放大电路的交流通路,如图 7.3.2(a)所示,交流负载线满足以下两个关系。

(1)交流负载线斜率为 $\dfrac{\Delta u_{CE}}{\Delta i_C} = -R'_L$($R'_L = R_C // R_L$),其必为一条直线。

(2)输入信号为零时,放大电路工作在静态工作点 Q 上,因此交流负载线必定通过 Q 点。根据交流负载线的斜率和一个已知点 Q 的坐标,便可以将交流负载线画出,如图 7.3.2(b)所示。比较两条负载线的斜率,可知交流负载线比直流负载线更陡,交流放大电路在动态时,工作点将沿着交流负载线、以静态工作点 Q 为中心而变化。若不接负载电阻,则交流负载线和直流负载线重合。

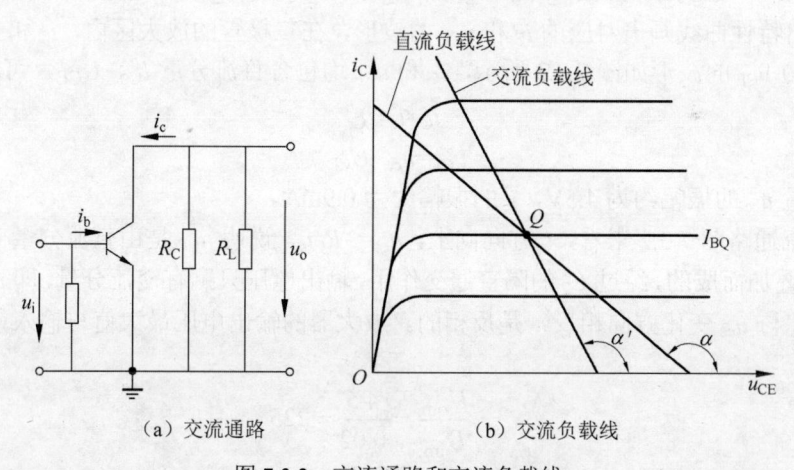

(a)交流通路 (b)交流负载线

图 7.3.2 交流通路和交流负载线

2. 放大电路有信号输入后的情况

输入回路的动态基极电流 i_b 可根据输入信号电压 u_i,从三极管的输入特性图上求得。

设输入信号电压 $u_i = 20\sin\omega t$ mV,根据静态时 $I_B = 40\mu A$,当送入信号后,加在发射极和基极间的电压是一个在(700±20)mV 范围内变化的脉动电压 u_{BE},$u_{BE} = U_{BE} + u_i$,其最小值为 $U_{BE} - u_{im}$,最大值为 $U_{BE} + u_{im}$,由它而产生的基极电流 i_B 是一个在 20~60μA 范围内变化的脉动电流,该脉动电流由直流分量 I_B 和交流分量 i_b 组成,即 $i_B = i_b + I_B$。交流分量的振幅是 20μA,如图 7.3.3 所示。

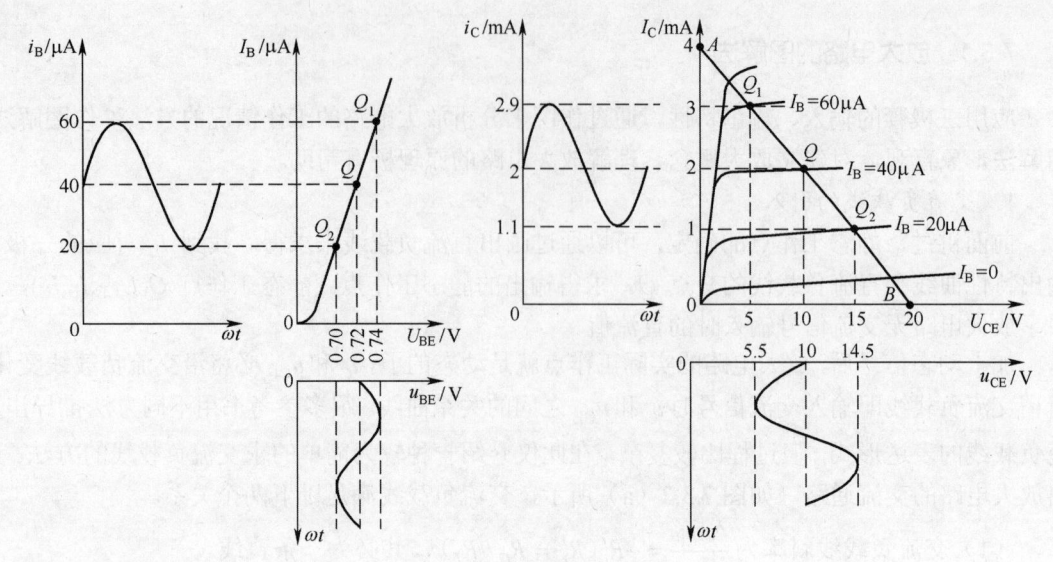

图 7.3.3 放大器的图解分析

3. 不接负载电阻 R_L 时的电压放大倍数（增益）

由基极电流 i_B 的变化，便可分析放大电路各量的变化规律，如图 7.3.3 所示。当基极电流在 20~60μA 范围内变化时，放大器将在直流负载线（与交流负载线重合）上的 AB 段上工作。可以从图上确定动态工作点的移动范围，当 $u_i=0$ 时，动态工作点与静态工作点 Q 重合，随着 u_i 增加，i_B 增加，动态工作点由 Q 点→Q_1 点→Q 点→Q_2 点→Q 点。根据动态工作点的移动范围，可由输出特性曲线画出对应的 i_C 和 u_{CE} 的波形，在三极管的放大区内，i_C 和 u_{CE} 也是正弦波，这时 i_C 与 u_{CE} 的波形如图 7.3.3 所示，i_C 和 u_{CE} 均包含直流分量 I_C、U_{CE}，可表示为

$$i_C = i_c + I_C$$
$$u_{CE} = u_{ce} + U_{CE}$$

交流分量 u_{ce} 的振幅约为 4.5V，i_c 的振幅约为 0.9mA。

结合交流通路图 7.3.2 来看，i_c 方向向上，$u_{ce}=-R_C i_c$，说明 u_{CE} 是由直流分量 U_{CE} 和交流分量 $u_{ce}=-R_C i_c$ 叠加而成的，经过 C_2 的隔直通交作用，输出电压只剩有交流分量，即 $u_o=u_{ce}=-R_C i_c$。注意，i_b 和 i_c 与 u_{ce} 变化方向相反，是反相的。放大器的输出电压最大值与输入最大值的振幅之比

$$\frac{U_{om}}{U_{im}} = \frac{4.5}{0.02} = 225$$

综合以上分析，交流放大电路在动态时，工作点将沿着交流负载线、以静态工作点 Q 为中心而变化。电路各处的电压和电流瞬时值均为两部分叠加而成。一部分为直流量，即静态工作点；另一部分为交流信号量。

4. 接入负载电阻 R_L 时的电压放大倍数

接入 R_L 后，总负载电阻是 R_C 并联 R_L，并联后的等效电阻为 R_L'，这时新交流负载线与横轴方向的夹角为

$$\alpha' = \arctan\left(-\frac{1}{R_L'}\right) \quad (R_L' = R_C // R_L)$$

新的交流负载线比不带负载时的**更陡**。

因为当输入信号为零时，放大电路工作在静态工作点 Q 上，所以交流负载线必定要通过 Q 点。依此便可以将交流负载线 CD 画出，如图 7.3.4 所示。从图中可得 u_{ce} 的振幅为 2.8V，所以带载后电压放大倍数为

$$A_u' = -\frac{2.8}{0.02} = -140$$

显然比不带载时的 A_u 值小，与理论推断的结果一致。

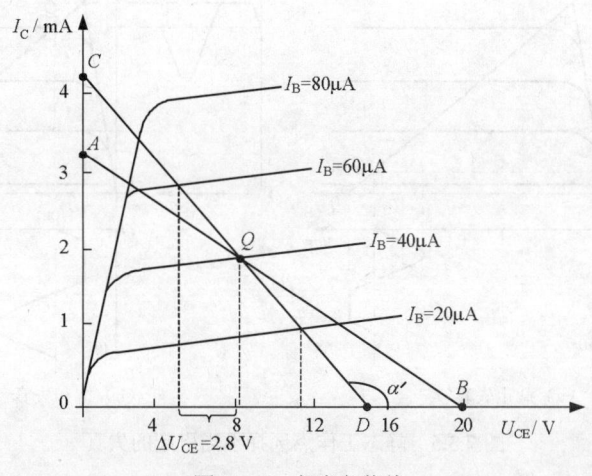

图 7.3.4　交流负载线

综上所述，关于图解法可以总结出以下几点。

（1）在静态值合适和输入信号满足小信号的条件下，i_b、i_c 与输入信号同相，u_{ce} 与输入信号反相，单管共发射极放大电路具有**倒相放大作用**。

（2）输出电压 u_{CE} 的直流分量 U_{CE} 没变化，只有交流分量 u_{ce} 被放大。

（3）带负载后，交流负载线变陡，动态范围减小，A_u 比空载时小。

7.3.2　影响放大电路工作的主要因素

要保证放大电路正常工作，需要考虑很多因素，首先必须保证三极管工作在线性区。如果静态工作点位置太高或太低，或者输入信号幅值太大，都可能会因为三极管进入非线性区而造成**非线性失真**。

1. Q 点位置太低造成的失真

若静态基极电流 I_B 太小，则静态工作点 Q 位置太低，当输入正弦信号时，在信号的负半周由于 u_{BE} 小于三极管的导通电压，三极管工作在截止区，则 i_b 波形的负半周出现削波失真，相应地，i_c 和 u_{ce} 波形也出现失真，如图 7.3.5（a）所示。需要注意的是，由于 u_{CE} 与 i_b、i_c 反相，所以 i_b、i_c 是波形的负半周失真，而 u_{CE} 是波形的正半周失真，也叫**顶部失真**。这种失真是因为静态工作点太低，使三极管工作在截止区形成的，所以又被称为**截止失真**。

2. Q 点位置太高造成的失真

如果静态基极电流 I_B 过大，即静态工作点 Q 位置太高，当输入正弦信号时，在信号的正

半周使三极管进入饱和区工作。此时，i_b 的波形可能不出现失真，但由于在饱和区三极管已经失去了放大作用，虽然 i_b 增加，但 i_c 不再增加，其波形正半周出现失真。相应地，u_{ce} 波形也出现失真，如图 7.3.5（b）所示。需要注意的是，i_c 是波形的正半周失真，而 u_{CE} 是波形的负半周失真，也称**底部失真**，这种失真是因为静态工作点太高，使三极管工作在饱和区形成的，所以又被称为**饱和失真**。

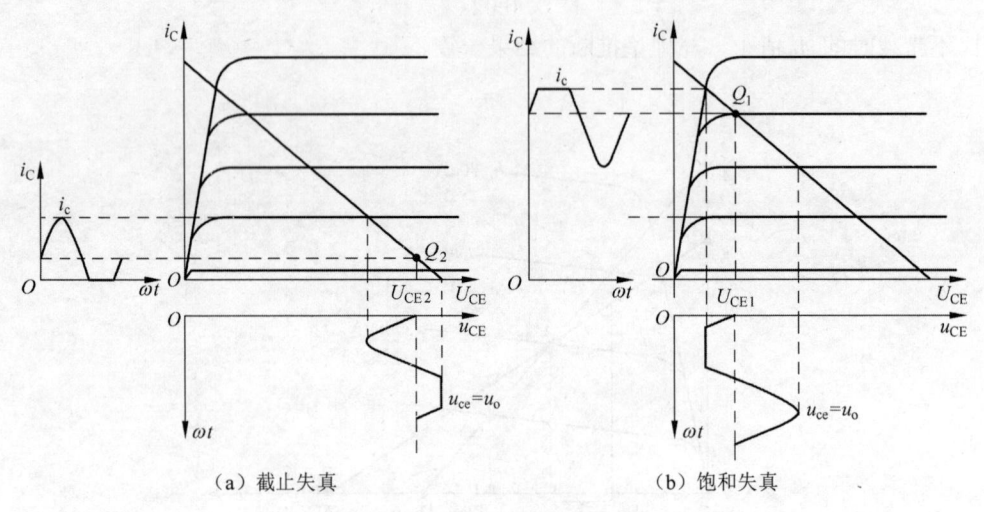

图 7.3.5　静态工作点选择不当引起的失真

3. R_B 的重要影响

在其他条件不变时，若 U_{CC}、R_C 不变，则直流负载线不变，改变 R_B 时，$I_B \approx U_{CC}/R_B$ 也会改变，这就使静态工作点 Q 沿直流负载线上下移动。当 Q 点过高或过低时，i_c 将产生饱和或截止失真。i_c 失真，u_{ce} 也对应失真，如图 7.3.5 所示。

综上所述，改变 R_B 能直接改变放大器的静态工作点，较为方便，因此在调整静态工作点时，通常总是首先调整 R_B，例如，要改变截止失真就要减小 R_B。

4. 输入信号幅度

为了保证放大电路正常工作，减小和避免非线性失真，除了合理地设置静态工作点 Q 的位置，还需要适当限制输入信号的幅值。如果输入信号的幅值过大，超出放大区范围，会同时出现饱和失真和截止失真（**双向失真**）。任何状态下，不失真的最大输出被称为放大电路的**动态范围**。通常情况下，**静态工作点宜选择在交流负载线的中点附近**，这时动态范围最大。

用图解法分析放大电路的工作情况，优点是直观、易于理解，缺点是比较烦琐、误差较大，而且必须精确画出三极管的特性曲线。因此，分析放大电路的静态工作情况一般常用估算法，分析放大电路的动态工作情况则常用下面的微变等效电路法。

7.3.3　放大电路的微变等效电路法

微变等效电路法是一种线性化的分析方法，它的基本思想是，把非线性元件用一个与之等效的线性电路来代替，从而**把非线性电路转化为线性电路**，再利用线性电路的分析方法进行分析。但这种转化是有条件的，这个条件就是"微变"，即输入动态信号变化范围很小，小到非线性元件的特性曲线在 Q 点附近可以用直线代替，一般要求输入动态信号不大于几十毫伏。

"等效"是指对非线性元件的外电路而言，用线性电路代替非线性元件之后，端口电压、电流的关系并不改变。

1. 二极管电路的微变等效模型分析法

电路中含直流和小信号交流电源时，二极管中含交流、直流成分，分析时通常对电路直流状态和交流状态分别进行讨论（也称静态分析和动态分析），然后进行综合。

如图 7.3.6 所示，已知电路电阻为 R，直流电压为 U_{DD}，交流电压 $u_S = U_{sm}\sin\omega t$，求流过二极管的电流 i_D 和二极管的端电压 u_D。

对于该图尝试用以下 3 种方法来求电流和电压。

（1）用线性模型分析：在 U_{DD} 远大于二极管端电压，u_S 幅度值又是很小的情况下，如果二极管用理想模型或恒压降模型来等效，则二极管始终处于正向导通状态，只能算出流过二极管的电流 $i_D = \dfrac{U_{DD}+u_S}{R}$ 或 $i_D = \dfrac{U_{DD}-U_{on}+u_S}{R}$，二极管电流交流成分为 $i_d = \dfrac{u_S}{R}$，而二极管导通电压为 0 或 0.7V，求不到二极管的交流电压。

（2）用图解法分析：把上述电路看成是由线性和非线性两个单口网络组成的，其中线性电路部分的 VAR 为 $u_D = U_{DD} + u_S - Ri_D$，即 $i_D = -\dfrac{1}{R}u_D + \dfrac{U_{DD}+u_S}{R}$，该函数图像斜率为 $-\dfrac{1}{R}$，在 u_D 轴上的截距为 $U_{DD}+u_S$，因 u_S 是最大值为 U_{sm} 的交流电，所以该 VAR 的图像为图 7.3.7 所示的一系列具有相同斜率的直线。非线性部分电路的 VAR 则可用二极管的伏安特性表示，其图像由二极管数据手册给出或通过实验的方法测出。电路中的 i_D 与电压 u_D 必须符合线性单口网络和非线性单口网络的 VAR，因此作出两部分电路 VAR 图像的交点后便能确定端口处电流和端电压的值。因线性部分电路的 VAR 是一簇直线，故交点有无数个，端口电流和端口电压图像如图 7.3.8 所示。

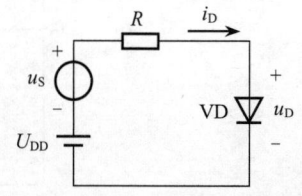

图 7.3.6 含二极管的交直流电路图

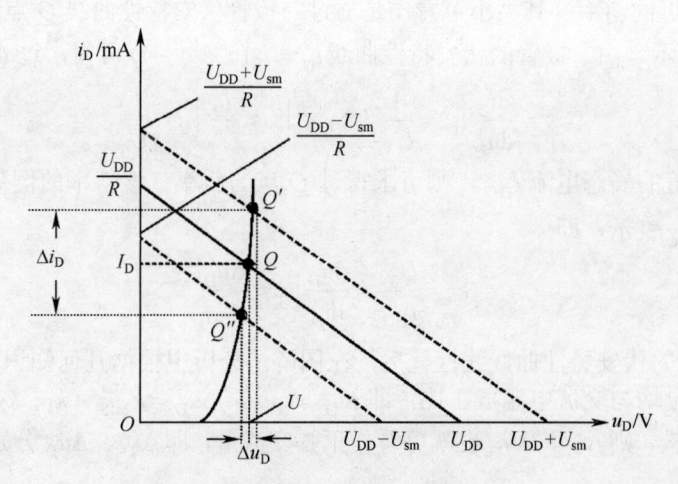

图 7.3.7 用图解法分析二极管电路

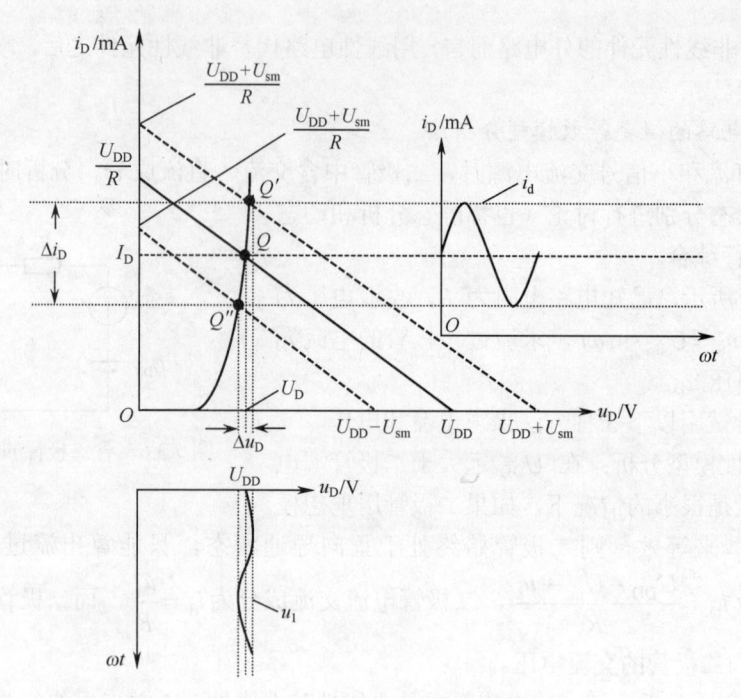

图 7.3.8　二极管电路的电流和电压

显然，图解法只能得到 i_D 与电压 u_D 的变化范围，得不到其精确值和其具体的表达式。但从图中可以看出，二极管在直流电和较小的交流电作用下，其电流和端电压的值是在静态的基础上叠加上一个变化量，即 $i_D = I_Q + \Delta i_D$，$u_D = U_Q + \Delta u_D$。

（3）用微变等效模型分析：当 $u_S=0$ 时，负载线和特性曲线的交点 Q 为静态工作点，它反映二极管在直流作用时的工作状态。Q 点可以用电路的直流通路来求得。当 u_S 不为 0 时，电压和电流在 Q 点附近变动，一般情况下在该范围 i_D 与 u_D 成非线性关系，但若将 Q 点附近小范围内的伏安特性曲线线性化，则 i_D 可看成与 u_D 呈线性关系，即 $\Delta i_D = k\Delta u_D$。其中 k 为特性曲线在 Q 点附近的斜率，其大小可看作是与过二极管伏安特性曲线 Q 点的切线斜率大小相等，如图 7.3.9 所示。由二极管的伏安特性曲线 $i_D = I_S(e^{u_D/U_T} - 1)$ 可得，过 Q 点的切线斜率为

$$k = \frac{di_D}{du_D}\Big|_Q = \frac{1}{U_T} I_S e^{u_D/U_T}\Big|_Q \approx \frac{i_D}{U_T}\Big|_Q = \frac{I_Q}{U_T}$$

若已知二极管的静态电流 I_{DQ}，则可求得过 Q 点的斜率。该斜率的倒数为二极管在 Q 点的动态电阻，用 r_d 表示，即

$$r_d = \frac{U_T}{I_{DQ}} = \frac{du_D}{di_D}\Big|_Q \approx \frac{\Delta u_D}{\Delta i_D} \tag{7.3.1}$$

将 Q 点附近的伏安特性曲线线性化后，在图解法分析中根据几何知识可得二极管的电流和端电压的变化量均与交流电源成正比，即 $\Delta i_D = k_1 u_S$，$\Delta u_D = k_2 u_S$（k_1、k_2 为常数）。因此，若 u_S 是正弦交流量，则 Δi_D、Δu_D 也就可看作正弦交流量，即 Δi_D、Δu_D 分别可以用交流量 i_d、u_d 来表示。结合以上分析可得 $\frac{\Delta u_D}{\Delta i_D} \approx \frac{u_d}{i_d} \approx r_d$，因此对交流电源 u_S 而言，二极管此时可等效为一个大小为 r_d 的交流电阻，如图 7.3.10 所示，此即二极管的微变等效模型。由此可得交流通

路的电路如图 7.3.11（c）所示，由此图可求得 u_d、i_d 的值。最后由 $i_D = I_Q + \Delta i_D$，$u_D = U_Q + \Delta u_D$ 可求得二极管的电流和端电压。

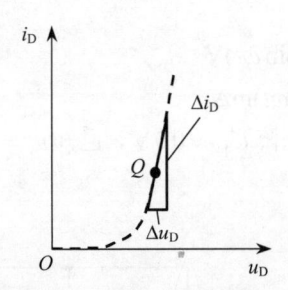

图 7.3.9　二极管的伏安特性曲线 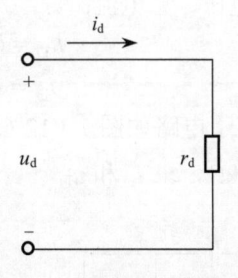　　　　图 7.3.10　二极管的微变等效模型

由以上分析可总结出用微变等效模型分析二极管电路的步骤：

第一，画电路的直流通路求二极管的静态工作点（也叫**静态分析**）。画直流通路时需将电容开路，交流信号源置零。

第二，用二极管在静态工作点处的交流电阻等效二极管并画出交流通路，求出二极管的交流量（也叫**动态分析**）。画交流通路需将直流电源置零，电容短路。

第三，求二极管的总电流和总电压。

注意：

（1）交流信号必须是小信号才能用微变等效模型，若交流信号幅值较大（如 1V），则 Q 点摆动过大，Q 点附近伏安特性曲线不能看作线性，就不能用切线等效，也就不能使用该模型。

（2）交流电阻只能在交流通路中用来等效二极管，在直流通路中则不能。

（3）在信号表达中，一般用全大写 U_D 表示直流静态分量，全小写 u_d 表示交流动态分量，小写加大写 u_D 表示交直流混合值，大写加小写表示相量 $\dot{U}_d$。

【例 7.3.1】电路如图 7.3.11（a）所示，恒压降模型的 $U_D \approx 0.7\text{V}$，已知 $u_s = 0.1\sin\omega t\,\text{V}$，$U_{DD} = 5\text{V}$，$R = 5\text{k}\Omega$，求 i_D 和 u_D。

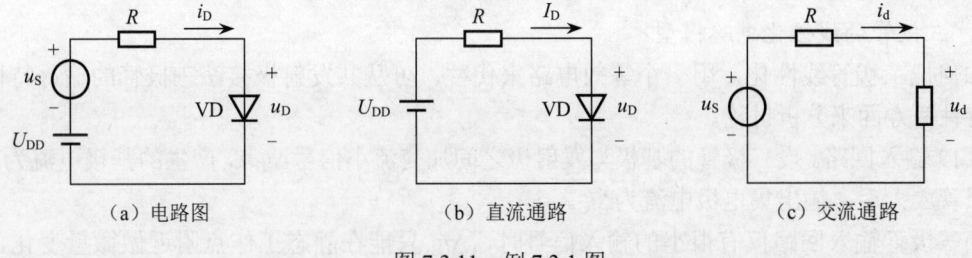

(a) 电路图　　　　(b) 直流通路　　　　(c) 交流通路

图 7.3.11　例 7.3.1 图

解：（1）静态分析：作出直流通路，如图 7.3.11（b）所示，取 $U_Q = U_D \approx 0.7\text{V}$，有

$$I_D = I_Q = (U_{DD} - U_Q)/R = 0.86\,（\text{mA}）$$

（2）动态分析：作出交流通路如图 7.3.11（c）所示，动态电阻为

$$r_d \approx U_T/I_Q = 26/0.86 \approx 30\,（\Omega）$$

$$u_d = u_s \times \frac{r_d}{R + r_d} \approx 0.0006\sin\omega t\,（\text{V}）$$

$$i_\mathrm{d} = \frac{u_\mathrm{i}}{r_\mathrm{d}} = 0.02\sin\omega t\ (\mathrm{mA})$$

(3) 总电压、总电流：
$$u_\mathrm{D} = U_\mathrm{D} + u_\mathrm{d} = (0.7 + 0.0006\sin\omega t)\mathrm{V}$$
$$i_\mathrm{D} = I_\mathrm{D} + i_\mathrm{d} = (0.86 + 0.02\sin\omega t)\mathrm{mA}$$

【例 7.3.2】电路如图 7.3.12（a）所示，二极管正向压降 $U_\mathrm{D} \approx 0.7\mathrm{V}$，已知 $u_\mathrm{i} = 5\sin\omega t\ \mathrm{mV}$，$U_\mathrm{DD} = 4\mathrm{V}$，$R = 1\mathrm{k}\Omega$，求 i_D 和 u_D。

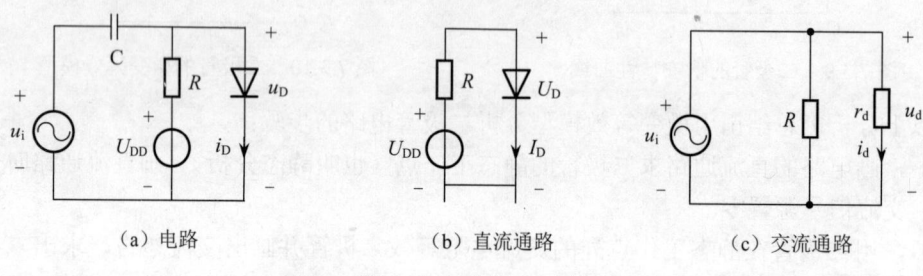

（a）电路　　　　（b）直流通路　　　　（c）交流通路

图 7.3.12　例 7.3.2 图

解：(1) 静态分析：作出直流通路，如图 7.3.12（b）所示，取 $U_Q = U_\mathrm{D} \approx 0.7\mathrm{V}$，有
$$I_\mathrm{D} = I_Q = (U_\mathrm{DD} - U_Q)/R = 3.3\ (\mathrm{mA})$$

(2) 动态分析：作出交流通路，如图 7.3.12（c）所示，动态电阻为
$$r_\mathrm{d} \approx U_\mathrm{T}/I_Q = 26/3.3 \approx 8\ (\Omega)$$
$$i_\mathrm{d} = \frac{u_\mathrm{d}}{r_\mathrm{d}} = \frac{u_\mathrm{i}}{r_\mathrm{d}} = \frac{5\sin\omega t}{8} \approx 0.625\sin\omega t\ (\mathrm{mA})$$

(3) 总电压、总电流：
$$u_\mathrm{D} = U_\mathrm{D} + u_\mathrm{d} = (0.7 + 0.005\sin\omega t)\mathrm{V}$$
$$i_\mathrm{D} = I_\mathrm{D} + i_\mathrm{d} = (3.3 + 0.625\sin\omega t)\mathrm{mA}$$

2. 三极管的线性化电路模型

如何把三极管线性化，用一个等效电路来代替，可从共发射极接法三极管的输入特性和输出特性两方面来分析讨论。

(1) 输入回路。设三极管的基极与发射极之间加交流小信号 Δu_BE，产生的基极电流为 Δi_B，经三极管放大后，输出集电极电流为 Δi_C。

当三极管输入回路仅有很小的输入信号时，Δi_B 只能在静态工作点附近做微量变化。双口网络如图 7.3.13（a）所示。三极管的输入特性曲线如图 7.3.13（b）所示，在 Q 点附近基本上是一条直线，此时三极管输入回路对于交流小信号而言可用一等效电阻代替。Δu_BE 和 Δi_B 成正比，其比值为一常数，用 r_be 表示。

$$r_\mathrm{be} = \frac{\Delta u_\mathrm{BE}}{\Delta i_\mathrm{B}}\bigg|_{u_\mathrm{CE}=\text{常数}} = \frac{u_\mathrm{be}}{i_\mathrm{b}}\bigg|_{u_\mathrm{ce}=0}$$

r_be 反映了三极管工作区间对微小信号的等效电阻，被称为三极管的**输入电阻**。需要注意的是，r_be 是对变化信号的电阻，是交流电阻。它的估算公式为

$$r_{be} = 300 + (1+\beta)\frac{26}{I_E} \qquad (7.3.2)$$

其中，I_E 为发射极静态电流，单位为 mA。r_{be} 由基极基体电阻和结电阻构成。

对于小功率三极管，当 $I_E=(1\sim 2)$mA 时，r_{be} 约为 1kΩ。

（2）输出回路。当三极管输入回路仅有微小的输入信号时，可以认为其输出特性曲线是一组互相平行且间距相等的水平线。所谓平行且间距相等，是指变化相同的数值时，输出特性曲线平移相等的距离，如图 7.3.13（c）所示。

在这种情况下，三极管的 β 值是一常数，集电极电流变化量 ΔI_C 与发射极电压 u_{ce} 基本无关，仅由 ΔI_B 大小决定。所以三极管输出回路相当于一个受控的恒流源。

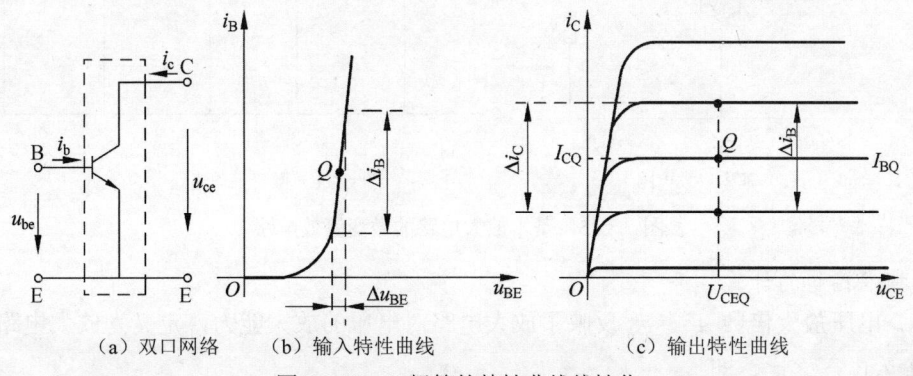

（a）双口网络　　（b）输入特性曲线　　（c）输出特性曲线

图 7.3.13　三极管的特性曲线线性化

将恒流源 βi_b 代入三极管的输出回路，就可以得到输出电路的微变等效电路，三极管整体等效电路如图 7.3.14 所示。

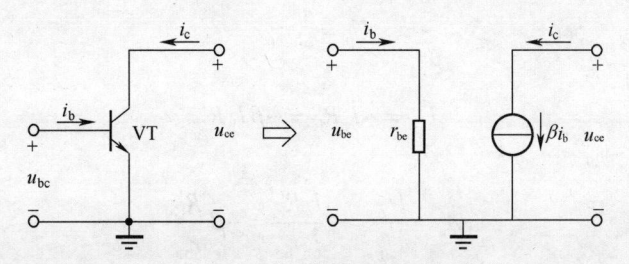

图 7.3.14　三极管整体等效电路

3. 放大电路的微变等效电路

用微变等效电路法分析放大电路时，需先画出放大电路的微变等效电路。画放大电路微变等效电路的步骤如下。

（1）画出放大电路的交流通路。熟练之后，这一步可跳过，直接画出微变等效电路。

耦合电容 C_1 和 C_2 的电容量比较大，故用短路线取代；直流电源内阻很小也可以忽略不计，对交流分量直流电源可视为短路。

（2）逐个检查电路中的每一个元件的作用和在其电路中的连接位置，并按上述原则处理耦合电容、发射极旁路电容和供电电源，即可画出放大电路的微变等效电路。例如，对于图 7.3.15（a）所示放大电路，三极管发射极接地；R_B 接在三极管基极和地之间；由于 U_{CC} 对交流信号相当于短路，而 R_C 接在三极管集电极与地之间，C_1、C_2 对交流信号相当于短路，故信号源直接接在三极管基极与地之间，而负载电阻 R_L 接在三极管集电极与地之间，与 R_C 并联，再画出放大电路的偏置电阻部分。完成后的电路如图 7.3.15（b）所示。

（3）最后，由图 7.3.15（b）所示微变等效电路可进行动态分析，计算图 7.3.15（a）所示基本放大电路的技术指标。

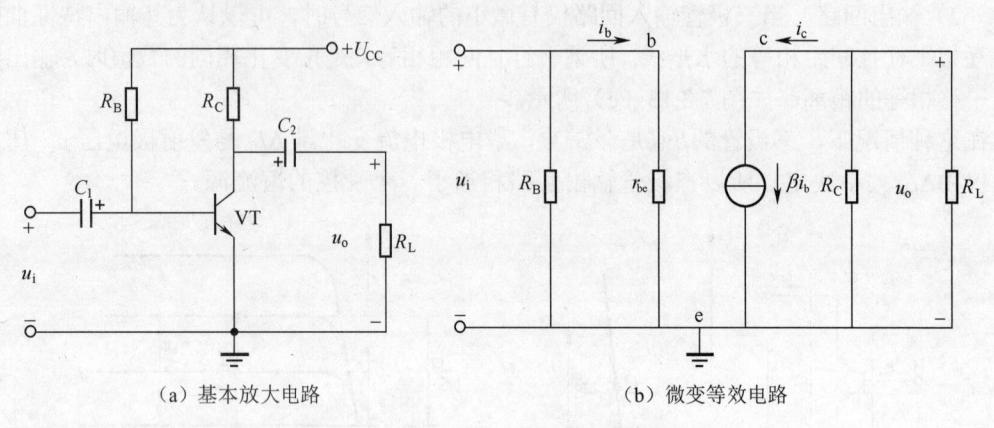

（a）基本放大电路　　　　　（b）微变等效电路

图 7.3.15　基本放大电路的微变等效电路

4. 技术指标的计算

（1）**电压放大倍数** $\dot{A}_u$。$\dot{A}_u$ 反映了放大电路对电压的放大能力，定义为放大电路的输出电压与输入电压之比，即

$$\dot{A}_u = \frac{\dot{U}_o}{\dot{U}_i}$$

由输入回路，有

$$\dot{U}_i = \dot{I}_b r_{be}$$

由输出回路，有

$$\dot{U}_o = -\dot{I}_c R'_L = -\beta \dot{I}_b R'_L$$

其中，$R'_L = R_C // R_L$，则

$$\dot{A}_u = \frac{\dot{U}_o}{\dot{U}_i} = -\frac{\dot{I}_c R'_L}{\dot{I}_b r_{be}} = -\beta \frac{R'_L}{r_{be}} \qquad (7.3.3)$$

电压放大倍数与交流等效负载电阻 R'_L 成正比，负载电阻 R_L 越大，则电压放大倍数越大，若负载是个喇叭，因其电阻很小，其输出电压很小，达不到放大电压的目的，需要在该负载前加功率放大器才能使它工作，这些知识将会在后续的功率放大电路里面作进一步的讲解。式中的负号表示输出电压与输入电压反相。

若不接负载电阻 R_L，则电压放大倍数为

$$\dot{A}_u = -\frac{\beta R_C}{r_{be}} \qquad (7.3.4)$$

（2）**输入电阻** R_i。R_i 是从放大电路的输入端看进去的交流等效电阻，它等于放大电路输入电压与输入电流的比值，即

$$R_i = \frac{\dot{U}_i}{\dot{I}_i}$$

R_i 反映的是放大电路对所接信号源（或前一级放大电路）的影响程度。从放大电路的输入端看，可将放大电路和负载 R_L 一起视为一个二端网络（图 7.3.16），该二端网络的输入端电阻即为放大电路的输入电阻。把一个内阻为 R_S 的信号源 u_S 加到放大电路的输入端时，测量二端网络的端电压和输入电流即可算出放大电路的输入电阻。对于图 7.3.15 所示电路，可求得其输入电阻为

$$R_i = \frac{\dot{U}_i}{\dot{I}_i} = R_B // r_{be}$$

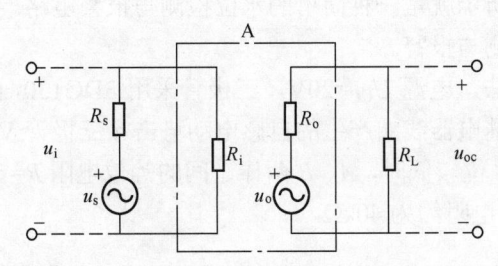

图 7.3.16 放大电路的输入电阻和输出电阻

（3）**输出电阻** R_o。在放大电路的输出端，将放大电路和信号源一起视为一个二端网络，放大电路的输出端和负载相连。如图 7.3.16 所示，对于负载（或后级放大电路）来说，向左看，放大电路可以看成是一个等效电阻为 R_o、等效电动势为 u_{oc} 的电压源。因此，按照戴维南定理有

$$R_o = \frac{\dot{U}}{\dot{I}} \bigg|_{\substack{\dot{U}_S = 0 \\ R_L = \infty}} \qquad (7.3.5)$$

由图 7.3.15 得放大电路的输出电阻，从它的微变等效电路看，当 $u_i=0$，$i_b=0$ 时，i_c 也为零。输出电阻是从放大电路的输出端看进去的一个电阻，故

$$R_o = R_C$$

R_o 是衡量放大电路带负载能力的一个性能指标。放大电路接上负载后，要向负载（后级）提供能量，所以，可将放大电路看作一个具有一定内阻的信号源，这个信号源的内阻就是放大电路的输出电阻。

需要注意的是，R_i 和 R_o 都是放大电路的交流动态电阻，它们是衡量放大电路性能的重要指标。一般情况下，要求输入电阻尽量大一些，以减小对信号源信号的衰减；输出电阻尽量小一些，以提高放大电路的带负载能力。

【例 7.3.3】在图 7.3.15（a）所示电路中，三极管 $\beta=50$，$r_{be}=1\text{k}\Omega$，$R_B=300\text{k}\Omega$，$R_C=3\text{k}\Omega$，$R_L=2\text{k}\Omega$，求：

（1）接入 R_L 前、后的电压放大倍数。
（2）放大电路的输入电阻、输出电阻。

解：（1）未接 R_L 时：

$$\dot{A}_u = -\beta \frac{R_C}{r_{be}} = -50 \times \frac{3}{1} = -150$$

接入 R_L 后有

$$\dot{A}_{u} = -\beta \frac{R'_L}{r_{be}} = -50 \times \frac{3 \times 2}{5} = -60$$

（2）$R_i \approx r_{be} \approx 1k\Omega$，$R_o = R_C = 3k\Omega$。

例题表明，接入负载 R_L 后，电压放大倍数下降。

7.3.4 基本放大电路应用实例——简单水位检测与报警电路

三极管放大电路不但在工业自动控制和检测装置中获得了广泛的应用，而且在日常生活中也经常用到。图 7.3.17 所示就是一种简单的水位检测与报警电路。利用三极管的放大原理，能够实现对水位的自动检测与报警。

电路采用共发射极接法，电源 $U_{CC}=20V$，三极管采用 3DG130，K 是高灵敏继电器，VD 为续流二极管，用来防止继电器线圈产生的自感电动势击穿三极管 VT；R 为等效的基极偏置电阻，它有两个数值，当水位较低时，A、B 两棒之间的等效电阻 $R=\infty$；当水位上升到最高位时，A、B 两棒之间的等效电阻约为 40kΩ。

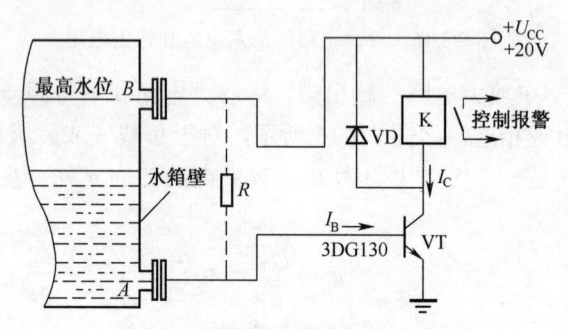

图 7.3.17 水位检测与报警电路

水满时，基极电流 I_B 被放大，集电极电流 $I_C = \beta I_B$，使继电器 K 动作，将其触点接通，驱动报警器进行报警。这种电路就是靠三极管的放大作用，把水箱中水的等效电阻所引起的微小基极电流变化，放大到足以使继电器动作所需的电流，从而实现以小控大、以弱控强，最终达到水位检测与报警的目的。如果没有三极管的电流放大作用，就不能利用水的等效电阻来进行报警。

三极管除能驱动继电器外，还能驱动发光二极管和蜂鸣器等，如图 7.3.18 所示。

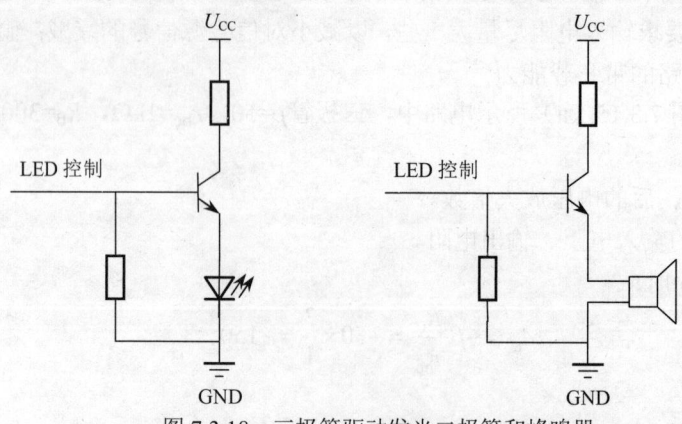

图 7.3.18 三极管驱动发光二极管和蜂鸣器

7.4 共集电极放大电路

共集电极放大电路如图 7.4.1（a）所示，对应的交流通路如图 7.4.1（b）所示。由交流通路可知，电路的交流信号公共端是集电极。由于输出信号 u_o 取自发射极，所以该电路又被称为**射极输出器**，它是功率放大电路的基础组成部分。

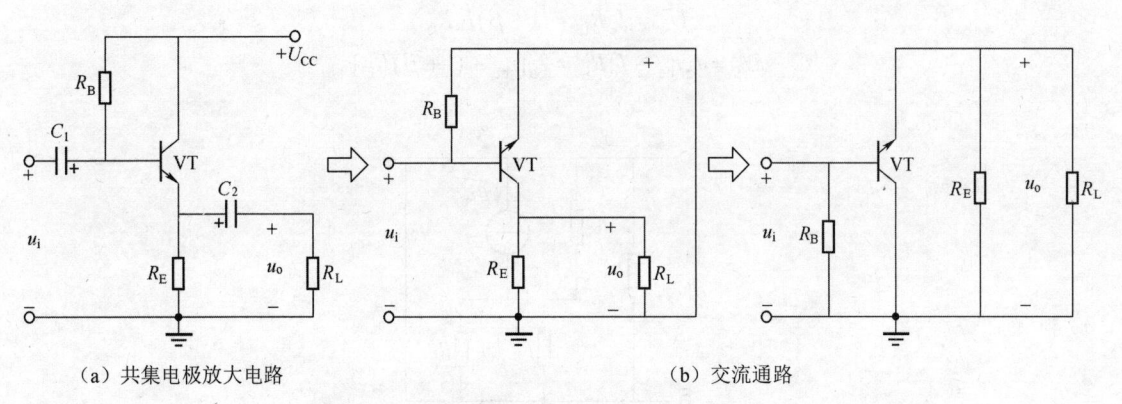

（a）共集电极放大电路　　　　　　　　　　（b）交流通路

图 7.4.1　共集电极放大电路及其对应的交流通路

7.4.1　共集电极放大电路的静态分析

典型共集电极放大电路的直流通路如图 7.4.2 所示。运用 KVL，由电路直接可得

$$U_{CC} \approx I_B R_B + U_{BE} + (1+\beta)I_B R_E$$

解得

$$I_B = \frac{U_{CC} - U_{BE}}{R_B + (1+\beta)R_E}$$

$$I_C \approx \beta I_B$$

$$U_{CE} = U_{CC} - I_E R_E$$

图 7.4.2　典型共集电极放大电路的直流通路

7.4.2　共集电极放大电路的动态分析

当输入信号 u_i 加入后，引起电流 i_b 变化，由于 $i_c = \beta i_b$，i_c 流过发射极电阻 R_E 时，引起发

射极电位 u_e 的变化，通过耦合电容 C_2，在负载电阻 R_L 上便得到输出电压 u_o。由于输出电压 u_o 取自发射极，而输入电压 u_i 加到基极，输出电压实际上是输入电压的一部分（$u_i = u_{be} + u_o \approx u_o$），所以该电路的电压放大倍数小于 1，近似等于 1。**共集电极放大电路没有电压放大的作用。** 图 7.4.3 所示为共集电极放大电路的微变等效电路。

1. 电压放大倍数 $\dot{A}_u$

由图 7.4.3 可得

$$\dot{U}_o = \dot{I}_e R'_L = (1+\beta)\dot{I}_b R'_L$$

$$\dot{U}_i = \dot{I}_b r_{be} + \dot{I}_e R'_L = \dot{I}_b [r_{be} + (1+\beta)R'_L]$$

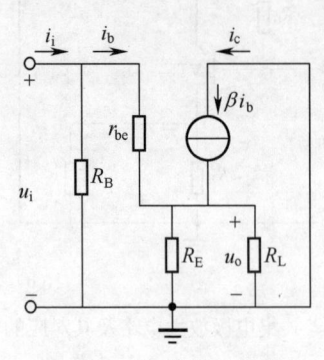

图 7.4.3 微变等效电路

故

$$\dot{A}_u = \frac{\dot{U}_o}{\dot{U}_i} = \frac{(1+\beta)R'_L}{r_{be} + (1+\beta)R'_L}$$

一般情况下，$(1+\beta)R'_L \gg r_{be}$，$r_{be} + (1+\beta)R'_L \approx (1+\beta)R'_L$，所以 $\dot{A}_u \approx 1$ 但略小于 1。当基极电压上升时，发射极电压也上升；当基极电压下降时，发射极电压也下降，即输出电压与输入电压的相位是相同的。

发射极电流是基极电流的 $\beta + 1$ 倍，故共集电极放大电路的电流放大倍数很大。

2. 输入电阻 R_i

由图 7.4.3 可得

$$R'_i = \frac{\dot{U}_i}{\dot{I}_b} = \frac{\dot{I}_b r_{be} + (1+\beta)\dot{I}_b R'_L}{\dot{I}_b} = r_{be} + (1+\beta)R'_L$$

$$R_i = R_B // R'_i = R_B // [r_{be} + (1+\beta)R'_L]$$

可以看出，共集电极放大电路的输入电阻比较大，一般比共发射极放大电路的输入电阻大几十倍至几百倍。

3. 输出电阻 R_o

按输出电阻的计算方法，$R_o = \dfrac{\dot{U}}{\dot{I}}\bigg|_{\substack{\dot{U}_S=0 \\ R_L=\infty}}$，这里省略较复杂的推导过程，直接得出

$$R_o \approx \frac{r_{be} + R'_S}{1+\beta}$$

其中，$R_S' = R_S // R_B$，通常 r_{be} 为 1kΩ，R_S' 为几十欧姆，而 $1+\beta$ 为 100 左右，所以射极输出器的输出电阻较小，一般为几十欧姆。

与共射极放大电路相比，共集电极放大电路的输出电阻较小，只有几十欧至几百欧，而输入电阻较大，一般为几十欧至几百千欧。

综上所述，共集电极放大电路具有下列特点：电压放大倍数小于 1 但非常接近于 1，输入电阻高，输出电阻小；虽然其没有电压放大作用，但**仍有电流和功率放大作用**。因为这些特点，共集电极放大电路在电子电路中应用十分广泛，现分别说明如下。

（1）作为多级放大电路的输入级。采用输入电阻大的共集电极放大电路作为多级放大电路的输入级，可使输入多极放大电路的信号电压基本上等于信号源电压。例如，在许多测量电压的电子仪器中，就是采用共集电极放大电路作为输入级，使输入仪器的电压基本上等于被测电压。

（2）作为多级放大电路的输出级。采用输出电阻小的共集电极放大电路作为多极放大电路的输出级，可获得稳定的输出电压。

（3）作为多级放大电路的缓冲级。将共集电极放大电路接在两级放大电路之间，利用其输入电阻大、输出电阻小的特点，可作阻抗变换用，在两级放大电路中间起缓冲作用。

7.5 多级放大电路

在一般情况下，放大器的输入信号都很微弱，一般为毫伏或微伏级，输入功率常在 1mW 以下。单级放大电路的放大倍数是有限的，当单级放大电路不能满足要求时，就需要把若干单级放大电路串联连接，组成**多级放大电路**。一个多级放大电路一般可分为输入级、中间级、输出级 3 部分，图 7.5.1 所示为多级放大电路的组成框图。第一级与信号源相连，被称为输入级，常采用有较高输入电阻的共集电极放大电路或共发射极放大电路，最后一级与负载相连，被称为输出级，常采用大信号放大电路——功率放大电路（见 7.8 节），其余为中间级，常由若干级共发射极放大电路组成，以获得较大的电压放大倍数。

图 7.5.1 多级放大电路的组成框图

7.5.1 多级放大电路的组成特点

在多级放大电路中，每两个单级放大电路之间的连接方式被称为**耦合**。耦合方式有**直接耦合**、**阻容耦合**和**变压器耦合** 3 种，如图 7.5.2 所示。前两种只能放大交流信号，后一种既能放大交流信号又能放大直流信号。

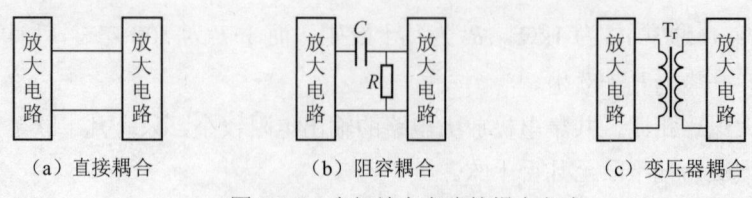

(a) 直接耦合　　(b) 阻容耦合　　(c) 变压器耦合

图 7.5.2　多级放大电路的耦合方式

多级放大电路的各单元电路，除对信号逐级进行放大之外，还具有与信号源配合、驱动实际负载等任务。

直接耦合最为简单，但却存在放大器静态工作点随温度变化的问题，即零点漂移问题。零点漂移问题可以用差动放大器等方法加以解决。

直接耦合方式与后两种方式不同，它既可以用于交流放大电路，也可以用于直流放大电路。又因为不需要耦合电容和变压器，所以直接耦合方式被广泛应用于集成电路中。

阻容耦合具有电路简单的特点，而且由于电容具有隔直通交的功能，所以阻容耦合方式适用于交流放大电路。

变压器耦合与阻容耦合类似，也适用于交流放大电路。但它可以利用变压器的阻抗变换作用。由于变压器耦合在放大电路中的应用已经逐渐减少，所以本节只讨论另外两种耦合方式。

此外，还有一种**光电耦合**方式，前级与后级之间的耦合元件是光电耦合器，光电耦合器是把发光器件和光敏器件组装在一起，通过光线实现耦合的电—光—电转换器件。将电信号送入发光器件时，发光器件将电信号转换成光信号，光信号被光接收器接收，并被还原成电信号，如图 7.5.3 所示。光电耦合器用发光二极管发射。

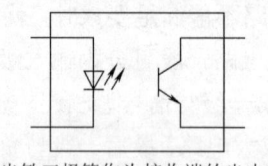

(a) 光敏三极管作为接收端的光电耦合器　　(b) 光敏二极管作为接收端的光电耦合器

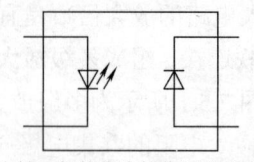

图 7.5.3　光电耦合器

由于光电耦合方式通过电—光—电的转换来实现级间的耦合，所以其优点包括：各级的直流工作点相互独立；可以提高电路的抗干扰能力。

7.5.2　多级放大电路的技术指标计算

多级放大电路一般采用微变等效电路法分析，其分析方法与单级放大电路基本相同。

将多级放大电路整体作为微变信号模型分析，因电路复杂，并且各级放大电路之间的关系也不清楚，所以一般不予以采用。通常采用的方法是在考虑级间影响的情况下，将多级放大电路分成若干个单级放大电路分别研究，然后将结果加以综合，以得到多级放大电路总的特性，即把复杂的多级放大电路的分析归结为若干个单级放大电路的分析。

前面几节讨论了各种类型的单级放大电路，所得结论可直接用于多级放大电路的分析。剩下的问题就是如何处理前后级之间的影响。

在多级放大电路中，前级输出信号经耦合电容加到后级输入端作为后级的输入信号，所以，可将后级输入电阻视为前级的负载，前级按接负载的情况分析，即在前级的分析中考虑前后级之间的影响。

1. 电压放大倍数 $\dot{A}_u$

对于多级放大电路，总的电压放大倍数 $\dot{A}_u$ 可以表示为各级单元电路的电压放大倍数 $\dot{A}_{ui}$ 的乘积，即

$$\dot{A}_u = \dot{A}_{u1}\dot{A}_{u2}\cdots\dot{A}_{uN} \tag{7.5.1}$$

例如，对于图 7.5.4 所示两级放大电路，总的电压放大倍数 $\dot{A}_u = \dot{A}_{u1}\dot{A}_{u2}$，其中

$$\dot{A}_u = \frac{\dot{U}_o}{\dot{U}_i} = \frac{\dot{U}_{o2}}{\dot{U}_{i2}}\frac{\dot{U}_{o1}}{\dot{U}_{i1}} = \dot{A}_{u2}\dot{A}_{u1}$$

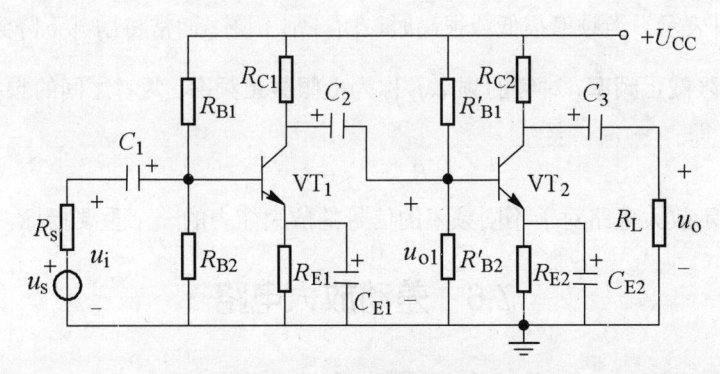

图 7.5.4 典型两级放大电路

在应用公式计算多级放大电路的总电压放大倍数时，各单元电路的电压放大倍数 $\dot{A}_{ui}$ 是带负载时的数值。前一级的负载电阻要包括后一级的输入电阻。

放大电路的电压放大倍数也可以用分贝（单位为 dB）来表示，定义为

$$\dot{A}_u \triangleq 20\log\left(\frac{\dot{U}_o}{\dot{U}_i}\right) \text{（dB）}$$

用分贝表示的电压放大倍数，也称作增益。所以 N 级放大电路的总电压增益为

$$\dot{A}_u = \dot{A}_{u1} + \dot{A}_{u2} + \cdots + \dot{A}_{uN}$$

2. 输入电阻 R_i

多级放大电路，总的输入电阻 R_i 为第一级（输入级、前置级）的输入电阻 R_{i1}。

3. 输出电阻 R_o

多级放大电路，总的输出电阻 R_o 为最后一级（输出级、末级）的输出电阻 R_{oN}。

7.5.3 放大电路的通频带

通常放大电路的输入信号不是单一频率的正弦波，而是包括各种不同频率的正弦分量，输入信号所包含的正弦分量的频率范围被称为输入信号的频带。由于放大电路中有电容存在，三极管 PN 结也存在结电容，电容的容抗随频率变化，所以，实际上放大电路的输出电压也随频率的变化而变化。对于低频段的信号，串联电容的分压作用不可忽视；对于高频段的信号，并联电容的分流作用不可忽视，多级放大电路这个问题更为突出。因此，同一放大电路对不同频率的输入信号的电压放大倍数不同，电压放大倍数与频率的关系被称为放大电路的幅频特性。实验求得放大电路的幅频特性如图 7.5.5 所示。

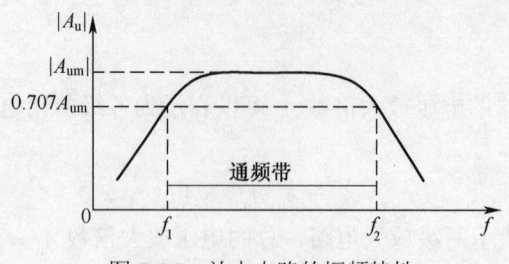

图 7.5.5 放大电路的幅频特性

从图 7.5.5 中可以看出，在中频段的电压放大倍数最大，且几乎与频率无关，能够用正常的放大倍数 $|A_{um}|$ 表示。当频率很低或很高时，$|A_u|$ 都下降。通常将 $|A_u|$ 下降到 $\frac{|A_{um}|}{\sqrt{2}}$ 时所对应的频率 f_1 称为**下限截止频率**，对应的频率 f_2 称为**上限截止频率**。两者之间的频率范围 $f_2 - f_1$ 被称为通频带 B_w，即

$$B_w = f_2 - f_1$$

通频带是表示放大电路对于不同频率的信号的放大能力的一个重要指标。

7.6 差动放大电路

7.6.1 直接耦合放大电路及其零点漂移问题

若采用阻容耦合或变压器耦合放大电路，一些变化缓慢的低频信号并不能被传输到放大级。因为在阻容耦合电路中，电容对这些信号呈现的阻抗较大，无法传输到下一级。而在变压器耦合电路中，信号将被变压器原边线圈的低阻所短路，也无法耦合到副边去。因此，这类信号的放大，只能用**直接耦合放大电路**。

由实验可知，对于两级以上的直接耦合放大电路，即使在输入端输入信号为零时，输出端也会出现大小变化的电压，如图 7.6.1 所示。这种现象称作**零点漂移**，简称**零漂**。级数越多，放大倍数越大，零漂现象越严重。与阻容耦合放大电路相比，直接耦合放大电路突出的问题就是零点漂移问题。

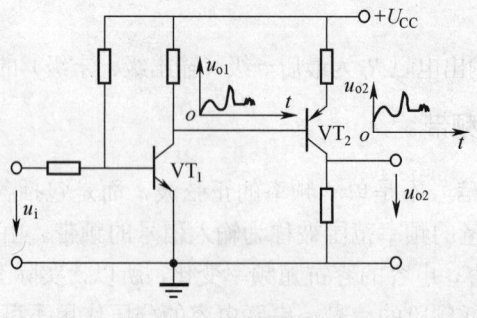

图 7.6.1 零点漂移现象

严重的零点漂移将使放大电路不能工作。以图 7.6.1 所示电路为例，当输入端短路时，观察其输出电压，出现了 0.5V 的漂移。

假设上述放大电路的总放大倍数为 300，若这个放大电路的输入电压为 2mV，则应有 $U_o=2\times10^{-3}\times300=0.6V$ 的输出。但是，由于零漂的存在，输出端实际输出可达 1.1V 或 0.1V，而不是 0.6V。结果是信号电压几乎被漂移电压淹没了。

引起零漂的原因很多，如电源电压波动、温度变化等，其中以温度变化的影响最为严重。当环境温度发生变化时，三极管的 β、I_{CBO}、U_{BE} 随温度而变。这些参数变化造成的影响，相当于在输入端加入一种信号，使输出电压发生变化。

在阻容耦合放大电路中，由于电容隔直，各级的零漂被限制在本级内，所以影响较小。而在直接耦合电路中，前一级的零漂电压将直接传递到下一级，并逐级放大，所以第一级的零漂影响最为严重。抑制零漂，应着重在第一级解决。

减小零漂最常用的一种方法，是利用两只特性相同的三极管，接成**差动放大电路**。这种电路在模拟集成电路中作为基本单元而被广泛采用。

7.6.2 典型差动放大电路

差动放大电路又称**差分放大电路**，它能比较理想地抑制零点漂移，常用于要求较高的直流放大电路中。差动放大电路还是当今模拟集成电路的主要单元结构。

1. 差放电路组成和抑制零漂原理

图 7.6.2 所示电路为典型的差动放大电路。两侧的三极管电路完全对称，即 $R_{C1}=R_{C2}$，$R_{B1}=R_{B2}$，三极管 VT_1 和 VT_2 的参数相同，两管的发射极相连并接有公共的发射极电阻 R_E，由两组电源 $+U_{CC}$ 和 $-U_{EE}$ 供电。差动放大电路的对称性越高，电路的抗零点漂移能力就越好。

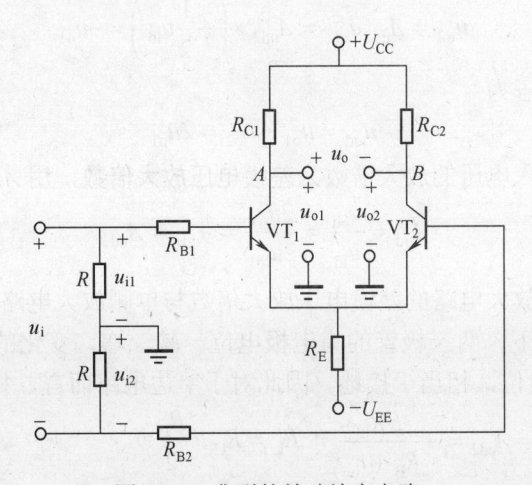

图 7.6.2 典型的差动放大电路

采用正负双电源给差动放大电路提供工作电源，是为了让电路中的电位可以在正负两个方向上变化，这样为应用提供了许多方便。

由于三极管 VT_1 和三极管 VT_2 的参数完全相同且电路对称，所以在静态时，$U_i=0$，三极管集电极电压 $U_{C1}=U_{C2}$，$U_o=U_{C1}-U_{C2}=0$，实现了零输入对应零输出的要求。

如果温度升高，因两三极管完全对称，I_{C1} 和 I_{C2} 同时增大，U_{C1} 与 U_{C2} 同时下降，且两管集电极电压变化量相等，所以 $\Delta U_o=\Delta U_{C1}-\Delta U_{C2}=0$，输出电压仍然为零。这就说明，零点漂移因为电路对称而抵消了。这就是差动放大电路抑制零点漂移的原理。

2. 差模信号和差模放大倍数

若输入信号 u_i（待放大的有用信号）正负极直接加在差动放大电路的两输入端，如图 7.6.2 所示，则该信号作用与两个对地幅度相同、相位相反的电压 $u_{i1}\left(u_{i1}=\frac{1}{2}u_i\right)$、$u_{i2}\left(u_{i2}=-\frac{1}{2}u_i\right)$ 分别加到两只三极管基极所起的作用相同。这种两端直接加在差动放大电路两输入端的电压信号叫**差模信号**，用 u_{id} 表示。因此差动输入信号的电路分析，可以用 u_{i1}、u_{i2} 作用于两三极管基极来进行分析。

由图看出：

$$u_{id}=u_{i1}-u_{i2}$$

$$u_{i1}=-u_{i2}=\frac{1}{2}u_{id}$$

$$u_{id}=2u_{i1}=-2u_{i2}$$

在差模信号的作用下，一只三极管内电流上升，另一只三极管内电流下降，两三极管的集电极电位一减一增，变化的方向相反，变化的大小相同，于是输出端将有电压输出。

差动放大电路对差模信号的放大能力可用以下方法分析。

设差动放大电路单侧的放大倍数分别为 A_{ud1} 和 A_{ud2}，因两边放大电路对称，故 $A_{ud1}=A_{ud2}$。在差模信号的作用下：

$$u_{o1}=A_{ud1}u_{id1}=A_{ud1}\times\frac{1}{2}u_{id}$$

$$u_{o2}=A_{ud2}u_{id2}=A_{ud2}\times\left(-\frac{1}{2}u_{id}\right)=-u_{o1}$$

那么放大电路的输出电压为

$$u_{od}=u_{o1}-u_{o2}=2u_{o1}$$

放大电路对差模输入电压的放大倍数为**差模电压放大倍数**，用 A_{ud} 表示，则

$$A_{ud}=\frac{u_{od}}{u_{id}}=\frac{2u_{o1}}{2u_{id1}}=A_{ud1}=A_{ud2}$$

可见，对称式差动放大电路的差模电压放大倍数与单侧放大电路的电压放大倍数相同。

在差模信号的作用下，两三极管的集电极电位一减一增，变化的方向相反，大小相同，故 R_L 的中点始终为零电位，相当于接地。因此对单边电路而言，相当于每只三极管带一半负载电阻，则 $A_{ud}=A_{ud1}=A_{ud2}=-\dfrac{\beta R'_L}{R_B+r_{be}}$ （$R'_L=R_C//\dfrac{R_L}{2}$）。

上式说明差动放大电路的电压放大倍数和单管放大电路的放大倍数基本相同。**差动放大电路的特点实际上是多用一个放大管电路来换取了对零漂的抑制。**

R_E 对放大倍数没有影响。这是因为流过发射极电阻 R_E 的交流电流由两个大小相等、方向相反的交流电流 i_{e1} 和 i_{e2} 组成。在电路完全对称的情况下，这两个交流电流之和在 R_E 两端产生的交流压降 u_{RE} 为零。对交流而言，R_E 相当于短路。

3. 共模信号和共模抑制比 K_{CMR}

在差动放大电路中，给两输入端同时加一对对地大小相等、极性（或相位）相同的电压信号，这种信号叫**共模信号**，用 u_{ic} 表示，即

$$u_{i1} = u_{i2} = u_{ic}$$

零漂信号同时影响到两只三极管，因此可以看作是一种共模信号。共模信号是无用的干扰或噪声信号。

差动放大电路由于电路对称，当输入共模信号时，$u_{ic1} = u_{ic2}$，三极管 VT_1 和 VT_2 各电量同时等量变化，输出端 $u_{oc1} = u_{oc2}$，所以共模输出 $u_{oc} = u_{oc1} - u_{oc2} = 0$，表明差动放大电路对共模信号无放大能力，这反映了差动放大电路抑制共模信号的能力。

为了表示一个电路放大有用的差模信号和抑制无用的共模信号的能力，引用了一个叫作共模抑制比的指标 K_{CMR}，它被定义为

$$K_{CMR} = \left|\frac{A_{ud}}{A_{uc}}\right| \quad 或 \quad K_{CMR} = 20\lg\left|\frac{A_{ud}}{A_{uc}}\right| \quad (dB)$$

其中，A_{ud} 为差模信号放大倍数；A_{uc} 为共模信号放大倍数；K_{CMR} 为共模抑制比，对于实际的差动放大电路，K_{CMR} 越好；对于理想的差动放大电路，K_{CMR} 为无穷大。

4. 比较输入

如果输入差动放大电路的信号是两个大小不等的信号，即 $u_{i1} \neq u_{i2}$，这时，可将这两个值等效为共模信号和差模信号的组合，即

$$u_{i1} = u_{ic} + \frac{u_{id}}{2}$$

$$u_{i2} = u_{ic} + \left(-\frac{u_{id}}{2}\right)$$

其中，u_{ic} 为共模信号；u_{id} 为差模信号。它们分别为

$$u_{ic} = \frac{1}{2}(u_{i1} + u_{i2}) \tag{7.6.1}$$

$$\frac{u_{id}}{2} = \frac{1}{2}(u_{i1} - u_{i2}) \tag{7.6.2}$$

输出电压为：

$$u_{o1} = A_{uc}u_{ic} + A_{ud} \times \left(\frac{u_{id}}{2}\right)$$

$$u_{o2} = A_{uc}u_{ic} + A_{ud} \times \left(-\frac{u_{id}}{2}\right)$$

$$u_o = u_{o1} - u_{o2} = A_{ud}u_{id} = A_{ud}(u_{i1} - u_{i2}) \tag{7.6.3}$$

上式表明，比较输入时输出电压的大小仅与输入电压的差值有关，而与信号本身的大小无关，这就是差动放大电路的差值特性。

5. 差动放大电路的输入输出方式

差动放大电路有 4 种输入输出方式，上面讲的是典型的双端输入双端输出方式，下面简单介绍其他方式。

（1）**单端输出**。差动放大电路也可以单端输出，即分别从 u_{o1} 或 u_{o2} 端输出。

单端输出式差动放大电路中非输出管的输出电压未被利用，输出减小了一半，所以差模放大倍数亦减小为约双端输出时的二分之一。此外，由于两个单管放大电路的输出漂移不能互相抵消，所以零漂比双端输出时大一些。但由于 RE 有负反馈作用，对共模信号有强烈抑

制作用，所以其输出零漂还是比普通的单管放大电路小得多，单端输出时仍常常采用差动放大电路。

（2）**单端输入**。单端输入式差动放大电路的输入信号只加到放大电路的一个输入端，另一个输入端接地，可以看成是双端输入的一种特例。

此时由于发射极电阻 R_E 的耦合作用，两个单管放大电路实际上都得到了输入信号的一半，但极性相反，即差模信号。所以，单端输入属于差模输入。

对差动放大电路来说，输出和输入的连接形式比较灵活，有单端输入单端输出、单端输入双端输出、双端输入单端输出、双端输入双端输出等 4 种形式。可根据实际应用进行选择。

当 u_{i2} 为 0 时，若输出与输入 u_{i1} 同相位，称 u_{i1} 对应的输入端为**同相输入端**；当 u_{i1} 为 0 时，若输出与输入 u_{i2} 反相位，则称 u_{i2} 对应的输入端为**反相输入端**。

7.7 功率放大电路

电子设备中，常要求放大电路的输出级带动某些负载工作。例如，使仪表指针偏转，使扬声器发声，驱动自动控制系统中的执行机构等，因而要求放大电路有足够大的输出功率。这种放大电路统称为**功率放大电路**。功率放大电路主要用于输出较大的功率，它要求不管使用什么负载，都能得到比较大的电压。

7.7.1 功率放大电路的特点和分类

1. 功率放大电路的特点

（1）在电子元件参数允许的范围内，功率放大电路的输出电压和输出电流都要能够提供足够大的变化量，以便提供足够的**输出功率**。之前所学的放大电路也可以说是功率放大电路的一种，但最终的功率都会因为负载电阻过小等原因造成功率放大不够甚至缩小。

（2）具有较高的**效率**。将电路输出功率与直流电源提供的功率之比定义为**效率**。放大电路输出给负载的功率是由直流电源提供的。在输出功率较大的情况下，需要放大电路消耗在电路内部的电能较小，以减小内部能量的损耗。

（3）尽量减少**非线性失真**。功率放大电路的工作点变化范围大，输出波形的非线性失真比较严重。因此，应该适当增加偏置电路，减少非线性失真。

2. 功率放大电路的分类

（1）按三极管的工作状态分类。功率放大电路按三极管的工作状态可分为**甲类**、**乙类**和**甲乙类** 3 种类型。如图 7.7.1 所示，甲类功率放大电路在输入信号的**整个周期**内都有集电极电流通过三极管，静态工作点在中央，其特点是失真小，但效率低（理想情况下为 50%）、耗电多，放大电路电压最大仅为 $1/2U_{CC}$。乙类功率放大电路，静态工作点靠近截止区，仅在输入信号**半个周期**内有集电极电流通过三极管，其特点是输出功率大、效率高（理想情况下可达 78.5%），但失真较大。甲乙类功率放大电路加有一定的直流偏置，静态工作点在靠近截止区略高处，每只三极管导通时间大于半个周期，但又不足一个周期，截止时间小于半个周期，两只三极管**推挽工作**，可以避免非线性失真。

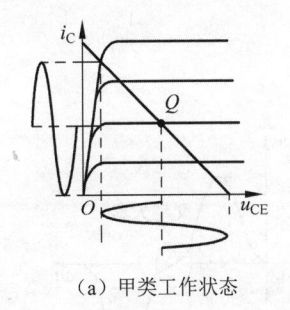

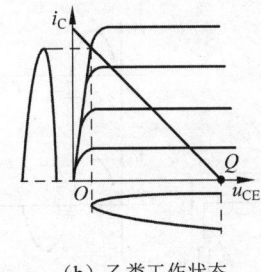

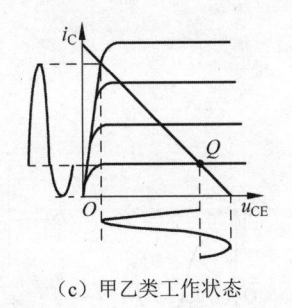

(a) 甲类工作状态　　(b) 乙类工作状态　　(c) 甲乙类工作状态

图 7.7.1　功率放大电路中三极管的 3 种工作状态

（2）按电路形式分类。功率放大电路按电路形式来分，主要有单管功率放大电路、互补推挽功率放大电路和变压器耦合功率放大电路。互补推挽功率放大电路由共集电极放大电路发展而来，体积小、质量小、成本低，便于集成，因而被广泛使用。变压器耦合功率放大电路利用输出变压器可实现阻抗匹配，以获得最大的输出功率，但体积大、成本高，不能集成化，因而现在很少使用。

7.7.2　OCL 互补对称式功率放大电路

1. 电路和工作原理

无输出电容（Output Capacitor Less，OCL）互补对称式功率放大电路，简称 OCL 电路，其原理电路及波形如图 7.7.2（a）所示。

电路中有两只三极管，VT_1 为 NPN 型，VT_2 为 PNP 型，它们材料和特性参数相同，特性对称。电路由 $+U_{CC}$ 和 $-U_{CC}$ 两个对称直流电源供电。其结构上是将一个由 NPN 型三极管组成的共集电极放大电路和一个由 PNP 型三极管组成的共集电极放大电路合并在一起，共用负载电阻和输入端。下面分析电路工作原理。

静态时：由于两只三极管特性对称，供电电源对称，其发射极电位 $U_E=0$，VT_1、VT_2 均截止，电路中无功率损耗。

动态时：忽略发射结死区电压，在 u_i 的正半周内，VT_1 发射结加上正向电压导通，VT_2 加上反向电压截止。VT_1 以共集电极放大电路的形式将正方向的信号变化传递给负载。电流由 $+U_{CC}$ 经 VT_1 和负载 R_L 到地，电流方向如图 7.7.2（a）中实线箭头所示。最大输出电压幅度受 VT_1 饱和的限制，约为 $+U_{CC}$。

在负半周，VT_2 发射结加上正向电压导通，VT_1 截止。VT_2 以共集电极放大电路的形式将负方向的信号变化传递给负载。电流方向如图 7.7.2（a）中虚线箭头所示。最大输出电压幅度受 VT_2 饱和的限制，约为 $-U_{CC}$。

综上所述，两只三极管的静态电流均为零。这种只在信号半个周期内导通的工作状态被称为**乙类**工作状态。

在图 7.7.2 所示电路中，尽管两只三极管都只在半个周期内导通（工作在乙类状态），但它们交替工作，使负载得到完整的信号波形。这种形式被称为"**互补**"。

图 7.7.2 所示电路的特点是电路简单，效率高，低频响应好，易集成化；缺点是电路输出的波形在信号过零的附近产生失真，如图 7.7.2（b）所示。由于三极管输入特性存在死区，故在输入信号的电压低于导通电压期间，VT_1 和 VT_2 都截止，输出电压为零，出现了两只三极管交替波形衔接不好的现象，故出现了图 7.7.2（b）所示的失真，这种失真被称为"**交越失真**"。

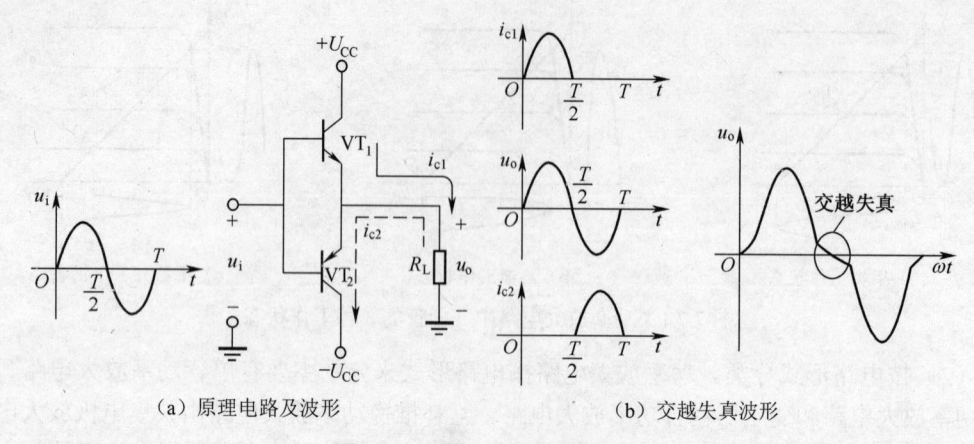

(a) 原理电路及波形　　　　　　　(b) 交越失真波形

图 7.7.2　OCL 电路及工作波形

2. 输出功率和效率

在 OCL 电路中，每只三极管集电极静态电流为零，因而该电路效率高。

（1）**输出功率** P_o。P_o 等于负载 R_L 上的电压有效值 U_o 与电流有效值 I_o 的乘积。设 U_{om} 为输出电压幅值，I_{om} 为输出电流幅值，则输出功率的一般表达式为

$$P_o = U_o I_o = \frac{U_{om}}{\sqrt{2}} \cdot \frac{U_{om}}{\sqrt{2} R_L} = \frac{U_{om}^2}{2 R_L} \qquad (7.7.1)$$

其中，$R_L = \dfrac{U_{om}}{I_{om}}$。当输入正弦信号时，每只三极管只在半周期内工作，忽略交越失真，显然，三极管处于饱和状态时 u_{CE} 最小，$u_{CE} = U_{CES}$。这时负载 R_L 上的电压幅值 U_{om} 达到最大，为

$$U_{omax} = U_{CC} - U_{CES}$$

最大输出功率 P_{om} 为

$$P_{om} = U_o I_o = \frac{U_{omax}}{\sqrt{2}} \cdot \frac{U_{omax}}{\sqrt{2} R_L} = \frac{U_{omax}^2}{2 R_L} = \frac{(U_{CC} - U_{CES})^2}{2 R_L} \approx \frac{U_{CC}^2}{2 R_L}$$

（2）**效率**。直流电源送入电路的功率，一部分转化为输出功率，另一部分则损耗在三极管中。OCL 电路的效率为

$$\eta = \frac{P_o}{P_E}$$

其中，P_o 为电路输出功率；P_E 为直流电源提供的功率，P_E 计算较复杂，这里不作详细推导。OCL 电路最高效率为

$$\eta_m = \frac{P_{om}}{P_E} = \frac{\dfrac{1}{2} \cdot \dfrac{U_{CC}^2}{R_2}}{\dfrac{2}{\pi} \cdot \dfrac{U_{CC}}{R_L}} = \frac{\pi}{4} \approx 78.5\% \qquad (7.7.2)$$

这是 OCL 电路在理想情况下（$U_{CES}=0$，$U_{omax} \approx U_{CC}$）的最高效率。

【**例 7.7.1**】已知电路如图 7.7.3 所示，VT_1 和 VT_2 的饱和压降 $|U_{CES}|=3V$，$U_{CC}=15V$，$R_L=8\Omega$。

（1）电路中 VD_1 和 VD_2 管的作用是什么？

（2）求最大输出功率 P_{om}。

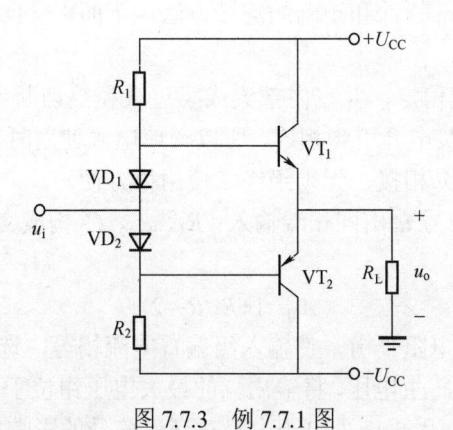

图 7.7.3　例 7.7.1 图

解：（1）减少交越失真。

（2）$P_{om} = U_o I_o = \dfrac{U_{omax}}{\sqrt{2}} \dfrac{U_{omax}}{\sqrt{2}R_L} = \dfrac{U_{omax}^2}{2R_L} = \dfrac{(15-3)^2}{2\times 8} \approx \dfrac{U_{CC}^2}{2R_L}$。

7.7.3　甲乙类互补对称功率放大电路

为了消除乙类互补对称电路的交越失真，通常给两只三极管的发射结设置一个略大于死区电压的正向偏压，使两只三极管在静态时处于微导通。图 7.7.4 所示的电路就是利用二极管 VD_1、VD_2 的直流导通压降作为三极管 VT_2、VT_3 的基极偏压来克服交越失真，这种工作方式为**甲乙类放大**。由 VT_1 组成前置放大级，给输出功放级提供足够大的驱动电压电流。

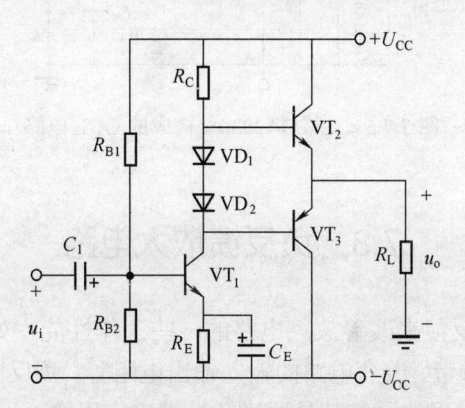

图 7.7.4　甲乙类互补对称功率放大电路

甲乙类互补对称功率放大电路技术指标的计算方法和乙类互补对称功率放大电路的相同。

7.7.4　集成功率放大器

集成电路是利用三极管常用的硅平面工艺技术，把组成电路的电阻、电容、二极管、三极管及连接导线同时制造在一小块硅片上。**集成功率放大器**是一种单片集成电路，即把大部分电路及包括功放管在内的元器件集成制作在一块芯片上。为了保证器件在大功率状态下安全、可靠地工作，通常设有过流、过压以及过热保护电路等。

目前集成功率放大器的型号很多，它们都具有外接元件少、工作稳定、易于安装和调试等优点。我们只需了解其外部特性和正确的连接方法，下面以 TDA2030A 音频集成功率放大器为例进行介绍。

TDA2030A 的电气性能稳定，并在内部集成了过载和热切断保护电路，能适应长时间连续工作，由于其金属外壳与负电源引脚相连，所以在单电源使用时，金属外壳可直接固定在散热片上并与地线（金属机箱）相接，无须绝缘，使用很方便。

如图 7.7.5 所示，输入信号 u_i 由同相端输入，R_1、R_2、C_2 构成交流电压串联负反馈，因此，估算闭环电压放大倍数为

$$A_{uf}=1+R_1/R_2=2$$

为了保持两输入端直流电阻平衡，使输入级偏置电流相等，选择 $R_3=R_1$。VD_1、VD_2 起保护作用，用来泄放 R_L 产生的感生电压，将输出端的最大电压钳位于（U_{CC}+0.7V）和（U_{CC}-0.7V）上。C_3、C_4 为"**去耦电容**"，用于减少电源内阻对交流信号的影响。C_1、C_2 为耦合电容。

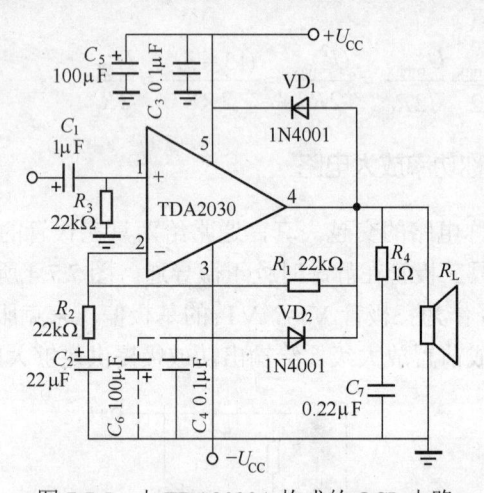

图 7.7.5 由 TDA2030A 构成的 OCL 电路

7.8 负反馈放大电路

在放大电路中常用负反馈来改善放大电路的一些工作性能，如提高放大电路的稳定性、减小非线性失真、扩展通频带、改变电路的输入输出电阻等。负反馈在电子电路中的应用十分广泛，基本上具自动调节作用的系统都是通过负反馈来实现的。

7.8.1 负反馈的基本概念

在电路中把输出量（电流或电压）的一部分或全部送回输入端，使放大电路的输入信号改变并因此影响放大电路某些性能的过程叫作**反馈**。此时放大电路的输入信号，既包含来自信号源的输入信号又包括反馈信号输入，也叫**净输入信号**。

判断一个电路中是否存在反馈，要分析电路的输出回路与输入回路之间是否有起联系作用的**反馈元件**或网络。图 7.8.1 所示电路中的 R_1、R_2 就是反馈元件，因为它能将输出回路的量

（输出电压）送回到输入回路，从而保持输出电压的稳定。

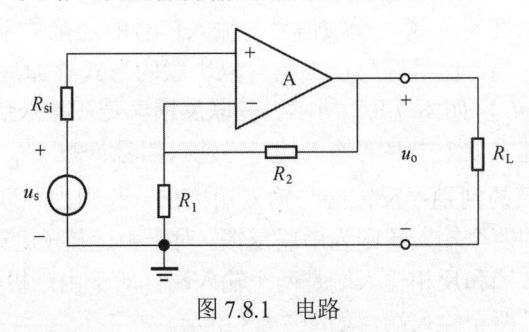

图 7.8.1 电路

7.8.2 负反馈的分类和判断

按照基本放大电路、反馈网络、信号源和负载之间的相互连接关系，根据输出取样的不同及输入比较方式的不同，负反馈可以构成 4 种基本组态，即**电压串联负反馈**、**电压并联负反馈**、**电流串联负反馈和电流并联负反馈**。

1. 反馈极性

若引入的反馈会削弱放大器的净输入信号或输出，则这样的反馈为**负反馈**，即引入负反馈后基本放大器的净输入信号小于信号源所提供的信号。

若反馈的效果与上述相反，则反馈为**正反馈**。正反馈一般会造成放大电路的性能变坏，但却可以用于各种振荡电路中。

放大电路的反馈是负反馈还是正反馈叫放大电路的反馈极性，可以用**瞬时极性法**来判定。瞬时极性法就是在某一瞬间，逐级推出电路中各点的信号之间的相位关系，再由负反馈和正反馈的定义，判别反馈极性。

判别反馈极的步骤： 先假定输入信号处于某一个瞬时极性，在电路图中以⊕或⊖标记标出，分别表示该点瞬时信号的变化为增大或减小，然后沿放大电路逐级标出各点极性，通过反馈网络再回到输入回路，依次推出有关各点的瞬时极性，最后判断反馈到输入端信号的瞬时极性是增强还是削弱了放大电路的净输入信号，增强为正反馈，削弱则为负反馈。

图 7.8.2（a）所示是共发射极放大电路的反馈电路，其输入电压和输出电压反相，输出电压反馈到输入削弱了放大电路的输入电流，故反馈为负反馈。图 7.8.2（b）所示为共集电极放大电路的反馈电路，其输入电压与发射极电压同相，反馈的发射极电压削弱了加到三极管上的净电压，因此该反馈也是负反馈。

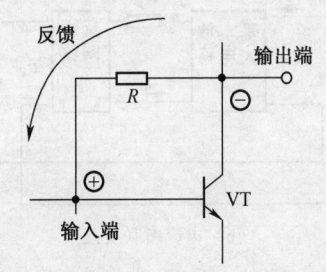

(a) 反馈支路处于输出端和输入端之间　　(b) 反馈支路同时处于输出和输入回路中

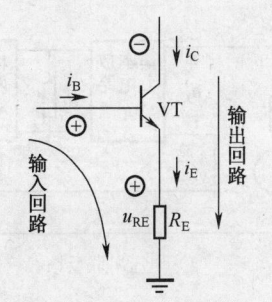

图 7.8.2 反馈的两种存在形式

2. 反馈的连接形式

反馈的连接形式是指在输入端，反馈信号与输入信号的连接关系，有串联和并联两种情况。**串联反馈**就是在输入端，信号源与反馈信号以串联的形式叠加后加到基本放大电路输入端，净输入信号 $u'_i = u_i - u_f$，如图 7.8.3 所示。**并联反馈**就是在输入端，信号源和反馈信号以电流并联方式叠后加到基本放大电路的输入端，净输入信号 $i'_i = i_i + i_f$。

串联反馈和并联反馈的判别：反馈端与输入端接在一起则为并联反馈，反馈端与输入端分别接在基本放大电路的两个输入端则为串联反馈。对于由运放（运算放大器）构成的反馈电路来说，运放的同相输入端和反相输入端是两个输入端；对于由三极管组成的放大电路来说，三极管的基极和发射极是两个输入端，如图 7.8.3 所示。

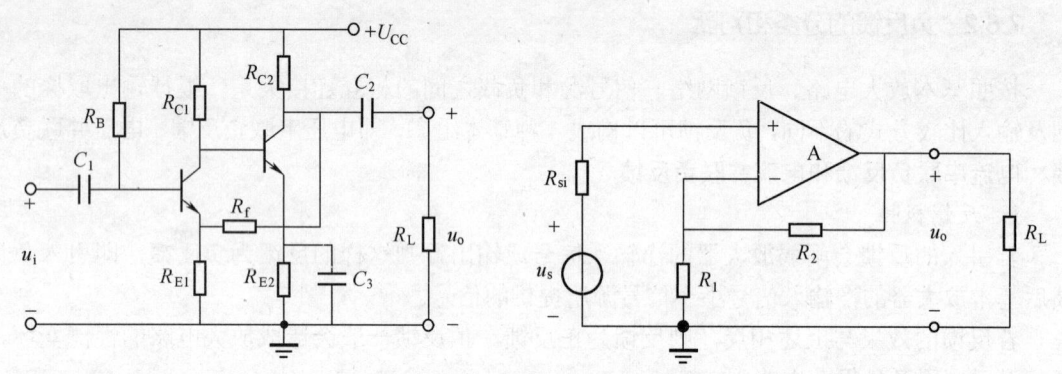

图 7.8.3 串联反馈的两种电路

3. 电压反馈与电流反馈

电压反馈是指反馈信号取自输出电压 u_o，而**电流反馈**是指反馈信号取自电流信号 i_o。一般地，电压反馈时，反馈信号的大小与输出电压 u_o 成正比。电流反馈时，反馈信号的大小与输出电流 i_o 成正比。

电压反馈和电流反馈的判别：电压反馈的反馈信号取自输出电压，反馈信号与输出电压成正比，所以反馈电路是直接从输出端引出的，如图 7.8.4（a）和图 7.8.4（c）所示。若假定输出端交流短路（即 $u_o = 0$），则反馈信号一定消失。电流反馈的反馈信号取自输出电流，反馈信号与输出电流成正比，所以反馈电路不是直接从输出端引出的。若输出端交流短路，反馈信号仍然存在，若假定输出端开路（即 $i_o = 0$），则反馈信号一定消失，如图 7.8.4（b）和图 7.8.4（d）所示。

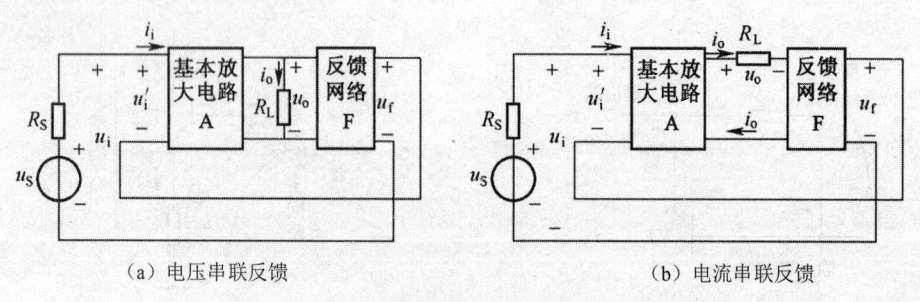

（a）电压串联反馈　　　　　　　　　　（b）电流串联反馈

图 7.8.4（一）　负反馈放大电路的 4 种基本类型框图

（c）电压并联反馈　　　　　　　　　　　　（d）电流并联反馈

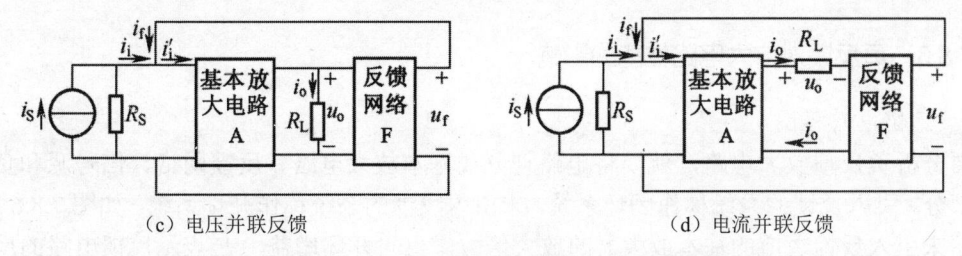

图 7.8.4（二）　负反馈放大电路的 4 种基本类型框图

4. 直流反馈与交流反馈

根据反馈本身的交直流性质，反馈可分为直流反馈和交流反馈。

若反馈信号中只包含直流成分，则反馈为直流反馈；若反馈信号中只包含交流成分，则反馈为交流反馈。不过，在很多情况下，两者是同时存在的。例如，图 7.8.5 中的发射极旁路电容 C_{E2} 足够大时，对交流信号短路，此时 R_{E2} 引入的反馈为直流反馈，起稳定静态工作点的作用，而对放大器的动态性能（如放大倍数、输入输出电阻等）没有影响；当 R_{E2} 两端不并联电容 C_E 时，R_{E2} 两端的压降同时也反映了集电极电流的交流分量，因而也起交流反馈的作用。

【例 7.8.1】 指出图 7.8.5 所示放大电路中的反馈环节，判别其反馈极性和类型。

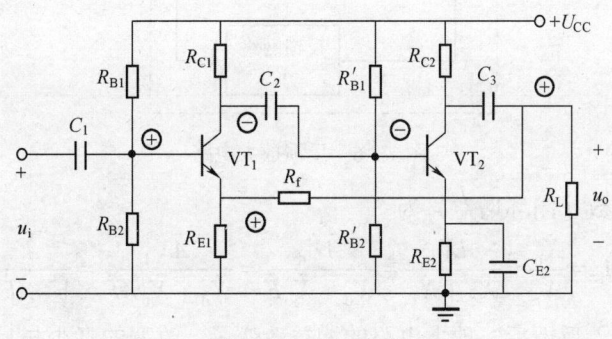

图 7.8.5　例 7.8.1 图

解： 本例电路由两级共发射极分压式放大电路组成，其中每级电路存在的反馈为本级反馈；两级之间存在的反馈为级间反馈。在既有本级反馈也有级间反馈的多级放大电路中，起主要作用的是级间反馈。

R_f 接在第一级放大电路的输入回路和第二级放大电路的输出回路之间，是级间反馈元件，故电路中有反馈存在。由于 C_3 的隔直作用，R_f 只将输出端的交流电压反馈到输入回路，所以是交流反馈。

设 VT_1 基极的瞬间极性为正，则其集电极的瞬间极性为负，VT_2 基极的瞬间极性也为负，VT_2 集电极的瞬间极性为正。经 R_f 反馈后，VT_1 发射极的瞬间极性为正，相当于净输入 $u_{be1}=u_{b1}-u_{e1}$ 下降，即反馈信号与原信号极性相反，削弱输入信号，是负反馈。

若将 VT_2 的输出端短路，则反馈信号消失，故为电压负反馈；若将 VT_1 的输入端短路，反馈信号依然存在，故为串联负反馈。由此可知，该电路属于电压串联负反馈放大电路。

另外，R_{E1} 是第一级的负反馈电阻，起电流串联负反馈作用，交流负反馈与直流负反馈同时存在。R_{E2} 是第二级 VT_2 的发射极电阻，因其两端并有旁路电容，故 R_{E2} 仅起直流反馈作用，用来稳定工作点。

7.8.3 负反馈对放大电路性能的影响

1. 反馈电路框图

要分析负反馈放大电路,就要将电路划分成**基本放大电路**、**反馈网络**、**信号源**和**负载**等几个部分。引入反馈的系统称作**闭环**系统,未引入反馈的系统称作**开环**系统。如图 7.8.6 所示,$\dot{A}$ 表示未引入反馈之前的基本放大器的放大倍数,也叫**开环增益**,$\dot{F}$ 表示反馈电路的反馈系数,$\dot{X}_i$ 表示放大电路的输入信号、$\dot{X}_o$ 表示输出信号、$\dot{X}_f$ 表示反馈信号。它们可以是电压,也可以是电流。符号 ⊗ 表示比较环节,其输出为放大电路的净输入信号 $\dot{X}_d$,它们的关系为

$$\dot{X}_d = \dot{X}_i - \dot{X}_f$$
$$\dot{X}_o = \dot{A}\dot{X}_d$$
$$\dot{X}_f = \dot{F}\dot{X}_o$$

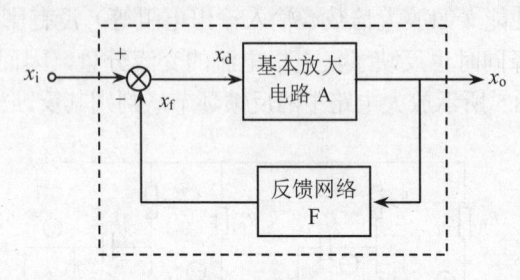

图 7.8.6 反馈放大电路

则电路的闭环放大倍数(闭环增益)为

$$\dot{A}_f = \frac{\dot{X}_o}{\dot{X}_i} = \frac{\dot{A}\dot{X}_d}{\dot{X}_d + \dot{X}_f} = \frac{\dot{A}\dot{X}_d}{\dot{X}_d + \dot{X}_o\dot{F}} = \frac{\dot{A}\dot{X}_d}{\dot{X}_d + \dot{X}_d\dot{A}\dot{F}} = \frac{\dot{A}}{1+\dot{A}\dot{F}} \tag{7.8.1}$$

由上式可见,引入反馈后,放大电路的增益改变了,改变的多少与 $1+\dot{A}\dot{F}$ 这一因数有关,$1+\dot{A}\dot{F}$ 被称为**反馈深度**。

若 $|1+\dot{A}\dot{F}|>1$,则 $|\dot{A}_f|<|\dot{A}|$,即引入反馈后,闭环增益减小了,该反馈为负反馈;

若 $|1+\dot{A}\dot{F}|<1$,则 $|\dot{A}_f|>|\dot{A}|$,即引入反馈后,闭环增益增大了,该反馈为正反馈。

理论分析表明,引入负反馈虽然会降低放大电路放大倍数的数值,但可以改善放大电路的各项性能指标,实际上放大电路增益并不是电路唯一的重要指标,正像人的身高并不是唯一重要的体征指标一样。

2. 负反馈对放大电路的主要影响

负反馈对放大电路的主要影响还有以下几个。

(1) 提高放大电路放大倍数的稳定性,使其不随温度等因素的改变而改变。

(2) 扩展了放大电路的通频带。另外,引入直流负反馈,可以稳定放大电路的静态工作点。

(3) 可以优化和改变放大电路的输入输出电阻,具体如下。

1) 引入串联负反馈,可以增大放大电路的输入电阻。

2) 引入并联负反馈,可以减小放大电路的输入电阻。

3) 引入电压负反馈,可以稳定放大电路的输出电压、减小放大电路的输出电阻。

4）引入电流负反馈，可以稳定放大电路的输出电流、增大放大电路的输出电阻。

因此，如果我们需要放大电路的输入电阻大，就应当采用串联负反馈形式；如果需要放大电路的输出电阻小，就应当引入电压负反馈。如果希望得到恒流源输出，就应当设计一个电流负反馈电路；如果希望电路是一个直流稳压电路，就应当引入直流的电压负反馈。

（4）克服三极管特性曲线非线性的影响，减小电路的非线性失真。

由于三极管的非线性特性，或者静态工作点选得不合适等，当输入信号较大时，在电路输出端就产生了正半周幅值大、负半周幅值小的非线性失真信号，如图 7.8.7（a）所示。

引入负反馈后，如图 7.8.7（b）所示，反馈信号来自输出回路，其波形也是上大下小，将它送到输入回路，使净输入信号变成上小下大，经放大，输出波形的失真获得补偿。从本质上说，负反馈是利用"预失真"的波形来改善波形的失真，因而不能完全消除失真，并且不能减少输入信号本身的失真。

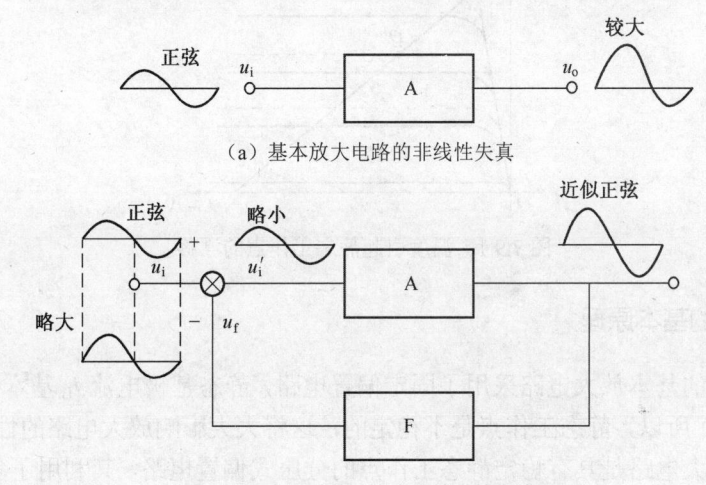

（a）基本放大电路的非线性失真

（b）引入负反馈的放大电路输入输出波形

图 7.8.7 负反馈减小电路的非线性失真

反馈电路的类型与用途见表 7.8.1。

表 7.8.1 反馈电路的类型和用途

交流性能	电压串联负反馈	电压并联负反馈	电流串联负反馈	电流并联负反馈
输入电阻	增大	减小	增大	减小
输出电阻	减小	减小	增大	增大
稳定性	稳定输出电压，提高增益稳定性	稳定输出电压，提高增益稳定性	稳定输出电流，提高增益稳定性	稳定输出电流，提高增益稳定性
通频带	展宽	展宽	展宽	展宽
环内非线性失真	减小	减小	减小	减小
环内噪声、干扰	抑制	抑制	抑制	抑制

7.9 运用反馈的放大电路稳定偏置电路

放大电路静态工作点设置合适的情况下,如发生温度变化、电源电压的波动等情况,也会引起静态工作点的偏移,由此会产生非线性失真,严重时放大电路将不能正常工作。例如,随温度升高,发射结正向压降 U_{BE} 减小(约 2~2.5mV/℃),电流放大倍数 β 增大(约 0.5%~2%/℃),穿透电流 I_{CEO} 增加等,如图 7.9.1 所示。这些影响都使集电极电流 I_C 随温度升高而增大,使静态工作点偏移。如何克服温度变化对静态工作点的影响,稳定静态工作点,是本节所要讨论的问题。

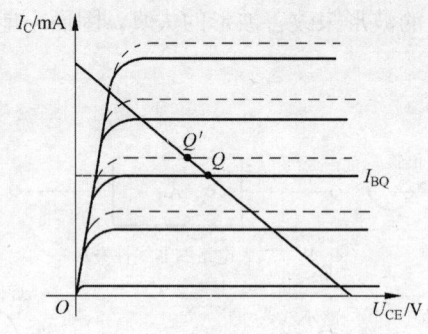

图 7.9.1 温度引起静态工作点的漂移

7.9.1 稳定的基本原理

图 7.1.1 所示的基本放大电路采用了固定偏置电路,静态基极电流 I_B 基本恒定,不能抑制温度对 I_C 的影响,所以,静态工作点是不稳定的,这将大大影响放大电路的性能和正常工作。图 7.9.2 所示的放大电路是具有稳定静态工作点的分压式偏置电路,其利用了负反馈。图 7.9.3 为分压式偏置放大电路图的直流通路。

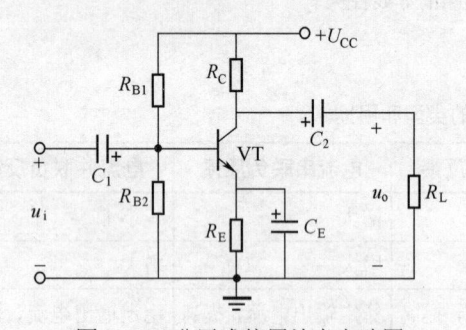

图 7.9.2 分压式偏置放大电路图 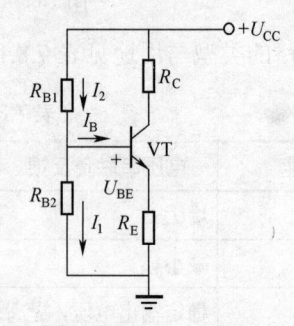 图 7.9.3 分压式偏置放大电路图的直流通路

其工作原理如下:

在电路设计时,当电阻 R_{B1} 和 R_{B2} 选择适当时,满足 $I_1 \approx I_2 \gg I_B$,I_B 可忽略,则由电阻 R_{B1} 和 R_{B2} 组成的分压器使基极电压 U_B 基本固定,与温度无关。即

$$U_B \approx U_{CC} \frac{R_{B2}}{R_{B1}+R_{B2}}$$

当温度升高时,电流 I_C、I_E 及发射极电阻 R_E 上的压降趋于增大,发射极电压 U_E 有升高的趋势,但因基极电压基本恒定,故三极管发射结正向电压 U_{BE} 必然要减小,由三极管的输入特性曲线可知,这将导致三极管基极电流 I_B 减小,对发射极电流 I_E 和集电极电流 I_C 起到了补偿作用,即阻碍了 I_C、I_E 随温度的变化,从而使 I_C、I_E 趋于稳定,上述自动调节过程可表示为

$$T\uparrow \to I_C\uparrow \to I_E\uparrow \to U_E\uparrow \to U_{BE}\downarrow \to I_B\downarrow \to I_C\downarrow$$

调节作用显然与发射极电阻 R_E 有关,R_E 越大,调节作用越显著,但 R_E 太大,其上过大的直流压降将使放大电路输出电压的动态范围减小。通常 R_E 的选择,以使 R_E 上的压降小于等于 $(3\sim 5)U_{BE}$,即 $2.1\sim 3.5V$ 为宜。电路中的电容 C_E 被称为发射极旁路电容,通常选择较大的容量(几十至上百微法)。在动态情况下,对交流分量而言,C_E 可被视为短路,使 i_E 中的交流分量在 R_E 上的压降为零,消除了 R_E 对放大电路性能的影响。发射极电阻 R_E 实际上起的是直流负反馈作用。

7.9.2 电路分析计算

分压式偏置放大电路与固定偏置放大电路,计算方法类似。

1. 静态分析

在分析图 7.9.2 所示电路的静态工作点时,应先从计算 U_B 入手,然后求 I_C,按照 $I_1 \gg I_B$ 的假定可得到

$$U_B = \frac{R_{B2}}{R_{B1}+R_{B2}}U_{CC}$$

$$I_C \approx I_E = \frac{U_B - U_{BE}}{R_E}$$

$$I_B = \frac{I_C}{\beta}$$

$$U_{CE} \cong U_{CC} - I_C(R_C + R_E)$$

2. 动态分析

由于交流通路和基本共发射极放大电路类似,故动态技术指标计算方法也一样:

$$\dot{A}_u = -\frac{\beta R_L'}{r_{be}}$$

$$R_i = R_{B1} // R_{B2} // r_{be}$$

$$R_o = R_C$$

【例 7.9.1】试分析计算图 7.9.2 所示放大电路(接 C_E),已知 U_{CC}=12V,R_{B1}=20kΩ,R_{B2}=10kΩ,R_C=3kΩ,R_E=2kΩ,R_L=3kΩ,β=50。试求:

(1)电路的静态工作点。
(2)电压放大倍数、输入电阻及输出电阻。
(3)若输入信号电压 u_i=5sinωt mV,试写出输出信号电压的表达式。

解:(1)静态工作点:

$$U_B = \frac{R_{B2}}{R_{B1}+R_{B2}}U_{CC} = \frac{10}{20+10}\times 12 = 4 \text{(V)}$$

$$I_C \approx I_E = \frac{U_B - U_{BE}}{R_E} = \frac{4 - 0.7}{2} = 1.65 \text{ (mA)}$$

$$I_B = \frac{I_C}{\beta} = \frac{1.65}{50} = 0.033 \text{ (mA)} = 33 \text{ (μA)}$$

$$U_{CE} = U_{CC} - I_C(R_C + R_E)$$
$$= 12 - 1.65 \times (3 + 2) = 3.75 \text{ (V)}$$

（2）电压放大倍数、输入电阻及输出电阻。微变等效电路如图 7.9.4 所示。

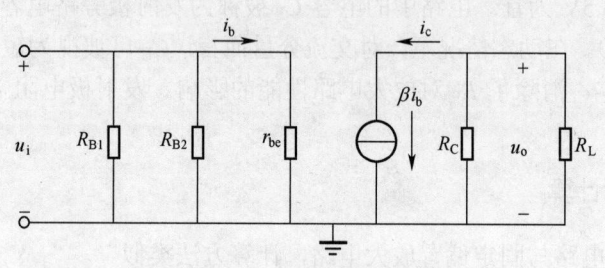

图 7.9.4 微变等效电路

$$r_{be} = 300 + (1+\beta)\frac{26}{I_{EQ}} = 300 + (1+50) + \frac{26}{1.65} \approx 1100 \text{ (Ω)} = 1.1 \text{ (kΩ)}$$

$$\dot{A}_u = -\frac{\beta R'_L}{r_{be}} = -\frac{50 \times \dfrac{3 \times 3}{3+3}}{1.1} \approx -68$$

$$R_i = R_{B1} // R_{B2} // r_{be} = 20 // 10 // 1.1 = 0.994 \text{ (kΩ)}$$

$$R_o = R_C = 3 \text{ (kΩ)}$$

（3）若 $u_i = 5\sin\omega t$ mV，则

$$U_{om} = |\dot{A}_u| \times U_{im} = 68 \times 5 = 340 \text{ (mV)}$$

因为输出与输入反相，所以

$$u_o = 340\sin(\omega t + \pi) \text{mV}$$

习　题

7.1　图 7.10.1 所示电路中，三极管均为硅管，且 $\beta = 50$，试估算静态值 I_B、I_C、U_{CE}。

图 7.10.1　题 7.1 图

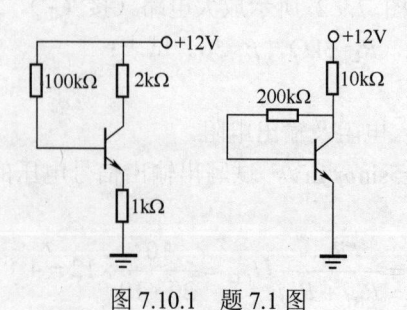

7.2 如图 7.10.2 所示电路，已知晶体管 $\beta=60$，$U_{BE}=0.7\text{V}$，$R_C=2\text{k}\Omega$，忽略 U_{BE}，如要将集电极电流 I_C 调整到 1.5mA，R_B 应取（　　）$\text{k}\Omega$。

　　A．480　　　　　B．120　　　　　C．240　　　　　D．360

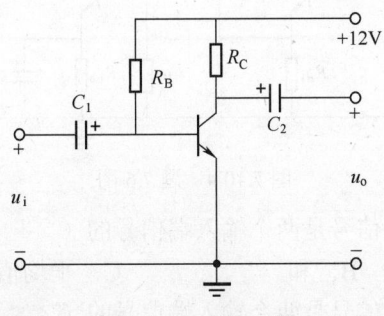

图 7.10.2　题 7.2 图

7.3　放大电路有两种不同性质的失真，分别是_____失真和_____失真。共射极放大电路的交流输出波形上半周失真时为_____失真，下半周失真时为_____失真。

7.4　共射极基本放大电路如图 7.10.3 所示。已知 $U_{CC}=12\text{V}$，$R_B=300\text{k}\Omega$，$R_C=3\text{k}\Omega$，$R_L=3\text{k}\Omega$，$\beta=50$，试求：

（1）电路的静态工作点。

（2）R_L 接入和断开两种情况下电路的电压放大倍数 $\dot{A}_u$。

（3）输入电阻 R_i 和输出电阻 R_O。

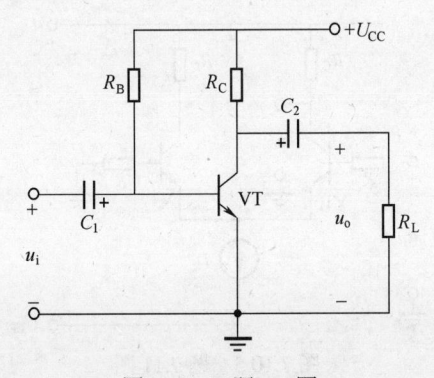

图 7.10.3　题 7.4 图

7.5　为增大电压放大倍数，集成运放的中间级多采用（　　）。

　　A．共射放大电路　　　　　　　　　B．共集放大电路
　　C．共基放大电路　　　　　　　　　D．以上答案均不正确

7.6　在如图 7.10.4 所示的两级阻容耦合放大电路中，已知 $U_{CC}=24\text{V}$，$R_{B1}=1\text{M}\Omega$，$R_{E1}=27\text{k}\Omega$，$R'_{B1}=82\text{k}\Omega$，$R'_{B2}=43\text{k}\Omega$，$R_{C2}=10\text{k}\Omega$，$R_{E2}=8.2\text{k}\Omega$，$R_L=10\text{k}\Omega$，$\beta_1=\beta_2=50$。

（1）求前、后级放大电路的静态值。

（2）画出微变等效电路。

（3）求各级电压放大倍数 $\dot{A}_{u1}$、$\dot{A}_{u2}$ 和总电压放大倍数 $\dot{A}_u$。

（4）前级采用射极输出器有何好处？

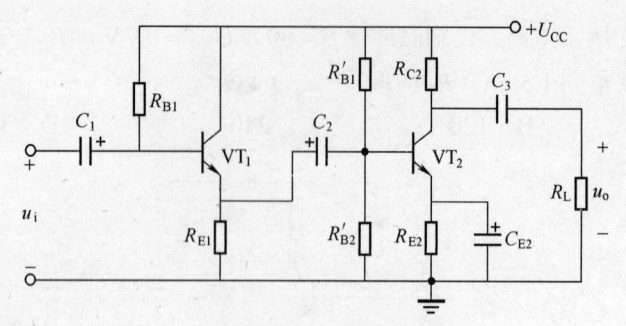

图 7.10.4 题 7.6 图

7.7 差分放大电路的差模信号是两个输入端信号的（　　）。
 A．差　　　　　B．和　　　　　C．平均值　　D．以上答案均不正确

7.8 差分放大电路的共模信号是两个输入端信号的（　　）。
 A．差　　　　　B．和　　　　　C．平均值　　D．以上答案均不正确

7.9 差分电路的两个输入端电压分别为 u_{i1}=200mV，u_{i2}=400mV，则该电路的差模输入电压 u_{id} 为＿＿＿＿V，共模输入电压 u_{ic} 为＿＿＿＿V。

7.10 差分放大电路是为了（　　）而设置的。
 A．稳定 Au　　　　　　　　B．放大信号
 C．抑制零点漂移　　　　　　D．以上答案均不正确

7.11 如图 7.10.5 所示电路，已知 VT_1 和 VT_2 管的 β 均为 100，I_c=1mA，R_C=5kΩ，R=1kΩ。试问：该差分电路输入、输出属于何种接法？计算差模电压放大倍数、差模输入电阻和输出电阻。

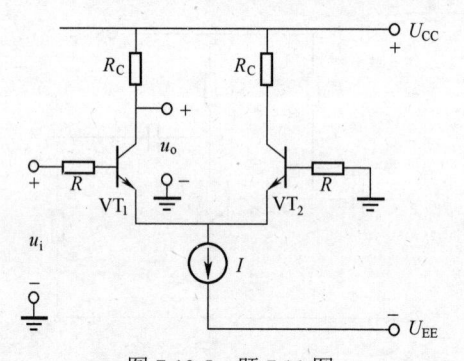

图 7.10.5 题 7.11 图

7.12 功率放大电路的最大输出功率是在输入电压为正弦波时，输出基本不失真情况下，负载上可能获得的最大（　　）。
 A．交流功率　　　B．直流功率　　　C．平均功率　　D．以上答案均不正确

7.13 如图 7.10.6 所示电路中晶体管饱和管压降为 $|U_{CES}|$，则最大输出功率 P_{OM} 为（　　）。

A． $\dfrac{(U_{CC}-U_{CES})^2}{2R_L}$ 　　　　B． $\dfrac{\left(\dfrac{1}{2}U_{CC}-U_{CES}\right)^2}{R_L}$

C． $\dfrac{\left(\dfrac{1}{2}U_{CC}-U_{CES}\right)^2}{2R_L}$ 　　　　D．以上答案均不正确

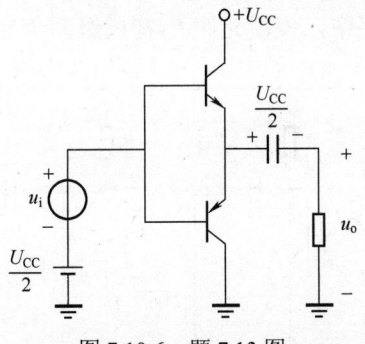

图 7.10.6 题 7.13 图

7.14 已知电路如图 7.10.7 所示，VT$_1$ 和 VT$_2$ 管的饱和管压降 $|U_{CES}|=3\,\text{V}$，$U_{CC}=15\text{V}$，$R_L=8\Omega$，求电路的最大输出功率 P_{om}。

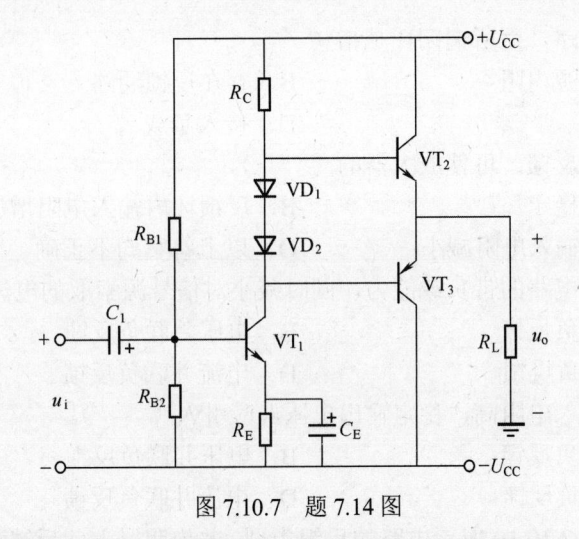

图 7.10.7 题 7.14 图

7.15 运算放大器电路如图 7.10.8 所示，R_{F1} 和 R_{F2} 均为反馈电阻，其反馈极性为（　　）。

A. R_{F1} 引入的为正反馈，R_{F2} 引入的为负反馈
B. R_{F1} 和 R_{F2} 引入的均为负反馈
C. R_{F1} 和 R_{F2} 引入的均为正反馈
D. R_{F1} 引入的为负反馈，R_{F2} 引入的为正反馈

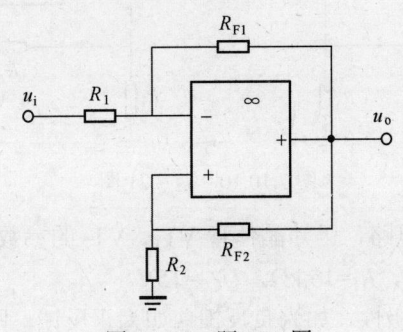

图 7.10.8 题 7.15 图

7.16 如图 7.10.9 所示电路中，反馈元件 R_7 构成级间负反馈，判断该反馈类型。

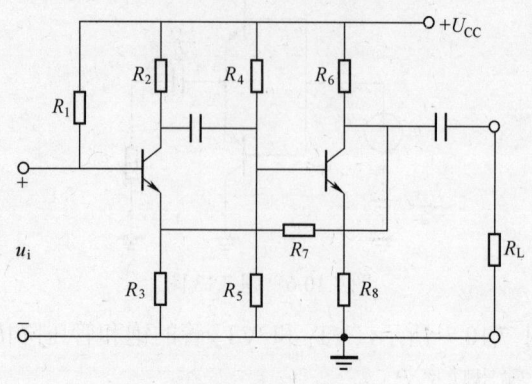

图 7.10.9 题 7.16 图

7.17 对于放大电路，而所谓闭环是指（   ）。
   A．考虑信号源内阻　　　　　　B．存在反馈通路
   C．接入电源　　　　　　　　　D．接入负载

7.18 引入并联负反馈，可使放大器的（   ）。
   A．输出电压稳定　　　　　　　B．反馈环内输入电阻增加
   C．反馈环内输入电阻减小　　　D．以上答案均不正确

7.19 为提高放大电路的带负载能力，同时减小对信号源索取的电流，应引入（   ）。
   A．电压串联负反馈　　　　　　B．电压并联负反馈
   C．电流串联负反馈　　　　　　D．电流并联负反馈

7.20 为使电路输入电阻高，稳定输出电压，应引入（   ）。
   A．电压串联负反馈　　　　　　B．电压并联负反馈
   C．电流串联负反馈　　　　　　D．电流并联负反馈

7.21 试判断如图 7.10.10 所示电路的反馈类型，并说明引入此反馈对放大性能有何影响。

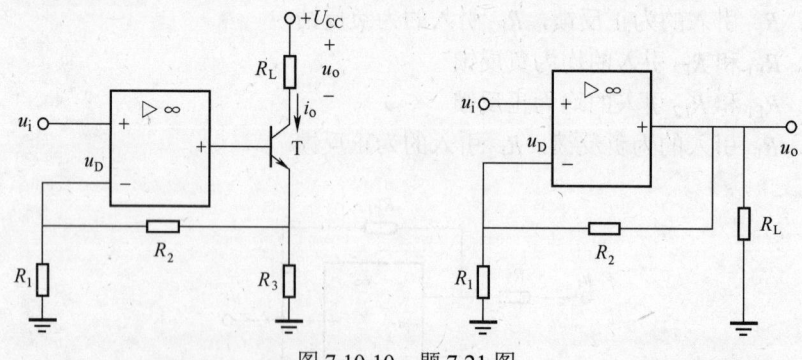

图 7.10.10 题 7.21 图

7.22 如图 7.10.11 所示电路，已知晶体管 VT_1、VT_2 的参数 $\beta_1=\beta_2=100$，$R_{c1}=R_{c2}=10\text{k}\Omega$，$R_{e1}=1.5\text{k}\Omega$，$R_{e2}=2\text{k}\Omega$，$R_s=1\text{k}\Omega$，$R_f=15.\text{k}\Omega$，$U_{CC}=15\text{V}$。

（1）判断 R_f 构成反馈的极性，如为负反馈（如为正反馈，则先改接为负反馈）则说明反馈的组态。

（2）假设负反馈满足深度负反馈条件，估算电压放大倍数 $\dot{A}_\mathrm{u}$。

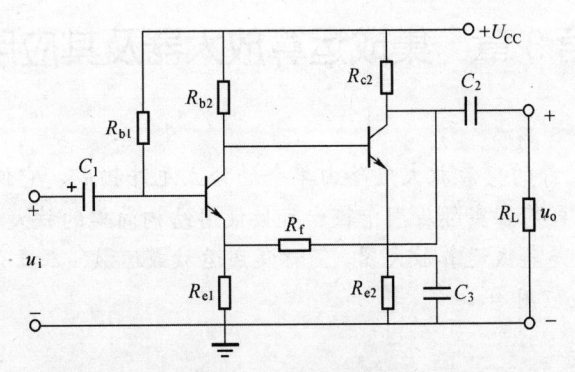

图 7.10.11　题 7.22 图

7.23　如图 7.10.12 所示电路，已知晶体管的 $\beta = 100$，$U_\mathrm{BE} = 0.7\,\mathrm{V}$，$r'_\mathrm{bb} = 100\,\Omega$。
（1）求电路的静态工作点。
（2）画出电路的微变等效电路。
（3）求电路的电压放大倍数 $\dot{A}_\mathrm{u}$，输入电阻 R_i，输出电阻 R_o。
（4）说明 R_f 和 C_E 在电路中起什么作用。

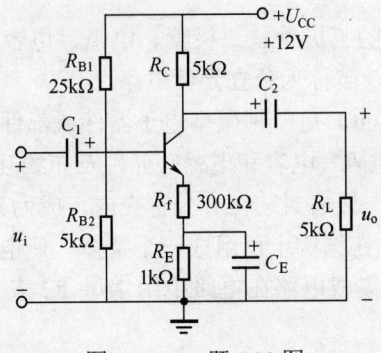

图 7.10.12　题 7.23 图

第8章 集成运算放大器及其应用

以三极管为核心元件的交流放大电路由单个的分立元件构成,它们是电子技术的基础。电子科技一直在进步,目前在实际应用中较少直接使用结构简单的放大电路,而主要使用集成电路,其中使用最多的是集成运算放大器,简称集成运放或运放。本章介绍集成运放的相关知识,包括组成、结构及应用等。

知识点与学习要求

(1)了解集成运放的基本组成、结构、指标。
(2)掌握深度负反馈条件下集成运放的特点以及一些基本的运算电路和其他应用电路。

8.1 集成电路基本知识

1. 什么是集成电路

前面所述由彼此相互分开的三极管、二极管、电阻、电容等元件,借助导线或印刷电路连接成的一个完整的电路系统,被称为**分立元件**电路。

集成电路(Integrated Circuit)是一种微型电子器件或部件。采用一定的工艺,把一个电路中所需的三极管、二极管、电阻、电容和电感等元件及布线互连在一起,制作在一小块或几小块半导体晶片或介质基片上,然后封装在一个管壳内,成为具有所需电路功能的微型结构,如图8.1.1所示。其中所有元件在结构上已组成一个整体,使电子元件向着微小型化、低功耗和高可靠性方面迈进了大步。集成电路在电路中用字母 IC 表示,其对外部完成某一电路的功能。

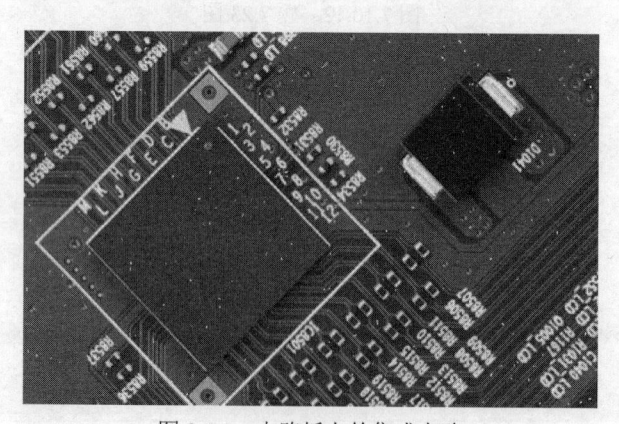

图 8.1.1 电路板上的集成电路

2. 集成电路的结构特点

集成电路是一个电路系统,它把元器件和电路一体化了,单片机就是一个典型例子。集成电路在结构上有以下 3 个特点。

（1）使用电容较少，不用电感和高阻值电阻。

（2）大量使用三极管作为有源单元。

（3）三极管占据单元面积小且成本低廉，所以在集成电路内部用量最多。

就集成度而言，集成电路有小规模、中规模、大规模和超大规模之分。目前的超大规模集成电路，每块芯片上制有上亿个元件，而芯片面积只有几十平方毫米。

就导电类型而言，有双极型、单极型（场效应管）和两者兼容的集成电路。

就功能而言，有数字集成电路和模拟集成电路，而后者又有集成运放、集成功率放大器、集成稳压电源和集成数模和模数转换器等。

3．集成电路的外形封装

图 8.1.2 所示为半导体集成电路的几种封装形式。图 8.1.2（a）所示是双列直插式封装，它的用途最广；图 8.1.2（b）所示是单列直插式封装；图 8.1.2（c）所示是超大规模集成电路的一种封装形式，外壳多为塑料，四面都有引出线。

（a）双列直插式封装　　　　（b）单列直插式封装　　　　（c）贴片封装

图 8.1.2　半导体集成电路的几种封装形式

此外，还有金属圆壳式封装，采用金属圆筒外壳，类似于一个多管脚的普通三极管，但引线较多，有 8 根、12 根、14 根引线。

8.2　集成运算放大器的结构和指标

集成运放是模拟集成电路中品种最多、应用最广泛的一类组件，其实际上是一种高电压放大倍数的多级直接耦合放大电路。它是把电路中所有三极管和电阻等制作在一小块硅片上，具有开环增益非常高、体积小、质量小、功耗低、可靠性高等特点。

集成运放在发展初期主要用来实现模拟运算功能，但后来发展成为像三极管一样的通用器件，被称为"**万能放大器件**"。

8.2.1　集成运放的结构特点

1．集成运放的内部电路组成与特点

作为一个电路元件，集成运放是一种理想的增益器件，它的开环增益可达 $10^4 \sim 10^7$。集成运放的输入电阻从几十千欧到几十兆欧，而输出电阻很小，仅为几十欧。

集成运放内部是一个直接耦合的多级放大电路。和分立电路相似，集成运放内部电路可分为输入级、中间级、输出级和偏置电路 4 部分，如图 8.2.1 所示。

图 8.2.1　集成运放结构框图

输入级是具有恒流源的差动放大电路,能够获得尽可能高的共模抑制比及输入电阻。

中间级提供足够大的电压放大倍数。其具有较高的电压放大倍数,同时还应具有较高的输入电阻以减少本级对前级电压放大倍数的影响,通常由 1~2 级直接耦合放大电路组成。

输出级的主要作用是提供足够的电流以满足负载的需要,同时还要具有较低的输出电阻和较高的输入电阻,以起到将中间级和负载隔离的作用。输出级常采用 OCL 电路。输出级大多为互补推挽电路,除此之外,还应该有过载保护,以防输出端短路或过载电流过大。

偏置电路采用恒流源电路,为各级电路设置稳定的直流偏置。

集成运放内部除以上几个组成部分以外,电路中还附有双端输入到单端输出的转换电路,实现零输入、零输出所要求的电平位移电路及输出过载保护电路等。

2. 集成运放的外形与外部引出端子

集成运放的外部引出端子有输入端子、输出端子、连接正负电源的电源端子、失调调整端子、相位校正用的相位补偿端子、公共接地端子和其他附加端子。图 8.2.2 所示为常用的集成运放的外形与外引线图,图中包括输入端子 2 和 3、输出端子 6、电源端子 7 和 4,还有失调调整端子 1 和 5。

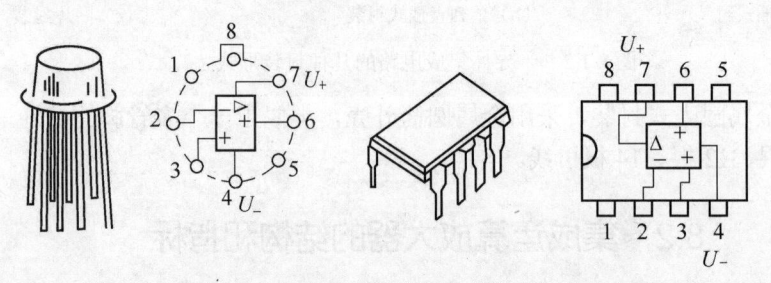

图 8.2.2　常用的集成运放的外形与外引线图

图 8.2.3 所示是集成运放的电路符号。运放主要有两个输入端,一个输出端。输入与输出相位相同的输入端为**同相输入端**,用"+"表示;输入与输出相位相反的输入端为**反相输入端**,用"-"表示。当两输入端都有信号输入时,为**差动输入**方式。集成运放在正常应用时,可以单端输入,也可以双端输入,存在着 3 种基本输入方式。不论采用何种输入方式,集成动放放大的是两输入信号的差。

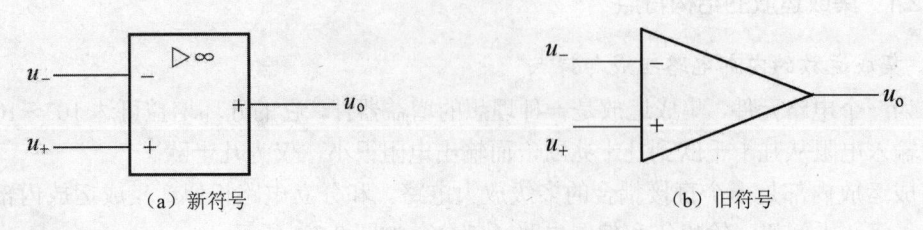

(a) 新符号　　　　　　　　　　(b) 旧符号

图 8.2.3　集成运放的电路符号

8.2.2 集成运放的主要性能指标

集成运放的性能指标比较多，具体使用时要查阅有关的产品说明书或资料。下面简单介绍几项主要的性能指标。

1. 开环差模电压放大倍数 A_{uo}

集成运放在没有外部反馈作用时的差模直流电压放大倍数被称为开环差模电压放大倍数，它是决定集成运放电路运算精度的重要因素，定义为集成运放开环时的输出电压与差模输入电压之比，即

$$A_{uo} = \frac{u_o}{u_+ - u_-}$$

A_{uo} 是决定集成运放精度的重要因素，其值越大越好。通用型集成运放的 A_{uo} 一般为 $10^3 \sim 10^7$。

2. 差模输入电阻 R_{id}

差模信号输入时，集成运放开环（无反馈）输入电阻一般在几十千欧到几十兆欧范围。理想集成运放的 $R_{id} = \infty$。

3. 差模输出电阻 R_{od}

差模输出电阻是集成运放输入端短路、负载开路时，集成运放输出端的等效电阻，一般为 $20 \sim 200\Omega$。

4. 共模开环电压放大倍数 A_{uc}

A_{uc} 指集成运放本身的共模开环电压放大倍数，它反映集成运放抗温漂、抗共模干扰的能力，优质的集成运放的 A_{uc} 应接近于零。

5. 最大输出电压 U_{pp}

在额定电源电压（±15V）和额定输出电流时，集成运放不失真最大输出电压的峰值可达 ±13V。

8.2.3 理想集成运放的概念与特点

由于结构及制造工艺上的许多特点，集成运放的性能非常优异。通常在电路分析中把集成运放作为一个理想化器件来处理，从而使集成运放的电路分析计算大为简化。

1. 理想集成运放的条件

理想集成运放满足的条件如下。

（1）开环差模电压放大倍数 $A_{uo} \to \infty$。

（2）差模输入电阻 $R_{id} \to \infty$。

（3）差模输出电阻 $R_{od} \to 0$。

（4）共模抑制比 $K_{CMR} \to \infty$。

使用中，理想集成运放的技术指标主要指前 3 个。图 8.2.4 所示是理想集成运放内部简化等效电路。

理想集成运放的传输特性如图 8.2.5 所示，在各种应用电路中，集成运放的工作范围有两种，即**线性区**或**非线性区**。

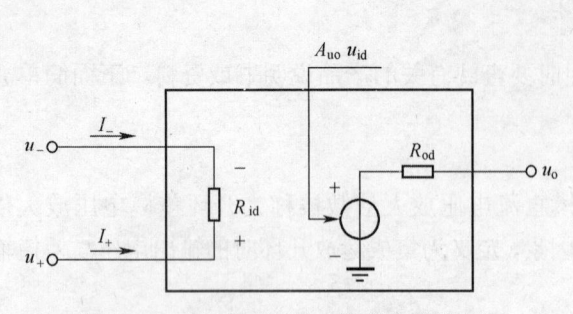

图 8.2.4　理想集成运放内部简化等效电路 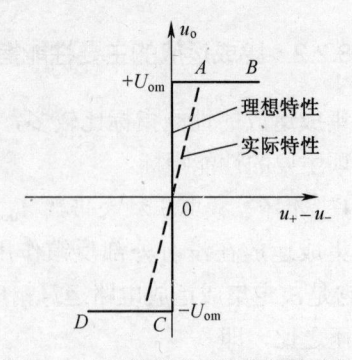　　　图 8.2.5　理想集成运放的传输特性

2. 线性区

线性区如图 8.2.5 中的实际特性的 AC 段所示。集成运放工作在线性区时有以下两个重要特点。

（1）集成运放的输出电压与输入电压 $u_i = u_+ - u_-$ 之间存在着线性放大关系，即

$$u_o = A_{uo}(u_+ - u_-)$$

其中，u_+ 是同相输入端的输入信号；u_- 是反相输入端的输入信号。对实际集成运放，线性区的斜率取决于 A_{uo} 的大小。

将上式整理，并考虑理想集成运放 $A_{uo} \to \infty$，则有 $u_+ - u_- = \dfrac{u_o}{A_{uo}} = 0$，故有

$$u_+ \approx u_- \tag{8.2.1}$$

上式表明，由于理想集成运放的 A_{uo} 为无穷大，差模输入信号 $u_+ - u_-$ 很小，就可以使输出达到额定值，因而"+""-"两端的对地电位近似相等，相当于同相输入端和反相输入端两点间短路，但实际上并未短路，所以称为"**虚短**"。

（2）由于同相输入端和反相输入端的对地电位几乎相等，而集成运放的 $R_{id} \to \infty$，所以可以认为"+""-"两端的输入信号电流为零。即

$$i_+ = i_- \approx 0 \tag{8.2.2}$$

此时相当于同相输入端和反相输入端都被断开，但实际上并未断路，所以是"**虚断**"。

"虚短"和"虚断"是理想集成运放工作在线性区时的两个重要结论，对分析集成运放电路非常有用。

注意，实际的集成运放 $A_{uo} \neq \infty$，故当输入电压 u_+ 和 u_- 的差值很小时，经放大后仍小于饱和电压值 $+U_{om}$ 或大于 $-U_{om}$ 时，集成运放的工作范围尚在线性区内。所以，实际的输入、输出特性上，从 $-U_{om}$ 转换到 $+U_{om}$ 时，仍有一个线性放大的过渡范围。

3. 非线性区

受电源电压的限制，输出电压不可能随输入电压的增加而无限增加。若集成运放的工作信号超过了线性放大的范围，则输出电压与输入电压不再有线性关系，输出将达到饱和进入非线性区，如图 8.2.5 中的曲线 AB 和 CD 段所示。

集成运放工作在非线性区时，也有两个特点：

（1）"虚短"现象不再存在，输出电压 u_o 只有两种可能：当 $u_+ > u_-$ 时，$u_o = +U_{om}$；当 $u_+ < u_-$ 时，$u_o = -U_{om}$。

（2）虽然 $u_+ \neq u_-$，但是由于 $R_{id} \to \infty$，所以仍然认为此时的输入电流等于零，即
$$i_+ = i_- \approx 0$$

综上所述，理想集成运放工作在线性区和非线性区时，各有不同的特点。因此，在分析各种应用电路时，首先必须搞清集成运放工作在哪个区域。另外必须注意，由于集成运放的开环差模电压放大倍数 $A_{uo} \to \infty$，一个很小的输入信号就容易使其饱和，所以当要求其工作在线性区时一定要加负反馈支路。

如集成运放 CF741，其 $A_{uo} = 2 \times 10^5$，最大输出电压 $U_{om} = \pm 14$V；当该集成运放在线性区工作时，其允许的差模输入电压为

$$u_{id} = u_+ - u_- = \frac{U_{om}}{A_{uo}} = \frac{\pm 14}{2 \times 10^5} = \pm 0.07 \text{（mV）}$$

结果说明，若输入端的电压变化量超过 0.07mV，集成运放的输出电压立即超出线性放大范围，进入正向饱和电压 $+U_{om}$ 或负向饱和电压 $-U_{om}$，因此有 $u_+ \approx u_-$。

另外，集成运放 CF741 的输入电阻 $R_{id}=2$MΩ，此时输入电流为

$$I_+ = \frac{u_- - u_+}{R_{id}} = \frac{0.7 \times 10^{-3}}{2 \times 10^6} = 0.035 \times 10^{-9} \text{（A）} = 0.035 \text{（nA）}$$

这一数值表明流入集成运放的电流是极其微弱的。

分析集成运放的应用电路时，首先将集成运放当成理想集成运放，以便简化分析过程；然后判断集成运放是否工作在线性区。在此基础上，根据以上集成运放的线性或非线性特点，分析电路的工作过程。

8.3 集成运放在信号运算方面的应用

用集成运放对模拟信号进行运算，集成运放必须工作在线性区。为满足此条件，在将要介绍的线性应用电路中，都引入了**深度负反馈**。将集成运放输出量（电压或电流）的部分或全部反方向送回输入端，大大降低了放大倍数。

用集成运放对模拟信号实现的基本运算有比例、求和、积分、微分、对数、乘法等，这里简单主要介绍其中几种。

8.3.1 比例运算电路

能将输入信号按比例放大的电路，被称为比例运算电路。根据输入信号所加的输入端不同，比例运算电路又分为**反相比例运算电路**和**同相比例运算电路**。

1. 反相比例运算电路

反相比例运算电路由一个集成运放和三个电阻组成，结构比较简单，如图 8.3.1 所示。电路的输出端与集成运放的反相输入端由一个电阻 R_f 相连，保证集成运放工作在线性区。

根据理想集成运放"**虚断**"的特点，$i_+ = i_- \approx 0$，故 $i_1 = i_f$。由于电阻 R_2 上没有电压降，故同相输入端的对地电位 $u_+=0$。

又根据理想集成运放"**虚短**"的特点，可得 $u_- \approx u_+ = 0$。这相当于同相输入端和反相输入端都接地，但实际上不可能都接地，所以称这种情况下的反相输入端为"**虚地**"。

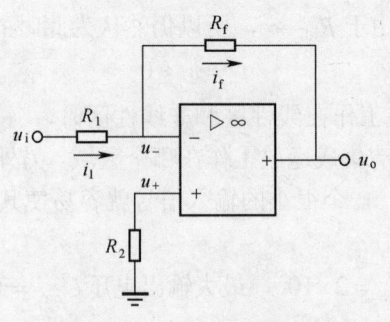

图 8.3.1　反相比例运算电路

由 $i_1 = i_f$ 可得

$$\frac{u_i - u_-}{R_1} = \frac{u_- - u_o}{R_f}$$

其中，$u_- = 0$，所以

$$\frac{u_i}{R_1} = \frac{-u_o}{R_f}$$

$$u_o = -\frac{R_f}{R_1} u_i$$

上式表明，输出电压与输入电压成正比，并且由于输入电压加在集成运放的反相输入端，输出与输入反相，故该电路被称为**反相比例运算电路**，比例系数为 $\frac{R_f}{R_1}$。同时，亦可知反相比例运算电路的电压放大倍数为

$$A_{uf} = \frac{u_o}{u_i} = -\frac{R_f}{R_1} \tag{8.3.1}$$

电路中的电阻 R_2 为平衡电阻，是为了保证集成运放的同相输入端和反相输入端的对地电阻相等，以便均衡放大电路的偏置电流及其漂移的影响而设置的，在数值上 $R_2 = R_1 // R_f$。

考虑到反相输入端为"虚地"，所以反相比例运算电路的输入电阻为

$$R_{if} = \frac{u_i}{i_i} = R_1$$

当反相比例运算电路的 $R_f = R_1$ 时，输出变形为 $u_o = -u_i$，此时的反相比例运算电路被称为**反相器**。

2. 同相比例运算电路

同相比例运算电路也由一个集成运放和三个输入电阻组成，如图 8.3.2 所示。电路的输出端与反相输入端由一个电阻 R_f 相连，引回一个负反馈，

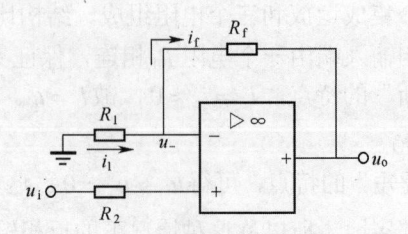

图 8.3.2　同相比例运算电路

根据理想集成运放"虚断"和"虚短"的特点,由图中可得
$$i_1 = i_f$$
$$u_+ \approx u_- = u_i$$

因为
$$i_1 = \frac{0 - u_-}{R_1} = -\frac{u_i}{R_1}$$
$$i_f = \frac{u_- - u_o}{R_f} = \frac{u_i - u_o}{R_f}$$

所以
$$-\frac{u_i}{R_1} = \frac{u_i - u_o}{R_f}$$

整理得
$$u_o = \frac{R_1 + R_f}{R_1} u_i = \left(1 + \frac{R_f}{R_1}\right) u_i$$

上式表明,输出电压与输入电压成正比,并且由于输入电压加在同相输入端,输出与输入同相,故该电路被称为**同相比例运算电路**,比例系数为 $1 + \frac{R_f}{R_1}$。同时,得到同相比例运算电路的电压放大倍数为

$$A_{uf} = \frac{u_o}{u_i} = 1 + \frac{R_f}{R_1} \tag{8.3.2}$$

电阻 R_2 是平衡电阻,$R_2 = R_1 // R_f$。

在同相比例运算电路中,若 $R_1 = \infty$(开路)或 $R_f = 0$(短路),如图 8.3.3 所示,该电路比例系数 $A_{uf} = 1$,输出电压 $u_o = u_i$,则称此电路为**电压跟随器**。电压跟随器作为阻抗变换器或输入级被广泛使用。由于 R 电阻上无压降,所以图 8.3.3 所示的两个电路是等同的。

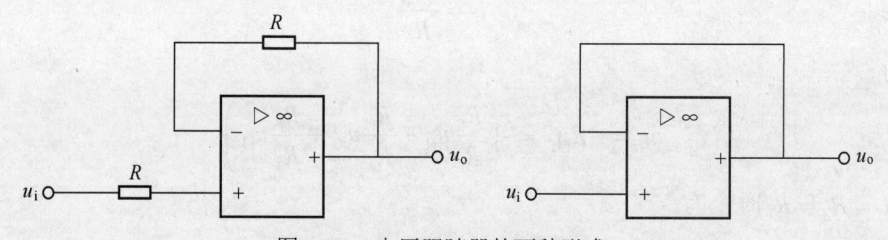

图 8.3.3 电压跟随器的两种形式

同相比例运算电路的特点是,集成运放两输入端 u_+ 和 u_- 对地电压相等,存在"虚短"现象,无"虚地"现象,其比例系数大于 1,且 u_o 与 u_i 同相位,输入电阻极大。

【例 8.3.1】设计一个同相比例运算电路,要求其电压放大倍数 $|A_{uf}| = 55$,输入电阻 R_1 大于等于 $2k\Omega$,试求 R_f 的阻值至少应为多大?

解:电路如图 8.3.2 所示。

取输入电阻 $R_1 = 2k\Omega$,由式 $A_{uf} = \frac{u_o}{u_i} = 1 + \frac{R_f}{R_1}$,得到

$$55 = 1 + \frac{R_f}{2k\Omega}$$

解得

$$R_f = (55-1) \times 2 = 108 \ (k\Omega)$$

8.3.2 加法减法运算电路

1. 加法运算电路

当输出信号等于多个模拟输入量相加的结果时，该电路被称为加法运算电路，也称求和电路。加法运算电路如图 8.3.4 所示。

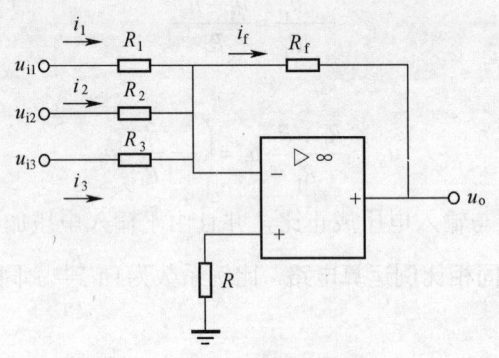

图 8.3.4 加法运算电路

因为集成运放的反相输入端为虚地，所以有

$$i_1 = \frac{u_{i1}}{R_1}, \quad i_2 = \frac{u_{i2}}{R_2}, \quad i_3 = \frac{u_{i3}}{R_3}, \quad i_f = -\frac{u_o}{R_f}$$

$$i_f = i_1 + i_2 + i_3 = \frac{u_{i1}}{R_1} + \frac{u_{i2}}{R_2} + \frac{u_{i3}}{R_3}$$

因为

$$i_f = \frac{-u_o}{R_f}$$

所以

$$u_o = -R_f i_f = -\left(\frac{R_f}{R_1} u_{i1} + \frac{R_f}{R_2} u_{i2} + \frac{R_f}{R_3} u_{i3}\right)$$

当 $R_1 = R_2 = R_3$ 时，有

$$u_o = -\frac{R_f}{R_1}(u_{i1} + u_{i2} + u_{i3}) \tag{8.3.3}$$

以上分析说明：反相输入求和电路的实质是利用反相输入端为"虚地"和输入电流 $i_- = 0$ 的特点，通过电流相加的方法来实现各输入电压信号相加。

2. 减法运算电路

图 8.3.5 所示是减法运算电路，电路所完成的功能是对反相输入端和同相输入端的输入信号进行比例减法运算，分析电路可知，它相当于由一个同相比例放大电路和一个反相比例放大电路组合而成。

$$u_- = u_{i1} - i_1 R_1 = u_{i1} - \frac{R_1}{R_1 + R_f}(u_{i1} - u_o)$$

$$u_+ = \frac{R_3}{R_2 + R_3} u_{i2}$$

因为 $u_- = u_+$，代入整理得

$$u_o = \left(1 + \frac{R_f}{R_1}\right)\frac{R_3}{R_2 + R_3} u_{i2} - \frac{R_f}{R_1} u_{i1}$$

在满足条件 $R_1 = R_2$，$R_f = R_3$ 时，整理上式得

$$u_o = \frac{R_f}{R_1}(u_{i2} - u_{i1}) \qquad (8.3.4)$$

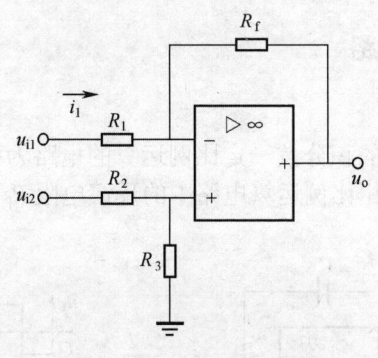

图 8.3.5 减法运算电路

由此可见，只要适当选择电路中的电阻，就可实现输出信号与输入信号的差值成比例的运算。

此时电压放大倍数为

$$A_{uf} = \frac{u_o}{u_{i1} - u_{i2}} = -\frac{R_f}{R_1}$$

当 $R_1 = R_2 = R_f = R_3$ 时，有

$$u_o = u_{i2} - u_{i1}$$

【例8.3.2】求图 8.3.6 所示电路的输出电压与输入电压的关系。图中 $R_1=2k\Omega$，$R_2=100k\Omega$，$R_3=5k\Omega$，$R_4=10k\Omega$，$R_{f1}=10k\Omega$，$R_{f2}=100k\Omega$，$R_1'=3k\Omega$，$R_2'=1k\Omega$。

解： 采用多级放大电路的方法计算。图中电路的第一级是反相比例运算电路，代入相关公式可得

$$u_{o1} = -\frac{R_f}{R_1} u_{i1} = -5 u_{i1}$$

第二级是反相加法运算电路，代入相关公式可得

$$u_o = -R_{f2}\left(\frac{1}{R_2} u_{o1} + \frac{1}{R_3} u_{i2} + \frac{1}{R_4} u_{i3}\right) = -100\left(\frac{-10 u_{i1}}{100} + \frac{u_{i2}}{5} + \frac{u_{i3}}{10}\right)$$
$$= 10 u_{i1} - 20 u_{i2} - 10 u_{i3}$$

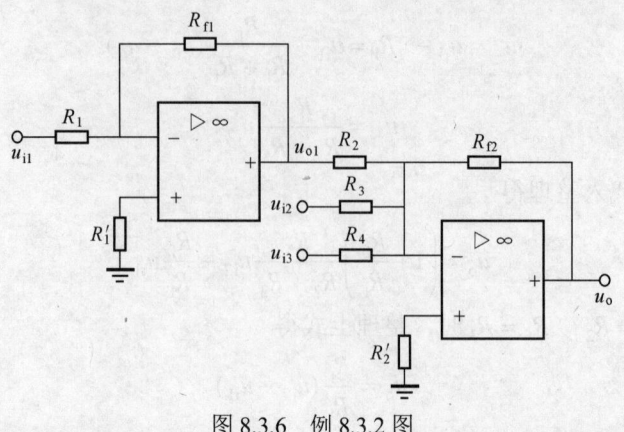

图 8.3.6　例 8.3.2 图

8.3.3　积分与微分运算电路

1. 积分运算电路

实现输出信号与输入信号的积分按一定比例运算的电路为积分运算电路。图 8.3.7（a）所示为积分运算电路，它是把反相比例运算电路中的反馈电阻 R_f 用电容 C 代替。

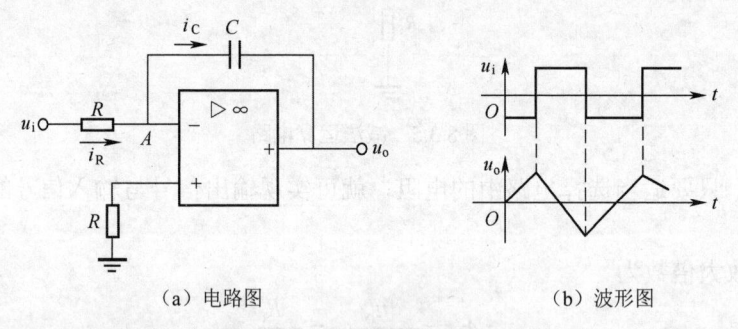

（a）电路图　　　（b）波形图

图 8.3.7　积分运算电路

根据集成运放反相输入线性应用的特点：$u_- = 0$（A 点虚地），故有

$$i_C = i_R = \frac{u_i - u_-}{R} = \frac{u_i}{R}, \quad u_o = -u_C$$

由于

$$i_C = C\frac{du_C}{dt}$$

所以

$$u_o = -u_C = -\frac{1}{RC}\int u_i dt \tag{8.3.5}$$

在 $u_i<0$ 期间，u_o 的斜率都为正，则该过程电流的方向不变，电压、电流方向相同，为放电过程（电流流出），

在 $u_i>0$ 期间，电流流入或电压、电流方向反向，是充电过程。并不是说电压增大就是充电，反向充电也叫放电。

上式表明，输出电压与输入电压对时间的积分成正比。RC 为积分时间常数。若 u_i 为恒定

电压 U，则输出电压 u_o 为

$$u_o = -\frac{U}{RC}t$$

图 8.3.7（b）所示说明：输入为正向阶跃电压时，积分运算电路的输出为负向电压波形；输入为负向阶跃电压时，积分运算电路的输出为正向电压波形，u_o 为近似三角波。

在自动控制系统中，积分电路常用于实现延时、定时和产生各种波形。积分电路也可以方便地将方波转换成三角波或锯齿波，在控制和测量系统中得到广泛应用。

当积分时间足够大时，集成运放输出达到饱和值（$\pm U_{om}$），此时电容 C 不会再充电，相当于断开，集成运放负反馈不复存在，这时集成运放已离开线性区而进入非线性区工作。因此，电路的积分关系只是在集成运放线性工作区内有效。

2. 微分运算电路

基本微分运算电路如图 8.3.8（a）所示，输入电压 u_i 通过电容 C 接到反相输入端，输出端与输入端通过电阻 R 引回一个深度负反馈。由图中可看出，这种反相输入的微分运算电路，是把积分运算电路的电阻 R 和电容 C 互换位置得到的。

根据理想集成运放"虚断"和"虚短"的特点，由图中可得

$$i_C = i_f, \quad u_- \approx u_+ = 0$$

由于 $u_i = u_C$，故

$$i_C = C\frac{du_C}{dt} = C\frac{du_i}{dt}$$

而 $u_o = -i_f R = -i_C R$，故

$$u_o = -i_C R = -RC\frac{du_i}{dt} \tag{8.3.6}$$

上式表明：输出电压与输入电压的微分成比例，比例系数为 $-RC$，负号表示输出与输入反相。

平衡电阻 $R_1 = R$。微分运算电路也可以用于波形变换，可以将矩形波变换为尖脉冲，如图 8.3.8（b）所示。当输入信号突变时，输出为一尖脉冲电压；而在输入信号无变化的平坦区域，电路无输出电压。显然，微分运算电路对突变信号反应特别敏感。因此在自动控制系统中，常用微分运算电路来提高系统的灵敏度。

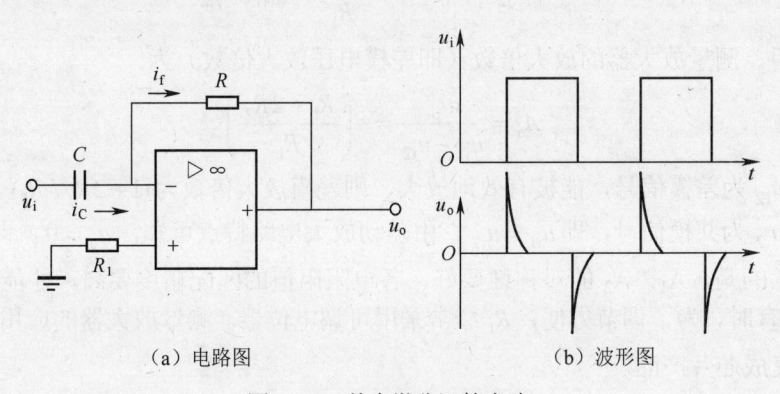

（a）电路图　　　　（b）波形图

图 8.3.8　基本微分运算电路

【例 8.3.3】 分析图 8.3.9 所示的测量放大器运放电路。

解：测量放大器又称精密放大器或仪用放大器，用于对传感器输出的微弱信号在共模环境下进行精确的放大，因而要求放大电路具有高增益、高输入电阻和高共模抑制比。图 8.3.9 所示为三运放测量放大器原理图。

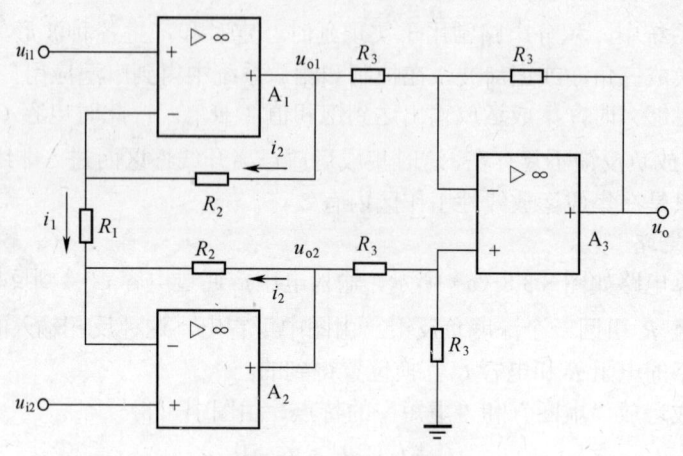

图 8.3.9 例 8.3.3 图

图中 A_1、A_2 为对称性很好的集成运放，由于采用同相输入，构成了串联负反馈，因而输入电阻极高。A_3 接成减法运算电路，采用差动输入，变双端输入为单端输出，可以抑制共模信号。

A_1、A_2 构成第一级，根据集成运放线性应用的特点可知，电阻 R_1 中由差动信号产生的电流为 i_1，其两端电位因"虚短"各为 u_{i1}、u_{i2}，故 $i_1 = \dfrac{u_{i1} - u_{i2}}{R_1}$，流经 R_2 的电流因"虚断"也为 i_1，故有

$$u_{o1} - u_{o2} = i_1(R_1 + R_2 + R_2) = \frac{R_1 + 2R_2}{R_1}(u_{i1} - u_{i2})$$

A_3 为第二级，其输入分别为 u_{o1}、u_{o2}，由减法运算公式，可得 A_3 的输出 u_o 为

$$u_o = u_{o2} - u_{o1} = -\frac{R_1 + 2R_2}{R_1}(u_{i1} - u_{i2})$$

上式表明，测量放大器的放大倍数（即差模电压放大倍数）为

$$A_u = \frac{u_o}{u_{i1} - u_{i2}} = -\left(\frac{R_1 + 2R_2}{R_1}\right)$$

若 u_{i1}、u_{i2} 为差模信号，能被有效地放大，则差模放大倍数为 $(1 + 2R_2/R_1)$。

若 u_{i1}、u_{i2} 为共模信号，即 $u_{i1} = u_{i2}$，由差动放大电路特点可知，$u_o = 0$，即 $K_{CMR} \to \infty$。

值得注意的是，A_1、A_2 的对称性要好，各电阻阻值的匹配精度要高，才能保证整个电路 K_{CMR} 很大。有时，为了调节方便，R_1 经常采用可调电位器。测量放大器的应用非常广泛，目前已有单片集成芯片产品。

8.4 集成运放的非线性应用

当集成运放工作在开环状态时，由于它的开环电压放大倍数很大，即使在两个输入端之间输入一个微小的信号，也能使集成运放饱和而进入非线性状态。电压比较器便是根据这一原理工作的。

电压比较器就是将一个模拟量的输入电压信号和一个参考电压相比较，在二者幅度相等的临界点，输出电压将产生**跃变**，并将比较结果以高电平或低电平的形式输出。因此，通常电压比较器输入的是连续变化的模拟信号，输出的是以高、低电平为特征的数字信号或脉冲信号。

1. 简单比较器

图 8.4.1（a）所示为反相电压比较器电路，图 8.4.1（b）所示为其传输特性。该反相电压器的输入信号 u_i 加在集成运放的反相输入端，U_R 为参考电压，加在同相输入端。

根据对集成运放在非线性区工作特点的分析，对图 8.4.1（a）所示的反相电压比较器的工作原理说明如下：

当 $u_i < U_R$ 时，差动输入信号 $u_- - u_+ < 0$，$u_o = +U_{om}$；

当 $u_i > U_R$ 时，差动输入信号 $u_- - u_+ > 0$，$u_o = -U_{om}$。

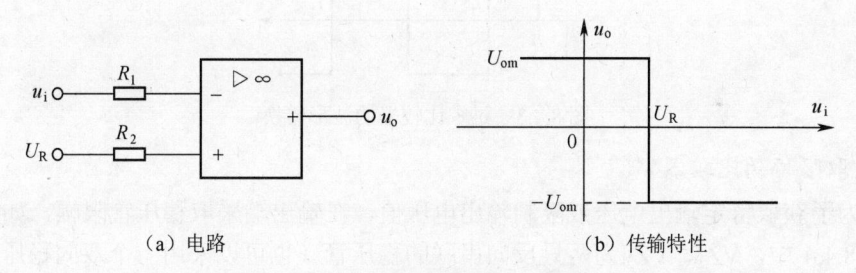

（a）电路　　　（b）传输特性

图 8.4.1　反相电压比较器及传输特性

也就是说，当变化的输入电压 $u_i > U_R$ 时，电路即刻反转，输出负饱和电压 $-U_{om}$；当输入电压 $u_i < U_R$ 时，电路反转，输出正饱和电压 $+U_{om}$。

注意：输入信号也可以加在同相输入端，则参考电压加在反相输入端，构成同相电压比较器，其分析方法与反相电压比较器类似，电压传输特性曲线和图 8.4.1（b）所示的曲线以纵轴对称。

2. 过零比较器

在图 8.4.1（a）所示的反相电压比较器中，当参考电压 $U_R = 0$ 时，该电路就变为一个**过零比较器**。其比较关系是，当 $u_i > 0$ 时，$u_o = -U_{om}$；当 $u_i < 0$ 时，$u_o = +U_{om}$；$u_i = U_R = 0$ 时为临界跃变点。

过零比较器的电路和传输特性如图 8.4.2 所示。

(a) 电路　　　　　　　　　(b) 传输特性

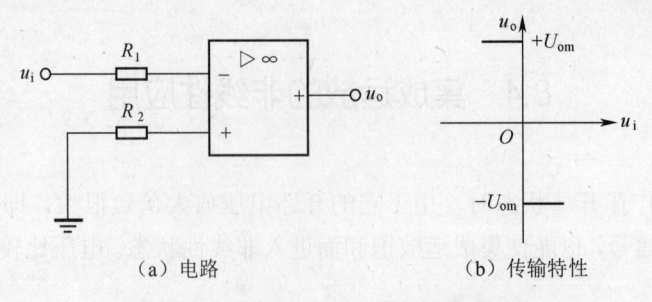

图 8.4.2　过零比较器的电路和传输特性

利用这个特性，可以进行波形变换。例如，将输入的正弦波变换成矩形波电压输出。将正弦波输入图 8.4.2（a）所示电路中，图 8.4.3 所示就是在 t_1、t_2、t_3 等时刻反转得到的一系列矩形波输出。

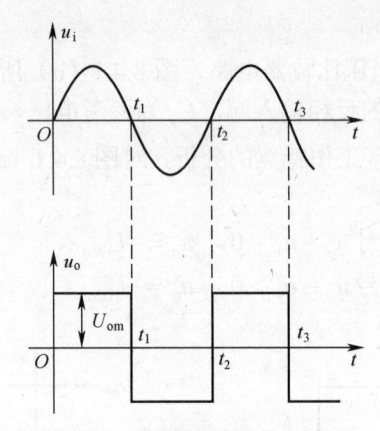

图 8.4.3　过零比较器的波形转换

3. 采取限幅的比较器

有时为了获取特定输出电压或限制输出电压值，在输出端采取稳压管限幅，如图 8.4.4 所示。在图 8.4.4 中，VZ_1、VZ_2 为两只反向串联的稳压管（也可以采用一个双向稳压管），实现**双向限幅**。

当输入电压 u_i 大于参考电压 U_R 时，VZ_2 正向导通，VZ_1 反向击穿限幅，不考虑二极管正向压降时，输出电压 $u_o = -U_Z$。

当输入电压 u_i 小于参考电压 U_R 时，VZ_2 反向击穿限幅，VZ_1 正向导通，不考虑二极管正向压降时，输出电压 $u_o = +U_Z$。

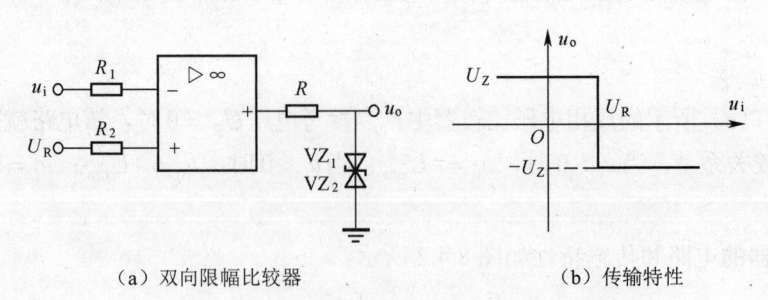

(a) 双向限幅比较器　　　　　　　　　(b) 传输特性

图 8.4.4　采取双稳压管限幅的比较器及其传输特性

因此，输出电压被限制在±U_Z之间。

4. 应用实例

若需要对某一参数（如压力、温度、噪声等）进行监控，可将传感器输出的监控信号 u_i 送给电压比较器，进行监控报警，图 8.4.5 所示是利用电压比较器设计出的监控报警电路。

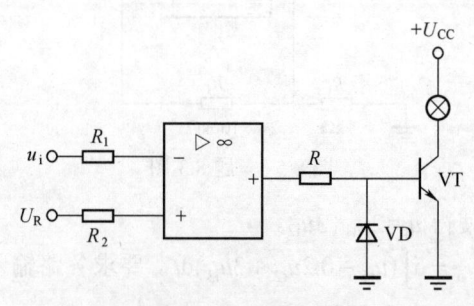

图 8.4.5 监控报警电路

当 $u_i > U_R$ 时，电压比较器输出负值，三极管 VT 截止，报警指示灯熄灭，表明电路工作正常。当 $u_i < U_R$ 时，被监控的信号超过正常值，电压比较器输出正值，三极管 VT 饱和导通，报警指示灯亮。电阻 R 的选择取决于对三极管基极的驱动程度，其阻值应保证三极管进入饱和状态。二极管 VD 起保护作用，当电压比较器输出负值时，三极管发射结上反偏电压较高，可能击穿发射结，而 VD 能把发射结的反向电压限制在 0.7V，从而保护了三极管。

习　题

8.1　电路图如图 8.5.1 所示，求输出表达式 u_o。

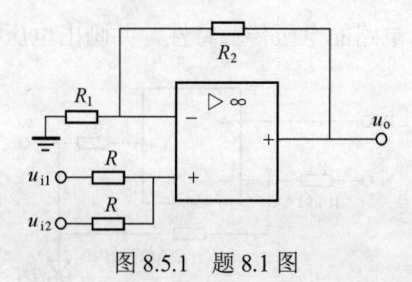

图 8.5.1　题 8.1 图

8.2　试求图 8.5.2 所示电路输出电压与输入电压的运算关系式。

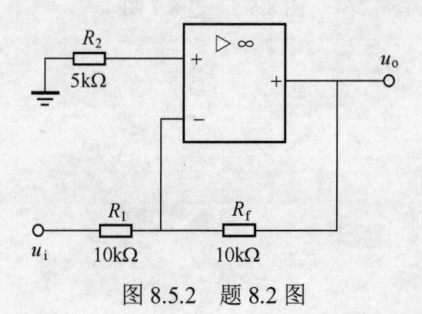

图 8.5.2　题 8.2 图

8.3 分别求出图 8.5.3 所示电路的电压放大倍数、输入电阻、输出电阻。

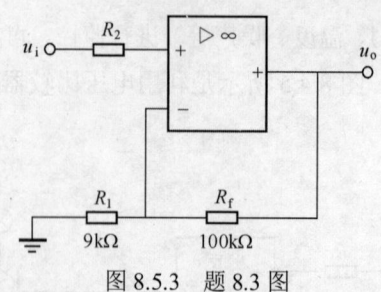

图 8.5.3 题 8.3 图

8.4 设计运算电路，使得 $u_o=2u_{i1}+3u_{i2}$。

8.5 用集成运放实现 $u_o = 5\int(u_{i1} - 0.2u_{i2} + 3u_{i3})\mathrm{d}t$，要求各路输入电阻大于 $100\mathrm{k}\Omega$，选择电路结构形式并确定电路参数值。（提示：可采用两个集成运放结构。第一级反比例加法运算，第二级实现反相求和积分运算。确定电阻阻值参数可先选定一输入电阻作基准。）

8.6 电路及参数如图 8.5.4 所示，求出阈值电压，并画出其电压传输特性。

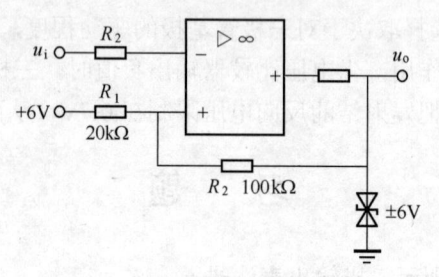

图 8.5.4 题 8.6 图

8.7 试分析图 8.5.5 所示电路的电压传输特性，并画出电压传输特性曲线。

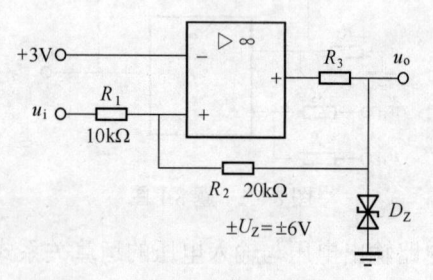

图 8.5.5 题 8.7 图

第9章 波形发生电路

电子系统中,需要产生各种基准或测试信号,如矩形波、正弦波、三角波、单脉冲波等,这些信号由振荡器产生。振荡器是一种能量转换器,它将电源提供的直流信号能量转换为特定频率的交流信号能量。在通信中用到的载波、高频感应加热、超声波焊接、超声波诊断、核磁共振成像等都需要振荡器来产生各种波形,因此振荡器在电子系统中的应用非常广泛。

振荡器(oscillator)是一种用于产生一定频率和幅度的信号的电路。其中,正弦波振荡器是最基本的,其他类型振荡器可以在其基础上改进得到。本章首先研究正弦波振荡器的振荡条件,接着分析 RC、LC 和石英晶体振荡电路 3 种主要的正弦波发生器原理与特性,最后讨论方波、三角波及锯齿波产生电路的工作原理和输出波形特性。

知识点与学习要求

(1)掌握正弦波振荡的相位平衡条件、幅度平衡条件。
(2)掌握 RC 正弦波振荡电路的工作原理、起振条件、稳幅原理及振荡频率的计算。
(3)掌握 LC 正弦波振荡电路的工作原理、起振条件、稳幅原理及振荡平衡条件。

9.1 振荡器概念与分类

振荡器通常是指在放大电路的基础上加上正反馈环节而形成的能产生各种周期性波形输出的系统电路。

振荡器按输出信号波形的不同可分为正弦波振荡器和非正弦波振荡器,正弦波振荡器又有 RC、LC、石英晶体等振荡器;非正弦波振荡器又有方波、三角波等发生器。

振荡器分类如图 9.1.1 所示。

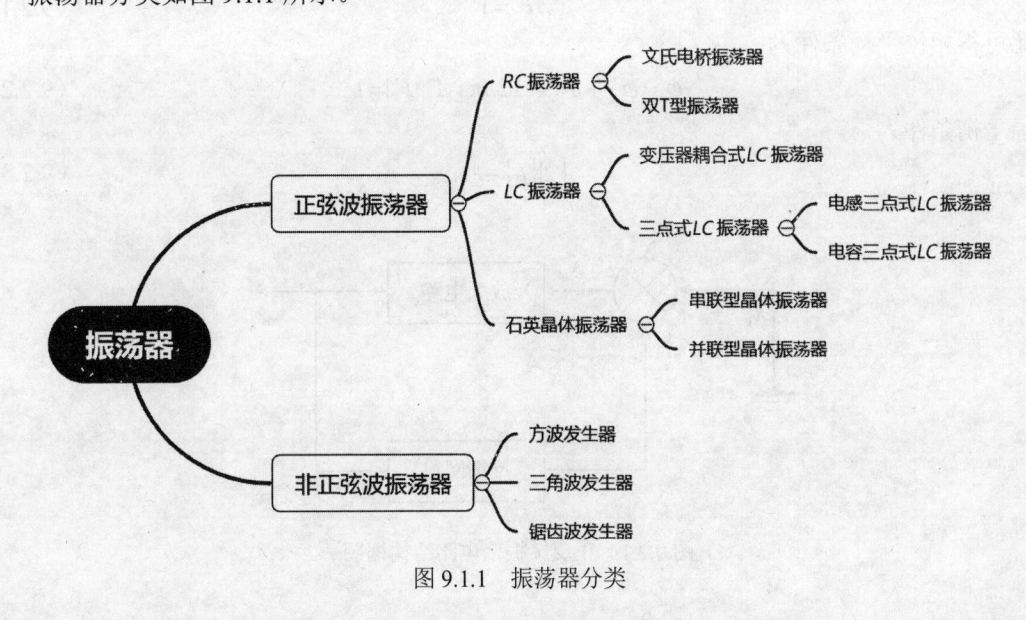

图 9.1.1 振荡器分类

9.2　正弦波振荡电路的基本工作原理

正弦波振荡器是一个不需外加任何输入激励信号，就能产生一定频率、一定幅度的交流信号输出的放大电路。那么它的稳定输入信号是由什么提供的呢？其实在振荡电路接通的瞬间，放大电路中会存在着含各种频率的微弱的噪声信号，只要在放大电路中引入正反馈，噪声就会被不断放大，当输出增大到一定程度的时候，其反馈量就可为输入量。因此，**放大电路和正反馈网络**是振荡电路的最基本电路。但如果正反馈量太大，输出就会越来越大，使输出波形产生非线性失真；若正反馈不足，则电路减振，甚至停振。因此，振荡电路需要一个能使逐渐增大的输出变成一个稳定的不失真的波形的电路，即**稳幅电路**。同时，为了获得某一频率的正弦波，正弦波振荡器必须对符合要求的某一频率信号逐步放大，对其他频率信号进行衰减，完成此功能的电路被称为**选频网络**。选频网络往往和正反馈网络或放大电路合二为一。选频网络通常由 R、C 或 L、C 等电抗性元件组成。正弦波振荡电路的名称一般由选频网络所用的元件命名，如 RC 正弦波振荡电路，LC 正弦波振荡电路。

因此，正弦波振荡电路由**放大电路、正反馈网络、稳幅电路、选频网络**组成，是一个没有输入的带选频和稳幅网络的正反馈放大电路，是各类波形发生器和信号源的核心。振荡电路产生振荡的条件有平衡条件和起振条件。

1. 振荡平衡条件

振荡器采用图 9.2.1 所示的正反馈，达到平衡稳定时，需要振荡电路的输入信号 $\dot{X}_i = 0$，即没有外加激励信号时，电路也有稳定的输出，因此电路需要满足 $\dot{X}_{id} = \dot{X}_f$，反馈量作为放大电路的输入，因此可得

$$\dot{X}_{id} = \dot{X}_f$$
$$\dot{X}_{id} \dot{A} \dot{F} = \dot{X}_f$$

即振荡平衡条件为

$$\dot{A}\dot{F} = 1 \tag{9.2.1}$$

由此可得相位平衡条件为

$$\varphi = \varphi_A + \varphi_F = \pm 2n\pi \quad |\dot{A}\|\dot{F}| = 1 \tag{9.2.2}$$

振幅平衡条件为

$$|\dot{A}\|\dot{F}| = 1 \tag{9.2.3}$$

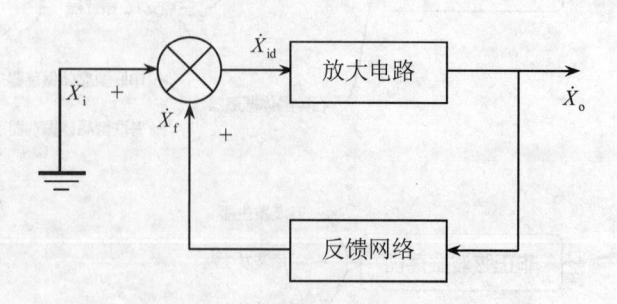

图 9.2.1　正反馈振荡电路结构框图

电路只符合相位平衡条件,则电路输出逐渐衰减,将会停振;若电路符合振幅平衡条件,不符合相位平衡条件,则电路输出也会衰减,只有同时符合这两个条件,振荡电路才能振荡。

2. 起振条件和稳幅原理

噪声中的某频率信号满足相位平衡条件,又满足$|\dot{A}||\dot{F}|>1$(起振幅度条件)时,该信号会在正反馈的作用下逐渐增大(也叫起振);若信号满足$|\dot{A}||\dot{F}|<1$,则该信号会逐渐衰减消失。振荡电路中的选频网络Q值通常很高,带宽极窄,因此被选频网络选中的某个频率的正弦波在满足相位平衡条件下,其会满足起振幅度条件而逐渐增大,而其他频率的正弦波则不符合相位平衡条件或起振幅度条件而逐渐衰减。起始振荡信号比较微弱时,电路通常可以认为工作在线性区。经不断地对符合相位平衡条件的微弱信号进行放大→选频→反馈→再放大,一个与振荡回路固有频率相同的自激振荡便由小到大地建立起来。起振波形建立过程如图9.2.2所示。

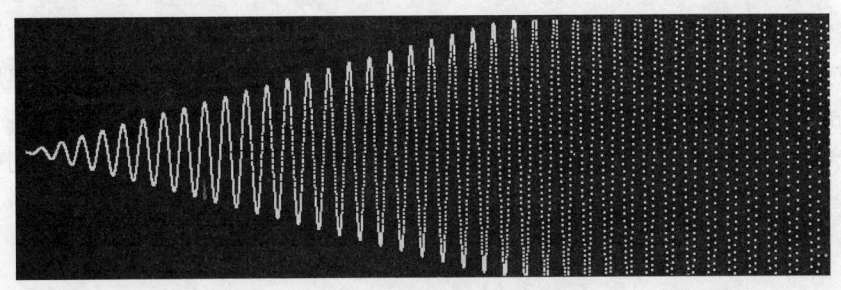

图9.2.2 起振波形建立过程

起振后就要产生增幅振荡,输出会变得越来越大,若不加以限制,则输出信号会严重失真,因此电路中需要靠三极管大信号的非线性特性去限制幅度的增加,这样电路必然产生一定程度的失真从而产生其他谐波。而选频网络可以选出失真波形的基波分量作为输出信号,从而获得正弦波输出。

当然,也可以设计时在反馈网络中加入非线性稳幅环节,例如,用负温度系数电阻或正温度系数电阻组成电路以调节放大电路的增益,从而达到稳幅的目的。

9.3 RC 正弦波振荡器

选频网络采用RC电路为核心部分的正弦波振荡电路,被称为RC正弦波振荡器。由于RC电路本身特点限制,它只适合在低频情况下应用,一般产生信号频率范围为1Hz~1MHz。

RC桥式正弦波振荡电路是常用的正弦波产生电路,其结构框图如图9.3.1所示。图中RC串并联网络作为选频网络,集成运放和电阻组成电压串联负反馈放大电路和稳幅电路。下面对上述两部分电路进行特性分析。

1. RC串并联选频网络分析

RC串并联选频网络如图9.3.2所示,设反馈信号的角频率为ω,选频网络的传输系数为

$$\dot{F}=\frac{\dot{U}_\mathrm{O}}{\dot{U}_\mathrm{f}}$$

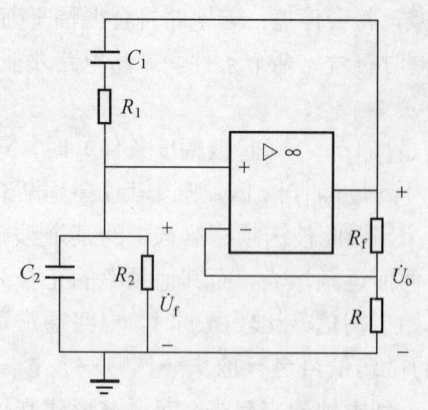

图 9.3.1　RC 桥式正弦波振荡电路结构框图 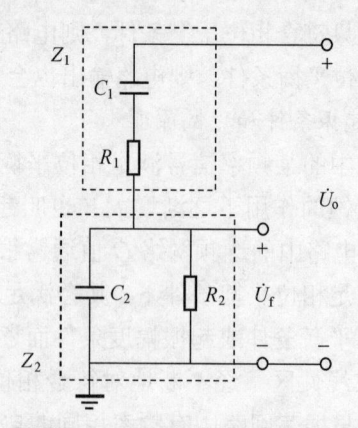　　　　图 9.3.2　RC 串并联选频网络

定性分析：由于容抗 $X=1/(\omega C)$，所以当 ω 很大时，电容 C_1、C_2 容抗很小，电容的阻抗特性可以忽略，串联部分阻抗近似等效为电阻特性，并联部分阻抗等效为电容的阻抗特性。整个电路可等效为一个低通电路，反之，当 ω 很小时，串并联电路的阻抗特性与上述相反，整个电路为一个高通电路，因此电路应该有一个适当的角频率，使选频网络的传输系数最大。

定量分析：RC 串联部分的阻抗用 Z_1 表示，RC 并联部分的阻抗用 Z_2 表示，则有

$$Z_1 = R_1 + \frac{1}{j\omega C_1} \tag{9.3.1}$$

$$Z_2 = R_2 // \frac{1}{j\omega C_2} = \frac{R_2}{1+j\omega R_2 C_2} \tag{9.3.2}$$

则传输系数为

$$\dot{F} = \frac{\dot{U}_o}{\dot{U}_f} = \frac{Z_2}{Z_1 + Z_2} = \frac{1}{\left(1+\frac{R_1}{R_2}+\frac{C_2}{C_1}\right)+j\left(\omega R_1 C_2 - \frac{1}{\omega R_2 C_1}\right)} \tag{9.3.3}$$

在实际应用中，常取 $C_1 = C_2 = C$，$R_1 = R_2 = R$，则有

$$\dot{F} = \frac{1}{3+j\left(\omega RC - \frac{1}{\omega RC}\right)}$$

令 $\omega_0 = \frac{1}{RC}$，则可得选频网络的幅频特性为：

$$|\dot{F}| = \frac{1}{\sqrt{3^2 + \left(\frac{\omega}{\omega_0} - \frac{\omega_0}{\omega}\right)^2}}$$

相频特性表达式为

$$\varphi_F = -\arctan\frac{\frac{\omega}{\omega_0} - \frac{\omega_0}{\omega}}{3}$$

作出频率特性曲线，如图 9.3.3 所示，可以得知，频率 $\omega_0 = 1/RC$ 时，幅频值最大为 1/3，相位 $\varphi_F = 0$。因此该网络有选频特性。

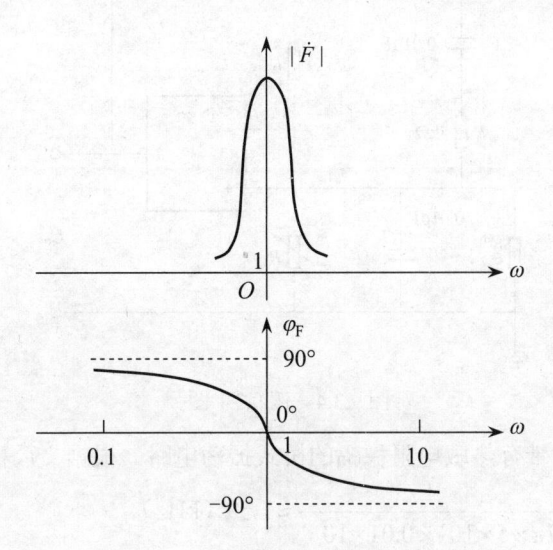

图 9.3.3 RC 串并联网络频率特性曲线

2. 基本放大电路分析

运用集成运放的有关知识可算得放大电路的放大倍数为 $A = 1 + \dfrac{R_f}{R}$，相移为 $\varphi_A = 0$。这两个参数与基本放大电路的输入信号的频率无关。

电路中 $\varphi_A = 0$，根据串并联电路传输系数的相频特性可知只有在 ω_0 处 $\varphi_F = 0$，信号才符合 $\varphi_A + \varphi_F = 0$ 的相位平衡条件，此时 $|\dot{F}| = \dfrac{1}{3}$，若 $|\dot{A}| = 3$，则满足振荡的幅度条件 $|\dot{A}\dot{F}| = 1$，所以稳定振荡时，基本放大电路放大倍数应该为 $|\dot{A}| = 3$。即

$$\frac{R_f}{R} = 2$$

为使电路起振，应满足条件 $|\dot{A}| > 3$，即 $R_f > 2R$。起振后若 R_f 一直大于 $2R$，则输出振幅不断增大，放大器件会工作在线性失真的状态，输出波形将产生严重的波形失真，此时必须让 $|\dot{A}|$ 适当减少，来让输出维持不变，即 $|\dot{A}|$ 由开始的大于 3 最终向等于 3 转变。因此，若电阻 R_f 为热敏电阻，则随着温度的升高，其值应该降低，即 R_f 应为负温度系数电阻。当起振时输出电压的增加会使负反馈电阻的温度上升，R_f 上消耗的功率增大，R_f 阻值变小，放大倍数 $|\dot{A}|$ 下降，输出电压幅度也会下降，当 $|\dot{A}| = 3$ 时，电路进入平衡状态，输出电压稳定。用 R 为正温度系数的热敏电阻，同样可以达到稳幅的目的。

则输出信号角频率为 $\omega_0 = \dfrac{1}{RC}$ 时

$$f_0 = \frac{1}{2\pi RC} \tag{9.3.4}$$

【例 9.3.1】图 9.3.4 所示电路为 RC 文氏电桥振荡器，求：
（1）振荡频率 f_0。
（2）热敏电阻 R_t 的冷态阻值。
（3）R_t 应具有的温度特性。

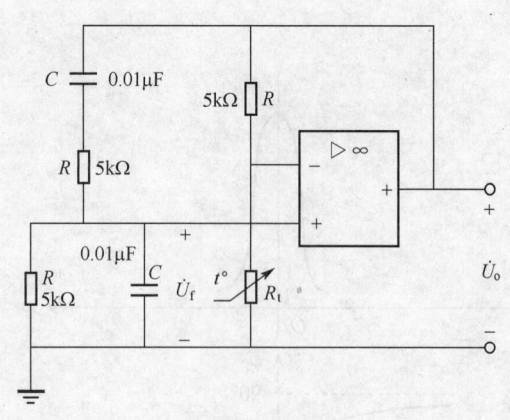

图 9.3.4 例 9.3.1 图

解：图 9.3.4 所示为带有热敏电阻稳幅的桥式振荡电路。根据文氏桥电路特点，有

（1） $f_0 = \dfrac{1}{2\pi RC} = \dfrac{1}{2\pi \times 5 \times 10^3 \times 0.01 \times 10^{-6}} \approx 1.59$（kHz）

（2）由起振条件可知，由集成运放构成的同相放大器的增益 A_f 必须大于 3，即

$$A_f = 1 + \dfrac{R}{R_t} = 1 + \dfrac{R}{R_t} > 3$$

$R > 2R_t$，也就是要求热敏电阻的冷态阻值应小于 2.5kΩ。

（3）要实现稳幅，R_t 随温度升高，其阻值应该增大，因此 R_t 为正温度系数的热敏电阻。这是因为振荡器起振后，随着振荡幅度的增大，致使其温度升高，阻值相应地增大，放大器的增益 A_u 随之减小，直到 $R_t = R/2$（或 $A_u = 3$）时，振荡器才可以进入平衡状态。

9.4 LC 正弦波振荡电路

LC 正弦波振荡电路的组成与 RC 正弦波振荡电路形式基本相同，也包括放大电路、正反馈网络、选频网络和稳幅电路。二者的主要区别在于选频网络，LC 正弦波振荡电路一般由 LC 并联电路完成选频作用，正反馈网络因 LC 正弦波振荡电路的类型而有所不同。在各种不同的振荡电路中，有的反馈网络就是选频网络，有的反馈网络与选频网络分开，有的反馈网络是选频网络的一部分。采用何种方式，根据工程环境需要具体设计决定。为说明 LC 正弦波振荡电路的工作原理，先讨论 LC 并联电路的频率特性。

9.4.1 LC 并联谐振电路的频率响应

（1）定性分析：电容和电感并联，输入信号频率过高时，电感感性很大，相当于开路，电路呈容性，频率变大，电容的容抗变小，总的阻抗变小；输入信号频率过低时，电容容抗很大，相当于开路，电路呈感性，频率越小，感抗越小，总的阻抗变小，因此，应该有一频率 ω_0 使电路的总的阻抗最大。

（2）定量分析：LC 并联谐振电路如图 9.4.1 所示。

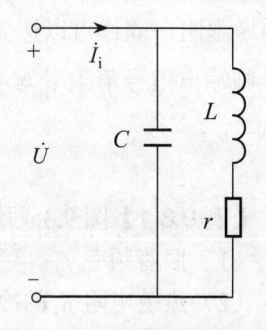

图 9.4.1 LC 并联谐振电路

显然，随着**输入信号频率**的变化，并联谐振电路的阻抗也跟着变化，其阻抗为

$$Z = \frac{\dot{U}}{\dot{I}} = \frac{1}{Y} = \frac{1}{j\omega C + \dfrac{1}{r + j\omega L}} = \frac{1}{\dfrac{r}{r^2 + (\omega L)^2} + j\left[\omega C - \dfrac{\omega L}{r^2 + (\omega L)^2}\right]} \tag{9.4.1}$$

当 $\omega C - \dfrac{\omega L}{r^2 + (\omega L)^2} = 0$ 时，$\dot{U}$ 和 $\dot{I}$ 同相，LC 并联电路呈电阻属性，电路处于谐振状态。此时并联谐振的角频率 ω_0 满足关系 $\omega_0 C = \dfrac{\omega_0 L}{r^2 + (\omega_0 L)^2}$，由此可得

$$\omega_0^2 = \frac{\dfrac{1}{LC}}{\dfrac{r^2}{(\omega_0 L)^2} + 1}$$

电感内阻 r 很小，故 $\left(\dfrac{r}{\omega_0 L}\right)^2 \approx 0$，在计算中可忽略不计，因此可求得谐振角频率

$$\omega_0 \approx \frac{1}{\sqrt{LC}} \tag{9.4.2}$$

LC 并联电路的谐振频率为

$$f_0 \approx \frac{1}{2\pi\sqrt{LC}} \tag{9.4.3}$$

同时可求得并联电路谐振时的等效阻抗为

$$Z_0 = \frac{1}{Y_0} = \frac{r^2 + (\omega_0 L)^2}{r} = \frac{\dfrac{r^2}{(\omega_0 L)^2} + 1}{\dfrac{r}{(\omega_0 L)^2}} \approx \frac{(\omega_0 L)^2}{r} = \frac{L}{rC} \quad \text{（由三元件决定）} \tag{9.4.4}$$

在 ω_0 附近，由式（9.4.4）得 LC 并联电路的阻抗近似表示为

$$\begin{aligned} Z &= \frac{1}{\dfrac{r}{r^2 + (j\omega L)^2} + j\left[\omega C - \dfrac{\omega L}{r^2 + (\omega L)^2}\right]} \approx \frac{1}{rC/L + j\left[\omega C - \dfrac{\omega L}{r^2 + (\omega L)^2}\right]} \\ &= \frac{L/rC}{1 + j\dfrac{L}{rC}\left(\omega C - \dfrac{1}{\omega L}\right)} = \frac{Z_0}{1 + j\left(\dfrac{\omega L}{r} - \dfrac{1}{\omega rC}\right)} \approx \frac{Z_0}{1 + j\left(Q - \dfrac{Q}{\omega^2 LC}\right)} \\ &\approx \frac{Z_0}{1 + jQ\left(1 - \dfrac{\omega_0^2}{\omega^2}\right)} \end{aligned}$$

LC 并联谐振电路的阻抗幅频特性如图 9.4.2 所示。

谐振阻抗相同的情况下，Q 值越大，阻抗幅频特性越陡，电路的选频特性越好，如图 9.4.3 所示。

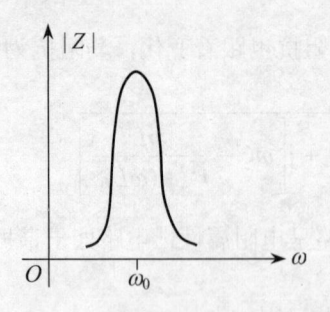

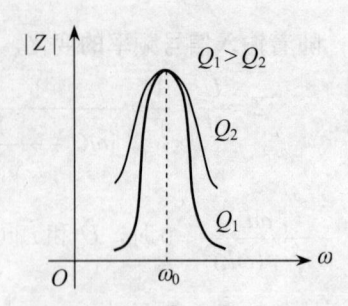

图 9.4.2　LC 并联谐振电路的阻抗幅频特性　　图 9.4.3　不同 Q 值时 LC 并联谐振电路的阻抗幅频特性

LC 并联谐振电路相频特性如图 9.4.4 所示。

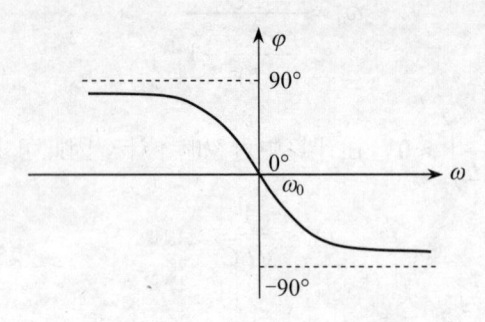

图 9.4.4　LC 并联谐振电路相频特性

并联谐振时，电感或电容储存的最大能量与电阻一个周期内消耗的能量比乘以 2π 定义为电路的品质因数 Q，可推导出

$$Q = \frac{\omega_0 L}{r} = \frac{1}{\omega_0 Cr} \approx \frac{1}{r}\sqrt{\frac{L}{C}} \tag{9.4.5}$$

对于图 9.4.3 所示的谐振曲线，图中 $Q_1 > Q_2$，Q 值大的曲线较陡较窄。由式（9.4.4）及式（9.4.5）可以得到并联谐振电路的谐振阻抗为

$$Z_0 = \frac{L}{Cr} = Q\omega_0 L = \frac{Q}{\omega_0 C} \approx Q\sqrt{\frac{L}{C}} = Q^2 r \tag{9.4.6}$$

谐振时，电路总的阻抗是电感感抗的 Q 倍、电容容抗的 Q 倍，或内阻的 Q^2 倍。当 Q 较大时，LC 并联谐振电路相当于一个非常大的电阻，可等效为开路。

9.4.2　变压器耦合式 LC 振荡器

变压器耦合式 LC 振荡器是通过变压器的耦合作用将反馈信号送到放大器的输入端的，常见的有集电极调制变压器耦合式、射级调制变压器耦合式和基极变压器耦合式 3 种。

1. 集电极调制变压器耦合式 LC 振荡器

集电极调制变压器反馈 LC 振荡电路如图 9.4.5（a）所示，R_1、R_2 构成分压式偏置电路，R_3 是发射极直流负反馈电阻，它们提供放大器的稳定的静态偏置。C_2 是耦合电容，C_3 是交流旁路电容，二者对振荡信号相当于短路。作出其交流通路，如图 9.4.5（b）所示，LC 并联谐振电路作为三极管的负载，反馈线圈 L_2 与电感线圈 L_1 相耦合，将反馈信号送入三极管的输入回路。调整反馈线圈的匝数可以改变反馈信号的强度，以使正反馈的幅度条件得以满足。L_1、

C_1 构成的并联谐振回路作为选频回路。当信号频率等于固有谐振频率 f_0 时，L_1、C_1 并联谐振回路发生谐振，放大器通过 LC 并联回路使频率为 f_0 的信号输出最大，并且相移为零，使电路符合稳定振荡的相位条件。

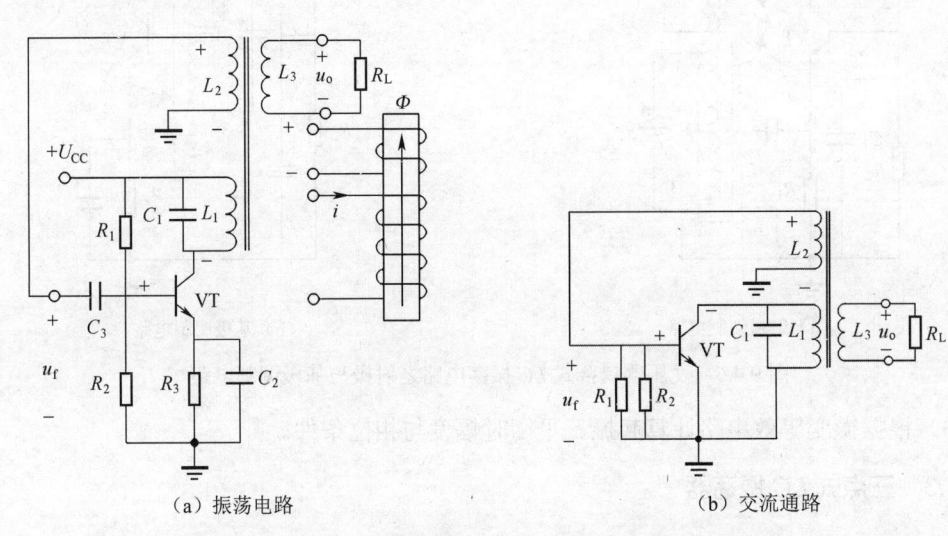

（a）振荡电路　　　　　　　　　　（b）交流通路

图 9.4.5　集电极调制变压器耦合式 LC 振荡电路及其交流通路

只要三极管电流放大倍数 β 和 L_1 与 L_2 的匝数比合适，满足振幅条件，就能产生频率为 f_0 的振荡信号。该电路功率增益高，容易起振，但振荡幅度容易受到振荡频率大小的影响。

2. 射极调制与基极调制变压器耦合式 LC 振荡器

如图 9.4.6（a）所示为射极调制电路，LC 并联回路是选频网络，L_3 是负载线圈。通过变压器 L_3 和 L 之间的互感作用，在 L 上产生感应电动势，LC 选频网络进行选频、L 线圈 2、3 端的反馈电压加到三极管的发射极与基极之间并使之产生振荡。正反馈量的大小可以通过调节 L 的匝数或 L、L_3 两个线圈之间的距离来改变。调整可变电容器 C 可以调节振荡频率 f_0。

共基电路的输入阻抗很低，为了不降低选频回路的 Q 值，以保证振荡频率的稳定，采用部分接入法比较适合工程要求，如图 9.4.6（a）所示。这样，加到三极管输入端的信号只取自 L 的一小部分。该电路的特点是频率调节方便，输出波形较好。

图 9.4.6（b）所示为基极调制电路，其原理与射极调制、集电极调制基本上相同，这里不再赘述。

变压器耦合式 LC 振荡器的分析同样遵循放大器分析步骤与方法。

（1）能否振荡的判断：
- 直流偏置：保证三极管工作在放大状态。
- 相位起振条件：由变压器的同名端来保证是正反馈。
- 幅度起振条件：计算是否满足起振稳定条件。

（2）画微变等效电路注意事项：
- 耦合、旁路等电容都是大电容，交流短路。
- 画交流通路时一般略去偏置电阻。
- 反馈到哪里就以哪里作输入端。

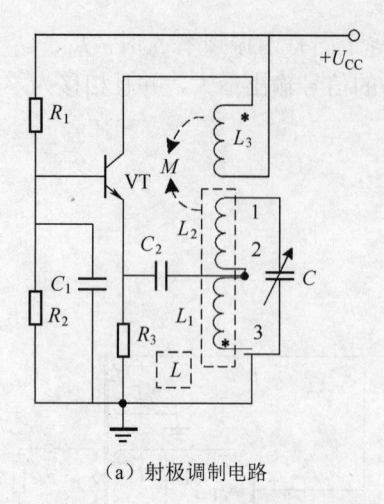

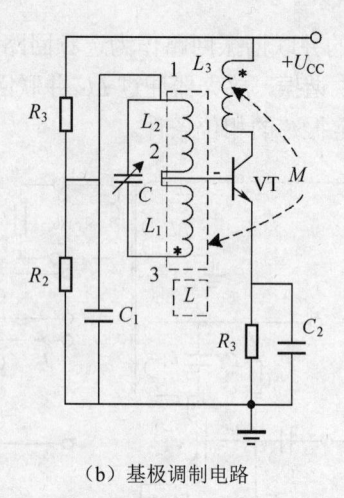

(a) 射极调制电路　　　　　　　　　　(b) 基极调制电路

图 9.4.6　变压器耦合式 LC 振荡电路之射极与基极调制电路

(3) 根据微变等效电路计算起振、平衡时幅度与相位条件。

9.4.3　三点式 LC 振荡器

三点式 LC 振荡器的主要特点是反馈网络和选频网络都由并联谐振电路构成，谐振回路由 3 部分电路组成，其 3 个引出端分别与基本放大电路的 3 个端相连，如图 9.4.7 所示。若该电路能振荡，则称这种电路为三点式 LC 振荡器。图中的放大部分可由三极管放大电路或集成运放构成。

若基本放大电路由三极管构成，则将不同组态的三极管放大电路替代图中的基本放大电路部分，便可得到不同形式的三点式 LC 振荡器。基本放大电路为共射时可得图 9.4.8 所示的三点式 LC 振荡器。

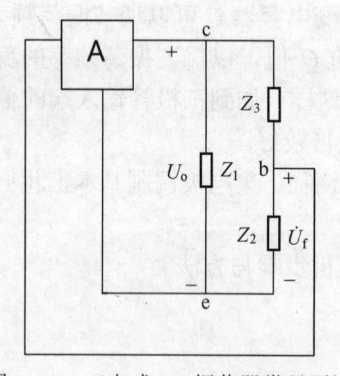

图 9.4.7　三点式 LC 振荡器常见画法 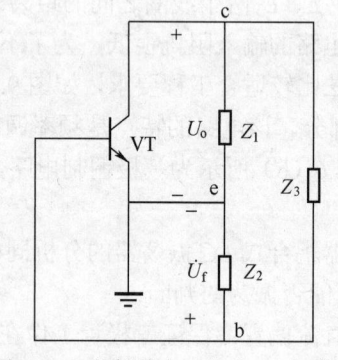　　　图 9.4.8　共射放大三点式 LC 振荡器

要满足什么条件此电路才能振荡？为简化分析，忽略三部分电路的电阻属性，只考虑其电抗属性，并假设三部分电路阻抗分别为 Z_1、Z_2、Z_3，则选频网络并联谐振时，并联电路作为电阻性的负载，能使三极管放大电路产生的相移为 $\varphi_A = 180°$，若此时反馈网络产生的相移 $\varphi_F = 180°$，则电路将满足振荡的相位平衡条件，只要放大电路参数设计合理，电路就能振荡。

选频网络谐振时，总有 $Z_1 + Z_2 + Z_3 = 0$，此时选频网络的反馈系数为

$$\dot{F} = \frac{\dot{U}_f}{\dot{U}_o} = \frac{Z_2}{Z_2 + Z_3} = -\frac{Z_2}{Z_1} \qquad (9.4.7)$$

若要满足 $\varphi_F = 180°$，则 $Z_2/Z_1 > 0$，即 Z_1 和 Z_2 必须是同电抗属性。又因为 $Z_1 + Z_2 + Z_3 = 0$，则 Z_3 必须是与 Z_1、Z_2 不同性质的电路。

因此图 9.4.8 所示的电路要能振荡必须满足：Z_1 和 Z_2 必须同性质，且与 Z_3 性质相反。表现在电路上就是与发射极相连的两元件必须是同种性质的元件，而与其他极相连的两元件必须是相反性质的元件，这一特点可以用"射同基异"来概括。这一特点对于基本放大电路是由共基极和共集电极放大电路构成的三点式电路也适用。满足这个特点的共射三点式 LC 振荡电路如图 9.4.9 所示。

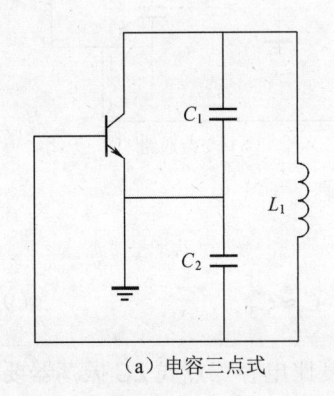

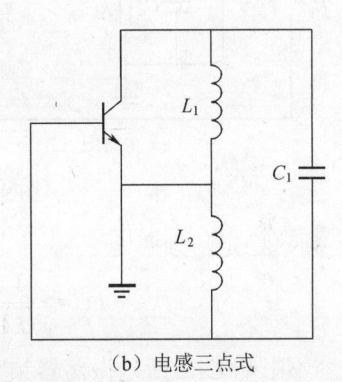

（a）电容三点式　　　　　　　　　　　　（b）电感三点式

图 9.4.9　共射三点式 LC 振荡电路

在图 9.4.9（a）中与发射极相连同属性的是电容，电容与三极管的 3 个极连在一起，称为电容三点式，在图 9.4.9（b）中与发射极相连同属性的是电感，电感与三极管的 3 个极连在一起，称为电感三点式。许多变形的三点式 LC 振荡电路，Z_1、Z_2、Z_3 往往不都是单一的电抗元件，而是可以由不同的电抗元件组成。但是，多个不同的电抗元件构成的复杂电路，在频率一定时，可以等效为一个电感或电容。根据等效电抗是否具备"射同基异"的条件，便可判明该电路是否起振。

（1）电容三点式 LC 振荡器：也称**考毕兹振荡电路**。如图 9.4.10 所示，电路特点是与三极管发射极相连的都是电容，与基极相连的一个是电容一个是电感。由

$$j\omega_0 L + \left(-j\frac{1}{\omega_0 C_1}\right) + \left(-j\frac{1}{\omega_0 C_2}\right) = 0$$

可得，振荡频率为

$$\omega_0 = \frac{1}{\sqrt{LC}} \qquad (9.4.8)$$

其中，$C = \dfrac{C_1 C_2}{C_1 + C_2}$，即 C 为电感两端等效的总电容。

（2）克拉泼振荡器。三极管存在极间电容，它们并联在 C_1、C_2 上。温度变化时，极间电容的变化会影响 C_1 与 C_2 的值，从而改变反馈系数而影响振荡频率。因此考毕兹振荡电路的振荡频率受温度等因素的影响较大，不稳定。因此，在考毕兹振荡电路的电感支路串联 C_3 加以改进，便得到一种稳定性更高的电路——克拉泼振荡器，如图 9.4.11 所示。一般，设计时要考

虑 $C_3 \ll C_1$，$C_3 \ll C_2$。该电路有以下特点。

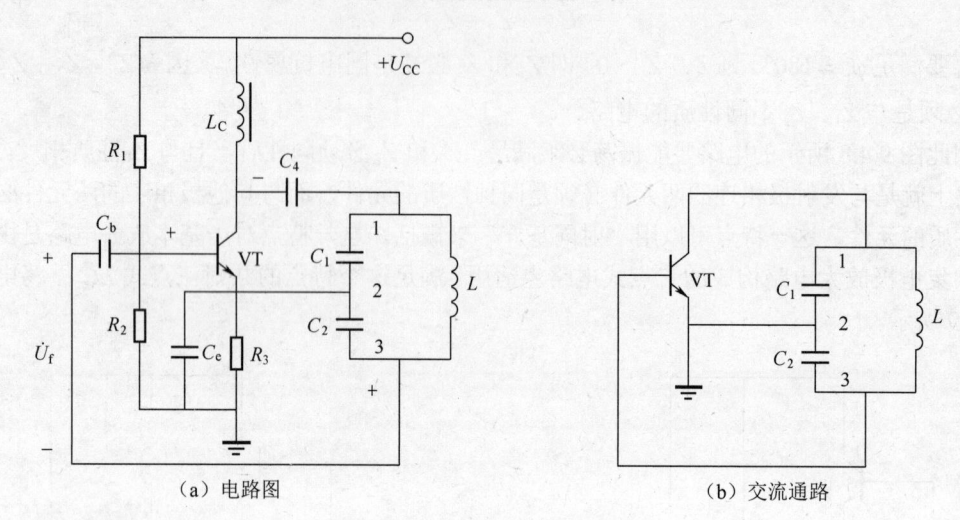

(a) 电路图　　　　　　　　　(b) 交流通路

图 9.4.10　电容三点式 LC 振荡器

1）频率稳定，频率为

$$\omega_0 = \frac{1}{\sqrt{LC}}, \quad \frac{1}{C} = \frac{1}{C_1} + \frac{1}{C_2} + \frac{1}{C_3}, \quad C \approx C_3 \qquad (9.4.9)$$

极间电容不影响 C_3，所以振荡器频率基本不变。频率稳定度比电容三点式 LC 振荡器要好。

2）频率不可调，即 C_3 不能是可变的，否则振荡信号幅度会随频率而变，甚至停振。

3）在频率高时起振较难，不适合用作波段振荡器。

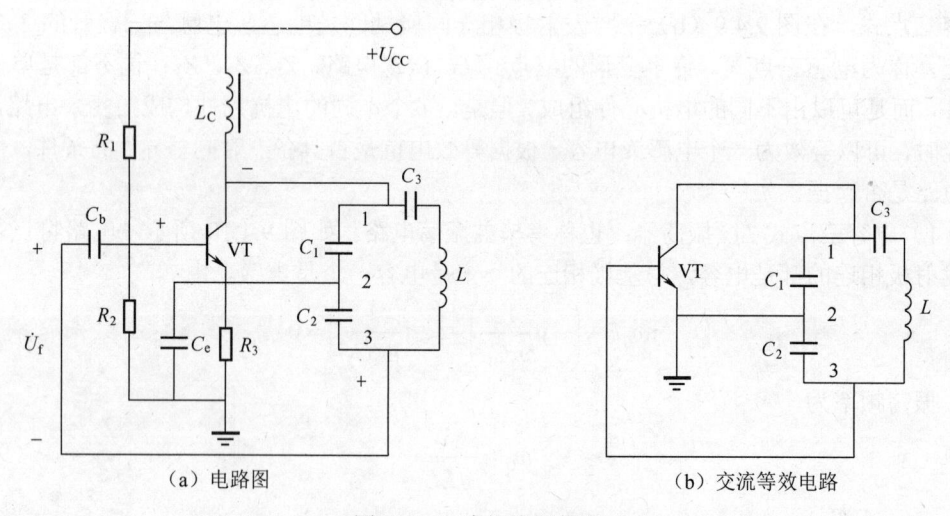

(a) 电路图　　　　　　　　　(b) 交流等效电路

图 9.4.11　克拉泼振荡器

（3）电感三点式 LC 振荡器：又称哈特莱振荡器。其中一种共射电感三点式 LC 振荡电路如图 9.4.12（a）所示，其交流通路如图 9.4.12（b）所示。电感线圈 L_1 和 L_2 是一个线圈，2 点是中间抽头。若设某个瞬间基极电压增大，线圈上的瞬时极性如图中所示，则反馈到基极的极性对地为正，符合正反馈的相位条件。

(a) 共射电感三点式 LC 振荡电路　　　　　(b) 交流通路

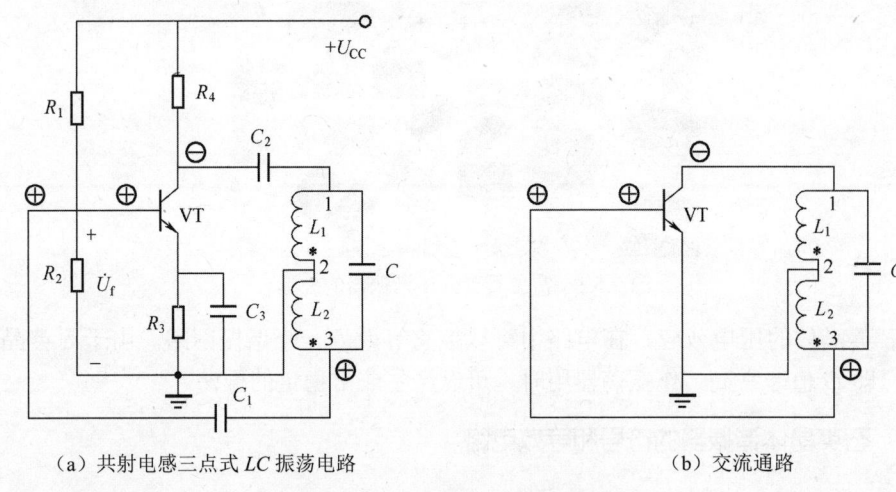

图 9.4.12　电感三点式振荡器

1) 振荡器的振荡频率为

$$\omega_0 = \frac{1}{\sqrt{LC}}$$

其中，L 为与 C 并联的总电感，$L = L_1 + L_2 + 2M$，L_1、L_2 是自感系数，M 是互感系数。若改变同名端位置，将同名端连接在一起，则 $L = L_1 + L_2 - 2M$。

2) 反馈系数为

$$F = \frac{\dot{U}_f}{\dot{U}_o} = -\frac{Z_{be}}{Z_{ce}} = -\frac{L_2 + M}{L_1 + M} \tag{9.4.10}$$

以上所介绍的 LC 振荡器均是采用 LC 元件作为选频网络的。由于 LC 元件的标准性较差，所以谐振回路的 Q 值较低，空载 Q 值一般不超过 300，有载 Q 值就更低，所以 LC 振荡器的频率稳定度不高，一般为 10^{-3} 量级，即使是克拉泼振荡器也只能达到 10^{-4} 量级。如果需要频率稳定度更高的振荡器，可以采用晶体振荡器。

9.5　石英晶体振荡电路

RC 振荡电路和 LC 振荡电路的频率稳定度比较差。为了提高振荡电路的频率稳定度，可采用石英晶体振荡电路，其频率稳定度一般可达 $10^{-6} \sim 10^{-8}$ 量级，甚至可高达 $10^{-9} \sim 10^{-11}$。

9.5.1　石英晶体谐振器的原理与特性

晶振是石英晶体谐振器的简称，是用石英晶体经精密切割磨削并镀上电极焊上引线做成。这种晶体如果给它机械力，它又会产生电，当外力去掉后，它又会恢复到不带电的状态，这种现象被称为压电效应。如果给它通交流电，它就会产生机械振荡，这种现象被称为逆压电效应。由于石英晶体化学性能非常稳定，热膨胀系数非常小，所以其谐振频率非常稳定。常见石英晶体谐振器的外形如图 9.5.1 所示。

图 9.5.1 常见石英晶体谐振器的外形

根据石英晶体的压电效应,在电路中可以把它等效为一个谐振回路。由于石英晶体的损耗非常小,即 Q 值非常高,作振荡器用时,可以产生非常稳定的振荡。

9.5.2 石英晶体谐振器的符号和等效电路

图 9.5.2 所示为石英晶体谐振器的电路符号和等效电路。其中,C_0 为安装电容,电容值为 $1\sim 10\text{pF}$;L_q 为动态电感,值为 $10^{-3}\sim 10^2\text{H}$;C_q 为动态电容,值为 $10^{-4}\sim 10^{-1}\text{pF}$;$r_q$ 为动态电阻,值为几十欧至几百欧。

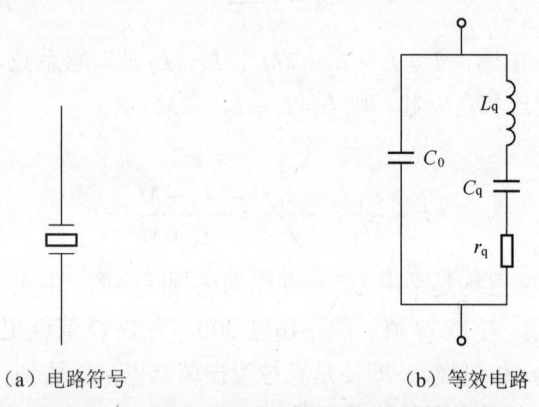

(a)电路符号　　(b)等效电路

图 9.5.2 石英晶体谐振器的电路符号和等效电路

9.5.3 石英晶体谐振器的阻抗频率特性

石英晶体谐振器的阻抗频率特性曲线如图 9.5.3 中两条实线所示。

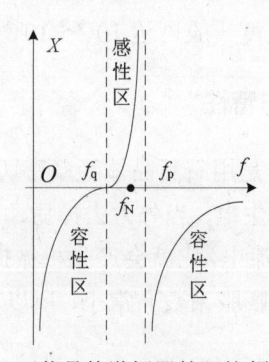

图 9.5.3 石英晶体谐振器的阻抗频率特性曲线

石英晶体谐振器有两个谐振频率：串联谐振频率和并联谐振频率。

（1）串联谐振频率 f_q 为

$$f_\mathrm{q} = \frac{1}{2\pi\sqrt{L_\mathrm{q}C_\mathrm{q}}} \tag{9.5.1}$$

（2）并联谐振频率 f_p 为

$$f_\mathrm{p} = \frac{1}{2\pi\sqrt{L_\mathrm{q}\left(\dfrac{C_0 C_\mathrm{q}}{C_0 + C_\mathrm{q}}\right)}} \tag{9.5.2}$$

石英晶体谐振器还有一个标称频率 f_N，f_N 的值位于 f_q 与 f_p 之间，这是指石英晶体两端并接某一规定负载电容 C_L 时的振荡频率。负载电容 C_L 的值在生产厂家的产品说明书中有注明。

9.5.4 晶体振荡电路

晶体振荡电路可分成两类。一类是将晶振作为等效电感元件用在三端电路中，工作在感性区间（工作频率在 f_p 和 f_q 之间），称这种电路为并联型晶体振荡器；另一类是将晶振作为一个短路元件串接于正反馈支路上，工作在它的串联谐振频率 f_q 上，称这种电路为串联型晶体振荡器。

1. 并联型晶体振荡器

并联型晶体振荡器的工作原理和三点式振荡器的相同，只是将其中一个电感元件换成石英晶体。石英晶体可接在三极管集电极与基极之间或基极与发射极之间，所组成的电路分别被称为皮尔斯振荡电路和密勒振荡电路。皮尔斯振荡电路如图 9.5.4 所示。

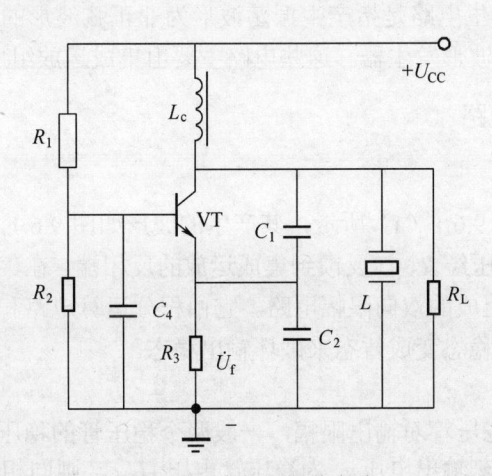

图 9.5.4 皮尔斯振荡电路

2. 串联型晶体振荡器

串联型晶体振荡器是将石英晶体用于正反馈支路中，利用其在串联谐振时等效为短路元件，电路反馈作用最强，满足振幅起振条件，使振荡器在晶振串联谐振频率上起振。图 9.5.5（a）所示为一种共基极的串联型单管晶体振荡器，图 9.5.5（b）所示是其交流等效电路。谐振频率取决于晶体，因此这里不再详细讲述电路工作原理。

(a) 电路　　　　　　　　　(b) 交流等效电路

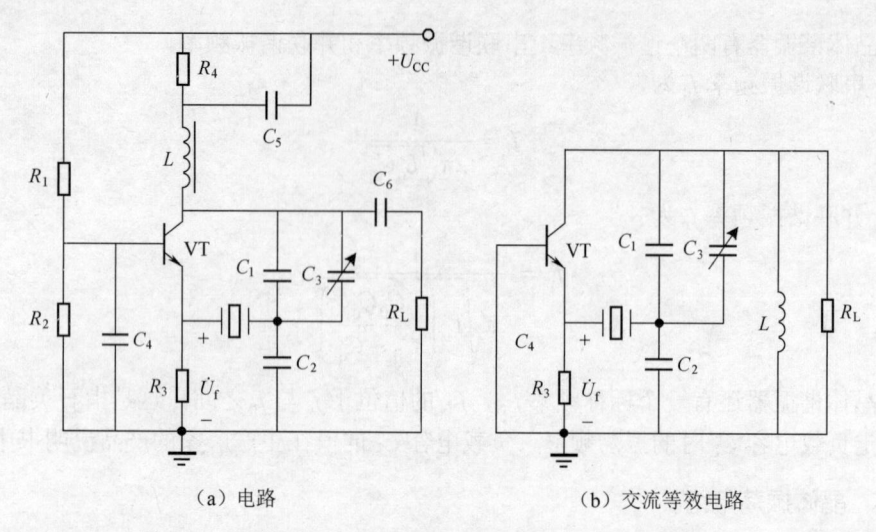

图 9.5.5　共基极的串联型单管晶体振荡器及其交流等效电路

石英晶体振荡器利用石英晶体的压电效应起振，而石英晶体谐振器是利用石英晶体和内置 IC 共同作用来工作的。石英晶体振荡器直接应用于电路中，石英晶体谐振器工作时一般需要提供 3.3V 电压来维持工作。石英晶体振荡器比石英晶体谐振器多了一个重要技术参数，即谐振电阻 R，而石英晶体谐振器没有电阻要求。R 的大小直接影响电路的性能。

9.6　非正弦波发生电路

所谓非正弦波信号发生电路是指产生振荡波形为非正弦波形的信号发生器，常见的有矩形波、三角波、锯齿波等波形发生器。这些电路主要由集成运放组成。

9.6.1　矩形波发生电路

1. 电路组成

矩形波发生电路如图 9.6.1（a）所示，其产生的波形如图 9.6.1（b）所示，它是在迟滞比较器的基础上，把输出电压经 R、C 反馈到集成运放的反相端，在集成运放的输出端引入限流电阻 R 和两个稳压管而组成的双向限幅电路。它由积分运算电路和滞回比较器组成。积分运算电路的作用是将输出的稳态变成暂态来破坏输出稳态。

2. 工作原理

电路通过电阻 R_4 和稳压管对输出限幅，一般两个稳压管的稳压值相等，则电路输出电压正、负幅度对称。设某时刻输出电压 u_o 为稳压管电压 $+U_Z$，则同相输入端电压为

$$u_+ = +U_Z \times \frac{R_2}{R_2 + R_3}$$

此时电容开始充电，电容电压 u_C 开始上升，当上升到 u_+ 时，集成运放的反向端电压比同相端高，集成运放的同相端电压变为

$$u_+ = -U_Z \times \frac{R_2}{R_2 + R_3}$$

(a) 电路　　　　　　　　　　　　(b) 波形

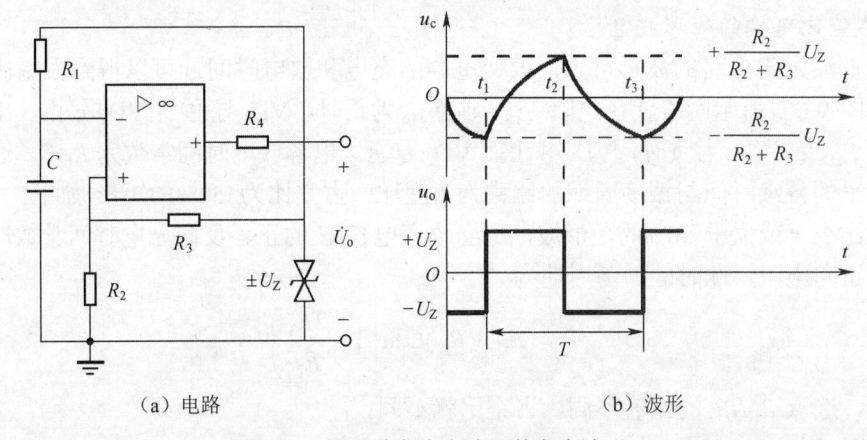

图 9.6.1　矩形波发生电路及其产生波形

此时电容开始放电，电容电压 u_- 开始下降，当下降到 u_+ 时，滞回比较器的输出电压跃变为稳压管电压 $+U_Z$，集成运放的同相端电压变为

$$u_+ = +U_Z \times \frac{R_2}{R_2+R_3}$$

此后电容又开始充电，上述过程周而复始，滞回比较器的输出电压就会在高低电平之间反复跳变，产生矩形波。

3. 振荡周期的计算

图 9.6.1（b）所示为在 $t_1 \sim t_3$ 时的一个方波的典型周期内输出端及电容 C 上的电压波形。在 t_1 时刻，$u_C = -\dfrac{R_2}{R_1+R_2}U_Z$，则在半周期的时间内电容 C 上的电压 u_C 将以指数规律由 $u_C = -\dfrac{R_2}{R_3+R_2}U_Z$ 向 $+U_Z$ 方向变化，根据一阶 RC 电路的三要素法计算，三要素为

$$\tau_{\text{冲}} = R_1C \ ; \quad u_C(\infty) = -U_Z \ ; \quad u_C(0+) = -\frac{R_2}{R_2+R_3}U_Z$$

由一阶 RC 电路的三要素法公式可得电容两端的电压为

$$u_C(t) = u_C(\infty) + [u_C(0+) - u_C(\infty)]e^{\frac{-t}{R_1C}} \tag{9.6.1}$$

由此得

$$t = \tau \ln \frac{u_C(0+) - u_C(\infty)}{u_C(t) - u_C(\infty)} \tag{9.6.2}$$

电路中电容通过电阻在电压 $-\dfrac{R_2}{R_3+R_2}U_Z$ 和 $+\dfrac{R_2}{R_3+R_2}U_Z$ 之间进行充放电，因此充电和放电的时间相等，因此将三要素代入式（9.6.2）可得 $\dfrac{T}{2} = 2R_1C\ln\left(1+\dfrac{2R_3}{R_2}\right)$，因此可得

$$T = 2R_1C\ln\left(1+\frac{2R_3}{R_2}\right) \tag{9.6.3}$$

由此可见，改变充放电回路的时间常数 R_1C 和滞回比较器的电阻 R_2、R_3，都可改变振荡周期。

4. 占空比可调的矩形波电路

由矩形波发生电路的波形可知，改变电容的充电和放电时间，可以得到占空比不同的矩形波，将图 9.6.2 所示网络代替电阻 R_1。则当 u_o 为正时，VD_1 导通而 VD_2 截止，电容充电时间常数为 $R_{f1}C$；当 u_o 为负时，VD_1 截止而 VD_2 导通，电容放电时间常数为 $R_{f2}C$。通常将矩形波为高电平的持续时间与振荡周期的比称为占空比。占空比为 50% 的矩形波叫作方波。如需产生占空比小于或大于 50% 的矩形波，适当改变电容 C 的正、反向充电时间常数即可。忽略二极管的正向电阻，此时的振荡周期为

$$T = (R_{f1} + R_{f1})C \ln\left(1 + \frac{2R_3}{R_2}\right) \tag{9.6.4}$$

由此可见，选取 R_{f1}/R_{f2} 的比值不同，占空比就不同。

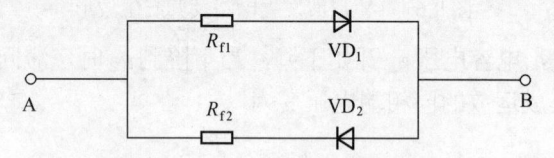

图 9.6.2 改变充放电时间常数网络

矩形波产生电路是非正弦信号发生电路。由于矩形波包含极丰富的谐波，所以，这种电路又被称为多谐振荡器。需要说明的是，多谐振荡器在工程上常利用时基电路 555 构成。

9.6.2 三角波发生电路

如将方波电压作为积分运算电路的输入，则积分运算电路输出三角波电压。

1. 电路组成

三角波发生电路如图 9.6.3（a）所示。它是由滞回比较器和积分运算电路组合而成的。积分运算电路的输出反馈给滞回比较器，作为滞回比较器的 U_{REF}。

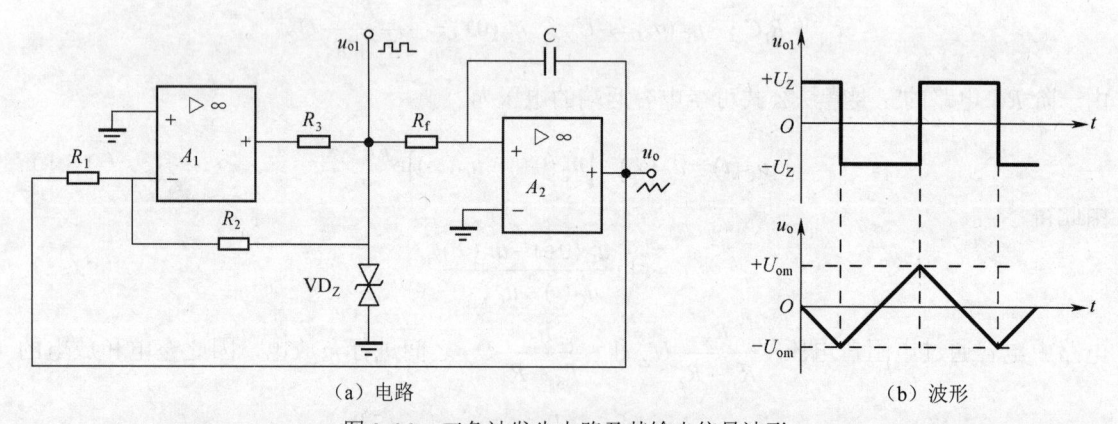

（a）电路　　　　　　　　　　　　（b）波形

图 9.6.3 三角波发生电路及其输出信号波形

2. 工作原理

当 $u_{o1}=+U_Z$ 时，电容 C 充电（根据电容的电流方向判断是充电还是放电），同时 u_o 按线性逐渐下降，当使 A_1 的 U_P 略低于 U_N 时，u_{o1} 从 $+U_Z$ 跳变为 $-U_Z$。波形如图 9.6.3（b）所示。在 $u_{o1}=-U_Z$ 后，电容 C 开始放电，u_o 按线性上升，当使 A_1 的 U_P 略大于零时，u_{o1} 从 $-U_Z$ 跳变为 $+U_Z$，

如此周而复始，产生振荡。

3. 主要参数

由以上分析可得，当 $u_{o1} = +U_Z$，U_+ 接近 0 时，有

$$-U_{om} \cdot \frac{R_2}{R_1 + R_2} + U_Z \cdot \frac{R_1}{R_1 + R_2} = 0$$

可得

$$U_{om} = \pm \frac{R_1}{R_2} U_Z \tag{9.6.5}$$

由

$$\frac{1}{C} \int_0^{\frac{T}{2}} \frac{U_Z}{R_4} dt = 2U_{om}$$

可得振荡周期为

$$T = 4R_4 C \frac{U_{om}}{U_Z} = \frac{4R_4 R_1 C}{R_2} \tag{9.6.6}$$

振荡频率为

$$f = \frac{1}{T} = \frac{R_2}{4R_1 R_4 C}$$

9.6.3 锯齿波发生电路

在三角波发生电路中，使积分电容充电和放电的时间常数不相等且相差较大，则在积分运算电路的输出端可得到锯齿波信号，如图 9.6.4（a）所示。

锯齿波发生电路的种类很多，这里仅以图 9.6.4（a）所示的锯齿波发生电路为例，讨论其组成及工作原理。

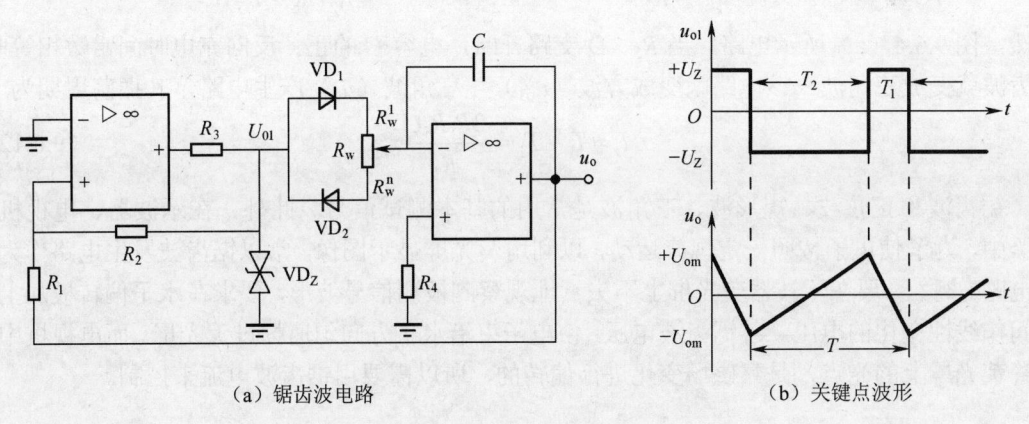

（a）锯齿波电路　　　　（b）关键点波形

图 9.6.4　锯齿波发生电路及其波形

用二极管和电位器代替原来的积分电阻，使充电和放电的回路不同，调节电位器，使积分运算电路放电时间远大于充电时间，则可在积分运算电路的输出端得到锯齿波。

1. 门限电压的估算

如图 9.6.4（a）所示前级同相输入迟滞比较器，比较器同相输入端的电压设为级输出信号

u_{p1},反相输入端的电压设为u_{n1},所以

$$u_{p1} = u_i - \frac{R_1}{R_1 + R_2}(u_i - u_{o1})$$

考虑到电路翻转时,有$u_{p1} \approx u_{n1} \approx 0$,即得

$$u_{TH} = u_i = -\frac{R_1}{R_2}u_o \tag{9.6.7}$$

由于$u_{o1} = \pm U_Z$,由式(9.6.7),可分别求出上、下门限电压为

$$u_{TH+} = \frac{R_1}{R_2}U_Z \tag{9.6.8}$$

$$u_{TH-} = -\frac{R_1}{R_2}U_Z \tag{9.6.9}$$

则门限宽度为

$$\Delta u_{TH} = u_{TH+} - u_{TH-} = \frac{2R_1}{R_2}U_Z \tag{9.6.10}$$

2. 工作原理

设$t=0$时接通电源,有$u_{o1}=-U_Z$,VD_2导通,VD_1截止,输出电压u_o随时间线性增长,当u_o上升到门限电压u_{T+},使$u_{p1} \approx u_{n1}$时,比较器输出u_{o1}由$-U_Z$上跳到$+U_Z$,这时VD_1导通,VD_2截止,输出电压u_o随时间线性下降,由于时间常数减小,u_o迅速下降到负值。当u_o下降到下门限电压U_{T-}使$u_{p1} \approx u_{n1}$时,比较器输出u_{o1}又由$+U_Z$下跳到$-U_Z$。如此周而复始,产生振荡。由于电容C的正向与反向充电时间常数不相等,输出波形u_o为锯齿波电压,u_{o1}为矩形波电压,如图9.6.4(b)所示。

可以证明,若忽略二极管的正向电阻,则其振荡周期为

$$T = T_1 + T_2 = \frac{2R_1R_6C}{R_2} + \frac{2R_1(R_6 // R_5)C}{R_2} = \frac{2R_6R_1C(R_6 + 2R_5)}{R_2(R_6 + R_5)} \tag{9.6.11}$$

显然,图9.6.4(a)所示电路,当R_5、D支路开路,电容C的正、反向充电时间常数相等时,锯齿波就变成三角波,该电路就变成方波(u_{o1})—三角波(u_o)产生电路,其振荡周期为

$$T = T_1 + T_2 = \frac{2R_1R_6C}{R_2} \tag{9.6.12}$$

锯齿波和正弦波、矩形波、三角波是常用的基本测试信号。此外,在示波器、电视机等仪器中,为了使电子按照一定规律运动,以利用荧光屏显示图像,常以锯齿波发生电路作为时基电路。例如,要在示波器荧光屏上不失真地观察到被测信号波形,要求在水平偏转板加上随时间作线性变化的电压——锯齿波电压,使电子束沿水平方向匀速扫过荧光屏。而电视机中显像管荧光屏上的光点,是靠磁场变化进行偏转的,所以需要用锯齿波电流来控制。

习 题

9.1 振荡器的输出信号最初由( )而来的。
  A. 基本放大器   B. 选频网络
  C. 干扰或噪声信号   D. 以上答案均不正确

9.2 产生正弦波自激振荡的稳定条件是（　　）。
　　A. 引入正反馈　　　　　　　B. $|\dot{A}\dot{F}|\geqslant 1$
　　C. $|\dot{A}\dot{F}|=1$　　　　　　　D. 以上答案均不正确

9.3 从结构上来看，正弦振荡电路是一个（　　）。
　　A. 有输入信号的负反馈放大器
　　B. 没有输入信号的带选频网络的正反馈放大器
　　C. 没有输入信号的不带选频网络的正反馈放大器
　　D. 以上答案均不正确

9.4 RC 串并联网络在 $f=f_0=\dfrac{1}{2\pi RC}$ 时呈（　　）。
　　A. 感性　　　　　　　　　　B. 阻性
　　C. 容性　　　　　　　　　　D. 以上答案均不正确

9.5 制作频率为 20Hz～20kHz 的音频信号发生电路，应选用（　　）。
　　A. RC 桥式正弦波振荡电路　　　B. LC 正弦波振荡电路
　　C. 石英晶体正弦波振荡电路　　　D. 以上答案均不正确

9.6 在图 9.7.1 的电路中：
（1）为了使电路能够产生正弦波振荡，集成运放 A 两个输入端的正负极性应如何安排？将"+""–"号标在图上。
（2）如果电路连接正确以后仍不能振荡，分析可能是何原因？应该调整哪个元件？增大还是减小？
（3）如果电路能够振荡，但输出波形有严重的非线性失真，分析可能是何原因？应该调哪个元件？增大还是减小？
（4）设电阻 $R_1=R_2=R=3\text{k}\Omega$，电容 $C_1=C_2=C=0.01\mu\text{F}$，试估算振荡频率 f_0。

9.7 已知 RC 振荡电路如图 9.7.2 所示，已知 R_1 为 $8.2\text{k}\Omega$，C 为 $0.02\mu\text{F}$，R_3 为热敏电阻。
（1）求振荡频率。
（2）求热敏电阻 R_3 的冷态电阻。
（3）说明 R_3 应该有怎样的温度特性。

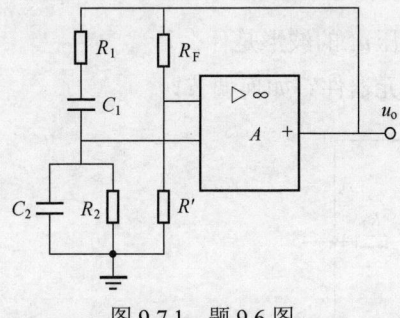

图 9.7.1　题 9.6 图

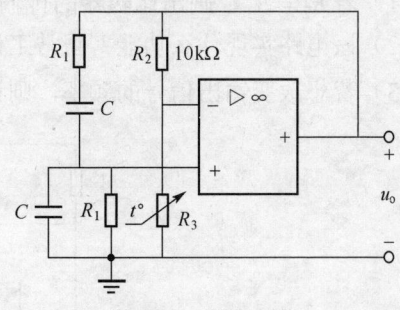

图 9.7.2　题 9.7 图

9.8 某 LC 振荡电路的振荡频率为 $f_0=100\text{kHz}$，如将 LC 选频网络中的电容增大一倍，则振荡频率约为（　　）。
　　A. 200kHz　　　B. 140kHz　　　C. 70kHz　　　D. 50kHz

9.9 判断图 9.7.3 所示各电路是否满足正弦波振荡的相位条件。

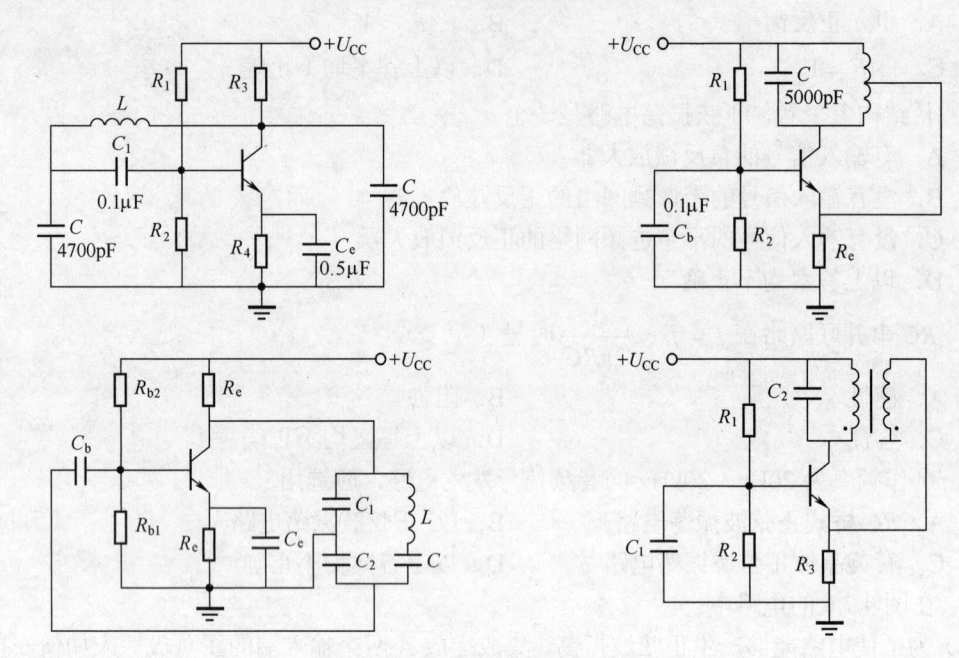

图 9.7.3 题 9.9 图

9.10 制作频率为 2MHz～20MHz 的接收机的本机振荡器，应选用（　　）。
  A．RC 桥式正弦波振荡电路　　　B．LC 正弦波振荡电路
  C．英晶体正弦波振荡电路　　　　D．以上答案均不正确

9.11 为了实现以下功能，请选用适当的电路：
  （1）将正弦波转换为矩形波，应采用＿＿＿＿＿＿＿＿＿＿电路。
  （2）将矩形波转换为三角波，应采用＿＿＿＿＿＿＿＿＿＿电路。
  （3）将矩形波转换为尖脉冲，应采用＿＿＿＿＿＿＿＿＿＿电路。
  （4）将三角波转换成方波，应采用＿＿＿＿＿＿＿＿＿＿电路。

9.12 如图 9.7.4 所示电路，求：
  （1）若 $R_2 = R_3$，画出比较器的传输特性。
  （2）该电路实现什么功能？正常工作时输出电压 u_o 的波形是什么？
  （3）若想改变输出信号的频率，则该调节哪个元器件？如何调节？

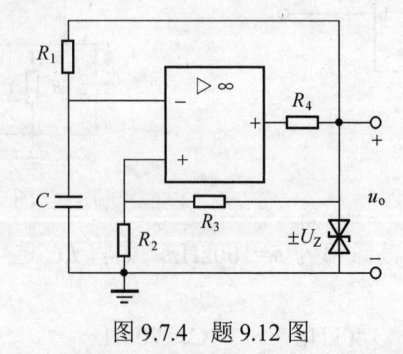

图 9.7.4 题 9.12 图

第 10 章　直流稳压电源

电子电路中，放大电路和各种数字芯片的正常工作都需要直流电源供电，用电器的直流电源多数由交流电源变换而成。本章将介绍直流电源电路的组成部分和工作原理。

知识点与学习要求

（1）掌握小功率直流电源中常用的单相半波、单相桥式整流电路及滤波稳压电路的原理和应用。

（2）会用集成稳压电路设计各种电路。

10.1　直流电源的组成

小功率直流稳压电路由图 10.1.1 所示的 4 部分组成。

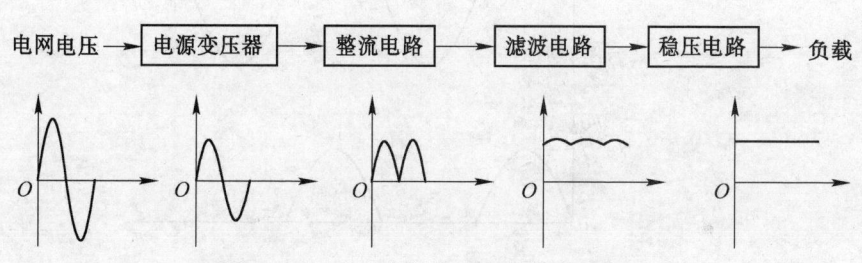

图 10.1.1　小功率直流稳压电路组成框图

图 10.1.1 中各组成部分的功能如下。

（1）**电源变压器**：将电网交流电压变换成符合需要的交流电压，这个变压器通常是降压变压器，如 220V/12V 或 220V/10V 变压器。

（2）**整流电路**：把方向和大小都变化的 50Hz 交流电变换为方向不变但大小仍有脉动的直流电。在小功率直流电源中，常见的几种整流电路为单相半波、全波、桥式和三相整流电路等。

（3）**滤波电路**：利用储能元件的充放电，可以将整流电路输出中的交流成分大部分加以滤除，从而得到比较平滑的直流电。电路中，经常使用电容滤波和电感滤波。

（4）**稳压电路**：当电网电压或负载电流发生变化时，滤波电路输出的直流电压的幅值也将随之变化，因此，需要设置稳压电路对滤波输出的直流电压进行调节，使整流滤波后的直流电压稳定。

10.2　单相整流电路

利用二极管的**单向导电性**组成整流电路，可将交流电压变为单向脉动电压。为便于分析整流电路，工程上常把整流二极管当作理想元件。单相整流电路有单相半波整流电路、单相全波整流电路和单相桥式整流电路 3 种形式。

10.2.1 单相半波整流电路

1. 电路组成

单相半波整流电路的组成和各处波形如图 10.2.1 所示。由图可知，单相半波整流电路由变压器、整流二极管和负载组成，其输出波形只有输入波形的一半。

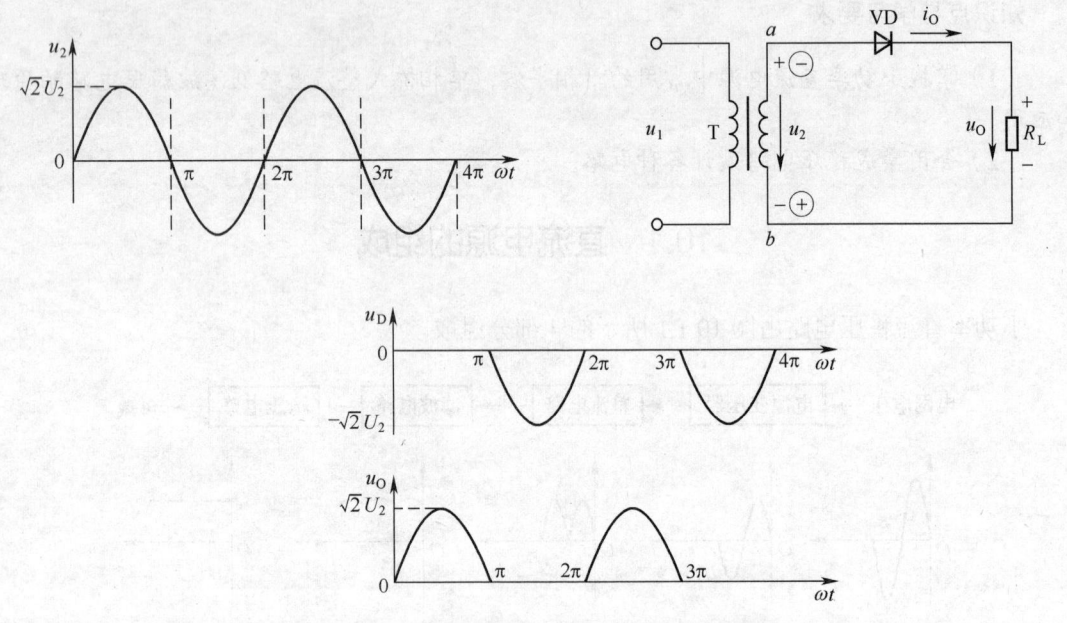

图 10.2.1 单相半波整流电路的组成和各处波形

2. 工作原理

在变压器二次绕组电压 u_2 正半周期内，二极管正偏，处于**导通**状态，负载 R_L 得到半个周期的脉动电压；而在 u_2 负半周期内，二极管反向偏置，处于截止状态，负载 R_L 中没有电流流过，负载 R_L 上电压为零。这种电路只在交流电压的半个周期内才有电流流过负载，所以称之为**单相半波**整流电路。

3. 主要参数

（1）输出电压平均值。设变压器二次绕组电压 $u_2 = \sqrt{2}U_2 \sin\omega t$ V，则输出电压 u_O 是最大值为 $\sqrt{2}U_2$ 的半波电压，该周期电压是一个周期信号，将其按傅里叶级数展开为 $u_O = \sqrt{2}U_2\left(\dfrac{1}{\pi} - \dfrac{2}{3\pi}\cos 2\omega t - \dfrac{2}{15\pi}\cos 4\omega t - \cdots\right)$，可知输出电压中既有直流分量又有各种交流分量。其直流分量也叫 u_O 的平均值，即

$$U_{O(AV)} = \dfrac{\sqrt{2}}{\pi}U_2 \approx 0.45U_2 \tag{10.2.1}$$

其也可以利用高等数学中积分的方法对输出电压进行积分求得。

在半波整流情况下，负载上的直流电压只有变压器二次绕组电压有效值的 45%。若变压

器二次绕组电压有效值为 12V，则直流半波整流后其直流分量只有 5.4V，因此半波整流通常用在功率比较小的场合。

（2）负载上的直流电流为

$$I_{O(OA)} = \frac{U_O}{R_L} = 0.45\frac{U_2}{R_L} \quad (10.2.2)$$

（3）纹波系数 K_r。整流输出后的电压除含有直流分量外，还含有不同的谐波分量，这些叠加在直流成分上的谐波分量被称为**纹波**。如果纹波电压太大，音响设备就可能产生杂音，显示电器就可能产生图像扭动、滚动干扰等。常用**纹波系数** K_r 来衡量输出电压中的纹波大小，它被定义为输出电压谐波有效值 U_{Or} 与输出电压平均值 $U_{O(AV)}$ 之比，即

$$K_r = \frac{U_{Or}}{U_{O(AV)}}$$

纹波系数越大，说明整流后的输出波形含谐波分量比较大，纹波的干扰越大。

4. 二极管参数的计算

在单相半波整流电路中，流过二极管的电流就等于输出电流，即

$$I_D = I_O = 0.45\frac{U_2}{R_L}$$

从图 10.2.1 中可看出，二极管在截止时所承受的最高反向电压就是 u_2 的最大值，即

$$U_{DRM} = U_{2m} = \sqrt{2}U_2$$

因此在选择二极管时，所选二极管的最大整流电流和最高反向工作电压，应大于上述两式的计算值。

单相半波整流电路结构简单，但输出波形脉动大，输出直流电压低，变压器只工作半周，电源利用率低，因此只用在对直流电源要求不高、输出电流较小的场合。

10.2.2 单相桥式整流电路

单相桥式整流电路是绝大多数用电器采用的电路，其由 4 个整流二极管组成，如图 10.2.2（a）所示。常将图中的 4 个整流二极管称为"**整流桥**"，并用图 10.2.2（b）所示符号表示。

（a）单相桥式整流电路　　　　　　（b）整流桥符号

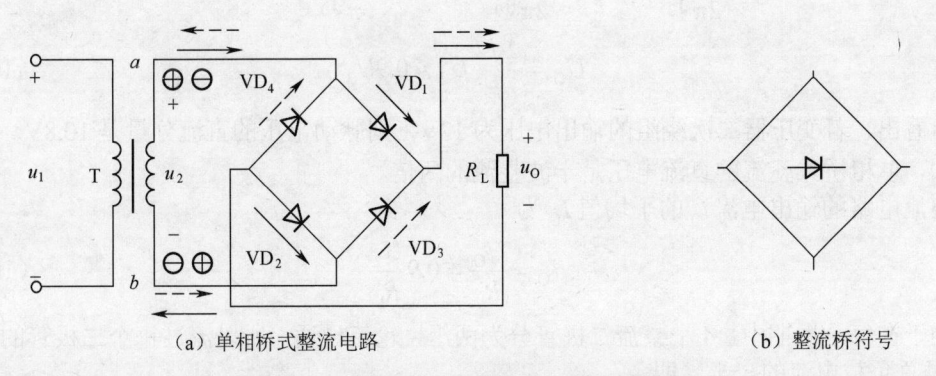

图 10.2.2　单相桥式整流电路及整流桥符号

1. 工作原理

在图 10.2.2（a）中，当 u_2 为交流电正半周时，a 点实际电位最高，b 点实际电位最低，因

此 VD$_4$、VD$_3$ 必然反偏截止，二极管 VD$_1$、VD$_2$ 正偏导通。电流从 a 点经 VD$_1$、R_L、VD$_2$ 流到 b 点。负载 R_L 上得到正半周的输出电压。电流方向如图中实线所示。

当 u_2 为交流电负半周时，b 点实际电位最高，a 点实际电位最低，VD$_2$、VD$_1$ 必然反偏截止，VD$_4$、VD$_3$ 正偏导通。电流从变压器二次绕组 b 点，经 VD$_3$、R_L、VD$_4$ 流到 a 点。负载 R_L 上得到的输出电压和电流的方向和交流电正半周时相同，如图中虚线所示。u_2 为交流电压，但负载 R_L 上的输出电压 u_O 变成了大小脉动而方向单一的直流电。

单相桥式整流电路中各电压、电流的波形如图 10.2.3 所示。

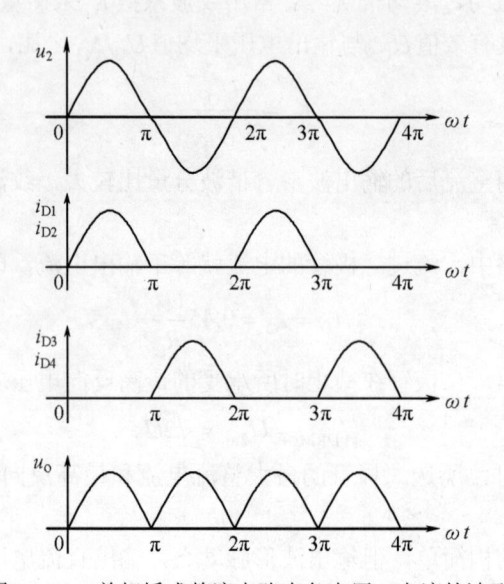

图 10.2.3 单相桥式整流电路中各电压、电流的波形

2. 参数计算

单相桥式整流电路的输出电压 u_O 是脉动电压，其直流电压用其平均值 U_O 来衡量，其可以由对输出电压进行积分求得，也可以由将输出电压按傅里叶级数展开求得，如

$$U_O = \frac{1}{2\pi}\int_0^{2\pi} u_O \, d\omega t = \frac{1}{2\pi}\int_0^{\pi} 2 u_O \, d\omega t = \frac{1}{\pi}\int_0^{\pi} \sqrt{2} U_2 \sin\omega t \, d\omega t$$

$$U_O = \frac{2\sqrt{2}}{\pi} U_2 \approx 0.9 U_2 \tag{10.2.3}$$

可看出，若变压器二次绕组的输出电压为 12V，则脉动电压的直流分量是 10.8V。通过比较可知，单相桥式整流的直流电压是半波整流的两倍。

整流电路的输出电流 i_O 的平均值 I_O 为

$$I_O = \frac{U_O}{R_L} = 0.9 \frac{U_2}{R_L} \tag{10.2.4}$$

由于在每个周期中，4 个整流二极管分为两组，轮流导通，所以流过每个二极管的平均电流 I_D 是总负载电流的一半，即

$$I_D = \frac{1}{2} I_O = 0.45 \frac{U_2}{R_L} \tag{10.2.5}$$

当正向偏置的二极管导通时，另外两个二极管承受反向电压而截止。其承受的最高反向

电压 U_{DRM} 为变压器二次绕组的最大电压,即 $\sqrt{2}U_2$(忽略二极管的导通压降),也就是

$$U_{DRM} = \sqrt{2}U_2$$

由分析可知,流过变压器二次绕组的电流是交变电流。其有效值为

$$I_2 = \frac{U_2}{R_L} = \frac{I_O}{0.9} \approx 1.11 I_O$$

上述几个公式是分析、设计整流电路的重要依据,可以根据它们来选择电源变压器和整流二极管的参数。

【例 10.2.1】 设计一个输出直流电压为 36V,输出电流为 1A 的单相桥式整流电路。已知交流电压为 220V,试求:

(1)如何选取整流二极管的参数?

(2)求电源变压器二次绕组的电压及容量。

解:(1)由公式 10.2.3 得变压器的副边电压为

$$U_2 = \frac{U_O}{0.9} \approx 1.11 U_O = 1.11 \times 36 = 39.96 \approx 40 \text{ (V)}$$

流过每个二极管的平均电流为

$$I_D = \frac{1}{2}I_O = \frac{1}{2} \times 1 = 0.5 \text{ (A)}$$

每个二极管承受的最高反向电压为

$$U_{DRM} = \sqrt{2}U_2 = \sqrt{2} \times 40 = 56.57 \approx 60 \text{ (V)}$$

考虑到电网电压会有 10%的波动,因此选用整流二极管其参数为:$I_F>0.55A$,$U_{RM}>66V$。

(2)变压器二次绕组电压 $U_2=40V$,变压器二次绕组电流为

$$I_2 = \frac{U_2}{R_L} = \frac{I_O}{0.9} = 1.11 I_O = 1.11 \text{ (A)}$$

变压器的容量为

$$S = U_2 I_2 = 40 \times 1.11 = 44 \text{ (VA)}$$

10.3 滤波电路

整流电路可以将交流电转换为脉动电压,纹波系数较大,在某些应用中(如电镀、蓄电池充电等)可直接使用脉动直流电源。但许多电子设备需要非常平稳的直流电源,因此在整流电路后面还需加**滤波电路**将交流成分滤除,以得到比较平滑的输出电压。滤波电路由电容或电感构成。

电感 L 对直流分量阻抗为零,对于交流分量却呈现较大的阻抗。若把电感 L 与负载 R_L 串联,则信号的交流电压分量因为分压作用基本降落在电感上,而直流分量几乎无衰减地传到负载。负载上的交流电压分量很小,因此负载上的电压接近于直流。

电容 C 对直流分量相当于开路,对于交流分量却呈现较小的阻抗。若将电容 C 与负载电阻并联,则信号经整流后的直流分量全部流过负载,而交流分量则被电容旁路,因此在负载上只有直流电压,其波形平滑。

常用的滤波电路有电容滤波电路、电感滤波电路、复式滤波电路等。

10.3.1 电容滤波电路

图 10.3.1（a）所示为单相桥式整流及电容滤波电路。在电路中，整流组件只有受正向电压作用时才导通，否则便截止。

1. 工作原理

接入交流电源后，当 u_2 为正半周时，u_2 通过 VD_1、VD_2 向电容 C 充电；当 u_2 为负半周时，经 VD_3、VD_4 向电容 C 充电，充电时间常数为

$$\tau_C = R_n C$$

其中，R_n 为充电等效电阻，包括变压器二次绕组的电阻和二极管的正向导通电阻，其值很小。

接上负载时，假设变压器二次绕组电压 u_2 由 0 开始上升，VD_1、VD_2 导通，电源向负载 R_L 供电，同时，也向电容 C 充电，因充电时间常数很小，电容很快就充电到交流电压 u_2 的最大值，$u_O = u_C = u_2$，达峰值后 u_2 以较快速度减小，当 $u_2 \leqslant u_O$ 时，VD_1、VD_2 截止，充电中断，电容 C 开始通过 R_L 放电，使 $u_O = u_C$ 逐渐下降，直到下半周 u_2 幅度上升至 $u_2 \geqslant u_O$，此后电源通过 VD_3、VD_4 又向负载 R_L 供电，同时又给电容 C 充电，如此周而复始。图 10.3.1（b）所示 u_O 波形的实线部分为输出电压波形。

注意，电容充电电流出现不到半个周期，只有 $u_2 \geqslant u_O$（考虑二极管导通电压时，$u_2 \geqslant u_C$）那一段时间充电（$t_1 \sim t_2$，$t_3 \sim t_4$）。

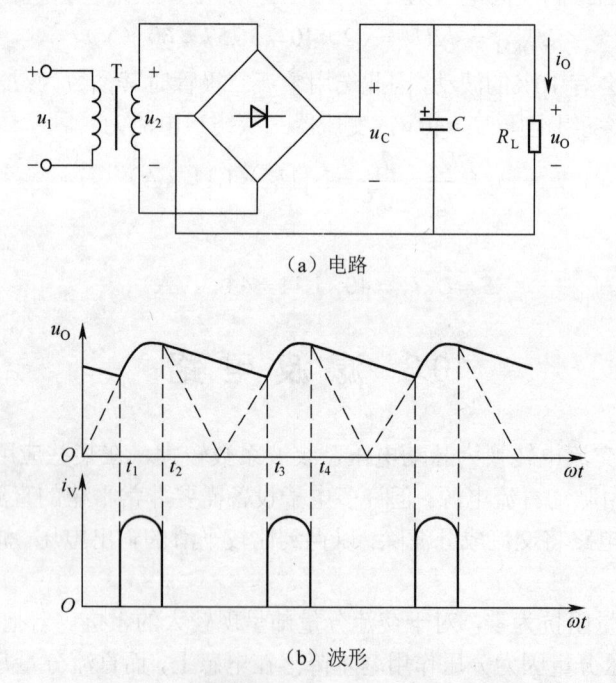

（a）电路

（b）波形

图 10.3.1 单相桥式整流及电容滤波电路及波形

2. 滤波电容的选择

从电容滤波电路的工作原理来看，电容越大，波形越平滑，输出电压的平均值越大，滤波效果越好。当 R_L 很小时，电容放电较快，电容滤波的效果不好。因此电容滤波适合用于输出电流较小的场合。

因为输出电压的脉动程度与电容放电的时间常数 R_LC 有关。为了得到比较平直的输出电压，桥式整流电路要求放电时间常数 τ 应大于 u_2 的周期 T，一般要求

$$R_LC \geqslant (3\sim 5)\frac{T}{2} \tag{10.3.1}$$

所以在满足上式的条件下，负载电压的平均值可按下式估算：

对于单相半波整流电容滤波，负载电压的平均值为

$$U_o \approx U_2$$

对于单相桥式整流电容滤波，负载电压的平均值为

$$U_o \approx 1.2U_2$$

单相桥式整流电路滤波后的负载电压平均值比半波整流的大。

10.3.2 电感滤波电路

在大电流的情况下，由于负载电阻很小。若采用电容滤波电路，则电容容量势必很大，而且整流二极管的冲击电流也非常大，在此情况下应采用电感滤波。如下图所示，由于电感线圈的电感量要足够大，所以一般需要采用有铁心的线圈。

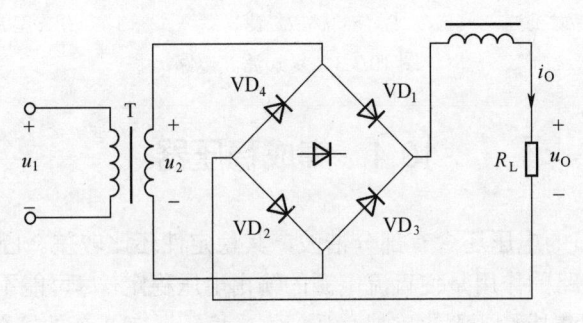

图 10.3.2　电感波电路

当流过电感的电流变化时，电感线圈中产生的感生电动势将阻止电流的变化。当通过电感线圈的电流增大时，电感线圈产生的自感电动势与电流方向相反，阻止电流的增加，同时将一部分电能转化成磁场能存储于电感之中；当通过电感线圈的电流减小时，自感电动势与电流方向相同，阻止电流的减小，同时释放出存储的能量，以补偿电流的减小。因此经电感滤波后，不但负载电流及电压的脉动减小，波形变得平滑，而且整流二极管的导通角增大。

在电感线圈不变的情况下，负载电阻愈小，输出电压的交流分量愈小。只有在 $R_L \gg \omega L$ 时才能获得较好的滤波效果。L 愈大，滤波效果愈好。

另外，由于滤波电感电动势的作用，可以使二极管的导通角接近 π，减小了二极管的冲击电流，平滑了流过二极管的电流，从而延长了整流二极管的寿命。

10.3.3 复式滤波电路

为进一步提高滤波效果，可将电容和电感组合成复式滤波电路，常见的有 Γ 型 *LC* 滤波、π 型 *LC* 滤波和 π 型 *RC* 滤波电路，其具体接线形式如图 10.3.2 所示。

1. Γ 型 *LC* 滤波

在电感滤波之后，再在负载两端并联一个电容 C 就组成了 Γ 型 *LC* 滤波电路，如图 10.3.3

（a）所示。经整流后输出的脉动直流电压经过电感 L 时，大部分交流成分降落在 L 上，再经电容 C 滤波，即可得到比单电感或单电容滤波更加平滑的直流电压。

2. π 型 LC 滤波

为进一步提高输出电压平滑度，可在 Γ 型 LC 滤波电路的输入端再并联一个电容，就形成了 π 型 LC 滤波电路，如图 10.3.3（b）所示。π 型 LC 滤波电路的滤波效果很好，但电感体积较大，故只适用于负载电流不大的场合，且其带负载能力差。

3. π 型 RC 滤波

在负载电流小、滤波要求不高的情况下，常用电阻 R 代替电感 L 来组成 π 型 RC 滤波电路，如图 10.3.3（c）所示。这种滤波电路的体积小、成本低，滤波效果也不错，但由于电阻 R 的存在，会使输出电压降低。它也只适用于负载电流不大的场合。

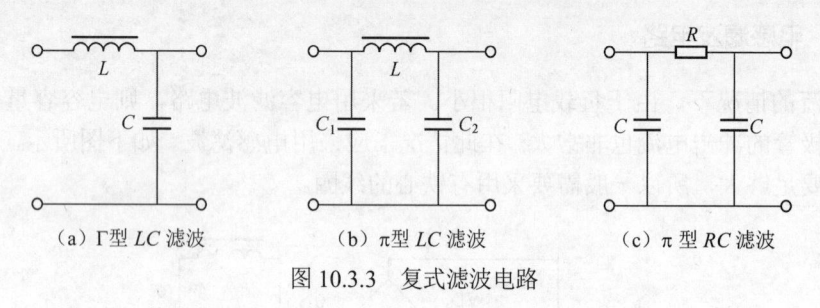

(a) Γ 型 LC 滤波　　(b) π 型 LC 滤波　　(c) π 型 RC 滤波

图 10.3.3　复式滤波电路

10.4　集成稳压器

经整流滤波后输出的电压还含有部分谐波，其稳定性还比较差。因此滤波电路之后通常还加**稳压电路**。稳压电路的作用是使直流电源的输出电压稳定，尽可能不随负载电流和电网电压的变化而变化。常用集成稳压器来完成稳压。集成稳压器有 3 个外接端脚，因此也常被称为三端集成稳压器，其可分为输出电压固定式和输出电压可调式。

10.4.1　集成稳压器的基本结构

集成稳压器的内部电路除包括基准、取样、调整和比较放大环节外，还包括起动电路和保护电路。起动电路用于集成稳压器的起动，保护电路可以使电路在过载、短路、过热等情况下仍不被损坏。图 10.4.1 所示是集成稳压器的内部结构框图。

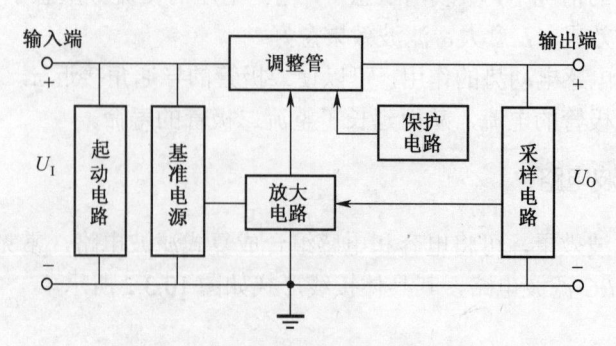

图 10.4.1　集成稳压器的内部结构框图

10.4.2 输出电压固定式集成稳压器及其应用

78××和 79××系列的集成稳压器是输出电压固定的三端稳压器,其有不同的封装,如金属封装和塑料封装等,其管脚排列如图 10.4.2 所示。其中,78××系列的为输出"**正电压**"的集成稳压器,79××系列的为输出"**负电压**"的集成稳压器。集成稳压器型号末尾的两位数字××,代表稳压器的输出电压数值。例如:7805、7812 分别是输出电压为 5V、12V 的正电压集成稳压器。集成稳压器的输出电压值有 5V、6V、9V、10V、12V、15V、18V、24V 等数值。

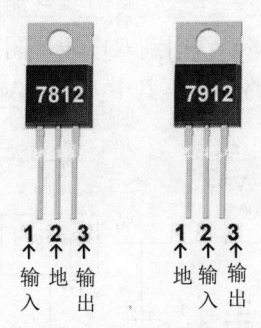

图 10.4.2 三端集成稳压器管脚排列

L7812CV 和 L7912CV 集成稳压器的典型应用电路如图 10.4.3 所示。

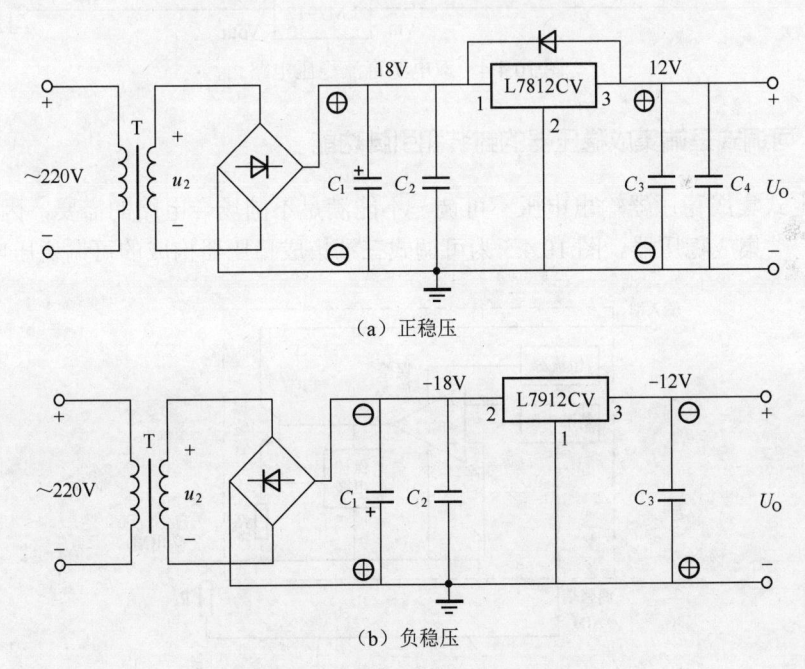

(a) 正稳压

(b) 负稳压

图 10.4.3 集成稳压器的典型应用电路

7812 和 7912 的输入输出端通常都接有电容,而且是一大一小。大容量电容(一般取 2200μF)起低频滤波作用,小容量电容 C_2、C_3(一般取 0.1~1μF)起高频滤波作用。输出端一般不要接大容量电容,否则有些电路中会出现关闭电源后输出端电容向前稳压集成稳压器放电,容易损坏稳压集成稳压器。如果电路需要,应在三端稳压器输出输入端跨接一保护二极管,如图 10.4.3（a）所示，它可以解决反向浪涌电流对稳压集成稳压器的冲击。

使用三端集成稳压器时，应当注意输入电压 U_i 与输出电压 U_o 之间的电压差，不能过小，一般应保持在 3V 以上，如图 10.4.3 所示电路使用的电压差就是 6V。同时，又要注意最大输入输出电压差范围不超出规定范围。

此外在使用时也要注意稳压器的输出电流，如 78×× 和 79×× 的三端集成稳压器的最大输出电流为 1A，使用的时候要注意负载的电流不能超过此数值。根据输出电压和输出电流来选择集成稳压器的型号，相关的技术参数可以在厂商提供的数据手册上查找。另外，当集成稳压器工作于输出电流较大状态时，应当注意安装散热器加以保护。

一些电路（如集成运算放大电路）常用到双电源，图 10.4.4 所示的双电源直流稳压电路可以提供输出正负 12V 的电压供电路使用。其中 Vin 和 Vout 表示稳压管的输入与输出端。

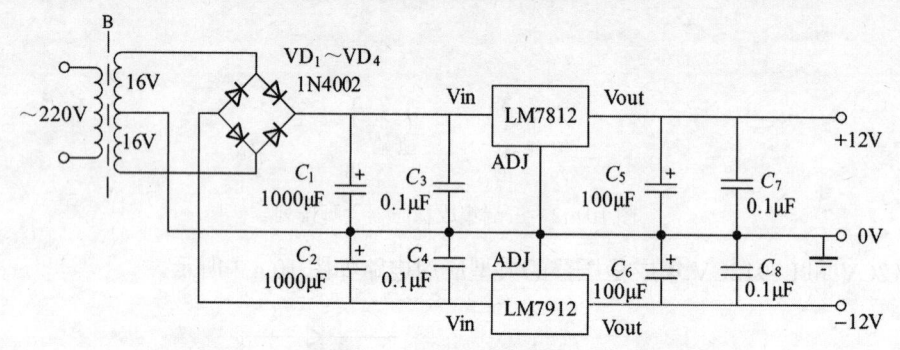

图 10.4.4　双电源直流稳压电路

10.4.3　可调式三端集成稳压器的封装和引脚功能

三端固定式集成稳压器输出电压不可调，不能满足不同场合电路的需要，因此厂家设计出了可调式三端集成稳压器。图 10.4.5 为可调式三端集成稳压器构成的可调稳压电路。

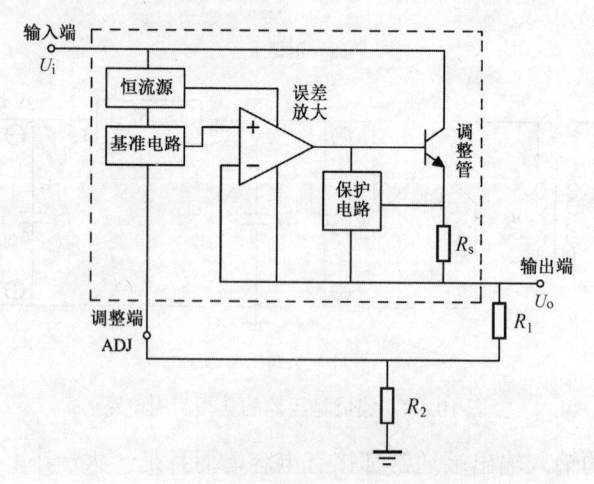

图 10.4.5　可调式三端集成稳压器构成的可调稳压电路

与固定式稳压器相比，可调式稳压器把内部的误差放大器、保护电路等的公共端接到了输出端，所以它不再有接地端。同时内部不设电路取样电路，增加了专门用于外接取样电路的输出电压调整端 ADJ，将内部基准电压（一般为 1.25V）加在误差放大器的同相输入端和电压调整端 ADJ 之间，也是输出端和调整端的电压，并由一个超级恒流源供电（一般为 50μA）。实际使用时，调整端 ADJ 通过外接的取样分压电阻 R_1 和 R_2 设定输出电压。工作时 R_1 的电压值与基准电压相等，调整端没电流，由图可得 $\dfrac{U_O}{R_1+R_2}=\dfrac{1.25}{R_1}$，因此输出电压为

$$U_O = 1.25\left(1+\dfrac{R_2}{R_1}\right)$$

R_1 取值通常为 120～240Ω，显然如果将调整端 ADJ 直接接地，则输出电压会输出稳定的 1.25V 电压。

LM317、LM337 的外形封装和引脚功能如图 10.4.6 所示。应用时必须注意引脚功能，不能接错，否则电路将不能正常工作，甚至损坏集成电路。

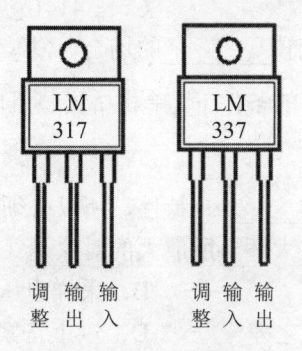

图 10.4.6　稳压管外形图

如图 10.4.7 所示，LM317 输出电流为 1.5A，输出电压可在 1.25～37V 之间连续调节，其输出电压由两只外接电阻 R_1、RP_1 决定，输出端和调整端之间的电压差为 1.25V，这个电压将产生几毫安的电流，经 R_1、RP_1 到地，在 RP_1 上分得的电压加到调整端，通过改变 RP_1 就可改变输出电压。

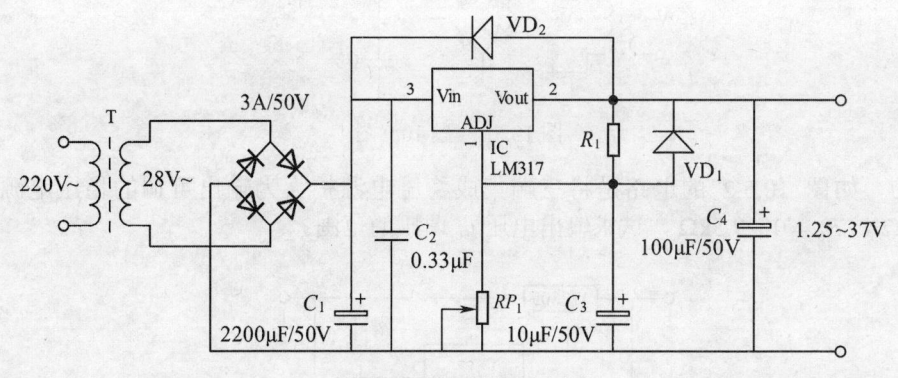

图 10.4.7　可调稳压电源

注意，为了得到稳定的输出电压，流经 R_1 的电流小于 3.5mA。LM317 在不加散热器时最大功耗为 2W，加上 200×200×4mm³ 散热板时其最大功耗可达 15W。VD1(IN4002) 为保护二极管，防止稳压器输出端短路而损坏 IC，VD2(IN4002) 用于防止输入短路而损坏集成电路。

习 题

10.1 在直流稳压电源电路中，滤波电路应选用（　　）。
  A. 高通滤波电路 B. 低通滤波电路
  C. 带通滤波电路 D. 以上答案均不正确

10.2 整流的目的是（　　）。
  A. 将交流变为直流 B. 将高频变为低频
  C. 将正弦波变为方波 D. 以上答案均不正确

10.3 在单相桥式整流电路中，若变压器二次电压的有效值为 U_2，则二极管承受的最大反向峰值电压为（　　）。
  A. U_2　　　　B. $2U_2$　　　　C. $1.414U_2$　　　　D. $2.828U_2$

10.4 电容滤波适合输出电流较_____的场合。（填"大"或"小"）

10.5 在满足 $R_L C \geqslant (3 \sim 5)\dfrac{T}{2}$ 的条件下，单相桥式整流电容滤波电路的负载电压的平均值可按 $u_o \approx$ _____ U_2 估算。

10.6 稳压管稳压是利用它的_____特性，所以必须给稳压管外加_____电压。

10.7 串联型稳压电路中的放大环节所放大的对象是（　　）。
  A. 基准电压 B. 采样电压
  C. 基准电压与采样电压之差 D. 以上答案均不正确

10.8 三端集成稳压器 CW7812 的输出电压是（　　）。
  A. 12V　　　　B. 5V　　　　C. 9V　　　　D. 3V

10.9 将图 10.5.1 连接完整，构成一个 5V 直流稳压电源。

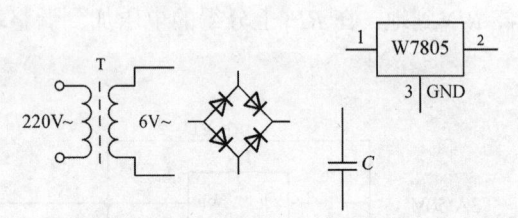

图 10.5.1　题 10.9 图

10.10 如图 10.5.2 的电路是将三端集成稳压电源扩大为输出可调的稳压电源，已知 $R_1 = 2.5 \text{k}\Omega$，$R_F = 0 \sim 9.5 \text{k}\Omega$，试求输出电压 u_o 调压的范围。

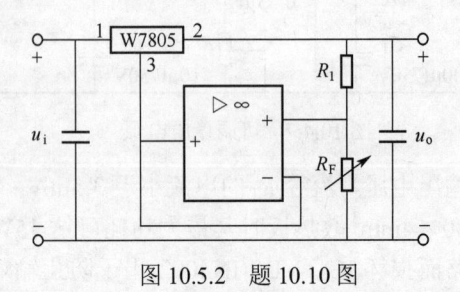

图 10.5.2　题 10.10 图

10.11 在如图 10.5.3 所示的稳压电路中，要求输出电压 $U_O=10\sim15\text{V}$。已选定基准电压的稳压管的稳定电压 $U_Z = 7\text{V}$，假设采样电阻总的阻值选定为 $2\text{k}\Omega$，则 R_1、R_2 和 R_3 三个电阻分别为多大？

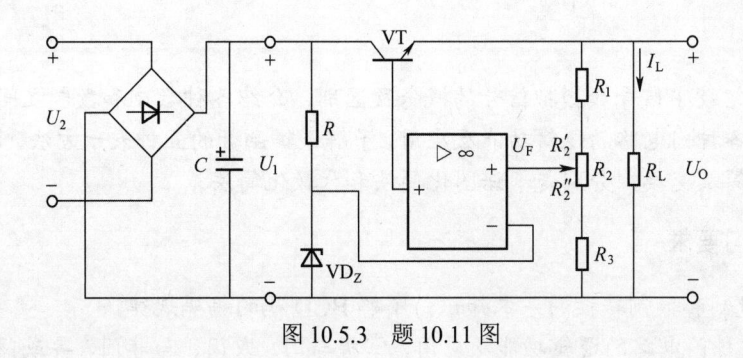

图 10.5.3　题 10.11 图

第 11 章　数字逻辑基础

本章首先介绍数字信号和模拟信号的概念及区别，介绍各种数制和数制之间的相互转换，分析数字电路中各种门电路的逻辑功能及应用，了解逻辑函数的五种表示方法，详细介绍了两种逻辑函数的化简及变换，分别是卡诺图化简法和代数化简法。

知识点与学习要求

（1）掌握数制和数制转换的基本知识，了解 BCD 码的编码规律。

（2）了解各种门电路的逻辑功能及应用，掌握与门、或门、与非门、异或门等逻辑符号、逻辑功能和表示方法。

（3）能够熟练地运用真值表、逻辑表达式、逻辑图和卡诺图表示逻辑函数，逻辑函数各种表示方法之间的相互转换。

（4）学习逻辑函数的化简及变换，掌握逻辑代数的基本运算法则、基本公式、基本定理和化简方法。

11.1　数字电路分析

目前，电子技术分为两大部分：模拟电路和数字电路。本章首先介绍数字电路的基本定义、数字电路中常用的数制与编码及各种进制之间的转换；然后介绍数字电路中的基本逻辑运算、逻辑函数的化简及其表示方法、逻辑函数各种表示方法之间的相互转换等。

11.1.1　模拟信号与数字信号

电子电路中的信号可以分为两大类：模拟信号和数字信号。

1. **模拟信号**

模拟量是指在一定范围连续变化的量，自然界中的各类模拟量有速度、液位、温度、声音等。用来表示模拟量的信号被称为模拟信号。模拟信号的典型特点是，其在时间和数值上都是连续变化的，不会突然跳变，如图 11.1.1 所示。

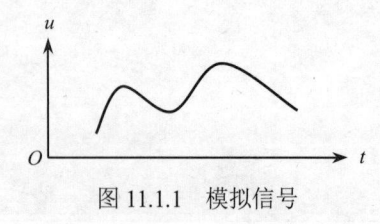

图 11.1.1　模拟信号

2. **数字信号**

数字量是指在时间和数值上是离散的和量化的物理量。用来表示数字量的信号被称为数字信号。它们的变化发生在离散的瞬间，其值也仅在有限个量化值之间阶跃变化。

数字信号的自变量用整数表示，因变量用有限数字中的一个数字来表示。在计算机中，数字信号的大小常用有限位的二进制数表示，例如，字长为 2 位的二进制数可表示 4 种大小的数字信号，它们是 00、01、10 和 11；若信号的变化范围为-1~1，则这 4 个二进制数可表示 4 段数字范围，即[-1,-0.5)、[-0.5,0)、[0,0.5)和[0.5,1]。数字信号最常见的形式是矩形脉冲序列，即可以用 0 和 1 表示的序列。注意，这里 0 和 1 没有大小之分，只代表两种对立的状态（如电路中的高电平和低电平），称之为逻辑 0 和逻辑 1，也称二值数字逻辑，如图 11.1.2 所示。

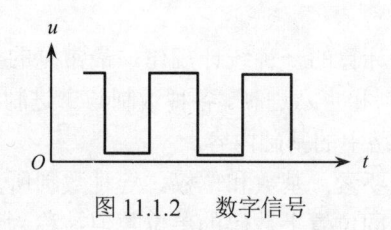

图 11.1.2　数字信号

11.1.2　数字电路介绍

所谓数字电路是指工作在数字信号下的、传递与处理数字信号的电子电路。

1. 数字电路的特点

（1）结构方面。基本工作信号是二进制的数字信号，只有 0 和 1 两个状态，反映在电路上即低电平和高电平两个状态。数字电路实现简单，利用三极管的导通（饱和）和截止两个状态；集成方便，对元件的精度要求不高，允许有较大的误差，只要在工作的时候能可靠地区分 0 和 1 两种状态即可。

（2）功能方面。数字电路抗干扰性强，可靠性高，精度高。其处理功能强，不仅能实现数值运算，还可以实现逻辑功能运算和判断，且便于长期存储（U 盘、硬盘、光盘）、传输和再现。利用 A/D、D/A 转换，可将模拟电路与数字电路紧密结合，使模拟信号的处理最终实现数字化。

2. 数字电路的分类

数字电路有不同的分类方法，具体说明如下。

（1）按功能来分，数字电路可分为组合逻辑电路和时序逻辑电路。

（2）按集成度来分，数字电路可分为小规模（SSI，每片数十个器件）、中规模（MSI，每片数百个器件）、大规模（LSI，每片数千个器件）和超大规模（VLSI，每片器件数目大于 1 万）数字集成电路。所谓集成度是指每一芯片所包含的三极管的个数。

（3）按所用器件制作工艺来分，数字电路可分为双极型（TTL 型）和单极型（MOS 型）数字电路两类。

学习数字电路需注意以下几个方面。

第一，在数字电路中，所有的变量都归结为 0 和 1 两个对立的状态。通常，只需分析信号的有或无，电平的高或低，开关的通或断等，而不用研究变量的具体数值。例如，电平幅值的微小变化不必分析。

第二，数字电路的研究方法以逻辑代数（又称布尔代数）为基础。它主要研究输入、输出变量之间的逻辑关系，并建立了一套逻辑函数运算及化简的方法。逻辑代数又称双值代数，由于其变量取值只有 0 和 1 两种可能，相比模拟电路，数字电路中没有复杂的计算问题。

第三，由于数字集成电路技术的高速发展，数字电路更鲜明地体现了"管路合一"的特点。初学者应充分注意这一特点。通常来说，学习电路结构不是目的，掌握电路功能才是目的。

11.2 数制介绍

11.2.1 数制

所谓数制是指人们对数量计算的一种统计规律。最常见的数制是十进制，而在数字处理中应用最多的是二进制、八进制和十六进制。各种数制与二进制数间的转换以及各种代码与二进制数之间的关系，是数字电路中的基础内容。

数值的表示包含两个基本要素：基数和位权。一种数制所具有的数码个数被称为该数制的基数（R），该数制的数中不同位置上数码的单位数值被称为该数制的位权或权。例如十进制数，每个数位规定使用的数码符号为0、1、…、9，共10个符号，因而其进位基数 $R=10$；十进制中的符号"1"，在个位上表示 10^0，即1；在十位上则表示 10^1，即10；在小数点后第一位上表示 10^{-1}，即0.1等。

（1）十进制：用下标"10"或"D"来表示，基数为10，采用的10个数码为0~9，进位规则为"逢十进一"，从个位起各位的权分别为 10^0、10^1、10^2、…、10^{n-1}。

（2）二进制：用下标"2"或"B"来表示，基数为2，只有0和1两个数码，进位规则为"逢二进一"，从个位起各位的权分别为 2^0、2^1、2^2、…、2^{n-1}。

（3）八进制：用下标"8"或"O"来表示，基数为8，采用的8个数码为0~7，进位规则为"逢八进一"，从个位起各位的权分别为 8^0、8^1、8^2、…、8^{n-1}。

（4）十六进制：用下标"16"或"H"来表示，基数为16，采用的16个数码为0~9、A~F，进位规则为"逢十六进一"，从个位起各位的权分别为 16^0、16^1、16^2、…、16^{n-1}。

以十六进制数为例按权展开如下：

$$(AD6.4C)_H = 10 \times 16^2 + 13 \times 16^1 + 6 \times 16^0 + 4 \times 16^{-1} + 12 \times 16^{-2}$$

在计算机应用系统中，二进制主要用于机器内部的数据处理，八进制和十六进制主要用于书写程序，十进制主要用于运算最终结果的输出，另外，十六进制数还经常用来表示内存的地址，如 $(4EDA)_{16}$。

11.2.2 数制转换

1. 非十进制数转换为十进制数

非十进制数转换为十进制数的具体方法为数码乘权相加。

【例11.2.1】（1）$(1110.101)_B = (?)_D$

（2）$(4B.3F)_H = (?)_D$

解：（1）$(1110.101)_B = 1 \times 2^3 + 1 \times 2^2 + 1 \times 2^1 + 0 \times 2^0 + 1 \times 2^{-1} + 0 \times 2^{-2} + 1 \times 2^{-3} = (14.625)_D$

（2）$(4B.3F)_H = 4 \times 16^1 + 11 \times 16^0 + 3 \times 16^{-1} + 15 \times 16^{-2} = (75.24609375)_D$

2. 十进制数转换为其他进制数

十进制数转换成其他进制数，对于整数部分，采取除 R 取余法，即"除 R 取余，直到商为0，低位排列"；对于小数部分，采取乘 R 取整法，即"乘 R 取整，直到积为整（乘不尽时，达到一定精度为止），高位排列"。具体方法说明如下。

【例 11.2.2】将十进制数 25.25 转换成二进制数。

解：根据"整数部分，采取除 R 取余，小数部分，采取乘 R 取整"法的原理，此处因要转化为二进制，$R=2$，按如下步骤转换：

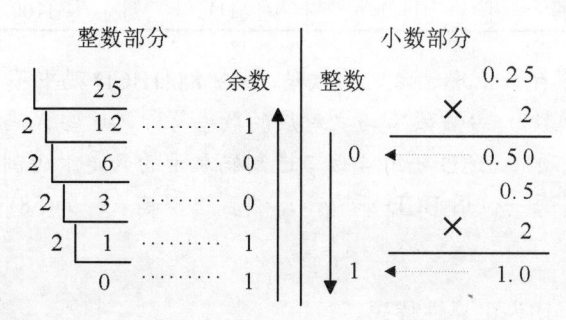

```
      整数部分              小数部分
        2 5          余数   整数   0.2 5
     2  1 2 ……… 1            ×    2
     2    6 ……… 0       0 ◄──  0.5 0
     2    3 ……… 0              0.5
     2    1 ……… 1            ×    2
          0 ……… 1       1 ◄──  1.0
```

则 $(25.25)_D = (11001.01)_B$。

3. 二进制数、八进制数、十六进制数互相转换

每一位八进制数正好对应 3 位二进制数，每一位十六进制数正好对应 4 位二进制数，所以二进制数转换成八进制数时，只要以小数点为界，整数部分向左、小数部分向右分成 3 位一组，各组分别用对应的 1 位八进制数表示，即可得到所求的八进制数，两头不足 3 位时，可分别用 0 补足。同理，二进制数到十六进制数的转换方法与此相同，只是小数点向左和向右分别按 4 位一组进行分组即可。八进制数与十六进制数相互转换，应经过二进制数。

【例 11.2.3】将二进制数 1001111.101111 转换成十六进制数。

解：$(1001111.101111)_B = (0100\ 1111.1011\ 1100)_B = (4F.BC)_H$

11.2.3 编码

1. 二-十进制代码

在实际中经常使用的编码主要是二-十进制代码（BCD 码）。BCD 码就是用 4 位二进制数码表示 1 位十进制数（0~9）的代码。但由于 4 位二进制数有 16 种不同的组合状态，用于表示十进制数中的 10 个数码时，只需选用其中 10 种组合，其余 6 种组合不用，所以，BCD 码的编码方式有很多种。常用的 BCD 码的编码方式见表 11.2.1。

表 11.2.1 常见的 BCD 码的编码方式

十进制数码	8421 编码	5211 编码	2421 编码	余 3 码	格雷码
0	0000	0000	0000	0011	0000
1	0001	0001	0001	0100	0001
2	0010	0100	0010	0101	0011
3	0011	0101	0011	0110	0010
4	0100	0111	0100	0111	0110
5	0101	1000	1011	1000	0111
6	0110	1001	1100	1001	0101

续表

十进制数码	8421 编码	5211 编码	2421 编码	余 3 码	格雷码
7	0111	1100	1101	1010	0100
8	1000	1101	1110	1011	1100
9	1001	1111	1111	1100	1000

注意：在 BCD 码中不允许出现无定义的代码，如在 8421BCD 码中不允许出现 1010～1111 这 6 个代码，因为十进制数 0～9 中没有与之对应的数字符号，这些代码被称为伪码，也常被称为"无关码"或"无关项"。BCD 码用 4 位二进制码表示的只是十进制数的一位，如果要表示多位十进制数，应先将每一位用 BCD 码表示，然后组合起来，如 $(58)_D = (0101\ 1000)_{8421}$。

2. 可靠性代码

格雷码与奇偶校验码均为可靠性代码。

（1）格雷码。在编码中，若任意两个相邻的代码只有 1 位二进制数不同，则称这种编码为格雷码。格雷码常用于模拟量的转换中，当模拟量发生微小变化而可能引起数字量发生变化时，格雷码仅改变一位，这样与其他码同时改变两位或多位的情况相比更为可靠，减少发生的概率。

（2）奇偶校验码。奇偶校验码是在计算机存储器中广泛采用的可靠性代码，它由若干个信息位加一个校验位构成，其中校验位的取值（0 或 1）将使整个代码（包括信息位和校验位）中"1"的个数为奇数或偶数。若"1"的个数为奇数，则称校验为奇校验；若"1"的个数为偶数，则称校验为偶校验。

11.3 逻辑代数分析

数字电路实现的是逻辑关系，逻辑关系就是条件与结果的关系。电路的输入信号反映条件，而输出信号则反映结果。在分析和设计数字电路时，常常借助逻辑代数（布尔代数），逻辑代数是研究数字电路的基本工具。

11.3.1 逻辑变量与逻辑函数

1. 逻辑变量

逻辑代数中的变量被称为逻辑变量，用大写字母 A、B、C、…表示。每个变量只取"0"或"1"两种情况，不可能有第三种情况。它相当于信号的有或无，电平的高或低，电路的导通或截止等两种对立的逻辑状态。若定义高电平为 1，则低电平为 0，显然这里 0 或 1 并不表示数量的大小。

2. 逻辑函数

逻辑函数用于描述输入变量（条件）和输出变量（结果）之间的关系，可写作 $Y = f(A, B, C, D, \cdots)$，这里表示结果 Y 的取值由条件 $A, B, C, D, \cdots$ 之间的逻辑关系决定。

11.3.2 常用逻辑函数

数字电路中基本的逻辑关系：与、或、非（反）。数字系统中所有的逻辑关系均可以用 3 种基本逻辑关系来实现。

1. 与逻辑（与运算）

在图 11.3.1 中，若将条件（开关 A、B 的闭合与断开）作为输入变量，事件的结果（灯 Y 的亮灭）作为输出变量，则对于两个输入变量的 4 种组合，有相应的输出与其对应。设 1 表示开关闭合或灯亮；0 表示开关不闭合或灯不亮，可得到表 11.3.1 所示的表格，称之为逻辑真值表。

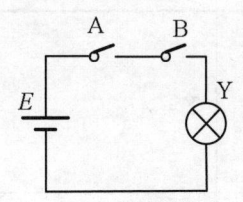

图 11.3.1 与逻辑的开关模拟电路图

表 11.3.1 与逻辑真值表

输入		输出
A	B	Y
0	0	0
0	1	0
1	0	0
1	1	1

从表中可以看出，只有当决定一件事情的条件全部具备（开关 A、B 的闭合）之后，这件事情才会发生（灯亮）。把这种因果关系称为与逻辑。若用逻辑表达式来描述，则可写为 $Y = A \cdot B = AB$。用 "·" 表示与运算，可以省略。

与运算的规则为"输入有 0，输出为 0；输入全 1，输出为 1"。

在数字电路中能实现与运算的电路被称为与门电路，其逻辑符号见表 11.3.2。与运算可以推广到多变量：$Y = ABC \cdots$。

2. 或逻辑（或运算）

当决定一件事情的几个条件中，只要有一个或一个以上条件具备，这件事情就会发生，这种因果关系被称为或逻辑。逻辑表达式为 $Y = A + B$。

或运算的规则为"输入有 1，输出为 1；输入全 0，输出为 0"。

在数字电路中能实现或运算的电路被称为或门电路，其逻辑符号见表 11.3.2。或运算也可以推广到多变量：$Y = A + B + C + \cdots$。

3. 非逻辑（非运算）

某事情发生与否，仅取决于一个条件，而且是对该条件的否定，即条件具备时事情不发生；条件不具备时事情才发生。若用逻辑表达式来描述，则可写为 $Y = \overline{A}$。

非运算的规则为"$\overline{0} = 1$；$\overline{1} = 0$"。

在数字电路中实现非运算的电路被称为非门电路，其逻辑符号见表 11.3.2。

4. 其他常用逻辑运算

任何复杂的逻辑运算都可以由这 3 种基本逻辑运算组合而成。在实际应用中为了减少逻辑门的数目，使数字电路的设计更方便，还常常使用其他几种常用逻辑运算，如与非、或非、同或、异或等。常用逻辑运算见表 11.3.2。

表 11.3.2 常用逻辑运算

逻辑运算	逻辑符号	逻辑函数表达式	真值表	记忆口诀
与逻辑	A、B 输入 & 输出 Y	$Y = AB$	A B Y 0 0 0 0 1 0 1 0 0 1 1 1	有 0 出 0 全 1 出 1
或逻辑	A、B 输入 ≥1 输出 Y	$Y = A + B$	A B Y 0 0 0 0 1 1 1 0 1 1 1 1	有 1 出 1 全 0 出 0
非逻辑	A 输入 1 输出 Y	$Y = \overline{A}$	A Y 0 1 1 0	1 出 0 0 出 1
与非逻辑	A、B 输入 & 输出 Y	$Y = \overline{A \cdot B}$	A B Y 0 0 1 0 1 1 1 0 1 1 1 0	有 0 出 1 全 1 出 0
或非逻辑	A、B 输入 ≥1 输出 Y	$Y = \overline{A + B}$	A B Y 0 0 1 0 1 0 1 0 0 1 1 0	有 1 出 0 全 0 出 1
同或逻辑	A、B 输入 = 输出 Y	$Y = \overline{A}\overline{B} + AB$ $= A \odot B$	A B Y 0 0 1 0 1 0 1 0 0 1 1 1	相异出 0 相同出 1
异或逻辑	A、B 输入 =1 输出 Y	$Y = \overline{A}B + A\overline{B}$ $= A \oplus B$	A B Y 0 0 0 0 1 1 1 0 1 1 1 0	相异出 1 相同出 0

11.3.3 逻辑函数表示法及其相互转化

一个逻辑函数有 5 种表示方法，即真值表、逻辑表达式、逻辑图、工作波形图和卡诺图。这里先介绍前 3 种。

1. 真值表

设有 3 个裁判，分别用 A、B、C 表示，其中 A 是主裁判。规定至少有两个裁判确认（其中必须包含主裁判）时，运动员的试举才算成功。用 Y 表示举重结果，并定义裁判确认为 1，举重成功为 1，这样可列出表 11.3.3，即真值表。真值表是将输入逻辑变量的各种可能取值和相应的函数值排列在一起而组成的表格。为避免遗漏，各变量的取值组合应按照二进制递增的次序排列，切记"当输入变量个数为 n 时，真值表共有 2^n 行"。

表 11.3.3 举重裁判的真值表

输入			输出	
A	B	C	Y	
0	0	0	0	
0	0	1	0	
0	1	0	0	
0	1	1	0	
1	0	0	0	
1	0	1	1	$\rightarrow A\bar{B}C$
1	1	0	1	$\rightarrow AB\bar{C}$
1	1	1	1	$\rightarrow ABC$

真值表的特点如下。

（1）直观明了。输入变量取值一旦确定后，即可在真值表中查出相应的函数值。

（2）把一个实际的逻辑问题抽象成一个逻辑函数时，使用真值表是最方便的。所以，在设计逻辑电路时，总是先根据设计要求列出真值表。

真值表的缺点是，当变量比较多时，显得过于烦琐。

2. 逻辑表达式及其与真值表的相互转化

逻辑表达式就是由逻辑变量和"与""或""非" 3 种运算符构成的表达式。

（1）由真值表可以转换为逻辑表达式，方法如下。

1）在真值表中依次找出函数值（输出量）等于 1 的变量组合。

2）变量值为 1 的写成原变量，变量值为 0 的写成反变量，把组合中各个变量相乘。这样，对应于函数值为 1 的每一个变量组合就可以写成一个乘积项，见表 11.3.3。

3）把这些乘积项相加，就得到相应的逻辑表达式。

例如，用此方法可以直接由表 11.3.3 写出上述裁判函数的逻辑表达式：

$$Y = A\bar{B}C + AB\bar{C} + ABC$$

（2）由逻辑表达式也可以转换成真值表，方法如下。

1）画出真值表的表格，将变量及变量的所有取值组合按照二进制递增的次序列入表格左边。

2）按照逻辑表达式，依次对变量的各种取值组合进行运算，求出相应的函数值，填入表格右边对应的位置，即得真值表。

请读者画出 $Y = AB + AC$ 的真值表，并与表 11.3.3 作比较。

3．逻辑图及其与逻辑表达式的相互转化

逻辑图就是把逻辑表达式中各变量间的逻辑关系用相应的逻辑符号及它们之间的连线而构成的图形。其特点是便于用电路实现。

（1）由逻辑表达式可以画出其相应的逻辑图，方法为，将逻辑表达式中变量间的关系用相应的逻辑符号表示出来（乘积项用与门实现，和项用或门实现）。

【例 11.3.1】画出逻辑表达式 $Y = AB + AC$ 的逻辑图。

解：例 11.3.1 的逻辑图如图 11.3.2 所示。

（2）由逻辑图也可以写出其相应的逻辑表达式。

【例 11.3.2】写出图 11.3.3 所示逻辑图的逻辑表达式。

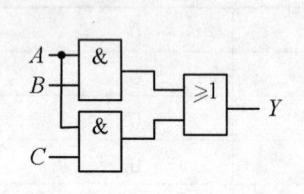

图 11.3.2　例 11.3.1 的逻辑图 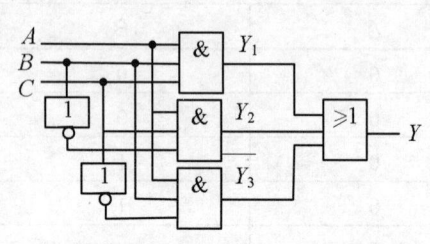　　　图 11.3.3　例 11.3.2 的逻辑图

解：该逻辑图是由基本的"与""或""非"逻辑符号组成的，可由输入至输出逐步写出逻辑表达式：

$$Y = Y_1 + Y_2 + Y_3 = ABC + A\overline{B}C + AB\overline{C}$$

11.4　逻辑函数的化简

在逻辑电路的设计中，所用的元器件少、器件间相互连线少和工作速度高是小、中规模逻辑电路设计的基本要求。为此，在一般情况下，逻辑表达式应该表示成最简洁的形式，这样就涉及对逻辑表达式的化简问题。另外，为了实现逻辑表达式的逻辑关系，要采用相应的具体电路，有时需要对逻辑表达式进行变换。因此，逻辑代数不仅要解决化简的问题，还要解决变换的问题。总之，化简的目的是减少集成电路数目，减少焊接点，大大提高电路的可靠性。

先讨论化简的问题，化简的方法主要有公式法和卡诺图法。

11.4.1　逻辑代数的基本定律与规则

1．基本定律和常用公式

逻辑代数是通过它特有的基本公式（或称基本定律）来实现各种逻辑函数化简的，它的常用基本公式见表 11.4.1。

表 11.4.1 逻辑代数常用的基本公式

定律名称	公式	
0-1 律	$A+1=1$	$A \cdot 0 = 0$
自等律	$A+0=A$	$A \cdot 1 = A$
等幂律	$A+A=A$	$A \cdot A = A$
互补律	$A+\bar{A}=1$	$A \cdot \bar{A} = 0$
交换律	$A+B=B+A$	$A \cdot B = B \cdot A$
结合律	$(A+B)+C=A+(B+C)$	$(A \cdot B) \cdot C = A \cdot (B \cdot C)$
分配律	$A+B \cdot C=(A+B) \cdot (A+C)$	$A \cdot (B+C) = A \cdot B + A \cdot C$
吸收律 1	$AB+A\bar{B}=A$	$(A+B)(A+\bar{B}) = A$
吸收律 2	$A+A \cdot B=A$	$A \cdot (A+B) = A$
吸收律 3	$A+\bar{A} \cdot B=A+B$	$A \cdot (\bar{A}+B) = A \cdot B$
冗余定律	$AB+\bar{A}C+BC=AB+\bar{A}C$	$(A+B)(\bar{A}+C)(B+C) = (A+B)(\bar{A}+C)$
德·摩根定律	$\overline{A+B}=\bar{A} \cdot \bar{B}$	$\overline{A \cdot B} = \bar{A} + \bar{B}$
还原律	$\bar{\bar{A}}=A$	

利用真值表很容易证明这些公式的正确性。交换律、结合律和分配律为与普通代数相似的定律，另外对以上基本公式补充说明如下。

（1）0-1 律：1 加任何变量，结果都为 1；0 乘任何变量，结果都为 0。

（2）等幂律：多个同一变量的和仍然是它本身，例如：$A+A+\cdots+A=A$。多个同一变量的积仍然是它本身，例如：$A \cdot A \cdot A = A$。

（3）互补律：同一变量的原变量与反变量之和恒为 1（$x+\bar{x}=1$）。同一变量的原变量与反变量之积恒为 0（$x \cdot \bar{x}=1$）。

其他定律及应用在下节详细介绍。

2. 基本规则

逻辑代数中还有 3 个基本规则：代入规则、反演规则和对偶规则。它们和基本定律一起构成了完整的逻辑代数系统，可以用来对逻辑函数进行描述、推导和变换。

（1）代入规则。任何一个含有变量 A 的等式，若将所有出现 A 的位置（包括等式两边）都用同一个逻辑函数代替，则等式仍然成立。这个规则与普通代数没有区别，利用代入规则可以方便地扩展公式。例如，在德·摩根定律（反演律）$\overline{AB}=\bar{A}+\bar{B}$ 中用 BC 去代替等式中的 B，则新的等式仍成立：

$$\overline{ABC}=\bar{A}+\overline{BC}=\bar{A}+\bar{B}+\bar{C}$$

即多个变量之积的非，等于各变量之非的和。

同理可证明下式：

$$\overline{A+B+C}=\overline{A+(B+C)}=\bar{A}\bar{B}\bar{C}$$

即多个变量之和的非，等于各变量之非的积。

（2）反演规则。已知函数 F，要求其反函数 $\bar{F}$ 时，只要将 F 中所有原变量变为反变量、反变量变为原变量、与运算变成或运算（乘变加）、或运算变成与运算（加变乘）、0 变为 1、1 变为 0、两个或两个以上变量公用的长"非"号保持不变，便得到 $\bar{F}$，这就是反演规则。

例如：

$$Y_1 = A\bar{B} + C\bar{D}E$$
$$\bar{Y_1} = (\bar{A} + B)(\bar{C} + D + \bar{E})$$
$$Y_2 = A + \overline{B + \bar{C} + \overline{D + \bar{E}}}$$
$$\bar{Y_2} = \bar{A} \cdot \overline{\bar{B} \cdot C \cdot \overline{\bar{D} \cdot E}}$$

应当注意：为了保持原函数逻辑运算的优先顺序，应合理加入括号以避免出错，加括号的方法还可以从下面讲的对偶规则中明确看出。

（3）对偶规则。函数 F 中各变量保持不变，而所有的与运算变为或运算（乘变加）、所有的或运算变为与运算（加变乘）、0 变为 1、1 变为 0、两个或两个以上变量所公用的长"非"号保持不变，则得到一个新函数 G，G 就是 F 的对偶函数，这就是对偶规则。

$$Y = A + \overline{B + \bar{C} + \overline{D + \bar{E}}}$$
$$Y' = A \cdot \overline{\bar{B} \cdot \bar{C} \cdot \overline{D \cdot \bar{E}}}$$

实际上，表 11.4.1 的基本公式中，左右两边的公式是互相对偶的，即每一个定律的或运算形式，它的对偶式就是该定律的与运算形式，利用这个规则，便于记忆基本定律。

11.4.2 逻辑函数的公式法化简

在实际问题中，往往首先将电路化简成最简与或式，如与或表达式 $L = AC + \bar{A}B$，用公式法化简的基本依据就是表 11.4.1 中所介绍的基本公式。其中常用的有德•摩根定律、吸收律以及冗余定律，化简过程中，还常用到普通代数的提取公因式法、分组法、去括号法等，有时还根据需要利用公式进行添加项后，再进行分组化简。公式法化简常用的基本方法如下。

（1）吸收法：利用公式 $A + AB = A$，吸收多余的与项进行化简。例如：

$$L = \bar{A} + \bar{A}BD + \bar{A}E = \bar{A} \cdot (1 + BD + E) = \bar{A}$$

说明：当表达式中的一项为变量 x，另一个与项（乘积项）中也含有 x 时，这个含有 x 的与项是多余的，可以去掉。记忆口诀为"长中含短，留下短"。

（2）消因子法：利用公式 $A + \bar{A}B = A + B$，消去与项中多余的因子进行化简。例如：

$$L = A + \bar{A}C + \bar{C}D = A + C + \bar{C}D = A + C + D$$

说明：当表达式中的一项为变量 x，另一个与项中含有 $\bar{x}$ 时，这个 $\bar{x}$ 是多余的，可以去掉。记忆口诀"长中含反，去掉反"。显然 $\bar{A} + AB = \bar{A} + B$ 也是成立的。

（3）消项法：利用公式 $AB + \bar{A}C + BC = AB + \bar{A}C$，消去式中多余的乘积项。例如：

$$L = A + \bar{A}C + BD + \bar{B}EF + DEF = A + C + BD + \bar{B}EF$$

说明：当表达式中的一个与项含变量 x，另一个与项中含有 $\bar{x}$ 时，这两个变量剩余项所组成的与项（或含有剩余项所组成的与项）是多余的，可以去掉。记忆口诀"正反相对，余全完"，即消冗余项。

（4）并项法：利用公式 $A + \bar{A} = 1$，把两项并成一项进行化简。例如：

$$L = AB\bar{C} + ABC = AB(C + \bar{C}) = AB$$

（5）配项法：利用公式 $A+\bar{A}=1$，把一个与项变成两项再和其他项合并进行化简。例如：

$$L = \bar{A}B + \bar{B}C + B\bar{C} + A\bar{B}$$
$$= \bar{A}B(C+\bar{C}) + \bar{B}C(A+\bar{A}) + B\bar{C} + A\bar{B}$$
$$= \bar{A}BC + \bar{A}B\bar{C} + A\bar{B}C + \bar{A}\bar{B}C + B\bar{C} + A\bar{B}$$
$$= A\bar{B}(C+1) + \bar{A}C(B+\bar{B}) + B\bar{C}(\bar{A}+1)$$
$$= A\bar{B} + \bar{A}C + B\bar{C}$$

说明：此种情况也可反向应用消项法，即通过添加冗余项来配项（增加冗余项 $A\bar{C}$），即

$$L = A\bar{B} + \bar{B}C + B\bar{C} + \bar{A}B + A\bar{C}$$
$$= A\bar{B} + B\bar{C} + \bar{A}B + A\bar{C}$$
$$= B\bar{C} + \bar{A}B + A\bar{C}$$

请读者增加冗余项 $\bar{A}C$ 完成化简。

综上所述，逻辑函数的化简结果不是唯一的，只要项数、因子数对应相同，就都是正确的。有时对逻辑函数进行化简，可以几种方法并用，综合考虑。

【例 11.4.1】 化简逻辑函数 $L = AD + A\bar{D} + AB + \bar{A}C + BD + \bar{A}BE + \bar{B}E$。

解： $L = A + AB + \bar{A}C + BD + \bar{A}BE + \bar{B}E$（利用 $A + \bar{A} = 1$）
$= A + \bar{A}C + BD + \bar{B}E$（利用 $A + AB = A$）
$= A + C + BD + \bar{B}E$（利用 $A + \bar{A}B = A + B$）

【例 11.4.2】 化简逻辑函数 $Y = \bar{B}C + B\bar{D} + C\bar{D} + AB + A\bar{B}CD + \bar{A}BD$。

解： $Y = \bar{B}C + B\bar{D} + C\bar{D} + AB + \bar{A}BD$（利用 $A + AB = A$）
$= \bar{B}C + B\bar{D} + C\bar{D} + AB + AD$（利用 $A + \bar{A}B = A + B$）
$= \bar{B}C + B\bar{D} + + AB + AD$（利用 $AB + \bar{A}C + BC = AB + \bar{A}C$）

由以上各例题可看出，公式法化简需要熟练运用各种公式和定理，需要一定的技巧和经验；有时很难判定化简结果是否最简，掌握起来比较困难。但是，公式法作为数字电路化简的一个基本工具，读者还是应该掌握一些常用的公式法。对三变量和四变量的化简，更多使用的是下面介绍的卡诺图化简法。

11.4.3 逻辑函数的卡诺图化简法

本节介绍一种比公式法更简便、直观的化简逻辑函数的方法，它是一种图形法，是由美国工程师卡诺（Karnaugh）发明的，所以被称为卡诺图化简法。

1. 逻辑函数的最小项及最小项表达式

（1）最小项。如果一个函数的某个乘积项包含了函数的全部变量，其中每个变量都以原变量或反变量的形式出现，且仅出现一次，则称这个乘积项为该函数的一个标准乘积项，通常称之为最小项。

n 变量逻辑函数的全部最小项共有 2^n 个。例如，三变量逻辑函数 $L = f(A,B,C)$ 的最小项共有 $2^3 = 8$ 个，即 $\bar{A}\bar{B}\bar{C}$、$\bar{A}\bar{B}C$、$\bar{A}B\bar{C}$、$\bar{A}BC$、$A\bar{B}\bar{C}$、$A\bar{B}C$、$AB\bar{C}$、ABC。通常用符号 m_i 来表示最小项，下标 i 的确定：把最小项中的原变量记为 1，反变量记为 0，当变量顺序确定后，可以按顺序排列成一个二进制数，则与这个二进制数相对应的十进制数，就是这个最小项的下标 i。三变量逻辑函数的最小项及编号见表 11.4.2。

表 11.4.2 三变量逻辑函数的最小项及编号

最小项	对应取值	对应的十进制	编号
$\bar{A}\bar{B}\bar{C}$	0 0 0	0	m_0
$\bar{A}\bar{B}C$	0 0 1	1	m_1
$\bar{A}B\bar{C}$	0 1 0	2	m_2
$\bar{A}BC$	0 1 1	3	m_3
$A\bar{B}\bar{C}$	1 0 0	4	m_4
$A\bar{B}C$	1 0 1	5	m_5
$AB\bar{C}$	1 1 0	6	m_6
ABC	1 1 1	7	m_7

注意： 对最小项应说明变量的数目及变量的排列顺序，否则对应编号及取值毫无意义。

由于最小项包含了全部输入变量，且每个输入变量均以原变量或反变量形式出现一次，所以最小项有以下性质。

1) 对于任意一个最小项，只有一组变量取值使它的值为 1，而其余各种变量取值均使它的值为 0。如最小项 $\bar{A}BC$，只有当 ABC 取值为 011 时，才使此最小项为 1，其他取值为 0。

2) 全部最小项之和为 1。

3) 任意两个最小项的乘积为 0。

4) 具有相邻性（只有一个因子不同，即互为反变量）的两个最小项之和可以合并成一项，并消去一对因子。

（2）最小项表达式。每一个逻辑函数都可以表示成唯一的一组最小项之和，这个表达式称为最小项表达式。对于不是最小项表达式的与或表达式，可利用公式 $A+\bar{A}=1$ 来配项展开成最小项表达式。

【**例 11.4.3**】将 $Y=\bar{A}+BC$ 逻辑函数转换成最小项表达式。

解：

$$Y = \bar{A} + BC = \bar{A}(B+\bar{B})(C+\bar{C}) + (A+\bar{A})BC$$
$$= \bar{A}BC + \bar{A}B\bar{C} + \bar{A}\bar{B}C + \bar{A}\bar{B}\bar{C} + ABC + \bar{A}BC$$
$$= \bar{A}\bar{B}\bar{C} + \bar{A}\bar{B}C + \bar{A}B\bar{C} + \bar{A}BC + ABC$$
$$= m_0 + m_1 + m_2 + m_3 + m_7$$
$$= \sum m(0,1,2,3,7)$$

为书写方便，可以直接用编号来表示最小项，$\sum$ 表示逻辑或。

2. 逻辑函数的卡诺图表示法

（1）表示最小项的卡诺图。逻辑函数的卡诺图是一个特定的方格图。每一个小方格代表逻辑函数的最小项，且任意两个相邻小方格所代表的最小项只有一个变量之差。两个最小项，只有一个变量的形式不同，其余的都相同，则称这两最小项**逻辑相邻**。卡诺图是真值表的一种特殊形式，是化简逻辑函数的重要工具，所不同的是真值表中的最小项是按照二进制加法规律排列的，而卡诺图中的最小项则是按照相邻性排列的。对于有 n 个变量的逻辑函数，全部最小

项的个数有 2^n 个,因而对应卡诺图中的小方格就有 2^n 个。

图 11.4.1 给出了根据相邻原则构成的常用二变量、三变量、四变量的卡诺图。图形两侧标注的 0 和 1 表示使对应小方格内的最小项为 1 的变量取值。同时,这些 0 和 1 组成的二进制数所对应的十进制数大小也就是对应的最小项的编号。

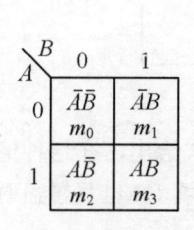

A\B	0	1
0	$\bar{A}\bar{B}$ m_0	$\bar{A}B$ m_1
1	$A\bar{B}$ m_2	AB m_3

A\BC	00	01	11	10
0	$\bar{A}\bar{B}\bar{C}$ m_0	$\bar{A}\bar{B}C$ m_1	$\bar{A}BC$ m_3	$\bar{A}B\bar{C}$ m_2
1	$A\bar{B}\bar{C}$ m_4	$A\bar{B}C$ m_5	ABC m_7	$AB\bar{C}$ m_6

AB\CD	00	01	11	10
00	$\bar{A}\bar{B}\bar{C}\bar{D}$ m_0	$\bar{A}\bar{B}\bar{C}D$ m_1	$\bar{A}\bar{B}CD$ m_3	$\bar{A}\bar{B}C\bar{D}$ m_2
01	$\bar{A}B\bar{C}\bar{D}$ m_4	$\bar{A}B\bar{C}D$ m_5	$\bar{A}BCD$ m_7	$\bar{A}BC\bar{D}$ m_6
11	$AB\bar{C}\bar{D}$ m_{12}	$AB\bar{C}D$ m_{13}	$ABCD$ m_{15}	$ABC\bar{D}$ m_{14}
10	$A\bar{B}\bar{C}\bar{D}$ m_8	$A\bar{B}\bar{C}D$ m_9	$A\bar{B}CD$ m_{11}	$A\bar{B}C\bar{D}$ m_{10}

图 11.4.1 二变量、三变量、四变量的卡诺图

需要强调的是,为了符合相邻原则,三变量中 BC 的排列次序必须是 00、01、11、10,四变量中 AB 和 CD 也分别必须按 00、01、11、10 次序排列。从图中可以看出,卡诺图具有很强的几何相邻性。首先是直观相邻性,即几何位置上相邻的(紧挨的)最小项在逻辑上一定是相邻的。其次是相对相邻,即一行或一列的两头的最小项具有几何相邻性。最后是相重,即卡诺图对折起来后相重合的两最小项也是几何相邻。几何相邻的两最小项必逻辑相邻。

(2) 画出卡诺图有以下几种方法。

1) 利用真值表画出卡诺图。如果已知逻辑函数的真值表,画出卡诺图是十分容易的。对应逻辑变量取值的组合,函数值为 1 时,在小方格内填 1;函数值为 0 时,在小方格内填 0(也可以不填)。如对表 11.3.3 所示举重裁判的真值表,其对应的卡诺图如图 11.4.2 所示。

A\BC	00	01	11	10
0				
1		1	1	1

图 11.4.2 举重裁判的卡诺图

2) 利用最小项表达式画出卡诺图。应用卡诺图化简逻辑函数时,先将逻辑函数中的最小项分别用 1 填入相应的小方格内,其他的则填 0 或空着不填。

【例 11.4.4】试画出四变量逻辑函数 $Y = \sum m (0, 1, 7, 11, 12, 15)$ 的卡诺图。

解:设四变量分别为 A、B、C、D,在布局 $ABCD$ 时,以下两种情况都可以,读者可自选其一,这两种情况是关于主对角线对称的,不影响化简结果。在 $ABCD$ 对应的 0000 格内填入 1,即表示是最小项 m_0,同样在 0001 格、0111 格、1011 格、1100 格和 1111 格内也填入 1,其余格填入 0,或者不填,如图 11.4.3 所示。

CD AB	00	01	11	10
00	1	1		
01			1	
11	1		1	
10			1	

AB CD	00	01	11	10
00	1		1	
01	1			
11		1	1	1
10				

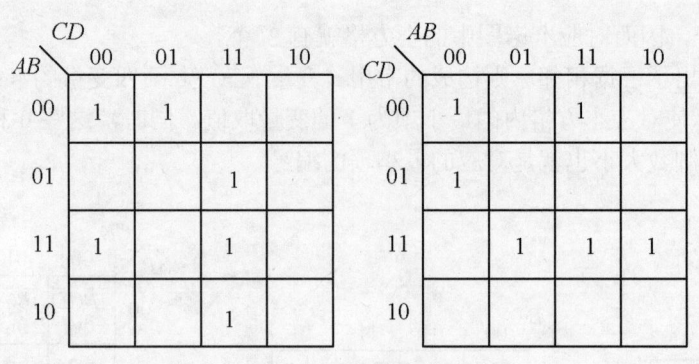

图 11.4.3　例 11.4.4 的两种卡诺图

3）通过一般与或式画出卡诺图。有时逻辑函数是以一般与或式形式给出，在这种情况下画卡诺图时，可以将每个与项作为公因子，在包含公因子对应的小方格填 1，重复覆盖时，只填一次就可以了。对那些与项没覆盖的最小项对应的小方格填 0 或不填。

【例 11.4.5】 试画出三变量逻辑函数 $Y = \bar{A} + AC$ 的卡诺图。

解：以与项 $\bar{A}$ 作为公因子，填写包含 $\bar{A}$ 所有的方格，从三变量卡诺图中可以看出，其对应第一行，共 4 个方格，填充 1，实际上 $\bar{A}$ 对应的最小项共有 4 个；以与项 AC 作为公因子，包含公因子的方格为 A 所在的行（第二行）及 C 所在的列（第二列和第三列）的交叉部分，共有两个格，实际上和与项 AC 对应的最小项是 ABC，和 $A\bar{B}C$ 是相同的。逻辑函数 Y 的卡诺图如图 11.4.4 所示。

BC A	00	01	11	10
0	1	1	1	1
1		1	1	

图 11.4.4　例 11.4.5 的卡诺图

如果逻辑函数以其他表达式形式给出，如或与式、与或非、或与非形式，或者是多种形式的混合表达式，这时可将表达式变换成与或式再画卡诺图，也可以写出表达式的真值表，利用真值表再画出卡诺图。

3．应用卡诺图化简逻辑函数

（1）合并最小项规则。应用卡诺图勾圈合并最小项时应遵循以下原则。

1）将所有取值为 1 的相邻小方格圈起来，但是每个圈内 1 的个数必须为 2^n 个，即 1，2，4，8，…。注意边缘相邻，即最上行与最下行是相邻的、最左列与最右列也是相邻的，另外，四角也是相邻的。2 个相邻的最小项结合（用一个包围圈表示），可以消去 1 个取值不同的变量，保留相同的变量而合并为 1 项，如图 11.4.5 所示。4 个相邻的最小项结合（用一个包围圈表示），可以消去 2 个取值不同的变量，保留相同的变量而合并为 1 项，如图 11.4.6 所示。8 个相邻的最小项结合（用一个包围圈表示），可以消去 3 个取值不同的变量，保留相同的变量而合并为 1 项，如图 11.4.7 所示。总之，2^n 个相邻的最小项结合，可以消去 n 个取值不同的变量而合并为 1 项。

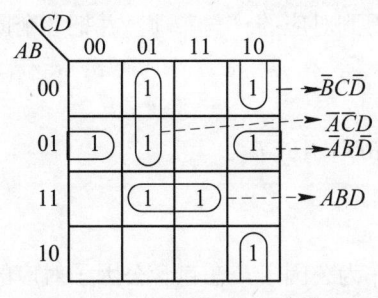

图 11.4.5　2 个相邻的最小项合并 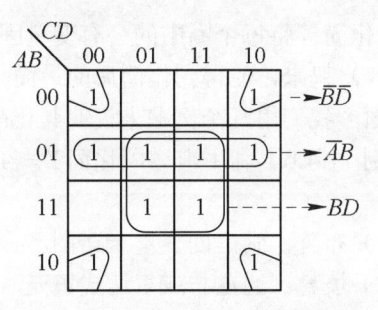　　　　图 11.4.6　4 个相邻的最小项合并

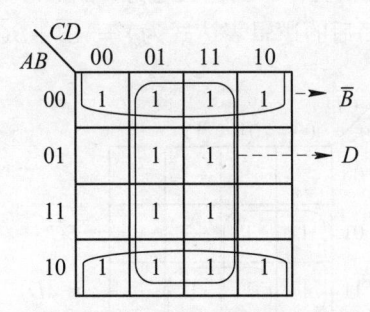

图 11.4.7　8 个相邻的最小项合并

2）为了保证能写出最简单的与或表达式，首先应保证画圈的个数最少（表达式中的与项最少），其次是每个画圈中填 1 的小方格最多（与项中的变量最少）。由于卡诺图中画圈的方法在某些情况下不是唯一的，因此写出的最简逻辑表达式也不是唯一的。

3）某取值为 1 的小方格可重复被圈多次，但每个圈内必须至少包含一个未曾圈过的最小项。

4）如果一个填 1 的小方格不和任何其他填 1 的小方格相邻，则这个小方格也要用一个与项表示。

（2）卡诺图化简。根据以上内容，现总结出卡诺图化简逻辑函数的一般步骤如下。

1）布阵：根据最小项中的最大数确定变量的个数，然后画出相应的卡诺图。

2）填充（用卡诺图表示逻辑函数）：把函数表达式中的相应项填入 1，其余小方格内填入 0，或者省去不填。

3）画圈：对卡诺图中有"1"的方格画相邻区域圈，画圈时要按 2、4、8、16 格为单位，遵循的原则是，圈越大越好，这样各与项中所含变量因子就越少；圈的总数越少越好，因为圈数越少，与项的项数就越少。

具体操作时，要特别注意四角相邻、两边相邻，首先将与其他任何"1"方格都不相邻的孤立"1"方格单独圈出来；其次找出那些仅与另一个"1"方格唯一相邻的"1"方格，将它们两两相圈，组成含有两个"1"方格的相邻区域；最后，再依次将含有 4 个"1"方格、8 个"1"方格的相邻区域画出来。

在画相邻区域时，有些"1"方格可以被多个圈公用，这种区域间的重叠现象是允许的，但每个圈中必须含有至少一个新"1"，即别的圈中都未包含进去的 1。这样做，就可以避免在化简后的函数中出现多余项，使化简后的与或表达式为最简形式。

4）化简：将每个圈中的公有变量因子找出来，得到对应的"与"项，并把各个圈的与项相加（或）起来，便得到化简后的最简与或表达式。

下面，我们用几个例题来说明其化简规律。

【例 11.4.6】利用卡诺图化简 $Y = A\bar{B} + B\bar{C}D + ABD + \bar{A}B\bar{C}D$。

解：

（1）布阵：画出四变量卡诺图。

（2）填充：通过与或表达式填充，将每个与项作为公因子，在包含公因子对应的小方格填 1。

（3）画圈：将相邻为 1 的方格合并。圈越大越好，圈的总数越少越好，如图 11.4.8 所示。

（4）化简：由卡诺图得化简后的逻辑表达式为 $Y = A\bar{B} + B\bar{C} + AD$。

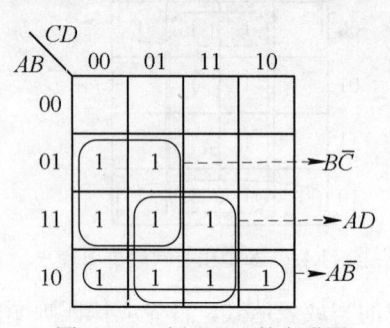

图 11.4.8　例 11.4.6 的卡诺图

【例 11.4.7】利用卡诺图化简 $Y = \sum m(0,1,2,5,6,7,8,10,11,12,13,15)$。

解： 由逻辑表达式画出卡诺图，画圈时会发现有两种情形，如图 11.4.9 所示。这两种情形对应的简化的与或表达式分别为 $Y = BD + \overline{ABC} + \overline{ACD} + \overline{ACD} + A\overline{BC}$ 及 $Y = \overline{BD} + AB\overline{C} + \overline{ABC} + ACD + \overline{ACD}$。

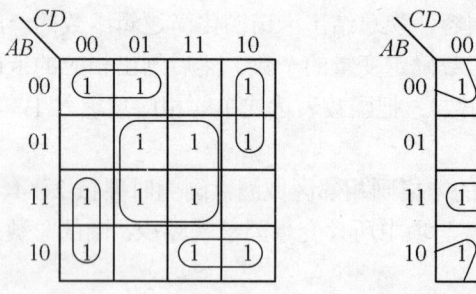

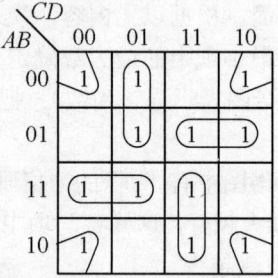

图 11.4.9　例 11.4.7 的卡诺图

通过这个例子可以看出，一个逻辑函数的卡诺图是唯一的，但化简结果有时不是唯一的。

11.4.4　含有无关项的逻辑函数的化简

无关项，又称约束项和禁止项。一个 n 变量的函数并不一定与 2^n 个最小项都有关，有时，它仅与其中一部分有关，而与另一部分无关。也就是说，这另一部分最小项为"1"或为"0"均与逻辑函数的逻辑值无关，例如 BCD 码，只用了 4 位二进制数组成的 16 个最小项中的 10

个编码，其中必有 6 个最小项是不会出现的，我们称这些最小项为约束项（无关项或任意项）。在逻辑表达式中用 $\sum d(\cdots)$ 表示无关项，在卡诺图和真值表中用 φ 或×表示无关项。

由于无关项的取值可以为 1 或 0，在利用卡诺图化简逻辑函数时，可以随意地将其视为"1"或"0"参与化简，从而使函数化简为最简的形式，同时又不会影响该逻辑函数的实际功能。

由于无关项与逻辑函数的取值无关，所以，在卡诺图上化简时，把"×"看作"1"或"0"对于逻辑函数都无任何影响，故在画图时，既可把"×"视作 1 也可视作 0，这完全取决于对化简是否有利。也就是说，看作"1"对化简有利时就把"×"视作 1；看作"0"对化简有利时就把"×"视作 0；若对化简函数无作用时，就不去理睬"×"。

【例 11.4.8】 用 8421BCD 码表示 1 位十进制数 x，当 $x \geq 5$ 时，输出 $F=1$，否则输出 $F=0$，求 F 的最简与或式。

解：由于在 8421BCD 码中，1010～1111 这 6 种代码是不允许出现的，所以这 6 项为无关项。

根据题意可写出逻辑表达式为 $F = \sum m(5,6,7,8,9) + \sum d(10,11,12,13,14,15)$，用卡诺图法化简该逻辑函数。

（1）画出四变量卡诺图，如图 11.4.10 所示。将最小项 5、6、7、8、9 所在的方格填入 1；将无关项 10、11、12、13、14、15 所在小方格填入×。

（2）合并最小项。与 1 方格圈在一起的无关项被当作 1，没有圈的无关项被当作 0。注意，1 方格不能漏；×方格根据需要，可以圈入，也可以放弃。

（3）写出逻辑函数的最简与或表达式：$F = A + BD + BC$。

如果不考虑无关项，如图 11.4.10（b）所示，写出的表达式为 $F = A\overline{BC} + \overline{A}BD + \overline{A}BC$，可见该表达式不是最简表达式。

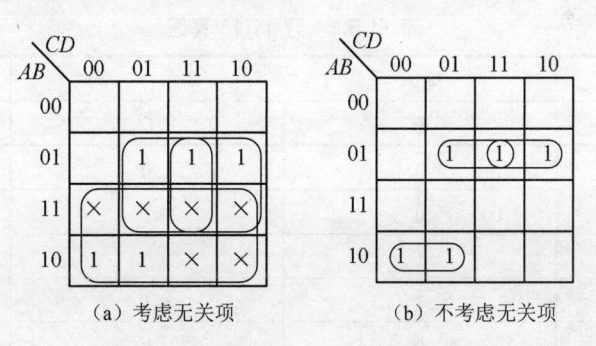

（a）考虑无关项　　（b）不考虑无关项

图 11.4.10　例 11.4.8 的卡诺图

卡诺图化简法的优点是简单、直观，有一定的化简步骤可循，不易出错，且容易化到最简。但是在逻辑变量超过 5 个时，其就失去了简单、直观的优点，实用意义大打折扣。

习　题

11.1　十进制数 40 用 8421BCD 码表示为（　　）。
　　A. 10 1000　　B. 0010 0111　　C. 101101　　D. 110101

11.2　1位八进制数可以用（　　）位二进制数来表示。
　　　A. 1　　　　B. 3　　　　C. 4　　　　D. 16

11.3　下列选项中为无权码的为（　　）。
　　　A. 8421BCD 码　　　　　　B. 5421BCD 码
　　　C. 2421 码　　　　　　　　D. 格雷码

11.4　(1100010.11101)$_2$=(　　)$_8$=(　　)$_{16}$

11.5　下列选项中，根据逻辑运算法则，正确的是（　　）。
　　　A. C+C=2C　　B. 1+1=2　　C. 0<1　　D. A+0=A

11.6　在以下情况中，（　　）时与非运算的结果是逻辑1。
　　　A. 全部输入是 1　　　　　B. 任一输入是 0
　　　C. 仅一输入是 0　　　　　D. 全部输入是 0

11.7　如果与运算的结果是逻辑0，则其输入量的关系为（　　）。
　　　A. 至少有一个输入为 0　　B. 全部输入都为 0
　　　C. 全部输入都为 1　　　　D. 至少有一个输入为 1

11.8　逻辑函数有 5 种表达方式，分别为：波形图、逻辑表达式、逻辑图、_____、和 _____。

11.9　已知 $Y = A + \overline{B}C + CD$，则 Y 的非函数为 $\overline{Y}$ = _____。

11.10　已知函数的对偶式为 $\overline{A}\overline{B} + \overline{C}\overline{D} + BCE$，则它的原函数为 _____。

11.11　某电路的真值表见表 11.5.1，该电路的逻辑表达式为（　　）。
　　　A. $Y = C$　　　　　　　　B. $Y = ABC$
　　　C. $Y = AB + C$　　　　　D. $Y = B\overline{C} + C$

表 11.5.1　题 11.11 真值表

输入			输出
A	B	C	Y
0	0	0	0
0	0	1	1
0	1	0	0
0	1	1	1
1	0	0	0
1	0	1	1
1	1	0	1
1	1	1	1

11.12　利用公式法化简以下逻辑函数：
　（1）$Y = A + AC + \overline{A}D + \overline{C}D$
　（2）$Y = ABC + AC + \overline{A}B + AB\overline{C}$

11.13　在四变量卡诺图中，逻辑上不相邻的一组最小项为（　　）。
　　　A. m_1 与 m_3　　B. m_2 与 m_8　　C. m_5 与 m_{13}　　D. m_4 与 m_6

11.14 函数 $F(A,B,C)=AB+BC+AC$ 的最小项表达式为（　　）。
  A. $F(A,B,C) = \sum m(0,2,4)$ B. $F(A,B,C) = \sum m(3,5,6,7)$
  C. $F(A,B,C) = \sum m(0,2,3,4)$ D. $F(A,B,C) = \sum m(2,4,6,7)$

11.15 任意两个最小项之和为_____，任意两个最小项之积为_____。

11.16 用卡诺图化简下列逻辑函数：
（1）$Y(A,B,C,D) = \sum m(0,2,3,4,6,7,10,11,13,14,15)$
（2）$Y = \sum m(0,4,5,6) + \sum d(2,3)$

第 12 章　组合逻辑电路及应用

本章主要介绍组合逻辑电路，首先介绍组合逻辑电路和时序逻辑电路的概念及区别，详细介绍组合逻辑电路分析及设计的步骤，并以具体案例进行分析，介绍组合逻辑电路中常用中小规模集成电路及其应用，介绍组合逻辑电路中出现竞争与冒险的现象等，组合逻辑电路及其应用是数字电路中重要学习内容。

知识点与学习要求

（1）掌握组合逻辑电路的基本分析方法和设计方法。
（2）了解常用的中小规模集成电路工作原理，例如加法器、编码器、译码器等的工作原理和逻辑功能。
（3）掌握几种常用的中小规模集成电路的应用，可用二进制译码器和数据选择器进行组合逻辑电路设计。
（4）了解组合逻辑电路中存在的竞争冒险现象及简单的消除办法。

12.1　逻辑电路介绍

数字电路按逻辑功能可分为组合逻辑电路和时序逻辑电路。组合逻辑电路是指任意时刻的输出只取决于该时刻各输入状态的组合，与电路原来的状态无关的电路。时序逻辑电路是指任意时刻的输出不仅取决于该时刻的输入，而且与电路原来的状态有关的电路。本章主要介绍组合逻辑电路。

所谓组合逻辑电路，是将门电路按照数字信号由输入至输出单方向传递的工作方式组合起来而构成的逻辑电路，这种电路反映的是输入与输出之间一一对应的因果关系。组合逻辑电路就是由门电路组合而成的，电路中没有记忆单元，没有反馈通路。组合逻辑电路的组成框图如图 12.1.1 所示。

图 12.1.1　组合逻辑电路的组成框图

其中，x_i 为输入逻辑变量，y_i 为输出逻辑变量。每一个输出逻辑变量均是输入逻辑变量的函数。y_i 与 x_i 之间的逻辑关系为

$$y_1 = f_1(x_1 \cdots x_n)$$
$$y_2 = f_2(x_1 \cdots x_n)$$
$$y_m = f_m(x_1 \cdots x_n)$$

1. 功能特点

确定电路的输入后,即确定输出;电路的输出状态不影响输入。

2. 结构特点

电路不包含存储信号的记忆元件,也不包含从输出到输入的反馈电路。

12.2 组合逻辑电路的分析及设计

12.2.1 组合逻辑电路的分析

所谓组合逻辑电路的分析,就是根据已知的组合逻辑电路,确定其输入与输出之间的逻辑关系,验证和说明该电路逻辑功能的过程。

从给定组合逻辑电路图找出输出和输入之间的逻辑关系,分析其逻辑功能,分析过程一般步骤如下。

(1) 根据给定逻辑电路图,从电路的输入到输出逐级写出输出变量对应输入变量的逻辑表达式。

(2) 对写出的逻辑表达式进行化简,列出真值表。

(3) 从逻辑表达式或真值表,分析出组合逻辑电路的逻辑功能。

以框图表示其过程,如图 12.2.1 所示。

图 12.2.1 组合逻辑电路的分析步骤

【例 12.2.1】分析图 12.2.2 所示组合逻辑电路。

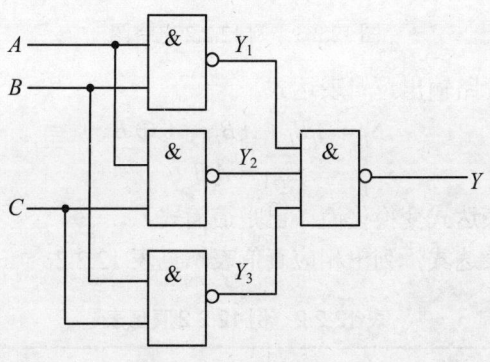

图 12.2.2 例 12.2.1 图

解:按照组合逻辑电路的分析步骤,分析如下。

(1) 首先确定电路输出逻辑表达式。

$$Y_1 = \overline{AB}, \ Y_2 = \overline{AC}, \ Y_3 = \overline{BC}$$

$$Y = \overline{Y_1 Y_2 Y_3} = \overline{\overline{AB} \cdot \overline{AC} \cdot \overline{BC}} = AB + AC + BC$$

(2) 对获得的逻辑表达式变换化简，得到最简输出逻辑表达式（本例中所得到的输出逻辑表达式已经是最简形式）。

(3) 根据最简逻辑表达式，列出相应真值表，见表 12.2.1。

表 12.2.1　例 12.2.1 真值表

输入			输出
A	B	C	Y
0	0	0	0
0	0	1	0
0	1	0	0
0	1	1	1
1	0	0	0
1	0	1	1
1	1	0	1
1	1	1	1

分析以上真值表，可以发现，当 3 个输入逻辑变量中存在两个或以上的高电平 1 时，输出为高电平 1；否则，输出为低电平。所以，这是一个三人多数表决电路。

【例 12.2.2】分析图 12.2.3 所示电路，指出该电路的逻辑功能。

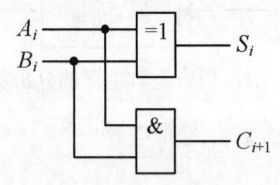

图 12.2.3　例 12.2.2 电路图

解：（1）首先确定电路输出逻辑表达式。

$$S_i = \overline{A_i}B_i + A_i\overline{B_i} = A_i \oplus B_i$$
$$C_{i+1} = A_i B_i$$

(2) 对获得的逻辑表达式变换化简（已是最简式）。

(3) 根据最简逻辑表达式，列出相应真值表，见表 12.2.2。

表 12.2.2　例 12.2.2 真值表

输入		输出	
A_i	B_i	S_i	C_{i+1}
0	0	0	0
0	1	1	0
1	0	1	0
1	1	0	1

分析以上真值表，可以发现，当输入变量 A_i、B_i 中有一个为 1 时，输出 $S_i=1$，而有两个同时为 1 时，输出 $S_i=0$ 而输出 $C_{i+1}=1$，它正好实现了 1 位二进制数的加法运算功能，这种电路被称为 1 位半加器。所谓半加器是能对两个 1 位二进制数相加而求得和及进位的逻辑电路。其中，A_i、B_i 分别为两个 1 位二进制数相加的被加数、加数，S_i 为本位和，C_{i+1} 是本位向高位的进位。1 位半加器的逻辑符号如图 12.2.4 所示。

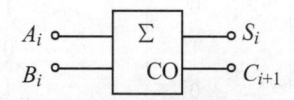

图 12.2.4　1 位半加器的逻辑符号

通过对上述组合逻辑电路的分析也可以看到：组合逻辑电路主要由门电路构成，不包含具有记忆功能的电路单元和反馈电路。

12.2.2　组合逻辑电路的设计

所谓组合逻辑电路的设计，就是根据给定的实际逻辑功能要求，设计出实现该功能的最简单逻辑电路图。设计过程的基本步骤如下。

（1）将文字描述的逻辑命题，转换为真值表。

1）分析事件的因果关系，确定输入和输出变量。一般总是把引起事件的原因定为输入变量，把引起事件的结果定为输出变量。

2）定义逻辑状态的含义，即给 0、1 逻辑状态赋值，确定 0、1 分别代表输入、输出变量的两种不同状态。

3）根据因果关系列出真值表。

（2）由真值表写出逻辑表达式，并进行化简。化简形式应根据所选门电路而定。

（3）画出逻辑电路图。

至此，逻辑设计（或称原理设计）完成。为了把逻辑电路实现为具体的电路装置，还需要一系列工艺设计，如设计控制开关、电源、显示电路及机箱或面板等，还要完成调试，最后形成产品。

【例 12.2.3】在将两个多位二进制数相加时，除了低位，每一位都应考虑来自低位的进位。能对两个 1 位二进制数相加并考虑低位的进位，即相当于 3 个 1 位二进制数相加，求得和及进位的逻辑电路被称为全加器。试设计一个 1 位全加器电路。

解：

（1）首先确定真值表。

由题意可知，需要 3 个输入变量，两个输出变量。设 A_i、B_i 分别为两个 1 位二进制数相加的被加数、加数，C_i 为低位向本位的进位，S_i 为本位和，C_{i+1} 是本位向高位的进位。根据其逻辑功能可知，当 3 个输入变量 A_i、B_i、C_i 中有一个为 1 或 3 个同时为 1 时，输出 $S_i=1$，而当 3 个变量中有两个或两个以上同时为 1 时，输出 $C_{i+1}=1$，它正好实现了 A_i、B_i、C_i 这 3 个 1 位二进制数的加法运算功能。所列真值表见表 12.2.3。

表 12.2.3　全加器的真值表

输入			输出	
A_i	B_i	C_i	S_i	C_{i+1}
0	0	0	0	0
0	0	1	1	0
0	1	0	1	0
0	1	1	0	1
1	0	0	1	0
1	0	1	0	1
1	1	0	0	1
1	1	1	1	1

（2）根据真值表可列出逻辑表达式并化简：

$$S_i = \overline{A_i}\overline{B_i}C_i + \overline{A_i}B_i\overline{C_i} + A_i\overline{B_i}\overline{C_i} + A_iB_iC_i = \overline{(A_i \oplus B_i)}C_i + (A_i \oplus B_i)\overline{C_i} = A_i \oplus B_i \oplus C_i$$

$$C_{i+1} = \overline{A_i}B_iC_i + A_i\overline{B_i}C_i + A_iB_i\overline{C_i} + A_iB_iC_i = (A_i \oplus B_i)C_i + A_iB_i = \overline{\overline{(A_i \oplus B_i)C_i} \cdot \overline{A_iB_i}}$$

以上应用公式法化简，其中主要应用了德·摩根定律。进位化成与非式，主要是考虑减少器件的种类。

（3）根据最简逻辑表达式，画出逻辑图，如图 12.2.5 所示。

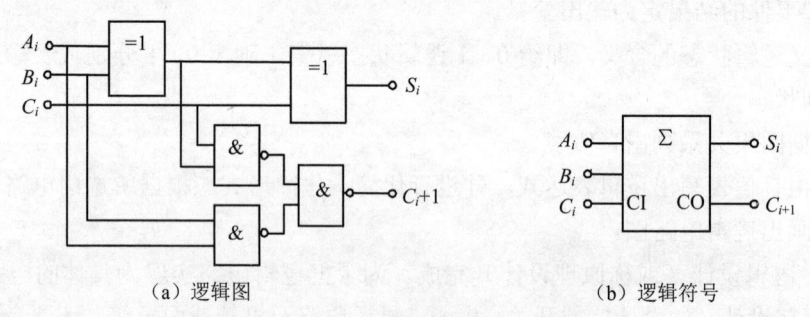

（a）逻辑图　　　　　　　　　（b）逻辑符号

图 12.2.5　全加器的逻辑图及其逻辑符号

要实现两个 4 位二进制数 $A = A_3A_2A_1A_0$ 和 $B = B_3B_2B_1B_0$ 相加，可以由 4 个全加器完成。低位全加器的进位输出送至相邻高位全加器的进位输入端，以此类推。最低位进位输入端接地，最高位进位输出端作为整个电路的进位输出端。4 位串行进位加法器如图 12.2.6 所示。

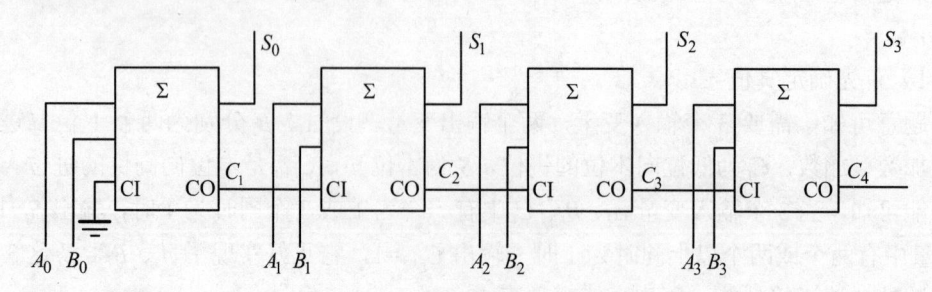

图 12.2.6　4 位串行进位加法器

将两个 4 位二进制数 $A = A_3A_2A_1A_0$ 和 $B = B_3B_2B_1B_0$ 送至 4 位串行进位加法器电路输入端,电路的输出为

$$Y = A + B = A_3A_2A_1A_0 + B_3B_2B_1B_0 = C_4S_3S_2S_1S_0$$

把 n 个全加器串联起来,低位全加器的进位输出连接到相邻的高位全加器的进位输入,便构成了 n 位串行进位加法器。这种加法器结构简单,最大缺点是运行速度慢。运算速度要求不高的设备可选用此电路。

普遍应用的全加器的集成电路是 74LS283,它是由超前进位电路构成的快速进位的 4 位全加器电路,可实现两个 4 位二进制数的全加。其集成芯片管脚图如图 12.2.7 所示。由于它采用超前进位方式,所以进位传送速度快,其主要用于高速数字计算机、数据处理及控制系统。然而必须指出,这种电路运算时间缩短是以增加电路复杂程度为代价而换取的。

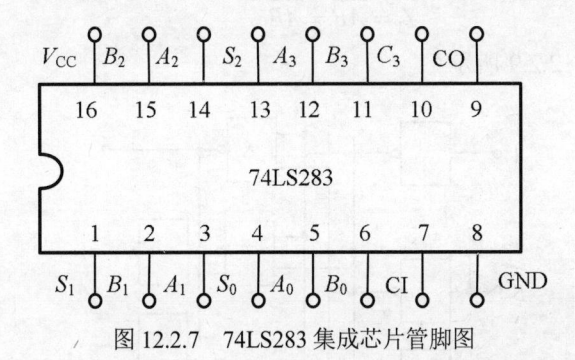

图 12.2.7 74LS283 集成芯片管脚图

【例 12.2.4】试为某倒车系统设计一个报警控制器,设车与车后障碍物距离用 3 位二进制数 ABC 表示,输出报警信号用绿、黄、红 3 个指示灯表示。当距离不小于 3m 时,仅绿指示灯亮;当距离为 2m 时,黄指示灯开始亮,绿指示灯仍亮;当距离不大于 1m 时,红指示灯开始亮,其他灯灭。试用与非门设计此报警器的控制电路。

解:(1)设绿、黄、红 3 个指示灯为 Y_1、Y_2、Y_3,灯亮时其值为 1,灯灭时其值为 0,根据逻辑要求列真值表,见表 12.2.4。

表 12.2.4 例 12.2.4 的真值表

输入			输出		
A	B	C	Y_1	Y_2	Y_3
0	0	0	0	0	1
0	0	1	0	0	1
0	1	0	1	1	0
0	1	1	1	0	0
1	0	0	1	0	0
1	0	1	1	0	0
1	1	0	1	0	0
1	1	1	1	0	0

(2)根据真值表直接可画出 Y_1、Y_2、Y_3 的卡诺图(图 12.2.8),并列出逻辑表达式。

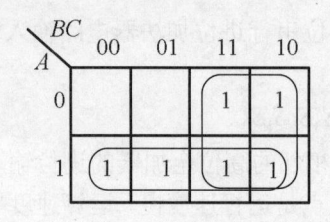

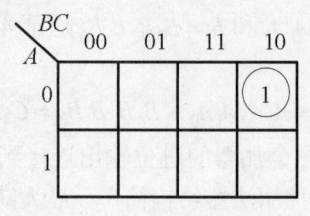

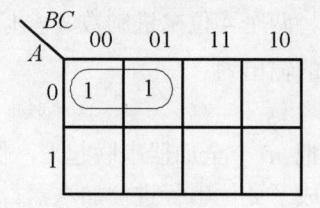

图 12.2.8　Y_1、Y_2、Y_3 的卡诺图

逻辑表达式化简转换为与非表达式：

$$Y_1 = A + B = \overline{\overline{A+B}} = \overline{\overline{A}\,\overline{B}}$$

$$Y_2 = \overline{ABC} = \overline{\overline{\overline{ABC}}}$$

$$Y_3 = \overline{AB} = \overline{\overline{\overline{AB}}}$$

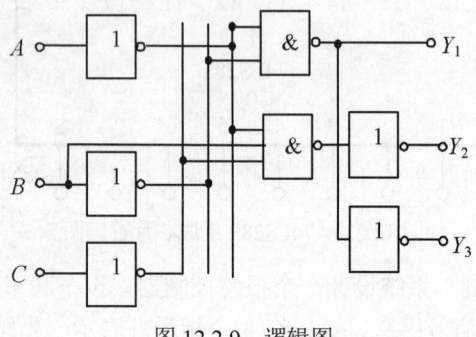

(3) 逻辑图如图 12.2.9 所示。

图 12.2.9　逻辑图

选用与非门实现电路，需要 74LS10（3 个三输入与非门）1 片、74LS04 反相器若干，也可用与非门来实现非门（反相器）。

12.3　常用组合逻辑电路及其应用

数字系统中常用的组合逻辑电路种类很多，主要有编码器、译码器、数据选择器、数据分配器、数值比较器等。为了使用方便，已经把这些逻辑电路制成了中、小规模集成芯片。本节主要介绍这些芯片的原理与使用方法。

12.3.1　编码器

编码器是一种常用的组合逻辑电路，用于实现编码操作。编码就是将具体的事物或状态转换成所需代码的过程。能够实现编码功能的数字电路被称为编码器。按照所需编码的不同特点和要求，编码器主要分成两类：普通编码器和优先编码器。

1. 普通编码器

所谓普通编码器，即电路在某一时刻只能对一个输入信号进行编码，即只能有一个输入端有效，存在有效输入信号。其电路结构简单，一般用于产生二进制编码。二进制编码器和非二进制编码器均为普通编码器。

（1）二进制编码器：将输入信息编成二进制代码的逻辑电路为二进制编码器，如用门电路构成的 4 线-2 线、8 线-3 线编码器等。一般而言，N 个不同的信号，需要 n 位二进制数编码。N 和 n 之间满足 $N=2^n$ 关系。

（2）非二进制编码器：输入与输出不满足 $N=2^n$ 关系。常用的非二进制编码器是二-十进制编码器，是指用 4 位二进制代码表示 1 位十进制数的编码电路，简称 BCD 编码器，也称 10 线-4 线编码器。

【例 12.3.1】设计一个 8 线-3 线普通编码器。

解： 8 线-3 线普通编码器，即电路具有 8 个输入端、3 个输出端（2^3=8），属于二进制编码器。用 $I_0 \sim I_7$ 表示 8 路输入，$Y_2 \sim Y_0$ 表示 3 路输出。原则上对输入信号的编码是任意的，常用的编码方式是按照二进制数的顺序由小到大进行编码。设输入、输出均为高电平有效，列出 8 线-3 线编码器的真值表见表 12.3.1。

表 12.3.1 例 12.3.1 的真值表

I_0	I_1	I_2	I_3	I_4	I_5	I_6	I_7	Y_2	Y_1	Y_0
1	0	0	0	0	0	0	0	0	0	0
0	1	0	0	0	0	0	0	0	0	1
0	0	1	0	0	0	0	0	0	1	0
0	0	0	1	0	0	0	0	0	1	1
0	0	0	0	1	0	0	0	1	0	0
0	0	0	0	0	1	0	0	1	0	1
0	0	0	0	0	0	1	0	1	1	0
0	0	0	0	0	0	0	1	1	1	1

通过定义与其真值表可以发现，8 个输入变量中在某一时刻只有一个变量取 1，而其余变量均为 0，称这样的一组变量为互相排斥的变量。以 Y_2 为例，由真值表可列出表达式为

$$Y_2 = \overline{I_0}\overline{I_1}\overline{I_2}\overline{I_3}I_4\overline{I_5}\overline{I_6}\overline{I_7} + \overline{I_0}\overline{I_1}\overline{I_2}\overline{I_3}\overline{I_4}I_5\overline{I_6}\overline{I_7} + \overline{I_0}\overline{I_1}\overline{I_2}\overline{I_3}\overline{I_4}\overline{I_5}I_6\overline{I_7} + \overline{I_0}\overline{I_1}\overline{I_2}\overline{I_3}\overline{I_4}\overline{I_5}\overline{I_6}I_7$$

在 8 个输入变量的 2^8=256 个变量取值组合中，仅用到其中的 8 个，其余 248 个变量取值组合，均作为无关项出现，这样 Y_2 表达式可利用无关项来化简。化简后各输出的逻辑表达式为

$$Y_2 = I_4 + I_5 + I_6 + I_7 = \overline{\overline{I_4}\overline{I_5}\overline{I_6}\overline{I_7}}$$

$$Y_1 = I_2 + I_3 + I_6 + I_7 = \overline{\overline{I_2}\overline{I_3}\overline{I_6}\overline{I_7}}$$

$$Y_0 = I_1 + I_3 + I_5 + I_7 = \overline{\overline{I_1}\overline{I_3}\overline{I_5}\overline{I_7}}$$

用与非门电路实现逻辑电路，如图 12.3.1 所示。当 $Y_2Y_1Y_0 = 000$ 时，表示为 I_0 有效。

2. 优先编码器

当有一个以上的输入端同时输入信号时，普通编码器的输出编码会造成混乱。为解决这一问题，需采用优先编码器，如 8 线-3 线集成二进制优先编码器 74LS148、10 线-4 线集成 BCD 码优先编码器 74LS147 等。优先编码器允许多个有效输入信号同时存在，但根据事先设定的优先级，编码器只接收输入信号中优先级最高的编码请求，而不影响其他的输入信号。

图 12.3.1　与非门实现的 8 线-3 线普通编码器

图 12.3.2 所示为 8 线-3 线优先编码器 74LS148 的逻辑图。如果不考虑 G_1、G_2、G_3 构成的附加控制电路，则其余的门所构成的电路即优先编码器电路。

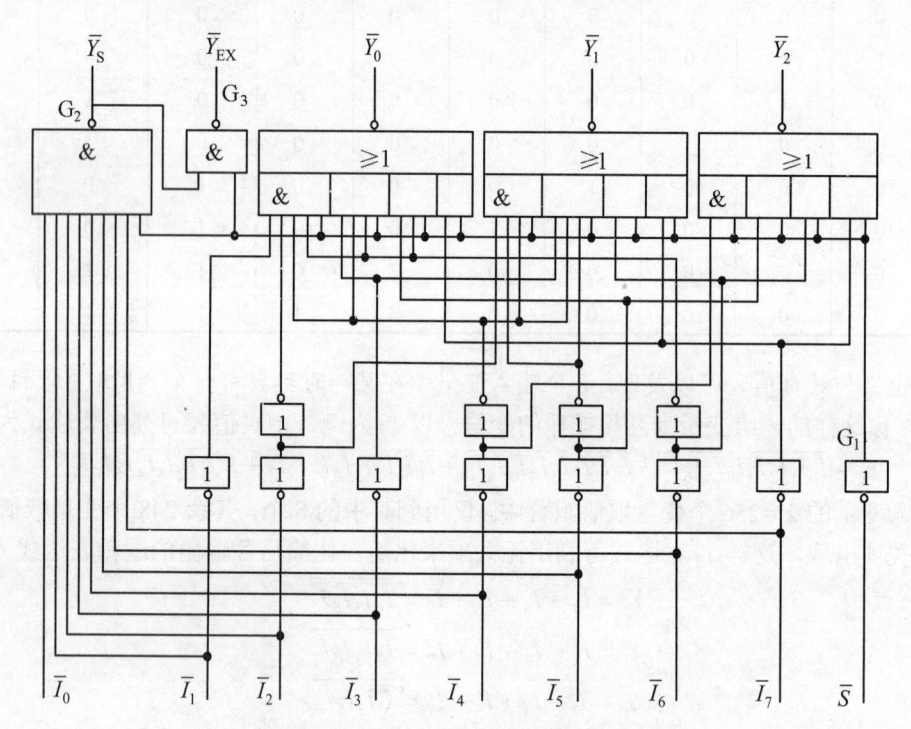

12.3.2　8 线-3 线优先编码器 74LS148 的逻辑图

由图 12.3.2 可以写出输出的逻辑表达式，即

$$\overline{Y}_2 = \overline{(I_4 + I_5 + I_6 + I_7) \cdot S}$$

$$\overline{Y}_1 = \overline{(I_2\overline{I}_4\overline{I}_5 + I_3\overline{I}_4\overline{I}_5 + I_6 + I_7) \cdot S}$$

$$\overline{Y}_0 = \overline{(I_1\overline{I}_2\overline{I}_4\overline{I}_6 + I_3\overline{I}_4\overline{I}_6 + I_5\overline{I}_6 + I_7) \cdot S}$$

为了扩展电路的功能和增强电路使用的灵活性，在 74LS148 的逻辑电路中，附加了由门 G_1、G_2 和 G_3 组成的控制电路。其中 $\bar{S}$ 为选通输入端，只有在 $\bar{S}=0$ 的条件下，编码器才能正常工作；而在 $\bar{S}=1$ 时，所有的输出端均被封锁在高电平。

选通输出端 $\bar{Y}_S$ 和 $\bar{Y}_{EX}$ 用于扩展编码功能，由图可知

$$\bar{Y}_S = \overline{\bar{I}_0 \bar{I}_1 \bar{I}_2 \bar{I}_3 \bar{I}_4 \bar{I}_5 \bar{I}_6 \bar{I}_7 S}$$

上式表明，只有当所有的编码输入端都是高电平（即没有编码输入），而且 $S=1$ 时，$\bar{Y}_S$ 才是低电平。因此，$\bar{Y}_S$ 的低电平输出信号表示"电路工作，但无编码输入"。

由图 12.3.2 还可以写出

$$\bar{Y}_{EX} = \overline{\overline{\bar{I}_0 \bar{I}_1 \bar{I}_2 \bar{I}_3 \bar{I}_4 \bar{I}_5 \bar{I}_6 \bar{I}_7 S} \cdot S} = \overline{(I_0 + I_1 + I_2 + I_3 + I_4 + I_5 + I_6 + I_7) \cdot S}$$

这说明只要任何一个编码输入端有低电平信号输入，且 $S=1$，$\bar{Y}_{EX}$ 有低电平输出信号，表示"电路工作，而且有编码输入"。根据以上方程可以列出表 12.3.2 所示的 74LS148 的功能表。它的输入和输出均以低电平作为有效信号。

表 12.3.2　74LS148 优先编码器功能表

	输入								输出				
$\bar{S}$	$\bar{I}_0$	$\bar{I}_1$	$\bar{I}_2$	$\bar{I}_3$	$\bar{I}_4$	$\bar{I}_5$	$\bar{I}_6$	$\bar{I}_7$	$\bar{Y}_2$	$\bar{Y}_1$	$\bar{Y}_0$	$\bar{Y}_S$	$\bar{Y}_{EX}$
1	×	×	×	×	×	×	×	×	1	1	1	1	1
0	1	1	1	1	1	1	1	1	1	1	1	0	1
0	×	×	×	×	×	×	×	0	0	0	0	1	0
0	×	×	×	×	×	×	0	1	0	0	1	1	0
0	×	×	×	×	×	0	1	1	0	1	0	1	0
0	×	×	×	×	0	1	1	1	0	1	1	1	0
0	×	×	×	0	1	1	1	1	1	0	0	1	0
0	×	×	0	1	1	1	1	1	1	0	1	1	0
0	×	0	1	1	1	1	1	1	1	1	0	1	0
0	0	1	1	1	1	1	1	1	1	1	1	1	0

由表 12.3.2 不难看出，在 $\bar{S}=0$，即电路正常工作状态下，允许 $\bar{I}_0 \sim \bar{I}_7$ 当中有几个输入端同时为低电平，即有编码输入信号。$\bar{I}_7$ 的优先级最高，$\bar{I}_0$ 的优先级最低。当 $\bar{I}_7=0$ 时，无论其他输入端有无输入信号（表中以×表示），输出端只给出 $\bar{I}_7$ 的编码，即 $\bar{Y}_2 \bar{Y}_1 \bar{Y}_0 = 000$，当 $\bar{I}_7=1$、$\bar{I}_6=0$ 时，无论其他输入端有无输入信号，只对 $\bar{I}_6$ 编码，即输出为 $\bar{Y}_2 \bar{Y}_1 \bar{Y}_0 = 001$。其余可以依次类推。表中出现 3 种 $\bar{Y}_2 \bar{Y}_1 \bar{Y}_0 = 111$ 情况，可以用 $\bar{Y}_S$ 和 $\bar{Y}_{EX}$ 的不同状态加以区分。将上述电路做成集成电路形式，其实物图与管脚分配如图 12.3.3 所示。

74LS148 编码器的应用非常广泛。例如，常用的计算机键盘，其内部就是一个字符编码器。它将键盘上的大、小写英文字母、数字、符号及一些功能键（回车、空格）等编成一系列的 7 位二进制数码，送到计算机的中央处理单元，然后该中央处理单元对其进行处理、存储，最后输出到显示器或打印机上。还可以用 74LS148 编码器监控炉罐的温度，若其中任何一个炉温超过标准温度或低于标准温度，则检测传感器输出一个低电平到 74LS148 编码器的输入端，编码器编码后输出 3 位二进制代码到微处理器进行控制。另外，当编码状态较多时，可用两片

74LS148 级联成 16 线-4 线优先编码器。

图 12.3.3 74LS148 优先编码器实物图与管脚分配

12.3.2 译码器

将每一组输入的二进制代码"翻译"成一个特定的输出信号，用来表示该组代码原来所代表信息的过程被称为译码。译码是编码的逆过程。实现译码的电路被称为译码器。译码器分为通用译码器和显示译码器。

1. 通用译码器

通用译码器主要有二进制译码器和二-十进制译码器。

（1）二进制译码器。若二进制译码器输入端为 n 个，则其输出端为 2^n 个，且对应于输入代码的每一种状态，2^n 个输出中只有一个为 1（或为 0），其余全为 0（或为 1）。常见的二进制译码器有 2 线-4 线译码器、3 线-8 线译码器、4 线-16 线译码器。集成二进制译码器 74LS138 是一个用 TTL 与非门构成的 3 线-8 线译码器。74LS138 管脚分配图与逻辑功能示意图如图 12.3.4 所示。A_2、A_1、A_0 为二进制译码输入端，$\overline{Y_0} \sim \overline{Y_7}$ 为译码输出端（低电平有效）。74LS138 有 3 个附加的控制端 S_1、$\overline{S_2}$ 和 $\overline{S_3}$。当 $S_1=1$、$\overline{S_2}+\overline{S_3}=0$ 时，G_S 输出为高电平（$S=1$），译码器处于工作状态。否则，译码器被禁止，所有的输出端被封锁在高电平。这 3 个控制端也叫作"片选"输入端，利用片选的作用可以将多片 74LS138 连接起来，以扩展译码器的功能。3 线-8 线译码器 74LS138 功能表见表 12.3.3。

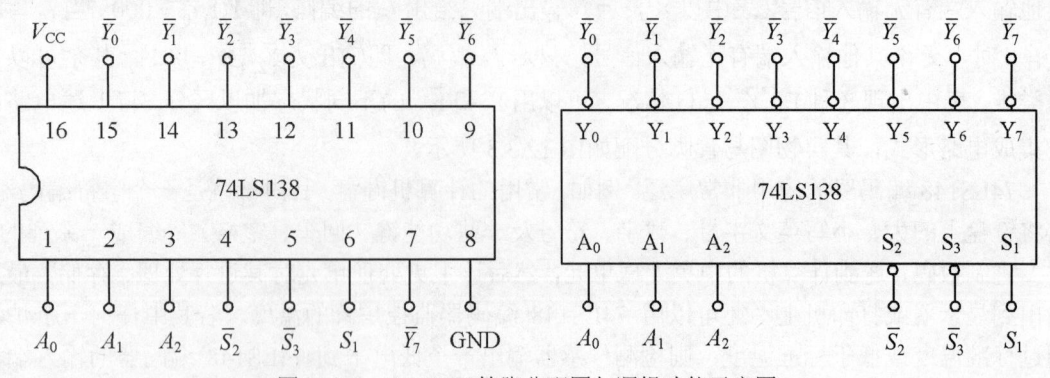

图 12.3.4 74LS138 管脚分配图与逻辑功能示意图

表 12.3.3 3 线-8 线译码器 74LS138 功能表

输入					输出							
S_1	$\bar{S}_2+\bar{S}_3$	A_2	A_1	A_0	$\bar{Y}_0$	$\bar{Y}_1$	$\bar{Y}_2$	$\bar{Y}_3$	$\bar{Y}_4$	$\bar{Y}_5$	$\bar{Y}_6$	$\bar{Y}_7$
0	×	×	×	×	1	1	1	1	1	1	1	1
×	1	×	×	×	1	1	1	1	1	1	1	1
1	0	0	0	0	0	1	1	1	1	1	1	1
1	0	0	0	1	1	0	1	1	1	1	1	1
1	0	0	1	0	1	1	0	1	1	1	1	1
1	0	0	1	1	1	1	1	0	1	1	1	1
1	0	1	0	0	1	1	1	1	0	1	1	1
1	0	1	0	1	1	1	1	1	1	0	1	1
1	0	1	1	0	1	1	1	1	1	1	0	1
1	0	1	1	1	1	1	1	1	1	1	1	0

由表 12.3.3 可看出：

$$\bar{Y}_0=\overline{\bar{A}_2\bar{A}_1\bar{A}_0}=\bar{m}_0 \qquad \bar{Y}_4=\overline{A_2\bar{A}_1\bar{A}_0}=\bar{m}_4$$

$$\bar{Y}_1=\overline{\bar{A}_2\bar{A}_1A_0}=\bar{m}_1 \qquad \bar{Y}_5=\overline{A_2\bar{A}_1A_0}=\bar{m}_5$$

$$\bar{Y}_2=\overline{\bar{A}_2A_1\bar{A}_0}=\bar{m}_2 \qquad \bar{Y}_6=\overline{A_2A_1\bar{A}_0}=\bar{m}_6$$

$$\bar{Y}_3=\overline{\bar{A}_2A_1A_0}=\bar{m}_3 \qquad \bar{Y}_7=\overline{A_2A_1A_0}=\bar{m}_7$$

由于译码器的每个输出端分别与一个最小项相对应，所以辅以适当的门电路，便可实现任何组合逻辑函数。

【例 12.3.2】 试用译码器和门电路实现逻辑函数 $Y=BC+AC$。

解：将逻辑函数转换成最小项表达式，再转换成与非形式。

$$Y=\bar{A}BC+A\bar{B}C+ABC=m_3+m_5+m_7=\overline{\bar{m}_3\cdot\bar{m}_5\cdot\bar{m}_7}$$

该函数有 3 个变量，所以选用 3 线-8 线译码器 74LS138。用一片 74LS138 加一个三输入与非门就可实现逻辑函数 Y，逻辑图如图 12.3.5 所示。

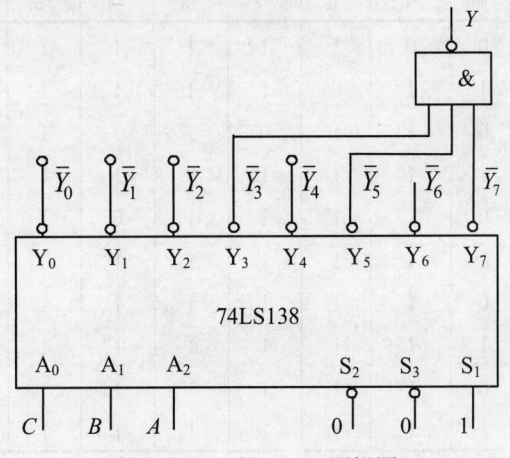

图 12.3.5 例 12.3.2 逻辑图

两片 74LS138 可以扩展为 4 线-16 线译码器，如图 12.3.6 所示。

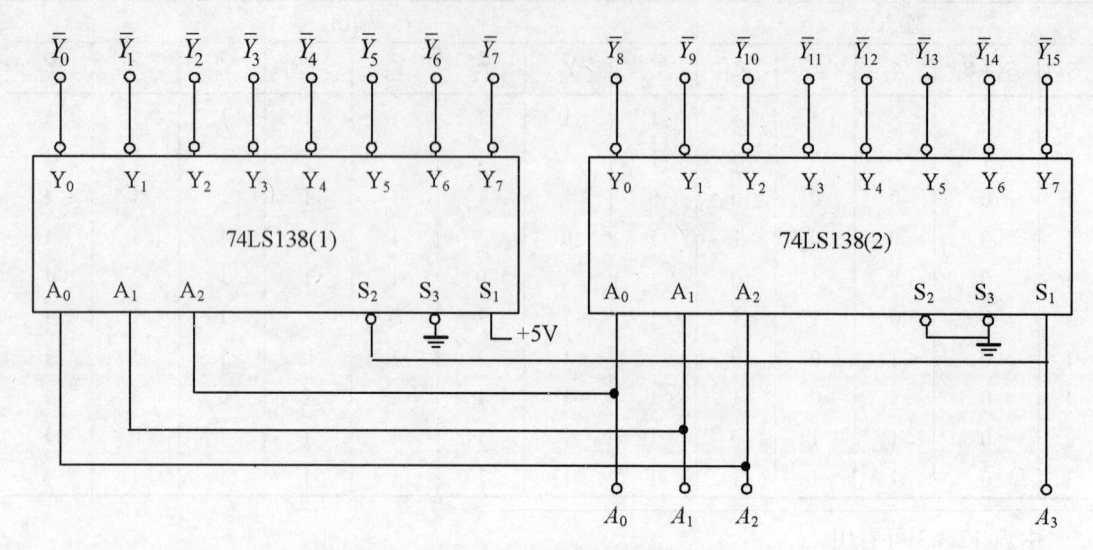

图 12.3.6　4 线-16 线译码器

当 $A_3=0$ 时，低位片 74LS138(1) 工作，对输入 A_3、A_2、A_1、A_0 进行译码，还原出 $\overline{Y}_0 \sim \overline{Y}_7$，则高位片禁止工作；当 $A_3=1$ 时，高位片 74LS138(2) 工作，还原出 $\overline{Y}_8 \sim \overline{Y}_{15}$，而低位片禁止工作。

（2）二-十进制译码器。把二-十进制代码翻译成 10 个十进制数的电路，被称为二-十进制译码器。二-十进制译码器的输入是十进制数的 4 位二进制编码（BCD 码），分别用 A_3、A_2、A_1、A_0 表示；输出的是与 10 个十进制数相对应的 10 个信号，用 $\overline{Y}_0 \sim \overline{Y}_9$ 表示。由于二-十进制译码器有 4 根输入线，10 根输出线，所以又被称为 4 线-10 线译码器。集成 8421BCD 码译码器 74LS42 是一个二-十进制译码器，其基本逻辑功能是将输入的 10 个 BCD 码译成相应的 10 个高、低电平信号输出，其真值表见表 12.3.4，管脚分配图如图 12.3.7 所示。

表 12.3.4　二-十进制译码器 74LS42 的真值表

序号	输入 A_3	A_2	A_1	A_0	输出 $\overline{Y}_0$	$\overline{Y}_1$	$\overline{Y}_2$	$\overline{Y}_3$	$\overline{Y}_4$	$\overline{Y}_5$	$\overline{Y}_6$	$\overline{Y}_7$	$\overline{Y}_8$	$\overline{Y}_9$
0	0	0	0	0	0	1	1	1	1	1	1	1	1	1
1	0	0	0	1	1	0	1	1	1	1	1	1	1	1
2	3	0	1	0	1	1	0	1	1	1	1	1	1	1
3	0	0	1	1	1	1	1	0	1	1	1	1	1	1
4	0	1	0	0	1	1	1	1	0	1	1	1	1	1
5	0	1	0	1	1	1	1	1	1	0	1	1	1	1
6	0	1	1	0	1	1	1	1	1	1	0	1	1	1
7	0	1	1	1	1	1	1	1	1	1	1	0	1	1
8	1	0	0	0	1	1	1	1	1	1	1	1	0	1
9	1	0	0	1	1	1	1	1	1	1	1	1	1	0

续表

序号	输入				输出									
	A_3	A_2	A_1	A_0	$\overline{Y}_0$	$\overline{Y}_1$	$\overline{Y}_2$	$\overline{Y}_3$	$\overline{Y}_4$	$\overline{Y}_5$	$\overline{Y}_6$	$\overline{Y}_7$	$\overline{Y}_8$	$\overline{Y}_9$
伪码	1	0	1	0	1	1	1	1	1	1	1	1	1	1
	1	0	1	1	1	1	1	1	1	1	1	1	1	1
	1	1	0	0	1	1	1	1	1	1	1	1	1	1
	1	1	0	1	1	1	1	1	1	1	1	1	1	1
	1	1	1	0	1	1	1	1	1	1	1	1	1	1
	1	1	1	1	1	1	1	1	1	1	1	1	1	1

对于 BCD 代码的伪码（1010～1111），$\overline{Y}_0 \sim \overline{Y}_9$ 均无低电平信号产生，译码器拒绝"翻译"，所以这个电路结构具有拒绝伪码的功能。

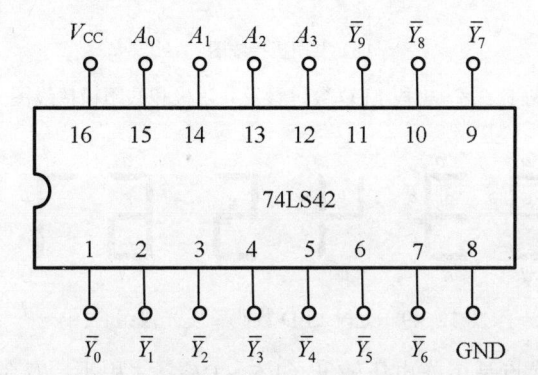

图 12.3.7 集成 8421BCD 码译码器 74LS42 管脚分配图

2. 显示译码器

在数字系统中，常常需要将数字、字母、符号等直观地显示出来，供人们监视系统的工作情况。实际工作中，显示电路通常由译码器、驱动器和显示器等部分组成。能够显示数字、字母或符号的器件为数字显示器。

在数字电路中，数字量都是以一定的代码形式出现的，所以这些数字量要先经过译码，才能送到数字显示器去显示。这种能把数字量翻译成数字显示器所能识别的信号的译码器被称为数字显示译码器。

常用的数字显示器有多种类型按显示方式分，有字型重叠式、点阵式、分段式等；按发光物质分，有半导体显示器（又称发光二极管显示器）、荧光显示器、液晶显示器、气体放电管显示器等。目前应用最广泛的是由发光二极管（Light Emitting Diode，LED）和液晶显示器（Liquid Crystal Display，LCD）构成的七段 LED 数码管。LED 主要用于显示数字和字母，LCD 可以显示数字、字母、文字和图形等。

（1）七段 LED 数码管：将 7 个 LED（加小数点为 8 个）按一定的方式排列起来，a、b、c、d、e、f、g（小数点 h）各对应一个 LED，利用不同发光段的组合，显示不同的阿拉伯数字。按内部连接方式不同，七段 LED 数码管可分为共阴极七段数字显示器和共阳极七段数字显示器。七段 LED 数码管及其发光段组合图如图 12.3.8 和图 12.3.9 所示。

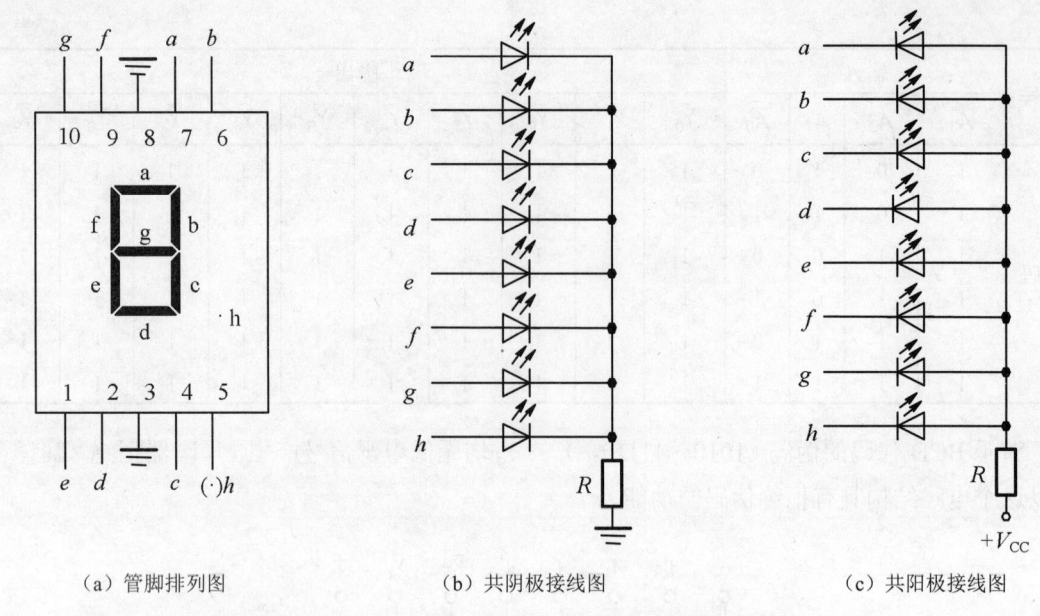

(a)管脚排列图　　(b)共阴极接线图　　(c)共阳极接线图

图 12.3.8　七段 LED 数码管及共阴极和共阳极接线图

图 12.3.9　七段 LED 数码管发光段组合图

七段数字显示器的优点是工作电压较低（1.5～3V）、体积小、寿命长、亮度高、响应速度快、工作可靠性高，缺点是工作电流大，每个发光段的工作电流约为 10mA。

（2）七段 LED 显示译码器 74LS48。驱动上述的七段 LED 数码管必须采用 4 线-7 线显示译码器，在 74 系列和 CMOS4000 系列电路中，七段 LED 显示译码器品种很多，功能各有差异，现以 74LS47 和 74LS 48 为例，分析说明显示译码器的功能和应用。74LS47 与 74LS48 的主要区别为输出有效电平不同。74LS47 输出低电平有效，可驱动共阳极 LED 数码管；74LS48 输出高电平有效，可驱动共阴极 LED 数码管。以下分析以 74LS48 为例。74LS48 是一种与共阴极数字显示器配合使用的集成译码器，它的功能是将输入的 4 位二进制代码转换成显示器所需要的七个发光段信号 $a \sim g$。其管脚排列图及译码显示器如图 12.3.10 所示。

$a \sim g$ 为译码输出端。另外，它还有 3 个控制端：试灯输入端 LT、灭零输入端 RBI、特殊控制端 BI/RBO。其功能具体说明如下。

1）正常译码显示：当 LT=1，BI/RBO=1 时，对输入为十进制数 1～15 的二进制码（0001～1111）进行译码，产生对应的七段显示码。

2）灭零：当输入 RBI=0，而输入为 0 的二进制码 0000 时，译码器的 $a \sim g$ 输出全为 0，使显示器全灭；只有当 RBI=1 时，才产生 0 的七段显示码。因此，RBI 被称为灭零输入端。

3）试灯：当 LT=0 时，无论输入什么，$a \sim g$ 输出全为 1，数码管七段全亮。由此可以检测显示器 7 个发光段的好坏。因此，LT 被称为试灯输入端。

4）特殊控制端 BI/RBO：可以作输入端，也可以作输出端。

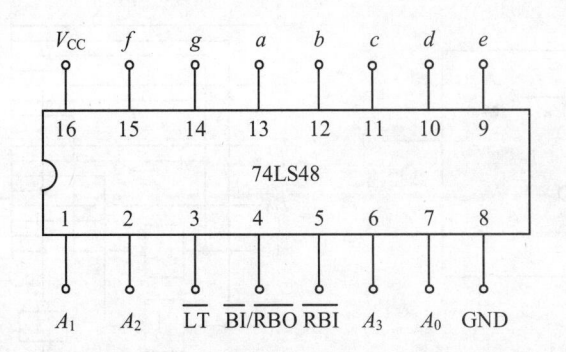

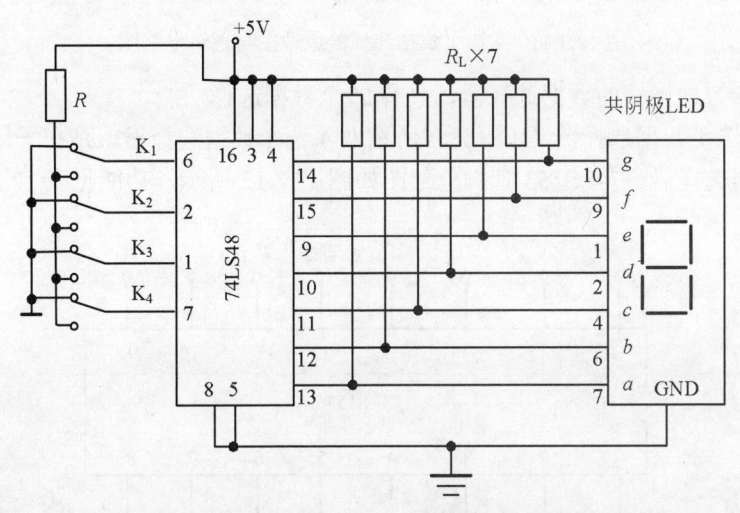

图 12.3.10 74LS48 的管脚排列图及其译码显示电路

BI/RBO 作输入使用时，当 BI=0 时，不管其他输入端为何值，$a \sim g$ 均输出 0，显示器全灭。因此，称 BI 为灭灯输入端。

BI/RBO 作输出端使用时，受控于 RBI。当 RBI=0，输入为 0 的二进制码 0000 时，RBO=0，用以指示该片正处于灭零状态。因此，称 RBO 为灭零输出端。

将 BI/RBO 和 RBI 配合使用，可以实现多位数显示时的"无效 0 消隐"功能。

74LS48 输入信号应为 8421BCD 码，若输入非法码 1010~1110，则输出显示稳定的非数字符号；当输入 1111 时，输出全暗。

12.3.3 数据选择器和数据分配器

1. 数据选择器

数据选择器是指按地址码的要求从多路输入信号（数据）中选择其中一路输出的逻辑电路。其功能类似于一个单刀多掷开关，因此数据选择器又称多路选择器（Multiplexer，MUX）。图 12.3.11 所示为 4 选 1 数据选择器原理图及逻辑电路图，有 4 路数据 $D_0 \sim D_3$ 通过选择控制信号 A_1、A_0（地址码为 2 位，共有 2^2=4 种不同的组合，每一种组合可选对应的一路输入数据输出）从 4 路数据中选中某一路数据送至输出端 Y。

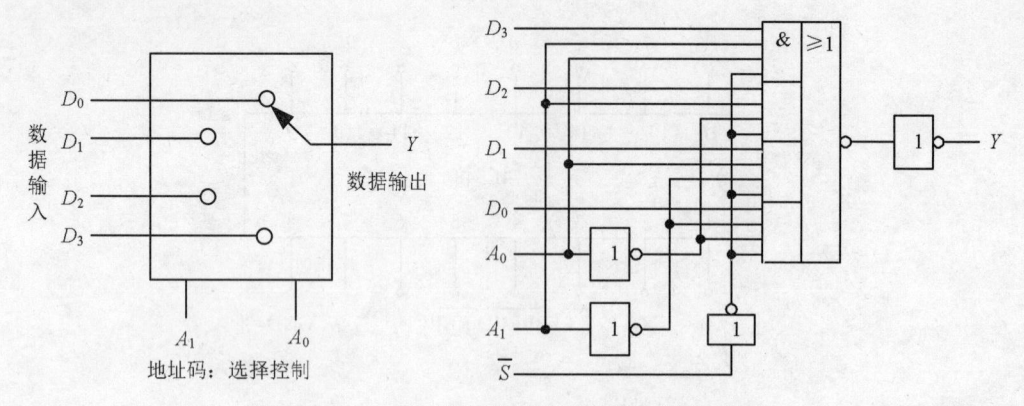

图 12.3.11　4 选 1 数据选择器原理图与逻辑电路图

一个具有 n 个地址端的数据选择器，具有 2^n 个数据选择功能。

（1）双 4 选 1 数据选择器 74LS153。所谓双 4 选 1 数据选择器就是在一块集成芯片上有两个 4 选 1 数据选择器。74LS153 管脚分配图如图 12.3.12 所示，功能见表 12.3.5。

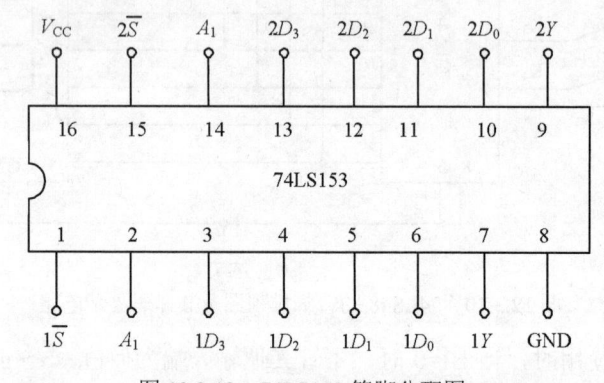

图 12.3.12　74LS153 管脚分配图

表 12.3.5　74LS153 功能表

输入			输出
$\overline{S}$	A_1	A_0	Y
1	×	×	0
0	0	0	D_0
0	0	1	D_1
0	1	0	D_2
0	1	1	D_3

$1\overline{S}$、$2\overline{S}$ 为两个独立的使能端；A_1、A_0 为公用的地址输入端；$1D_0 \sim 1D_3$ 和 $2D_0 \sim 2D_3$ 分别为两个 4 选 1 数据选择器的数据输入端；$1Y$、$2Y$ 为两个输出端。

1）当使能端 $1\overline{S}$（$2\overline{S}$）=1 时，多路开关被禁止，无输出，$Y = 0$。

2）当使能端 $1\overline{S}$（$2\overline{S}$）=0 时，多路开关正常工作，根据地址码 A_1、A_0 的状态，将相应的数据 $D_0 \sim D_3$ 送到输出端 Y。

若 $A_1A_0=00$，则选择 D_0 数据到输出端，即 $Y=D_0$。若 $A_1A_0=01$，则 $Y=D_1$，其余类推。4 选 1 数据选择器的逻辑功能还可以用以下表达式表示：

$$Y = D_0\overline{A}_1\overline{A}_0 + D_1\overline{A}_1A_0 + D_2A_1\overline{A}_0 + D_3A_1A_0 = \sum_{i=0}^{3} D_i m_i \quad (\text{其中 } m_i \text{ 为逻辑函数的所有最小项})$$

(2) 8 选 1 数据选择器 74LS151。74LS151 是一种典型的集成 8 选 1 数据选择器，图 12.3.13 所示是它的管脚分配图。它有 3 个地址端 A_2、A_1、A_0，可选择 $D_0 \sim D_7$ 这 8 路数据，具有两个输出端 Y 和 $\overline{Y}$。其功能见表 12.3.6。

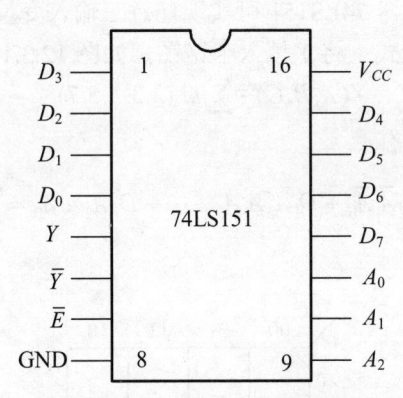

图 12.3.13　74LS151 管脚分配图

表 12.3.6　74LS151 的功能表

控制端	地址输入端			输出	
$\overline{E}$	A_2	A_1	A_0	Y	$\overline{Y}$
1	×	×	×	0	1
0	0	0	0	D_0	$\overline{D}_0$
0	0	0	1	D_1	$\overline{D}_1$
0	0	1	0	D_2	$\overline{D}_2$
0	0	1	1	D_3	$\overline{D}_3$
0	1	0	0	D_4	$\overline{D}_4$
0	1	0	1	D_5	$\overline{D}_5$
0	1	1	0	D_6	$\overline{D}_6$
0	1	1	1	D_7	$\overline{D}_7$

在控制端有效时，8 选 1 数据选择器的逻辑功能可以用以下表达式表示：

$$Y = D_0\overline{A}_2\overline{A}_1\overline{A}_0 + D_1\overline{A}_2\overline{A}_1A_0 + D_2\overline{A}_2A_1\overline{A}_0 + D_3\overline{A}_2A_1A_0 + D_4A_2\overline{A}_1\overline{A}_0 + D_5A_2\overline{A}_1A_0 + D_6A_2A_1\overline{A}_0 + D_7A_2A_1A_0$$

(3) 数据选择器的应用。数据选择器的用途很多，例如：作数据选择，以实现多路信号分时传送；实现组合逻辑函数；在数据传输时实现并—串转换（若将顺序递增的地址码加在 $A_0 \sim A_2$ 端，将并行数据加在 $D_0 \sim D_7$ 端，则在输出端能得到一组 $D_0 \sim D_7$ 的串行数据）；产生序列信号等。

在应用中，设计电路时可以根据给定变量个数的需要，选择合适的数据选择器来完成，具体设计步骤如下。

1）根据所给出组合逻辑函数的变量数，选择合适的数据选择器。

2）画出逻辑函数的卡诺图，确定数据选择器输入端和控制端与变量的连接形式，画出组合电路图。

【例 12.3.3】 试用数据选择器实现逻辑函数：$Y = \overline{A}B + A\overline{B} + BC$。

解：采用 8 选 1 数据选择器 74LS151 可实现任意三输入变量的组合逻辑函数。

首先求出 Y 的最小项表达式。将 Y 填入卡诺图，如图 12.3.14 所示，根据卡诺图可得：

$$Y(A,B,C) = \sum m(2,3,4,5,7)$$

当采用 8 选 1 数据选择器时，有

$$Y = D_0\overline{A}_2\overline{A}_1\overline{A}_0 + D_1\overline{A}_2\overline{A}_1 A_0 + \cdots + D_7 A_2 A_1 A_0 = \sum_{i=0}^{7} D_i m_i$$

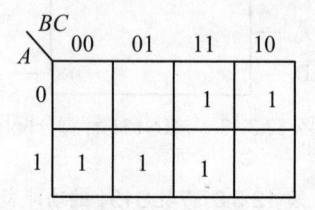

A\BC	00	01	11	10
0			1	1
1	1	1	1	

图 12.3.14 例 12.3.3 卡诺图

对比以上两式，要使两个 Y 完全相等，需令 $A_2=A$，$A_1=B$，$A_0=C$，且令 $D_2=D_3=D_4=D_5=D_7=1$，$D_0=D_1=D_6=0$，用 8 选 1 数据选择器实现函数 Y 的逻辑图如图 12.3.15 所示。

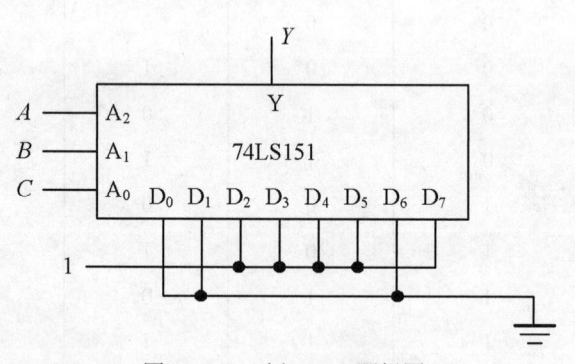

图 12.3.15 例 12.3.3 逻辑图

2. 数据分配器

在数据传输过程中，有时需要将某一路数据分配到多路装置中去，能够完成这种功能的电路被称为数据分配器。数据分配器的功能正好和数据选择器的相反。数据分配器的逻辑功能是将一个输入数据传送到多个输出端中的一个输出端，具体传送到哪一个输出端，也是由一组选择控制信号确定的。根据输出的个数不同，数据分配器可分为 4 路数据分配器、8 路数据分配器等。数据分配器实际上是译码器的特殊应用，带有使能端的译码器都具有数据分配器的功能。一般 2 线-4 线译码器可作为 4 路数据分配器，3 线-8 线译码器作为 8 路数据分配器。

在实际使用时，数据选择器和数据分配器的配合使用，可以构成一个典型的串行数据传送总线系统。电路如图 12.3.16 所示。74LS138 作为 8 路数据分配器，以实现一路总线按照地址输入信号的要求传送多路数据中的某一路数据。

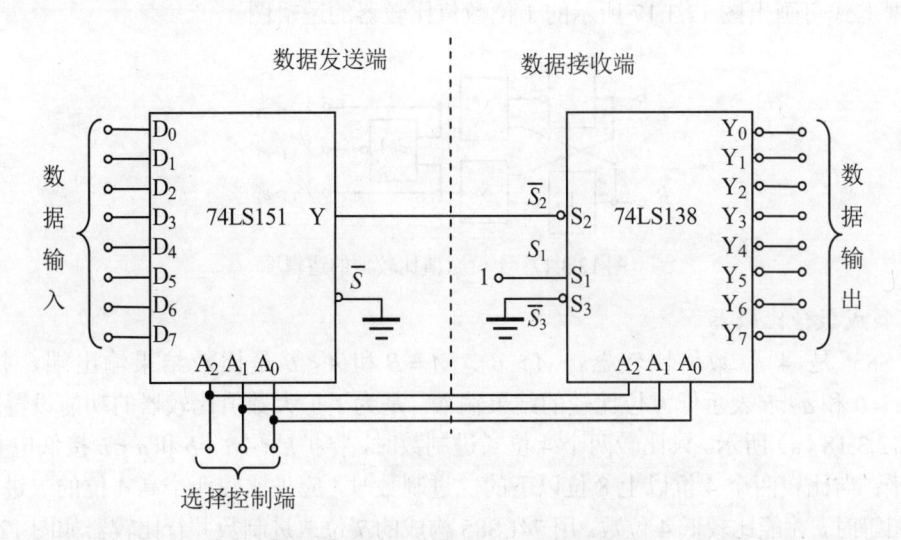

图 12.3.16 串行数据传送总线系统

12.3.4 数值比较器

在各种数字系统尤其是在计算机中，经常需要对两个二进制数进行大小判别，然后根据判别结果转向执行某种操作。用来完成两个二进制数的大小比较的逻辑电路被称为数值比较器，简称比较器。在数字电路中，数值比较器的输入是要进行比较的两个二进制数，输出是比较的结果。

1. 1 位数值比较器

当两个 1 位二进制数 A 和 B 比较时，其结果有以下 3 种情况：$A>B$、$A=B$ 和 $A<B$。比较结果分别用 $Y_{(A>B)}$、$Y_{(A=B)}$ 和 $Y_{(A<B)}$ 表示。设 $A>B$ 时，$Y_{(A>B)}=1$；$A=B$ 时，$Y_{(A=B)}=1$；$A<B$ 时，$Y_{(A<B)}=1$。由此可列出 1 位数值比较器的真值表，见表 12.3.7。

表 12.3.7 1 位数值比较器的真值表

输入		输出		
A	B	$Y_{(A>B)}$	$Y_{(A=B)}$	$Y_{(A<B)}$
0	0	0	1	0
0	1	0	0	1
1	0	1	0	0
1	1	0	1	0

根据真值表可写出逻辑函数表达式为

$$\begin{cases} Y_{(A>B)} = A\bar{B} \\ Y_{(A=B)} = \overline{\bar{A}B} + AB = A \otimes B = \overline{\overline{\bar{A}B + A\bar{B}}} \\ Y_{(A<B)} = \bar{A}B \end{cases}$$

根据上式可画出图 12.3.17 所示的 1 位数值比较器的逻辑图。

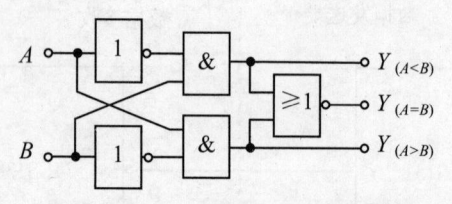

图 12.3.17 1 位数值比较器的逻辑图

2. 集成数值比较器

74LS85 是 4 位数值比较器，$A>B$、$A=B$ 和 $A<B$ 是比较结果输出端，扩展输入 $a>b$、$a=b$ 和 $a<b$ 表示低 4 位比较的结果输入，是为了扩大数值比较器的功能设置的，其符号如图 12.3.18（a）所示。只比较两个 4 位二进制数时，将扩展端 $a>b$ 和 $a<b$ 接低电平，$a=b$ 接高电平；当比较两个 4 位以上 8 位以下的二进制数时，应先比较两个高 4 位的二进制数，在高位数相等时，才能比较低 4 位数。用 74LS85 构成的 7 位二进制数并行比较器如图 12.3.18（b）所示。

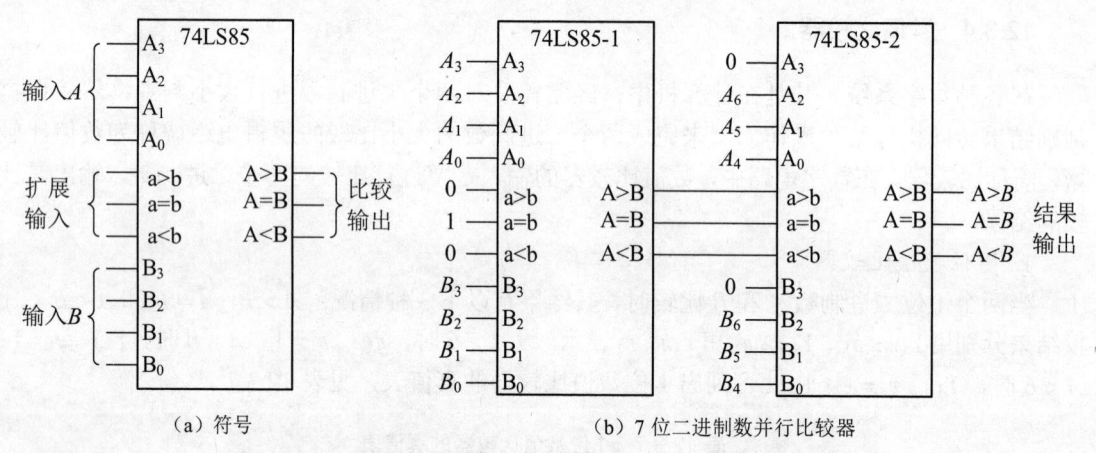

图 12.3.18 74LS85 的符号及其构成的 7 位二进制数并行比较器

12.4 组合逻辑电路中的竞争与冒险

1. 竞争与冒险

前面分析组合逻辑电路的功能时，都假定输入信号是在理想的情况下进行的，即把所有的逻辑门都看成是理想的开关器件，认为电路中的连线及逻辑门都没有延迟。电路中有多个输入信号发生变化时，都是同时在瞬间完成的；若输入信号处于跳变状态（动态），且门电路的传输延迟时间 t_{pd} 不能忽略时，组合逻辑电路就有可能产生竞争冒险现象。

在组合逻辑电路中，某一输入变量经不同途径传输后，到达电路中某一汇合点的时间有先有后，称这种现象为竞争。竞争使电路输出发生瞬时错误的现象被称为冒险。例如，当逻辑函数中有 $Y = A\overline{A}$ 形式出现，就会产生低电平窄脉冲，称这种冒险为"0"型冒险，如图 12.4.1（a）所示。当逻辑函数中有 $Y = A + \overline{A}$ 形式出现，就会产生高电平窄脉冲，称这种冒险为"1"型冒险，如图 12.4.1（b）所示。尖峰脉冲（或称电压毛刺）会使敏感的电路（如触发器）误动作，因此，设计组合逻辑电路时要采取措施加以避免。

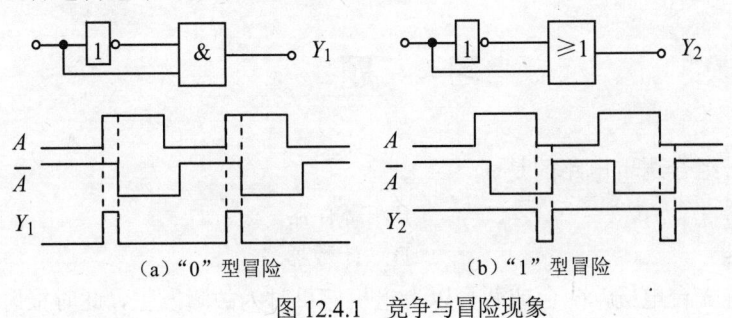

图 12.4.1 竞争与冒险现象

2. 竞争与冒险的识别

识别竞争与冒险的方法主要有以下几种。

（1）代数法。当函数表达式在一定条件下可以简化成 $Y = X\overline{X}$ 或 $Y = X + \overline{X}$ 的形式时，X 的变化可能引起冒险现象。

（2）卡诺图法。若两圈相切，而相切处又未被其他圈包围，则可能发生冒险现象，如图 12.4.2（a）所示。

（3）实验法。两个以上的输入变量同时变化引起的功能冒险难以用上述方法判断，因而发现冒险现象最有效的方法是进行实验。利用示波器仔细观察在输入信号各种变化情况下的输出信号，若发现毛刺，则分析原因并加以消除，这是经常采用的办法。

3. 冒险现象的消除

当电路中存在冒险现象时，必须设法消除它，否则会导致错误结果。消除冒险现象通常有如下方法。

（1）加滤波电容，消除毛刺的影响：因为窄脉冲一般是几十纳秒，所以在输出端与地之间接入一个几百皮法的电容，就可把窄脉冲吸收掉。

（2）增加冗余项消除逻辑冒险：只要在其卡诺图上两圈相切处加一个圈，就可消除逻辑冒险，如图 12.4.2（b）所示。这样，函数表达式变为 $F = A\overline{B} + BC + AC$，即增加了一个冗余项。冗余项是简化函数时应舍弃的多余项，但为了电路工作可靠又需加上它。可见，最简化设计不一定都是最佳的。

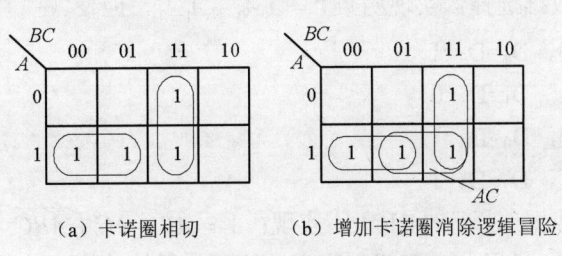

图 12.4.2 用卡诺图识别和消除逻辑冒险

（3）加选通控制信号，避开毛刺：毛刺仅发生在输入信号变化的瞬间，因此在这段时间内先将门封住，待电路进入稳态后，再加选通控制信号选取输出结果。该方法简单易行，但选通控制信号的作用时间和极性等一定要合适。

以上 3 种方法各有特点：增加冗余项适用范围有限；加滤波电容是实验调试阶段常采取的应急措施；加选通控制信号则是行之有效的方法。目前许多中规模集成电路器件都具有使能（选通控制）端，为加选通控制信号消除毛刺提供了方便。

习　题

12.1　以下属于组合逻辑电路的是（　　）。
　　A．译码器　　　　　　　　B．寄存器
　　C．触发器　　　　　　　　D．计数器

12.2　某车间有 3 台电机，两台或两台以上电机停机时为故障发生，此时报警红灯亮，请设计一个显示故障情况的电路，并用与非门加以实现，写出具体实现步骤。

12.3　若在编码器中有 48 个编码对象，则要求输出二进制代码位数为（　　）位。
　　A．5　　　　　　　　　　B．6
　　C．10　　　　　　　　　 D．50

12.4　对于共阳接法的发光二极管数码显示器，应采用_____电平驱动的七段显示译码器。

12.5　现有一 BCD 七段数码显示管，要显示数字 5，则应令哪些管发光？（　　）。
　　A．acdfg　　　　　　　　B．abcde
　　C．cdef　　　　　　　　 D．acdefg

12.6　用 3 线-8 线译码器 74LS138 和辅助门电路实现逻辑函数 $Y = A_2A_0 + \overline{A_2}\overline{A_1}$，应（　　）。
　　A．用或门，$Y = \overline{Y_0} + \overline{Y_1} + \overline{Y_4} + \overline{Y_5} + \overline{Y_6} + \overline{Y_7}$
　　B．用与门，$Y = \overline{Y_2} \cdot \overline{Y_3}$
　　C．用或门，$Y = \overline{Y_2} + \overline{Y_3} + \overline{Y_1}$
　　D．用与非门，$Y = \overline{\overline{Y_0}\overline{Y_1}\overline{Y_5}\overline{Y_7}}$

12.7　8 路数据选择器的地址输入（选择控制）端有（　　）个。
　　A．16　　　　　　　　　　B．3
　　C．4　　　　　　　　　　 D．8

12.8　用 4 选 1 数据选择器实现函数 $Y = A_1A_0 + \overline{A_1}\overline{A_0}$，应使（　　）。
　　A．$D_0=D_2=0$，$D_1=D_3=1$
　　B．$D_0=D_2=1$，$D_1=D_3=0$
　　C．$D_1=D_2=0$，$D_0=D_3=1$
　　D．$D_0=D_1=1$，$D_2=D_3=1$

12.9　用 8 选 1 数据选择器 74HC151 实现：$Y = AB + AC + \overline{ABC}$。

12.10　试用 74LS138 及与非门设计实现 1 位全加器的功能。

12.11　下列表达式中不存在竞争冒险的有（　　）。
　　A．$Y = \overline{B} + AB$
　　B．$Y = AB\overline{C} + AB$
　　C．$Y = AB + \overline{B}C$
　　D．$Y = (A + \overline{B}) + \overline{A} \cdot \overline{D}$

12.12　消除组合逻辑电路竞争与冒险的方法有：_____、_____和_____。

12.13　能实现串行数据变换成并行数据的电路是_____。

第 13 章　时序逻辑电路及应用

本章主要介绍时序逻辑电路，首先介绍时序逻辑电路的特点以及逻辑功能的描述方法，介绍 RS、JK 和 D 触发器等逻辑功能及不同触发方式的特点，详细介绍同步时序逻辑电路的分析的具体步骤，并以具体案例进行分析，介绍组常用集成时序逻辑电路器件的应用等，例如 N 进制计数器设计方法，最后介绍时序逻辑电路的设计方法，时序逻辑电路及其应用也是数字电路比较重要学习部分。

知识点与学习要求

（1）了解时序逻辑电路定义及分类，时序逻辑电路在电路结构和逻辑功能上的特点，以及逻辑功能的描述方法。

（2）了解触发器定义，掌握各种 RS 触发器、JK 触发器和 D 触发器等的逻辑功能，了解各种触发器的相互转换。

（3）了解时序逻辑电路的分析方法，掌握同步时序逻辑电路的分析方法。

（4）了解时序逻辑电路的设计方法。

（5）了解常用集成时序逻辑电路器件的应用。

13.1　概　　述

逻辑电路有两大类，即组合逻辑电路和时序逻辑电路。在组合逻辑电路中，任意时刻的输出信号仅取决于该时刻的输入信号，而与输入信号原来的情况无关。在时序逻辑电路中，任意时刻的输出信号不仅取决于该时刻的输入信号，而且还取决于电路原来的状态，即与过去的输入信号有关。由于它与过去的状态有关，所以电路中必须含有具有记忆能力的存储器件，记住电路过去的状态，并与输入信号共同决定电路的现时输出。时序逻辑电路框图如图 13.1.1 所示。由图可知：

X（X_1，X_2，…，X_n）为外部输入信号；
Y（Y_1，Y_2，…，Y_r）为输出信号；
Z（Z_1，Z_2，…，Z_m）为存储电路输入信号，同时是组合逻辑电路的部分输出信号；
Q（Q_1，Q_2，…，Q_l）为存储电路的输出信号，同时是组合逻辑电路的部分输入信号。

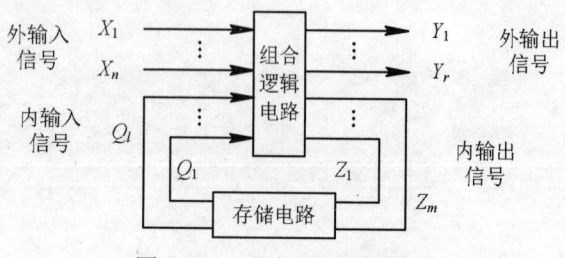

图 13.1.1　时序逻辑电路框图

以上各种信号之间存在一定的逻辑关系：

（1）输出方程：
$$Y(t_n) = F[X(t_n), Q(t_n)]$$

（2）驱动（激励）方程：
$$Z(t_n) = G[X(t_n), Q(t_n)]$$

（3）状态方程：
$$Q(t_{n+1}) = H[Z(t_n), Q(t_n)]$$

由以上关系式可知：

t_{n+1} 时刻的输出 $Y(t_{n+1})$ 由该时刻电路的输入 $X(t_{n+1})$ 和存储电路的状态 $Q(t_{n+1})$ 决定。$Q(t_{n+1})$ 由 t_n 时刻存储电路的输入 $Z(t_n)$ 和存储电路的状态 $Q(t_n)$ 决定；t_n 和 t_{n+1} 表示两个相邻的离散时间。

所以，$Y(t_{n+1})$ 取决于 $X(t_{n+1})$、$Z(t_n)$、$Q(t_n)$。这一点充分体现了时序逻辑电路区别于组合逻辑电路的显著特点。

时序逻辑电路中，存储器件的种类很多，如触发器、延迟线、磁性器件等，但最常用的是触发器。

13.2 触 发 器

能够存储一位二进制信息的基本单元电路被称为触发器。触发器是时序逻辑电路的基本单元。它必须具备以下两个基本特点：具有两个能自行保持的稳定状态，用来表示逻辑状态的 0 和 1；根据不同的输入信号可以置成 1 或 0 状态，在输入信号消失以后，能将获得的新状态保存下来。

触发器的分类方式有很多种，按电路结构，触发器可分为基本 RS 触发器、同步 RS 触发器、主从触发器、边沿触发器等，不同电路结构的触发器有不同的动作特点。按逻辑功能，触发器可分为 RS 触发器、D 触发器、JK 触发器、T 和 T′ 触发器等。

13.2.1 基本 RS 触发器

1. 电路结构与工作原理

（1）电路结构。基本 RS 触发器由两个与非门构成，如图 13.2.1 所示。$\overline{S}_D$ 和 $\overline{R}_D$ 是信号输入端，字母上的反号表示低电平有效（逻辑符号中加小圆圈表示），脚标 D 为直接触发之意。它有两个输出端 Q 与 $\overline{Q}$，正常情况下，这两个输出端信号必须互补，否则会出现逻辑错误。

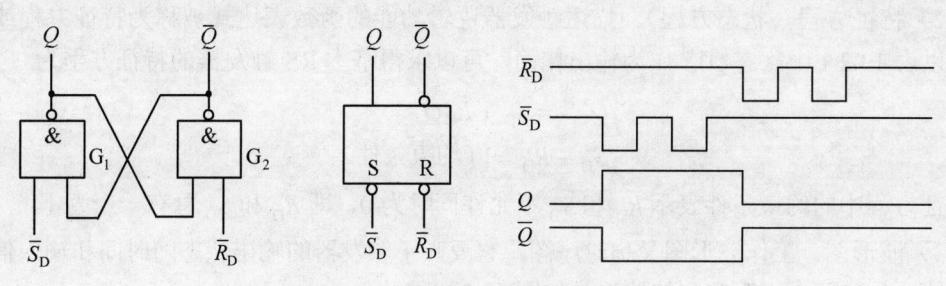

图 13.2.1 基本 RS 触发器电路及波形

(2) 工作原理。基本 RS 触发器的工作原理说明如下。

1) 当 $\bar{R}_D = 0$，$\bar{S}_D = 1$ 时，无论触发器原来处于什么状态，其次态（触发器接收输入信号之后所处的新的稳定状态为次态，用 Q^{n+1} 表示）一定为 0，即 $Q^{n+1} = 0$，$\overline{Q^{n+1}} = 1$，称触发器处于清 0（复位）状态。

2) 当 $\bar{R}_D = 1$，$\bar{S}_D = 0$ 时，无论触发器原来处于什么状态，其次态一定为 1，即 $Q^{n+1} = 1$，$\overline{Q^{n+1}} = 0$，称触发器处于置 1（置位）状态。

3) 当 $\bar{R}_D = 1$，$\bar{S}_D = 1$ 时，触发器状态不变，即 $Q^{n+1} = Q^n$，$\overline{Q^{n+1}} = \overline{Q^n}$，称触发器处于保持（记忆）状态。

4) 当 $\bar{R}_D = 0$，$\bar{S}_D = 0$ 时，两个与非门输出均为 1（高电平），此时破坏了触发器的互补输出关系，而且当 $\bar{R}_D$、$\bar{S}_D$ 同时从 0 变化为 1 时，由于门的延迟时间不一致，触发器的次态不确定，这种情况是不允许的。因此规定输入信号 $\bar{R}_D$、$\bar{S}_D$ 不能同时为 0，它们应遵循 $\bar{R}_D + \bar{S}_D = 1$ 的约束条件。

2. 基本 RS 触发器的功能描述

基本 RS 触发器的功能描述有以下几种方式。

(1) 状态转移真值表（状态表）。将触发器的次态 Q^{n+1}（也称"新态"）与原来的状态 Q^n（也称"现态"或"初态"）、输入信号之间的逻辑关系用表格形式表示出来，这种表格就是状态转移真值表，简称状态表。根据以上分析，基本 RS 触发器的状态表见表 13.2.1。它与组合逻辑电路的真值表相似，不同的是触发器的次态 Q^{n+1} 不仅与输入信号有关，还与它的现态 Q^n 有关，这正体现了时序逻辑电路的特点。

表 13.2.1　基本 RS 触发器状态表

$\bar{R}_D$	$\bar{S}_D$	Q^n	Q^{n+1}	功能说明
0	0	0	×	不稳定状态
0	0	1	×	
0	1	0	0	清 0（复位）
0	1	1	0	
1	0	0	1	置 1（置位）
1	0	1	1	
1	1	0	0	保持原状态
1	1	1	1	

(2) 特征方程（状态方程）。描述触发器逻辑功能的函数表达式被称为特征方程或状态方程。以表 13.2.1 中次态 Q^{n+1} 作为输出化简，可以求得基本 RS 触发器的特征方程为

$$\begin{cases} Q^{n+1} = S_D + \bar{R}_D Q^n \\ \bar{S}_D + \bar{R}_D = 1 \text{（约束条件）} \end{cases}$$

特征方程中的约束条件表示 $\bar{R}_D$ 和 $\bar{S}_D$ 不允许同时为 0，即 $\bar{R}_D$ 和 $\bar{S}_D$ 总有一个为 1。

(3) 波形图。工作波形图又称时序图，它反映了触发器的输出状态随时间和输入信号变化的规律，是实验中可观察到的波形，如图 13.2.1 所示。

由两个"与非"门交叉耦合而成的基本 RS 触发器，是无时钟控制低电平直接触发的触发器，有直接置位、复位的功能，是组成各种功能触发器的最基本单元。基本 RS 触发器也可以用两个或非门组成，它是高电平直接触发的触发器。

13.2.2　同步 RS 触发器

基本 RS 触发器的翻转由外加的输入信号直接决定，而数字系统中的各触发器往往被要求在规定的时刻同时翻转，这就需要由外加的时钟脉冲来控制。同步 RS 触发器就是一个具有外加时钟信号 CP 的触发器。其电路结构如图 13.2.2 所示，逻辑符号见表 13.2.2。

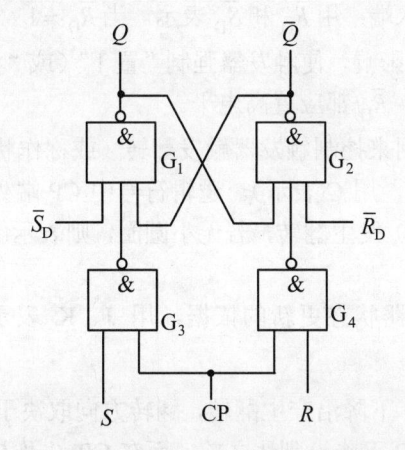

图 13.2.2　同步 RS 触发器电路结构

当 CP=0 时，G_3、G_4 门被封锁，由基本 RS 触发器功能可知，触发器状态保持原态。

当 CP=1 时，$\bar{R}_D = R$，$\bar{S}_D = S$，触发器状态将发生转移。将 $\bar{R}_D$、$\bar{S}_D$ 代入基本 RS 触发器的特征方程式中，可得出同步 RS 触发器的特征方程：

$$\begin{cases} Q^{n+1} = S + \bar{R}Q^n \\ \bar{S} + \bar{R} = 1\,(约束条件) \end{cases}$$

该方程表明：当 CP=1 时，时钟信号为 1 时才允许外输入信号起作用。

同理还可得出，当 CP=1 时，同步 RS 触发器的状态表见表 13.2.2。同步 RS 触发器是在 R 和 S 分别为 1 时"清 0"和"置 1"，称之为 R、S 高电平有效，所以逻辑符号的 R、S 输入端不加小圆圈。根据状态表可得出同步 RS 触发器的波形图如图 13.2.3 所示。

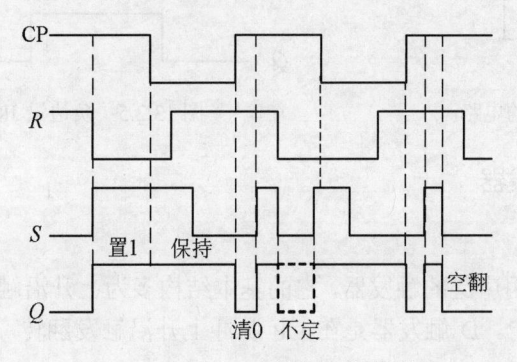

图 13.2.3　同步 RS 触发器的波形图

在一个 CP 中,触发器的输出状态连续翻转两次或两次以上,称这种现象为空翻。显然,空翻的结果使 CP 的控制作用失去了意义。为了避免空翻现象,又要使触发器可靠翻转,对 CP=1 的宽度要求极为严格,这在电路上实现起来比较困难,为此介绍以下边沿触发器。

13.2.3 JK 触发器

JK 触发器是一种逻辑功能完善、通用性强的集成触发器,在产品中应用较多的是下降沿(负边沿)触发的边沿型 JK 触发器。JK 触发器的电路如图 13.2.4 所示,逻辑符号见表 13.2.2,它有以下 3 种不同功能的输入端。

(1) 直接置位、复位输入端:用 $\bar{R}_D$ 和 $\bar{S}_D$ 表示。当 $\bar{R}_D=1$、$\bar{S}_D=0$ 或 $\bar{R}_D=0$、$\bar{S}_D=1$ 时,触发器将不受其他输入端状态影响,使触发器强制"置 1"(或"清 0"),如果不强制使触发器"置 1"(或"清 0"),则 $\bar{S}_D$、$\bar{R}_D$ 都应置高电平。

(2) 时钟脉冲输入端:用来控制触发器触发翻转(或称作状态更新),用 CP 表示(在国家标准符号中称作控制输入端,用 C 表示)。逻辑符号中 CP 端处若有小圆圈,则表示触发器在时钟脉冲下降沿(或负边沿)发生翻转,若无小圆圈,则表示触发器在时钟脉冲上升沿(或正边沿)发生翻转。

(3) 数据输入端:触发器状态更新的依据,用 J、K 表示。JK 触发器的状态方程为 $Q^{n+1} = J\bar{Q}^n + \bar{K}Q^n$。

负边沿 JK 触发器是在 CP 下降沿产生翻转,翻转方向取决于 CP 下降前瞬间的 J、K 输入信号。它只要求输入信号在 CP 下降沿到达之前,而在 CP=0 及 CP=1 期间,J、K 信号的任何变化都不会影响触发器的输出。因此这种触发器在数据输入端具有更强的抗干扰能力,其波形图如图 13.2.5 所示。

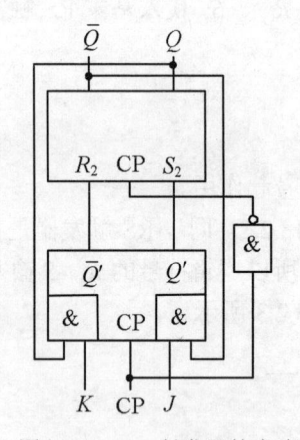

图 13.2.4 JK 触发器的电路

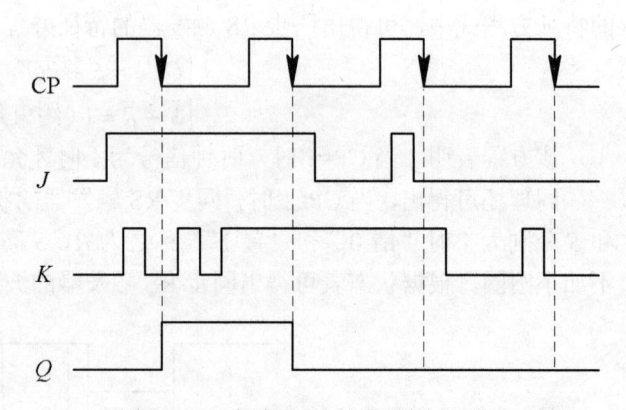

图 13.2.5 负边沿 JK 触发器的波形图

13.2.4 D 和 T 触发器

1. D 触发器

D 触发器是一种使用广泛的触发器,它的基本结构多为上升沿触发的边沿触发器。D 触发器的逻辑符号见表 13.2.2。D 触发器是在 CP 脉冲上升沿触发翻转,触发器的状态取决于 CP 脉冲到来之前 D 端的状态,状态方程为 $Q^{n+1} = D$。

D 触发器的应用很广，可用作数字信号的寄存、移位寄存、分频和波形发生等。

2. T 触发器

T 触发器的功能见表 13.2.2，由表可知，在 CP 脉冲下降沿，当 $T=0$ 时，时钟脉冲作用后，其状态保持不变；当 $T=1$ 时，时钟脉冲作用后，触发器状态翻转。其状态方程为 $Q^{n+1} = T\overline{Q^n} + \overline{T}Q^n$。

在 CP 脉冲下降沿，若仅有翻转功能的触发器，被称为 T′ 触发器。

各种触发器的逻辑符号、逻辑功能表以及触发方式见表 13.2.2。

表 13.2.2 各种触发器的逻辑符号、逻辑功能表以及触发方式

名称	逻辑符号	逻辑功能表				触发方式
基本 RS 触发器		$\overline{R}_D$	$\overline{S}_D$	Q^{n+1}	说明	直接触发
		0	0	不定	不定	
		0	1	0	清 0	
		1	0	1	置 1	
		1	1	Q^n	保持	
同步 RS 触发器		R	S	Q^{n+1}	说明	CP=1 期间触发
		0	0	Q^n	保持	
		0	1	1	置 1	
		1	0	0	清 0	
		1	1	不定	不定	
JK 触发器		J	K	Q^{n+1}	说明	CP 下降沿时刻触发
		0	0	Q^n	保持	
		0	1	1	置 1	
		1	0	0	清 0	
		1	1	$\overline{Q^n}$	翻转	
D 触发器		D		Q^{n+1}	说明	CP 上升沿时刻触发
		0		0	清 0	
		1		1	置 1	
T 触发器		T		Q^{n+1}	说明	CP 下降沿时刻触发
		0		Q^n	保持	
		1		$\overline{Q^n}$	翻转	

13.2.5 触发器的功能转换

在集成触发器的产品中，每一种触发器都有自己固定的逻辑功能，但可以利用转换的方法获得具有其他功能的触发器。即要用一种类型触发器代替另一种类型触发器，如由于 T 和 T′ 触发器功能简单，并无此类独立产品，这就需要进行触发器的功能转换，转换方法见表 13.2.3。

表 13.2.3 触发器的功能转换表

原触发器	转换成				
	T 触发器	T′触发器	D 触发器	JK 触发器	RS 触发器
D 触发器	$D = T \oplus Q^n$	$D = \bar{Q}$	—	$D = J\bar{Q}^n + \bar{K}Q^n$	$D = S + \bar{R}Q^n$
JK 触发器	$J = K = T$	$J = K = 1$	$J = D, K = \bar{D}$	—	$J=S, K=R$ 约束条件：$SR=0$
RS 触发器	$R = TQ^n$ $S = T\bar{Q}^n$	$R = Q^n$ $S = \bar{Q}^n$	$R = \bar{D}$ $S = D$	$R = KQ^n$ $S = J\bar{Q}^n$	—

以 JK 触发器转换为 D、T 触发器为例，其电路如图 13.2.6 所示。

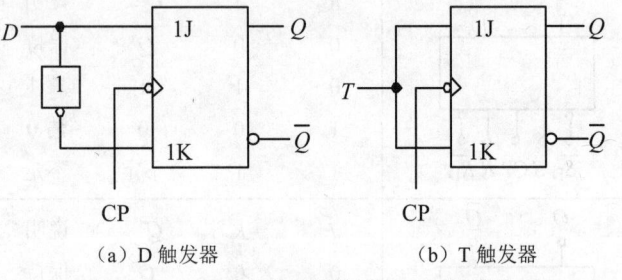

(a) D 触发器　　(b) T 触发器

图 13.2.6　JK 触发器转换为 D、T 触发器

13.3　时序逻辑电路的分析方法

根据电路状态转换的不同情况，时序逻辑电路分为同步时序逻辑电路和异步时序逻辑电路两类。

同步时序逻辑电路中，所有触发器的时钟脉冲信号输入端连在一起，在同一个时钟脉冲信号 CP 作用下，满足翻转条件，触发器的状态就同步翻转，即触发器状态的更新和时钟脉冲信号 CP 同步。

异步时序逻辑电路中，时钟脉冲信号只能触发部分触发器，其余触发器由电路内部信号触发。因此，具备翻转条件的触发器，其状态的翻转有先后顺序，并不都与时钟脉冲信号 CP 同步。

分析一个时序逻辑电路，就是找出给定时序逻辑电路的逻辑功能，找出电路的状态和输出在输入变量和时钟信号作用下的变化规律。分析时序逻辑电路可按以下基本步骤进行。

（1）分析逻辑电路组成：确定输入和输出，区分组合电路部分和存储电路部分，确定是同步电路还是异步电路，写出它的输出方程和驱动方程，并求状态方程。

输出方程：时序逻辑电路的输出逻辑表达式。

驱动方程：各触发器输入信号的逻辑表达式。
状态方程：将驱动方程代入相应触发器的特性方程中所得到的方程。
（2）列出对应的状态转换真值表，反映电路状态转换规律的表格。
方法：将电路现态的各种取值代入状态方程和输出方程进行计算，求出相应的次态和输出，得到状态转换真值表。如现态起始值没有给定，则可设定一个现态起始值依次进行计算，例如，可从触发器状态及输入为 0 开始计算；如现态起始值已给定，则从给定值开始计算。
（3）画状态转换图和时序图：用圆圈及其内的标注表示电路的所有稳态，用箭头表示状态转换的方向，箭头旁的标注表示状态转换的条件，从而得到状态转换图。
（4）分析逻辑功能：根据状态转换表来说明电路逻辑功能。

【例 13.3.1】试分析图 13.3.1 所示时序逻辑电路，设起始态 $Q_1Q_0 = 00$。

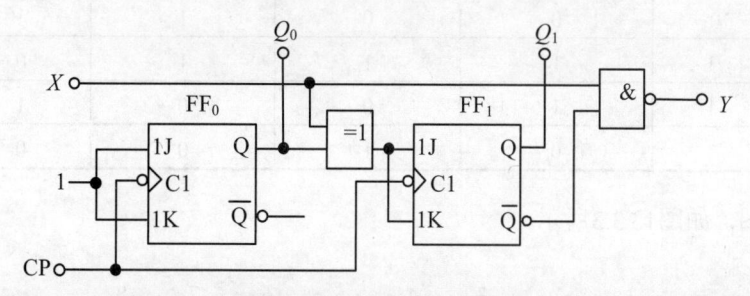

图 13.3.1　例 13.3.1 电路图

解：根据该电路 CP 时钟脉冲信号的连接方式可知，这是一个同步时序逻辑电路。
（1）求出各类方程。
驱动方程：$J_0 = K_0 = 1$，$J_1 = K_1 = X \oplus Q_0^n$
状态方程：由 JK 触发器的特征方程可知

$$Q_0^{n+1} = J_0 \overline{Q_0^n} + \overline{K_0} Q_0^n = \overline{Q_0^n}$$

$$Q_1^{n+1} = J_1 \overline{Q_1^n} + \overline{K_1} Q_1^n = (X \oplus Q_0^n)\overline{Q_1^n} + \overline{X \oplus Q_0^n} Q_1^n = X \oplus Q_0^n \oplus Q_1^n$$

输出方程：$Y = \overline{X Q_1^n}$

（2）列出状态转换表。将触发器的现态 Q_1、Q_0 和外输入信号 X 作为整个时序逻辑电路的输入信号。在输入变量 X、Q_1、Q_0 已知的条件下，将其代入状态方程和输出方程中从而得到触发器的次态 Q_1^{n+1}、Q_0^{n+1} 和输出值；该次态又作为新的初态来计算次态，如此继续下去。

（3）根据表 13.3.1，画出电路状态转换图，如图 13.3.2 所示。

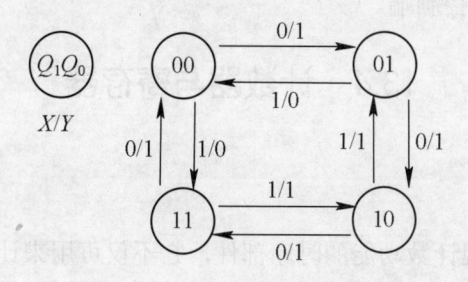

图 13.3.2　例 13.3.1 状态转换图

上图中，圆圈中的 Q_1Q_0 表示电路的状态，X/Y 表示此时电路的输入/输出状态，圆圈之间用箭头表示状态转换的方向，称这样的图为状态转换图。

表 13.3.1 状态转换表

计数脉冲信号 CP	现输入和电路现态 X	Q_1^n	Q_0^n	电路次态 Q_1^{n+1}	Q_0^{n+1}	输出 Y
1	0	0	0	0	1	1
2	0	0	1	1	0	1
3	0	1	0	1	1	1
4	0	1	1	0	0	1
5	1	0	0	1	1	0
6	1	1	1	1	0	1
7	1	1	0	0	1	0
8	1	0	1	0	0	1

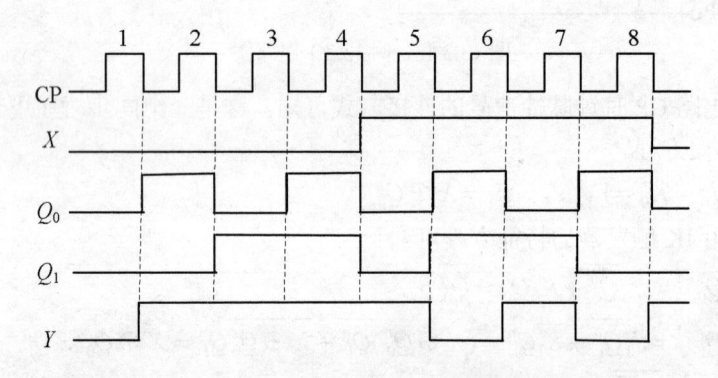

画出时序图，如图13.3.3所示。

图 13.3.3 例 13.3.1 时序图

（4）分析确定电路的逻辑功能。由状态转换表、状态转换图或时序图可知：

当 $X=0$ 时，状态转换是　00→01→10→11→00→…

当 $X=1$ 时，状态转换是　00→11→10→01→00→…

该电路是可控制计数器。当 $X=0$ 时，电路作二进制加 1 计数；当 $X=1$ 时，电路作二进制减 1 计数。X 是加减计数的控制端。

13.4　计数器与寄存器

13.4.1　计数器

计数器是一个用以实现计数功能的时序部件，它不仅可用来计脉冲数，还常用来作数字系统的定时、分频和执行数字运算以及其他特定的逻辑功能。计数器是数字系统中应用最多的时序逻辑电路。

计数器种类很多，按构成计数器中的各触发器是否使用一个时钟脉冲源来分，有同步计数器和异步计数器。根据计数制的不同，计数器可分为二进制计数器、十进制计数器和任意进制计数器。根据计数的增减趋势，计数器又分为加法、减法和可逆计数器。还有可预置数和可编程功能计数器等。目前，无论是 TTL 还是 CMOS 集成电路，都有品种较齐全的中规模集成计数器。使用者只要借助于器件手册提供的功能表、时序图及器件管脚的排列，就能正确地运用这些器件。

1. 同步计数器

（1）同步二进制加法计数器。二进制计数器按照二进制数规律计数，若用 n 表示二进制代码的位数，用 N 表示有效状态数，则在二进制计数器中 $N = 2^n$。因为一个触发器只能表示一位二进制数，所以 n 位二进制数计数器需要使用 n 个触发器，能记的最大十进制数为 $2^n - 1$，经过 n 个脉冲循环一次。图 13.4.1 所示为 3 位同步二进制加法计数器，其由 JK 触发器组成，由下降沿触发。

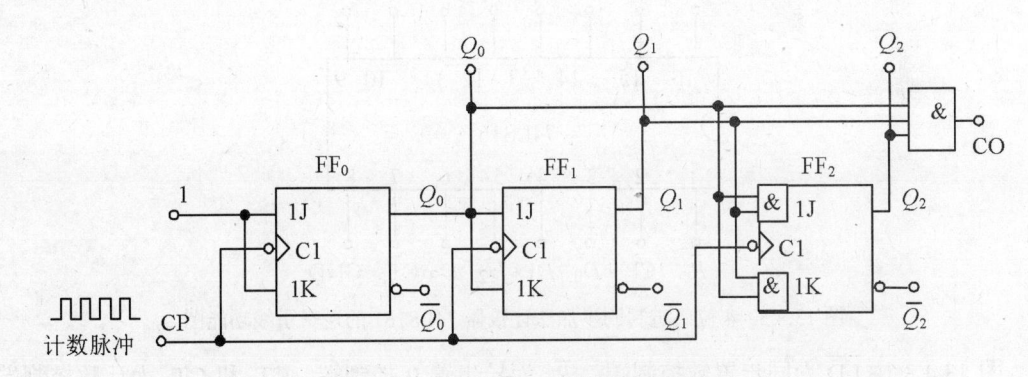

图 13.4.1　3 位同步二进制加法计数器

设计数器现态 $Q_2^n Q_1^n Q_0^n = 000$，可通过时序逻辑电路分析方法，求得状态转换表，见表 13.4.1。根据状态转换表，画出时序图，如图 13.4.2 所示。

表 13.4.1　3 位二进制计数器的状态转换表

计数脉冲序号	现态 Q_2^n	现态 Q_1^n	现态 Q_0^n	次态 Q_2^{n+1}	次态 Q_1^{n+1}	次态 Q_0^{n+1}	输出 CO
1	0	0	0	0	0	1	0
2	0	0	1	0	1	0	0
3	0	1	0	0	1	1	0
4	0	1	1	1	0	0	0
5	1	0	0	1	0	1	0
6	1	0	1	1	1	0	0
7	1	1	0	1	1	1	0
8	1	1	1	0	0	0	1

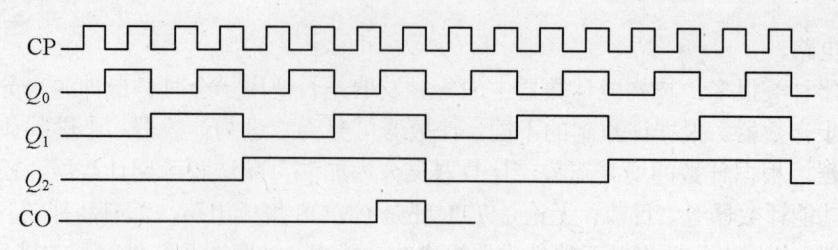

图 13.4.2　3位同步二进制加法计数器时序图

实际使用中，计数器不需要用触发器来构成，因为有许多 TTL 和 CMOS 专用集成计数器芯片可供选用。掌握计数器芯片型号、功能及正确使用方法很重要，从器件手册、相关资料或相关网页的电子文档上读懂产品的符号、型号、外引线功能图及功能表等有关参数，进而灵活应用计数器是应掌握的一项基本技能。图 13.4.3 所示为集成 4 位二进制同步加法计数器 74LS161 的逻辑引线功能图。

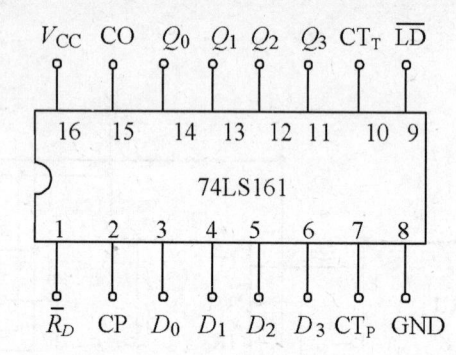

图 13.4.3　4 位二进制同步加法计数器 74LS161 的逻辑引线功能图

图 13.4.3 中 $\overline{LD}$ 为同步置数控制端，$\overline{R_D}$ 为异步置 0 控制端，CT_P 和 CT_T 为计数控制端，$D_0 \sim D_3$ 为并行数据输入端，$Q_0 \sim Q_3$ 为并行输出端，CO 为进位输出端。74LS161 的功能表见表 13.4.2。

表 13.4.2　74LS161 的功能表

$\overline{R_D}$	$\overline{LD}$	CT_P	CT_T	CP	D_3	D_2	D_1	D_0	Q_3	Q_2	Q_1	Q_0	CO
0	×	×	×	×	×	×	×	×	0	0	0	0	0
1	0	×	×	↑	d_3	d_2	d_1	d_0	d_3	d_2	d_1	d_0	CO
1	1	1	1	↑	×	×	×	×	计数				CO
1	1	0	×	×	×	×	×	×	保持				CO
1	1	×	0	×	×	×	×	×	保持				0

74LS161 的功能主要说明如下。

1）异步置 0 功能：当 $\overline{R_D}=0$ 时，不论有无时钟脉冲信号 CP 和其他输入信号，计数器被置 0，即 $Q_3Q_2Q_1Q_0=0000$。

2）同步并行置数功能：当 $\overline{R_D}=1$、$\overline{LD}=0$ 时，在输入时钟脉冲信号 CP 上升沿到来时，

并行输入的数据 $d_3 \sim d_0$ 被置入计数器，即 $Q_3Q_2Q_1Q_0 = d_3d_2d_1d_0$。

3）计数功能：当 $\overline{\text{LD}} = \overline{R_\text{D}} = \text{CT}_\text{P} = \text{CT}_\text{T} = 1$、CP 端输入计数脉冲时，该计数器进行二进制加法计数。

4）保持功能：$\overline{\text{LD}} = \overline{R_\text{D}} = 1$ 且 $\text{CT}_\text{P} \cdot \text{CT}_\text{T} = 0$ 时，计数器状态保持不变。这时，若 $\text{CT}_\text{P} = 0$、$\text{CT}_\text{T} = 1$，则 $\text{CO} = \text{CT}_\text{T}Q_3Q_2Q_1Q_0 = Q_3Q_2Q_1Q_0$，即进位输出信号 CO 保持不变；若 $\text{CT}_\text{P} = 1$、$\text{CT}_\text{T} = 0$，则 $\text{CO} = 0$，即进位输出为 0。

具有与 74LS161 相同功能的芯片有 74LS163，它的管脚排列和 74LS161 相同，不同之处是 74LS163 采用同步清零方式（需要时钟脉冲配合的清零方式）。另外，还有 4 位集成二进制同步可逆计数器 74LS191，74LS191 有加减计数控制端，可作减法运算。

（2）同步十进制加法计数器。十进制计数器按照十进制数规律计数，状态数 $N = 10$，需要使用 4 个触发器。使用最多的十进制计数器是按照 8421 码计数的电路。同步十进制计数器接线规律：将计数脉冲 CP 同时加至所有触发器的时钟脉冲输入端，采用 JK 触发器时，各触发器的驱动方程分别为 $J_0 = K_0 = 1$，$J_1 = \overline{Q}_3Q_0$，$K_1 = Q_0$，$J_2 = K_2 = Q_1Q_0$，$J_3 = Q_2Q_1Q_0$、$K_3 = Q_0$。其接线图如图 13.4.4 所示。

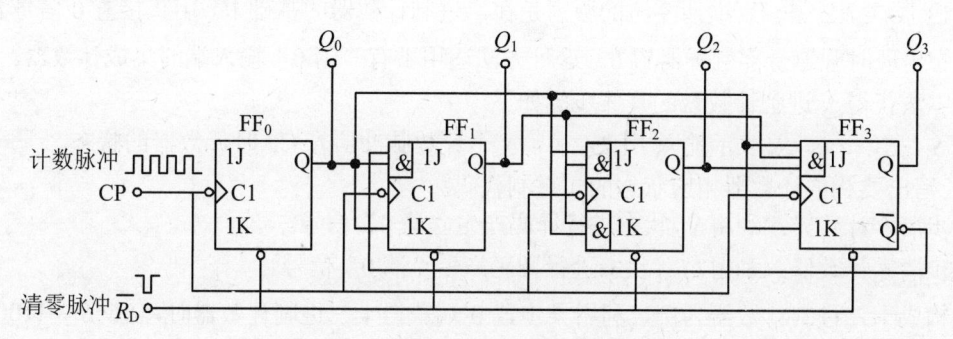

图 13.4.4 同步十进制加法计数器接线图

集成十进制同步加法计数器 74LS160、74LS162 的管脚排列图、逻辑功能示意图与 74LS161、74LS163 相同，不同的是，74LS160 和 74LS162 是十进制同步加法计数器，而 74LS161 和 74LS163 是 4 位二进制（十六进制）同步加法计数器。此外，74LS160 和 74LS162 的区别是，74LS160 采用的是异步清零方式，而 74LS162 采用的是同步清零方式。

2. 异步计数器

（1）异步二进制加法计数器。图 13.4.5 所示为 3 位异步二进制加法计数器，其由 JK 触发器组成，由下降沿触发。根据电路工作需要，JK 触发器接成 T′ 触发器的形式。

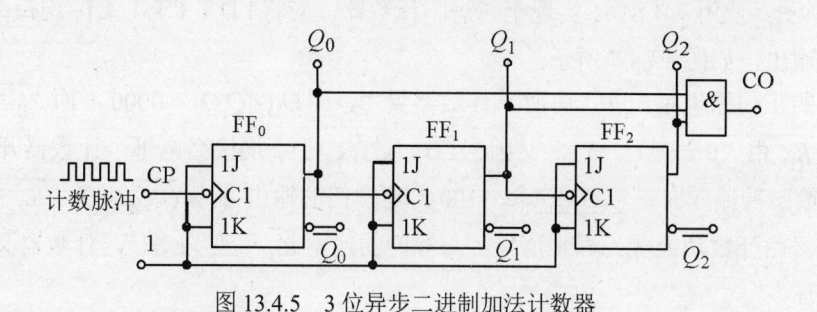

图 13.4.5 3 位异步二进制加法计数器

（2）异步十进制加法计数器。异步十进制加法计数器的接线图如图 13.4.6 所示。

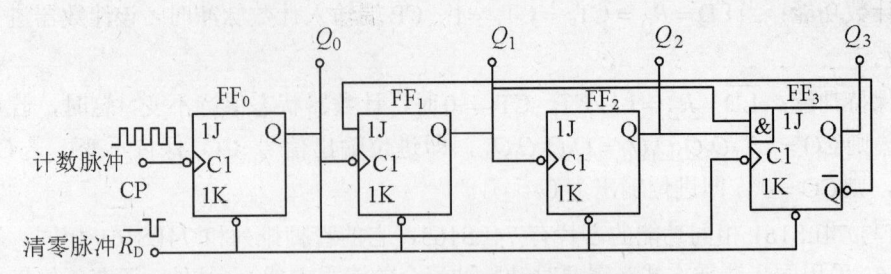

图 13.4.6　异步十进制加法计数器的接线图

3. N 进制计数器

N 进制计数器是指除二进制计数器和十进制计数器外的其他进制计数器，即每来 N 个计数脉冲，计数器状态重复一次，分析方法与一般时序逻辑电路相同。目前市场上的集成计数器只有二进制计数器和 8421BCD 码十进制计数器，利用现有的计数器采用反馈清零法、反馈置数法以及计数器级联法可以实现 N 进制计数器。

（1）反馈清零法。反馈清零法的原理是在二进制计数器的基础上，用直接置 0 信号 $\overline{R_D}$ 在某一状态出现时强迫全部触发器置 0。这种方法适用于有"清 0"输入端的集成计数器。利用反馈清零法获得 N 进制计数器的具体步骤如下。

用 S_1，S_2，…，S_N 表示输入 1，2，…，N 个计数脉冲信号 CP 时计数器的状态。

1）写出要构成计数器相应状态的二进制代码。

异步清零计数器：利用 S_N 状态进行译码产生"清 0"信号。

同步清零计数器：利用 S_{N-1} 状态进行译码产生"清 0"信号。

以构成十二进制计数器为例，利用异步置 0 端获得十二进制计数器时，$S_N=S_{12}=1100$；利用同步置 0 端获得十二进制计数器时，$S_{N-1}=S_{11}=1011$。

2）写出反馈清零函数，即根据 S_N 或 S_{N-1} 写出异步或同步置 0 端的输入逻辑表达式。

3）画图。根据反馈清零函数，画出电路连线图。

【例 13.4.1】试用 74LS161 构成十二进制计数器。

解：74LS161 是 4 位二进制同步加法计数器，具有异步清零和同步置数功能。

（1）写出 S_{12} 的二进制代码为 $S_{12}=1100$。

（2）写出反馈清零函数：

$$\overline{R_D} = \overline{Q_3 Q_2}$$

（3）画图。使用 74LS161 实现十二进制计数器，应将 $\overline{LD}$、CT_P、CT_T 均接高电平，$\overline{R_D}$ 接与非门的输出，如图 13.4.7 所示。

该电路的工作原理是当 $\overline{R_D}=0$ 时，计数器置 0，即 $Q_3Q_2Q_1Q_0=0000$，而 $\overline{R_D}=\overline{Q_3Q_2}=1$，异步置零端 $\overline{R_D}$ 由"0"变为"1"，又因为 $\overline{LD}$、CT_P、CT_T 均接高电平，计数器开始计数；当第 12 个计数脉冲输入时，$Q_3Q_2Q_1Q_0=1100$，与非门的输出 $\overline{R_D}=\overline{Q_3Q_2}=0$，$\overline{R_D}$ 由"1"变为"0"，计数器由计数功能变为异步清零；与非门的输出 $\overline{R_D}$ 又变为"1"，计数器又开始计数；如此反复循环。

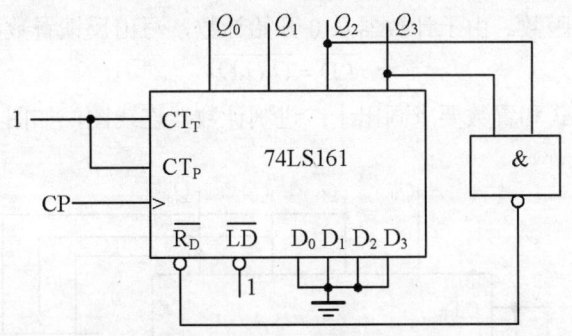

图 13.4.7 利用异步置 0 端构成十二进制计数器

（2）反馈置数法。反馈置数法需要计数器从某个预置状态 S_i（一般选 S_0）开始计数，计满 N 个状态后产生置数信号，使计数器恢复到预置初态 S_i。这种方法适用于有预置数功能的集成计数器，步骤与反馈清零法相似。

异步置数计数器：利用 S_{i+N}（或 S_N）状态进行译码产生置数信号。

同步置数计数器：利用 S_{i+N-1}（或 S_{N-1}）状态进行译码产生置数信号。

【例 13.4.2】 试用 74LS161 的同步置数功能构成十二进制计数器。

解：74LS161 有同步置数控制端 $\overline{LD}$，利用它可实现十二进制计数。设计数器从 $Q_3Q_2Q_1Q_0 = 0000$ 状态开始计数，采用反馈置数法获得十二进制计数器。因此：

（1）若取预置数 $D_3D_2D_1D_0 = 0000$，即从 S_0 状态开始计数，则步骤如下。

1）写出 S_{N-1} 的二进制代码为

$$S_{N-1} = S_{12-1} = S_{11} = 1011$$

2）写出反馈置数函数。由于计数器从 0 开始计数，写出反馈置数函数为

$$\overline{LD} = \overline{Q_3 Q_2 Q_1}$$

3）画图。根据上式和置数要求画出十二进制计数器连线图，如图 13.4.8 所示。

（2）若取预置数 $D_3D_2D_1D_0 = 0011$，即从 S_3 状态开始计数，则步骤如下。

1）写出 S_{N-1} 的二进制代码为

$$S_{3+N-1} = S_{3+12-1} = S_{14} = 1110$$

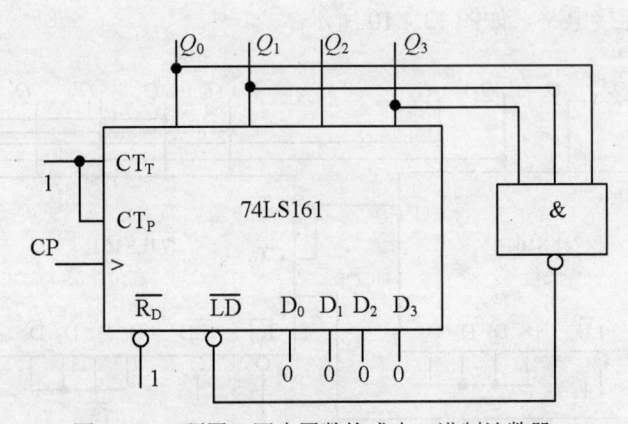

图 13.4.8 预置 0 同步置数构成十二进制计数器

2）写出反馈置数函数。由于计数器从 0 开始计数，写出反馈置数函数为
$$\overline{LD} = \overline{Q_3 Q_2 Q_1}$$

3）画图。根据上式和置数要求画出十二进制计数器连线图，如图 13.4.9 所示。

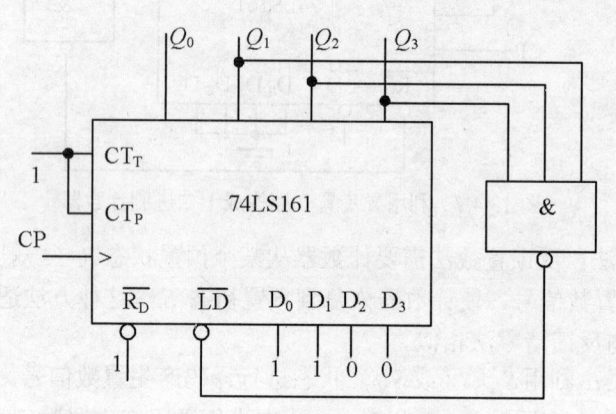

图 13.4.9 预置 3 同步置数构成十二进制计数器

（3）计数器级联法。计数器的级联是将两个或两个以上集成计数器串接起来，以获得计数容量更大的 N 进制计数器。一般集成计数器都设有级联用的输入端和输出端，只要正确连接这些级联端，就可获得所需进制的计数器。一片 74LS161 可构成从二进制到十六进制之间任意进制的计数器。两片 74LS161 就可构成从二进制到二百五十六进制之间任意进制的计数器。依次类推，可根据计数进制需要选取芯片数量。对于 74LS161，采用级联法是将低位芯片的进位输出端 CO 端和高位芯片的计数控制端 CT_T 和 CT_P 直接连接，计数脉冲同时从每个芯片的 CP 端输入。

【例 13.4.3】用 74LS161 构成六十进制计数器。

解：因为要构成六十进制计数器，故需要两片 74LS161。十进制数 60 对应的二进制数为 00111100。当计数器计到 60 时，计数器的状态为 $Q_3' Q_2' Q_1' Q_0' Q_3 Q_2 Q_1 Q_0 = 00111100$，反馈清零函数为 $\overline{LD} = \overline{Q_1' Q_0' Q_3 Q_2}$。这时，与非门输出低电平，使两片 74LS161 同时被置 0，实现六十进制计数。每块芯片的计数时钟输入端 CP 均接同一个 CP 信号，利用芯片的计数控制端 CT_P、CT_T 和进位输出端 CO 连接电路，如图 13.4.10 所示。

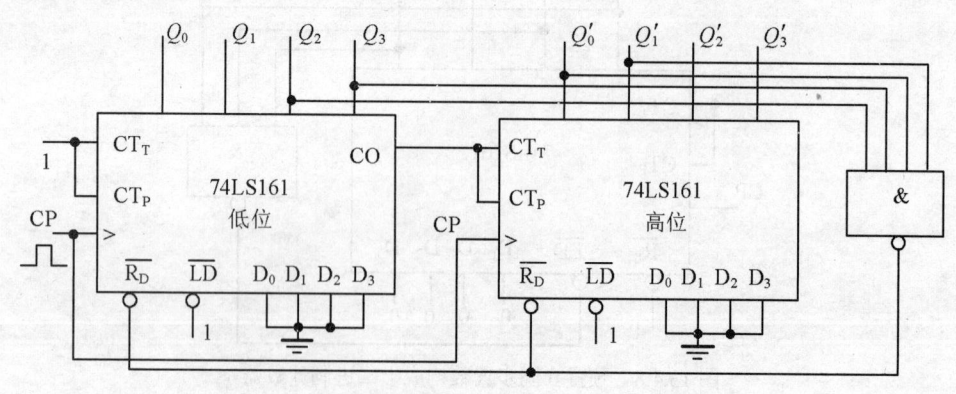

图 13.4.10 级联异步置 0 端构成六十进制计数器

13.4.2 寄存器

寄存器是具有寄存功能的基本数字部件。它既能把二进制代码暂时存放起来，又能根据需要随时更新或输出所存的代码。寄存器由触发器和一些逻辑门组成，触发器用来存放代码，一个触发器可存储一位二进制代码，n 个触发器可存储 n 位二进制代码。逻辑门用来控制代码的接收、传送和输出等。移位寄存器不仅可以存放二进制代码，在 CP 移位脉冲的作用下，还可以将寄存器中的数码向左或向右移位。

1. 基本寄存器

用来存放二进制代码的电路被称为基本寄存器，也叫数码寄存器。它具有寄存数据和清除原有数据的功能，其数据只能并行输入、并行输出。图 13.4.11 所示是一个 4 位数码寄存器。

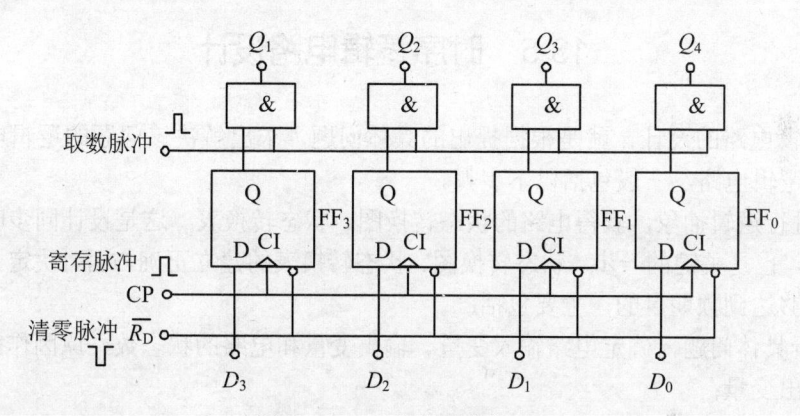

图 13.4.11 4 位数码寄存器

当 $\overline{R}_D = 0$ 时，触发器 $FF_3 \sim FF_0$ 同时被置 0。寄存器正常工作时，$\overline{R}_D = 1$。

由图可知：$D_3 \sim D_0$ 分别为触发器 $FF_3 \sim FF_0$ 的输入信号。因此，CP 时钟脉冲信号上升沿时，$D_3 \sim D_0$ 被同时送入 $FF_3 \sim FF_0$，此时 $Q_3Q_2Q_1Q_0 = D_3D_2D_1D_0$。

当 $\overline{R}_D = 1$，CP=1 或 0 时，寄存器中的数码保持不变，即 $FF_3 \sim FF_0$ 的状态不变。在取数脉冲的作用下存入的 4 位数码即可分别从 4 个与门取出，此后只要不存入新的数码，原来的数码可重复取出，并一直保持不变，寄存器需要清零时，在 $\overline{R}_D$ 端加一个清零脉冲即可。

74LS175 是由 D 触发器组成的 4 位集成寄存器。它具有并行输入、并行输出的工作方式，可以实现异步清零、记忆保持等功能。

2. 移位寄存器

移位寄存器除具有存储数据的功能外，还可将所存储的数据向左或向右逐位移动。图 13.4.12 所示是一个 4 位右移移位寄存器，4 位待存的数码在移位脉冲 CP 的作用下依次从触发器 FF_0 的数据输入端 D_0 输入，并逐位右移，4 个移位脉冲后全部存入寄存器中，这时可从 4 个触发器的 Q 端得到并行的数码输出，若再经过 4 个移位脉冲，则所存的 4 个数码便逐位从 Q_3 端串行输出。

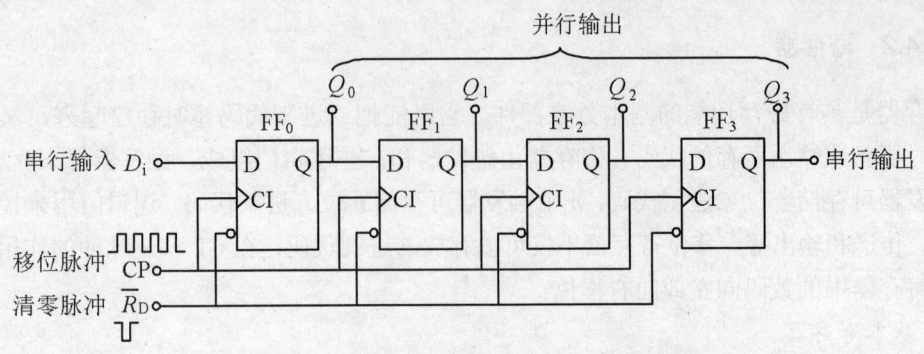

图 13.4.12　4 位右移移位寄存器

74LS194 是由 4 个触发器组成的功能很强的 4 位移位寄存器，具有异步清零、记忆保持、左移、右移、并行置数功能。

13.5　时序逻辑电路设计

时序逻辑电路的设计，就是根据提出的具体问题，求出解决该问题的逻辑电路。设计一个同步时序逻辑电路，一般包括以下步骤。

（1）进行逻辑抽象，获得电路的状态转换图、状态转换表。这是设计同步时序逻辑电路基础的一步，也是关键的一步。状态转换图、状态转换表的建立正确与否，决定了设计的电路功能是否能够达到预期目的。主要包括：

1）分析具体问题，确定电路输入变量、输出变量和电路的状态数，原因作为输入变量，结果作为输出变量；

2）定义输入、输出逻辑状态的含义，根据需要对电路状态进行编号；

3）根据题目要求，列出电路状态转换图、状态转换表。

（2）进行状态化简。状态化简的目的是消去多余的状态，得到最简状态转换图、状态转换表。

（3）进行状态分配。状态分配也被称为状态编码。由于时序逻辑电路的状态是用触发器的不同状态组合来描述的，所以状态分配的核心是确定触发器的个数，并对不同的状态分配一组相应的二进制代码。设共有 n 个触发器，时序逻辑电路的状态数为 N，则二者之间应满足 $2^n \geqslant N > 2^{n-1}$。

在进行状态编码时，一般应遵循一定的规律。

（4）根据要求，选定触发器类型，求出相应方程组。利用不同的触发器构成的时序逻辑电路也不同，所以必须事先确定触发器的类型。

根据前面所做的准备工作，可以方便地写出电路的方程组（驱动方程、状态方程、输出方程）。

（5）求出具体逻辑电路图。

（6）检查电路自启动能力。

电路的自启动能力比较重要，若设计的电路不具备自启动能力，则必须采取措施加以修改，可以在电路开始工作时加置初态，或者修改逻辑设计。

【例 13.5.1】 试用 JK 触发器设计一个带进位输出的五进制计数器。

解：(1) 根据同步时序逻辑电路的设计方法，首先进行逻辑抽象，并获得电路的状态转换图、状态转换表。

设电路进位输出信号为 CO，产生进位输出时 CO=1，其他时间 CO=0。

五进制计数器应有 5 个有效状态，分别用状态 S_0，…，S_4 表示，并画出其状态转换图，如图 13.5.1 所示。

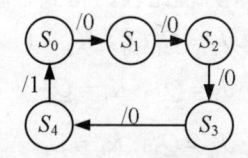

图 13.5.1 例 13.5.1 状态转换图

(2) 状态化简。五进制计数器应有 5 个有效状态，已经是最简状态转换图，不需要化简。

(3) 状态分配，列状态转换表。由式 $2^n \geq N > 2^{n-1}$ 可知，应采用 3 位二进制代码。该计数器选用 3 位自然二进制加法计数编码，即 S_0=000，S_1=001，…，S_4=100，由此可列出状态转换表，见表 13.5.1。

表 13.5.1 状态转换表

状态转换顺序	现态 Q_2^n	Q_1^n	Q_0^n	次态 Q_2^{n+1}	Q_1^{n+1}	Q_0^{n+1}	进位输出 CO
S_0	0	0	0	0	0	1	0
S_1	0	0	1	0	1	0	0
S_2	0	1	0	0	1	1	0
S_3	0	1	1	1	0	0	0
S_4	1	0	0	0	0	0	1

(4) 选择触发器。根据本例要求选用功能比较灵活的 JK 触发器。根据状态转换表，可以确定每一时刻各触发器现态与次态之间的变化关系，分别作出 Q_2^{n+1}、Q_1^{n+1}、Q_0^{n+1}、CO 关于 Q_2^n、Q_1^n、Q_0^n 的卡诺图，如图 13.5.2 所示，由于计数器正常工作时不会出现 101、110、111 这 3 个状态，所以可以将这 3 个状态作为约束项来处理。

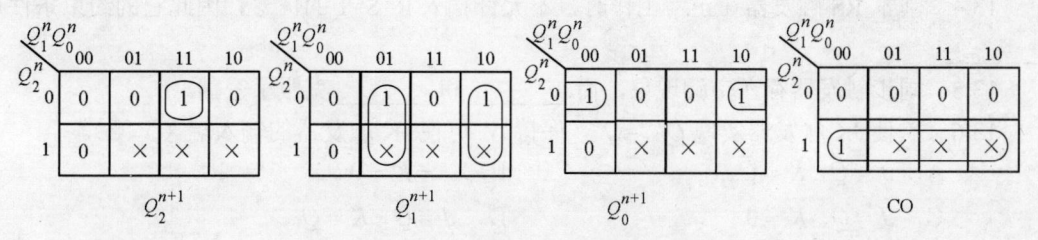

图 13.5.2 次态及输出卡诺图

由卡诺图化简（为了方便与 JK 触发器特征方程比较，Q_2^{n+1} 未化简）得到电路的输出方程和状态方程，并且状态方程以 JK 触发器特征方程的标准形式写出如下：

$$Q_2^{n+1} = Q_1^n Q_0^n \overline{Q_2^n} = Q_1^n Q_0^n \overline{Q_2^n} + \overline{1} Q_2^n$$

$$Q_1^{n+1} = Q_0^n \overline{Q_1^n} + \overline{Q_0^n} Q_1^n$$

$$Q_0^{n+1} = \overline{Q_2^n} \cdot \overline{Q_0^n} = \overline{Q_2^n} \cdot \overline{Q_0^n} + \overline{1} Q_0^n$$

$$CO = Q_3^n Q_2^n Q_0^n$$

将上述状态方程与 JK 触发器特征方程比较，得到各触发器的驱动方程如下：

$$J_2 = Q_1^n Q_0^n,\ K_2 = 1$$

$$J_1 = Q_0^n,\ K_1 = Q_0^n$$

$$J_0 = \overline{Q_2^n},\ K_0 = 1$$

（5）根据得到的上述方程，画出电路图，如图 13.5.3 所示。

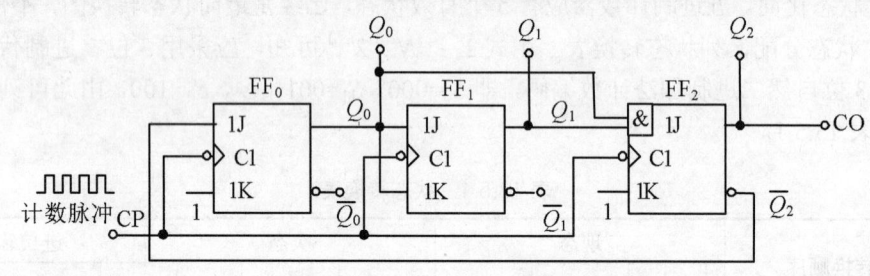

图 13.5.3 例 13.5.1 电路图

（6）检查电路能否自启动。将其余未出现的 101、110、111 状态代入状态方程，它们能分别进入有效状态 010、010、000，所以电路能够自启动。

习　　题

13.1 按照是否有记忆功能，数字电路通常可分为两类：_____ 和 _____。

13.2 下列逻辑电路中为时序逻辑电路的是（　　）。
　　A．译码器　　　　B．编码器　　　　C．寄存器　　　　D．数据选择器

13.3 触发器有两个互补的输出端 $Q/\overline{Q}$，定义触发器的 1 状态为 _____，0 状态为 _____，可见触发器的状态指的是 _____ 端的状态。

13.4 基本 RS 触发器在正常工作时，不允许输入 R=S=1 的信号，因此它的约束条件是 _____。

13.5 同步触发器存在空翻现象，而 _____ 和 _____ 克服了空翻。

13.6 欲使 JK 触发器实现 $Q^{n+1}=Q^n$（保持），可使 JK 触发器的输入端（　　）。
　　A．$J = Q, K = \overline{Q}$　　　　　　B．$J = K = 0$
　　C．$J = Q, K = 0$　　　　　　D．$J = \overline{Q}, K = Q$

13.7 D 触发器的特性方程为（　　）。
　　A．$Q^{n+1} = 1$　　　　　　　　B．$Q^{n+1} = \overline{J} Q^n + K \overline{Q^n}$

C. $Q^{n+1} = J\overline{Q^n} + \overline{K}Q^n$ D. $Q^{n+1} = D$

13.8 T 触发器中，当 $T=1$ 时，触发器实现（　　）功能。
A. 置 1　　　　B. 清 0　　　　C. 计数　　　　D. 保持

13.9 将 JK 触发器转换为 D 触发器，可以将 JK 触发器按下接法（　　）来实现。
A. $J = K = \overline{D}$　　　　　　　　B. $J = \overline{D}, K = D$
C. $J = K = D$　　　　　　　　D. $J = D, K = \overline{D}$

13.10 分析如图 13.6.1 所示电路，要求：
（1）写出电路的驱动方程，状态方程和输出方程；
（2）画出状态转换真值表和状态转换图；
（3）说明电路的逻辑功能。

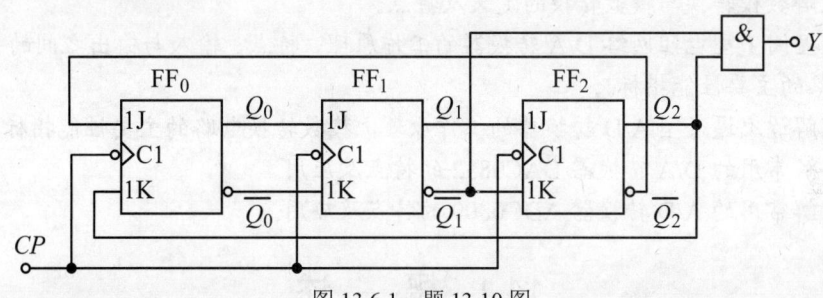

图 13.6.1　题 13.10 图

13.11 同步时序电路和异步时序电路是通过（　　）判断。
A. 是否具有触发器　　　　　　B. 是否具体统一的时钟脉冲控制
C. 是否具有稳定状态　　　　　D. 输出只与内部状态有关

13.12 欲组成六十四进制计数器需要（　　）个触发器。
A. 32　　　　B. 6　　　　C. 4　　　　D. 3

13.13 请用图 13.6.2 的 74LS161 连接成一个十五进制的加法计数器，要求画出连线，并画出其状态转换图。

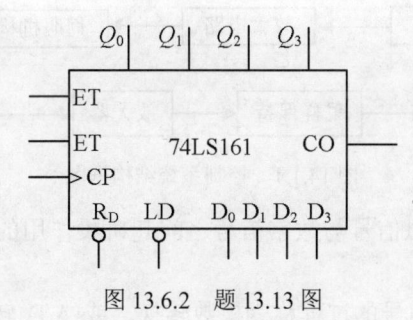

图 13.6.2　题 13.13 图

13.14 用下降沿触发的 JK 触发器设计一个同步六进制计数器，要求：
（1）画出状态转换图并转换成状态转换表。
（2）画出各触发器的次态的卡诺图。
（3）写出状态方程，并画出用 JK 触发器实现的逻辑电路图。

第 14 章　数模转换与模数转换

本章首先介绍数模转换与模数转换的概念及特点，数模转换器采用倒 T 型电阻网络 D/A 转换器为例，介绍其工作原理、输入与输出关系等，模数转换器采用逐次逼近型 A/D 转换器为例介绍其工作原理，分析数模与模数转换电路的主要性能指标，介绍常用的 DAC0832 和 ADC0809 的特点及应用，数模转换与模数转换是模拟信号与数字信号之间重要的转换电路。

知识点与学习要求

（1）理解数模转换与模数转换的定义及特点。
（2）掌握倒 T 型电阻网络 D/A 转换器的工作原理、特点，输入与输出之间的关系，掌握数模转换电路的主要性能指标。
（3）理解逐次逼近型 A/D 转换器的工作原理，模数转换电路的主要性能指标。
（4）了解常用的 D/A 转换器 DAC0832 的特点及应用。
（5）了解常用的 A/D 转换器 ADC0809 的特点及应用。

14.1　概　　述

随着数字技术，特别是计算机技术的飞速发展与普及，在现代控制、通信及检测领域中，对信号的处理广泛采用了数字计算机技术。由于系统的实际处理对象往往都是一些模拟量（如温度、压力、位移、速度等），要使计算机或数字仪表能识别和处理这些信号，必须首先将这些模拟信号转换成数字信号；再将经单片机、可编程控制器（Programmable Logic Controller，PLC）或其他计算机控制系统分析、处理后输出的数字量转换成相应的模拟信号，驱动执行机构。其具体过程如图 14.1.1 所示。

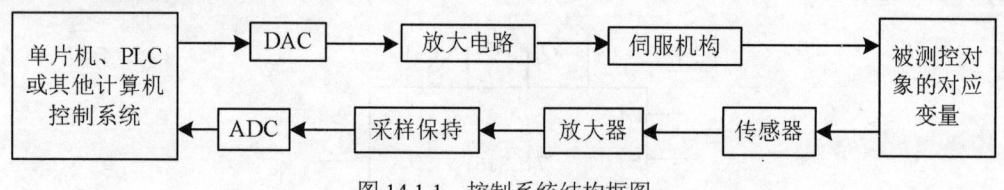

图 14.1.1　控制系统结构框图

因此，需要一种能在模拟信号与数字信号之间起桥梁作用的电路——模数转换电路和数模转换电路。

将模拟信号转换为数字信号的过程称为模数转换，或 A/D 转换。能够完成这种转换的电路被称为模数转换器（Analog Digital Converter，ADC）。

将数字信号转换为模拟信号的过程称为数模转换，或 D/A 转换。能够完成这种转换的电路被称为数模转换器（Digital Analog Converter，DAC）。

随着集成电路技术的发展，现在单片集成的 ADC 和 DAC 芯片已有数百种，可以满足不同应用场合的需求。

14.2 数模转换器（DAC）

1. 数模转换分析

DAC 的作用是将输入的数字信号转换成与其成正比的模拟信号输出（电压或电流）。数字量是用代码按数位组合起来表示的，为了将数字量转换成模拟量，必须将每一位的代码按其位权的大小转换成相应的模拟量，然后将这些模拟量相加，即可得到与数字量成正比的总模拟量，从而实现数模转换。这就是组成 DAC 的基本指导思想。

实现 DAC 的电路种类很多，但电路结构基本相同，主要包括：输入寄存器、模拟开关、电阻译码网络、求和放大器、参考电压源及逻辑控制电路等。输入的数字信号有串行输入与并行输入两种方式；输入寄存器用于暂时存储输入的数字信号；输入寄存器输出的数字信号控制相应的模拟开关，使电阻译码网络输出一定的模拟量，并送至求和放大器；通过求和放大器的作用，在电路输出端得到与输入的数字信号对应的模拟量。

DAC 原理框图如图 14.2.1 所示。在数模转换过程中，输入的数字信号是二进制代码。通过转换，将该代码按每位权的大小换算成相应的模拟量，然后将代表各位数字的模拟量相加，得到的和就是与输入的数字信号成正比的模拟量。

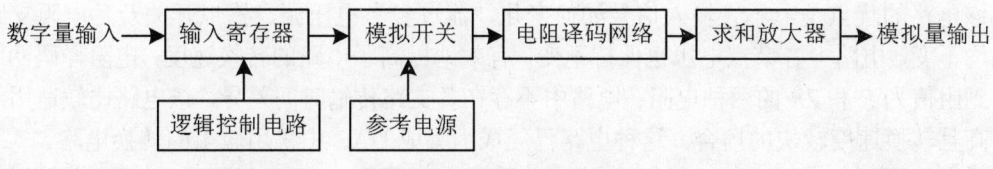

图 14.2.1 DAC 原理框图

2. 倒 T 型电阻网络 DAC

DAC 的种类很多，其中最为常用的是倒 T 型电阻网络 DAC。4 位倒 T 型电阻网络 DAC 的原理图如图 14.2.2 所示。$S_0 \sim S_3$ 为模拟开关，R-$2R$ 电阻译码网络呈倒 T 型，运算放大器 A 构成求和电路。

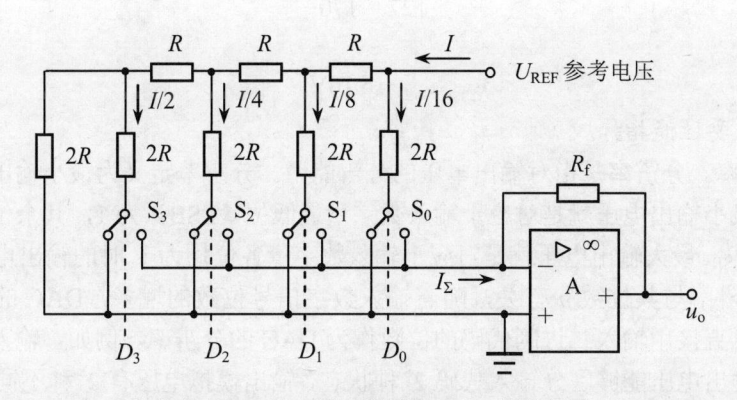

图 14.2.2 倒 T 型电阻网络 DAC 的原理图

S_i 由输入数码 D_i 控制，当 $D_i=1$ 时，S_i 接集成运放反相输入端（"虚地"），I_i 流入求和电路；当 $D_i=0$ 时，S_i 将电阻 $2R$ 接地。

无论模拟开关 S_i 处于何种位置，与 S_i 相连的 $2R$ 电阻均等效接"地"（地或虚地）。这样流经 $2R$ 电阻的电流与开关位置无关，为确定值。

分析 R-$2R$ 电阻译码网络不难发现，从每个接点向右看的二端网络等效电阻均为 R，流入每个 $2R$ 电阻的电流从高位到低位按 2 的整数倍递减。设由参考电压源提供的总电流为 I ($I=U_{REF}/R$)，则流过各开关支路（从左到右）的电流分别为 $I/2$、$I/4$、$I/8$ 和 $I/16$。

可以求出倒 T 型电阻网络 DAC 中流入求和放大器输入端的电流 I_Σ 为：

$$I_\Sigma = \frac{U_{REF}}{2^4 R}(2^3 D_3 + 2^2 D_2 + 2^1 D_1 + 2^0 D_0)$$

设求和放大器反馈电阻 $R_f = R$，则输出电压 u_o 为：

$$u_o = -I_\Sigma R_f = -\frac{U_{REF}}{2^4}(2^3 D_3 + 2^2 D_2 + 2^1 D_1 + 2^0 D_0)$$

将输入数字量扩展到 n 位，可得 n 位倒 T 型电阻网络 DAC 转换器输出模拟量与输入数字量之间的一般关系式如下：

$$u_o = -IR_f = -\frac{U_{REF}}{2^n}(2^{n-1}D_{n-1} + \cdots + 2^1 D_1 + 2^0 D_0) = -\frac{U_{REF}}{2^n} \cdot N$$

其中，N 表示输入 n 位二进制数所对应的十进制数。由上式可知，DAC 电路输出的模拟电压与输入的数字信号在幅度上成正比。

该电路的优点是，不管输入信号如何变化，流过参考电压源、模拟开关及各电阻支路的电流均不变，电路中各节点电压也保持不变，有效地提高了电路的转换速度；电阻译码网络中只用到阻值为 R 和 $2R$ 的两种电阻；电路中不存在各支路传输时间差异。该电路比较适用于位数较高且转换速度较快的场合。这种电路已经成为集成 DAC 中采用较多的转换电路。

【例 14.2.1】已知 8 位二进制 DAC，当输入数字量 $D_1 = (01111111)_2$ 时，电路输出模拟电压为 $u_{o1} = 4.6V$。若输入数字量 $D_2 = (10101010)_2$ 时，电路输出模拟电压 u_{o2} 是多少？

解：由于 DAC 输出的模拟量与输入的数字信号成正比，且 $D_1 = (01111111)_2 = 127$；$D_2 = (10101010)_2 = 170$，所以

$$\frac{4.6}{127} = \frac{u_{o2}}{170}$$

即得

$$u_{o2} = 6.16V$$

3. DAC 主要性能指标

（1）分辨率。分辨率是指对输出电压的分辨能力。分辨率定义为最小输出电压与最大输出电压之比。最小输出电压就是对应于输入数字量最低位（LSB）为 1，其余位均为 0 时的输出电压，记为 U_{LSB}。最大输出电压就是对应于输入数字量各位均为 1 时的输出电压，记为 U_{FSR}。

DAC 的分辨率与其位数 n 有关，随着输入数字信号位数的增多，DAC 的分辨率相应提高。有时也可以直接用输入二进制代码的位数作为 DAC 的分辨率。例如，输入二进制代码为 8 位的 DAC，输出电压能够区分输入代码 2^8 种状态，输出模拟电压有 2^8 种不同等级，该 DAC 的分辨率就是 8 位。

（2）转换精度。DAC 的转换精度分为绝对精度和相对精度。绝对精度是指实际输出模拟电压值与理论计算值之差，通常用最小分辨电压的倍数表示。相对精度是绝对精度与满刻度输

出电压（或电流）之比，通常用百分数表示。

（3）转换时间。DAC 从输入数字信号起，到输出电压或电流达到稳定值时所需要的时间，被称为转换时间，它决定 DAC 的转换速度。

根据转换时间 t 的大小，DAC 可以分为超高速型（$t<0.01\mu s$）、高速型（$0.01\mu s<t<10\mu s$）、中速型（$10\mu s<t<300\mu s$）、低速型（$t>300\mu s$）等几种类型。

4. 集成 DAC

常用的 CMOS 开关倒 T 型电阻网络 DAC 的集成电路有 DAC0832（8 位）、AD7520（10 位）、DAC1210（12 位）和 AK7546（16 位）等。现以 D/A 转换典型芯片 DAC0832 为例，介绍其结构、特性及应用方面的问题。

DAC0832 是采用 CMOS 工艺制成的单片电流输出型 8 位 DAC。其为双列直插式，能完成数字量输入到模拟量（电流）输出的转换。图 14.2.3 所示是 DAC0832 的逻辑框图及管脚排列。其主要参数如下：分辨率为 8 位，转换时间为 1μs，满量程误差为±1LSB，逻辑电平输入与 TTL 兼容。

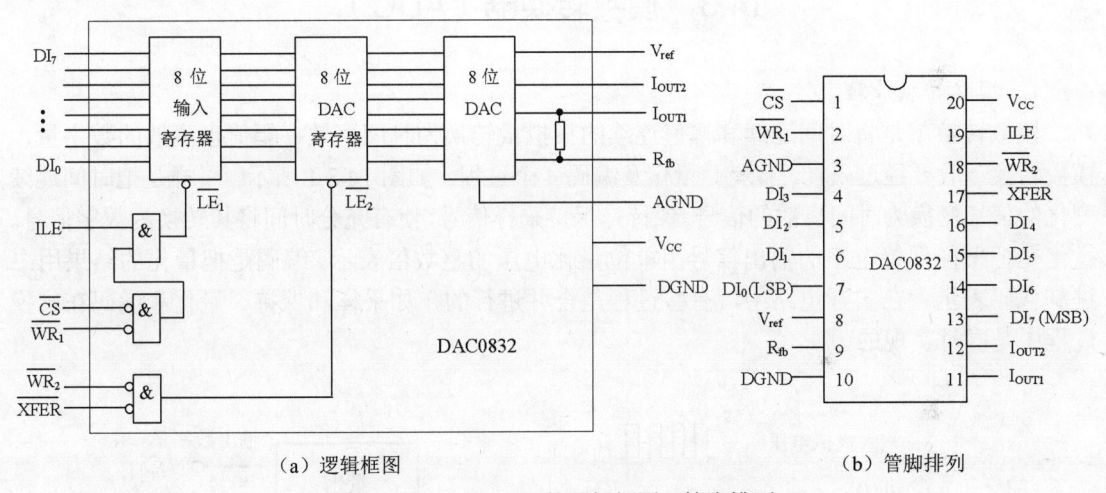

（a）逻辑框图　　　　　　　　　　　　　　（b）管脚排列

图 14.2.3　DAC0832 的逻辑框图及管脚排列

器件的核心部分采用倒 T 型电阻网络的 8 位 DAC。8 位输入寄存器用于存放 CPU 送来的数字量，使输入的数字量得到缓冲和锁存，由 $\overline{LE_1}$ 控制。8 位 DAC 寄存器用于存放待转换的数字量，由 $\overline{LE_2}$ 控制。8 位 DAC 由倒 T 型电阻网络和模拟开关组成，模拟开关受 8 位 DAC 寄存器输出控制。

DAC0832 的管脚功能说明如下。

$DI_0 \sim DI_7$：数据输入线，TTL 电平。

ILE：数据锁存允许控制信号输入线，高电平有效。

$\overline{CS}$：片选信号输入线，低电平有效。

$\overline{WR_1}$：为输入寄存器的写选通信号。

XFER：数据传送控制信号输入线，低电平有效。

$\overline{WR_2}$：为 DAC 寄存器写选通输入线。

I_{OUT1}：电流输出线，当输入全为 1 时 I_{OUT1} 最大。

I_{OUT2}：电流输出线，其值与 I_{OUT1} 之和为一常数。

R_{fb}：反馈信号输入线，芯片内部有反馈电阻。

V_{CC}：电源输入线（+5V～+15V）。

V_{ref}：基准电压输入线（−10V～+10V）。

AGND：模拟地，模拟信号和参考电源的参考地。

DGND：数字地，两种地线在参考电源处共地比较好。

DAC0832 输出的是电流，要转换为电压，还必须经过一个外接的运算放大器。

一个 8 位 DAC，它有 8 个输入端，每个输入端是 8 位二进制数的一位，有一个模拟输出端，输入可有 $2^8=256$ 个不同的二进制组态，输出为 256 个电压之一，即输出电压不是整个电压范围内任意值，而只能是 256 个可能值。

DAC0832 与微处理器完全兼容，具有 8 位分辨率的 D/A 转换集成芯片，以其价廉、接口简单、转换控制容易等优点，在单片机应用系统中得到了广泛的应用。

14.3 模数转换器（ADC）

1. 模数转换原理

模数转换就是将时间连续和幅值连续的模拟量转换为时间离散、幅值也离散的数字量，模数转换一般要经过采样、保持、量化及编码 4 个过程，如图 14.3.1 所示。采样是把时间连续变化的信号变换为时间离散的信号。保持是保持采样信号，使有充分时间将其转换为数字信号。量化是把采样保持电路的输出信号用单位量化电压的整数倍表示。编码是把量化的结果用二进制代码表示。在实际电路中，有些过程是合并进行的，如采样和保持、量化和编码在转换过程中是同时实现的。

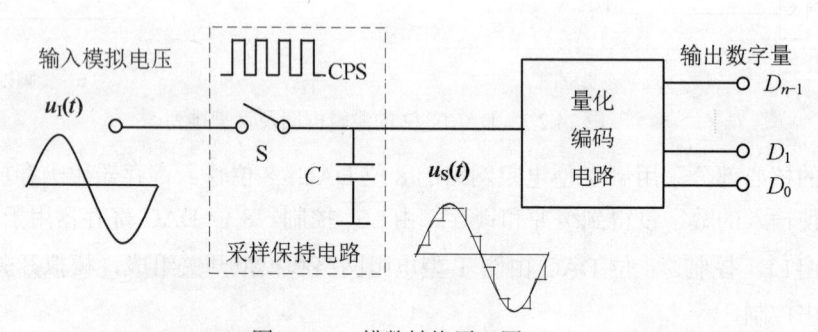

图 14.3.1 模数转换原理图

模拟开关 S 在采样脉冲 CPS 的控制下重复接通、断开的过程。当 S 接通时，$u_1(t)$ 对 C 充电，为采样过程；当 S 断开时，C 上的电压保持不变，为保持过程。在保持过程中，采样的模拟电压经数字化编码电路转换成一组 n 位的二进制数输出。

（1）采样和保持。采样是将时间连续的模拟量转换为时间上离散的模拟量，即获得某时间点（离散时间）的模拟量值。因为，进行模数转换需要一定的时间，在这段时间内输入值需要保持稳定，所以，必须有保持电路维持采样所得的模拟值。采样和保持通常是通过采样保持电路同时完成的。

为使采样后的信号能够还原模拟信号,根据取样定理,采样频率 f_S 必须大于或等于输入模拟信号最高频率 f_{Imax} 的 2 倍:

$$f_S \geqslant 2f_{Imax}$$

即两次采样时间间隔不能大于 $1/f_S$,否则将失去模拟输入的某些特征。

图 14.3.2 给出了采样保持电路的原理图和经采样、保持后的输出波形。图中采样模拟开关 K 受采样信号 $S(t)$ 控制,定时地合上 K,对保持电容 C_H 充放电。因 A_1、A_2 接成电压跟随器,此时 $u_o = u_i$。当 K 断开时,保持电容 C_H 因无放电回路保持采样所获得的输入电压,输出电压亦保持不变。

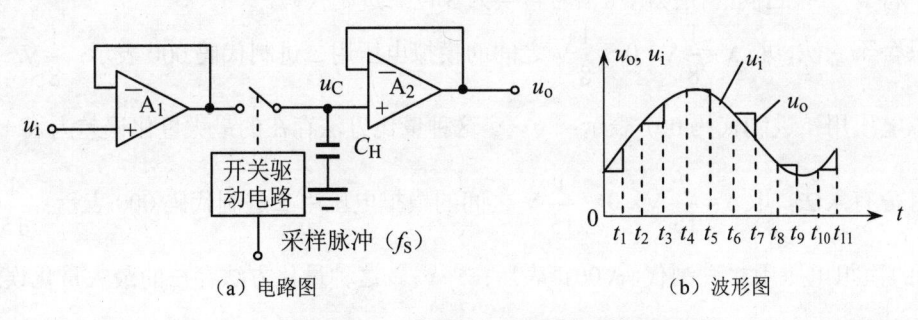

(a)电路图　　　　　　　　(b)波形图

图 14.3.2　采样保持电路及输入输出波形

(2)量化与编码。数字信号取值在时间上、幅度上均是离散变化的,所以数字信号的值必须是某个规定的最小数字单位的整数倍。为了将取样保持后的模拟信号转换成数字信号,还需对其进行量化与编码。

量化就是将取样保持后的时间上离散、幅度上连续变化的模拟信号取整变为离散量的过程,即将取样保持后的信号转换为某个最小单位电压 Δ 整数倍的过程。

将量化后的信号数值用二进制代码表示,即编码。对于单极性的模拟信号,一般采用自然二进制代码表示;对于双极性的模拟信号,通常使用二进制补码表示。经编码后的结果即 ADC 的输出。

由于 ADC 输入的模拟电压信号是连续变化的,而 n 位二进制代码只能表示 2^n 种状态,所以取样保持后的信号不可能与最小单位电压 Δ 的整数倍完全相等,只能接近某一量化电平,这就是量化误差。

量化方法有两种:只舍不入法和有舍有入法。

1)只舍不入法。

当 $0 \leqslant u_S < \Delta$ 时,u_S 的量化值取 0;

当 $\Delta \leqslant u_S < 2\Delta$ 时,u_S 的量化值取 Δ;

当 $2\Delta \leqslant u_S < 3\Delta$ 时,u_S 的量化值取 2Δ;

……

以此类推。

可见采用只舍不入法,最大量化误差近似为一个最小量化单位 Δ。

2)有舍有入法。

当 $0 \leqslant u_S < \frac{1}{2}\Delta$ 时,u_S 的量化值取 0;

当 $\frac{1}{2}\Delta \leqslant u_S < \frac{3}{2}\Delta$ 时，u_S 的量化值取 Δ；

当 $\frac{3}{2}\Delta \leqslant u_S < \frac{5}{2}\Delta$ 时，u_S 的量化值取 2Δ；

……

以此类推。

可见采用有舍有入法，最大量化误差不会超过 $\frac{1}{2}\Delta$。

例如：将 0～1V 之间的模拟电压信号转换为 3 位二进制代码。

利用只舍不入法，取 $\Delta=\frac{1}{8}$V，0～$\frac{1}{8}$V 之间的模拟电压用二进制代码 000 表示；$\frac{1}{8}$V～$\frac{2}{8}$V 之间的模拟电压用二进制代码 001 表示；……。这种量化方法存在的最大量化误差为 $\Delta=\frac{1}{8}$V。

利用有舍有入法，取 $\Delta=\frac{2}{15}$V，0～$\frac{1}{15}$V 之间的模拟电压用二进制代码 000 表示；$\frac{1}{15}$V～$\frac{3}{15}$V 之间的模拟电压用二进制代码 001 表示；……。这种量化方法存在的最大量化误差为 $\frac{1}{2}\Delta=\frac{1}{15}$V。

量化误差不可能完全消除，只能减少。有舍有入法的量化误差比只舍不入法的小，故为大多数 ADC 所采用。很明显，量化单位 Δ 不同，分成的量化级别就不一样。量化单位越小，则量化级别就越多，编码位数越多，电路就越复杂。

量化后的电平值为量化单位的整数倍，这个整数用二进制数表示即编码。量化和编码也是同时进行的。

2. 逐次逼近型 ADC

ADC 的功能是将输入的模拟信号转换成一组多位的二进制数字输出。不同的 ADC，其转换方式具有各自的特点。并联比较型 ADC 转换速度快，主要缺点是要使用的比较器和触发器很多，随着分辨率的提高，所需元件数目按几何级数增加。双积分型 ADC 的性能比较稳定，转换精度高，具有很高的抗干扰能力，电路结构简单，其缺点是工作速度较低。在对转换精度要求较高，而对转换速度要求较低的场合，如数字万用表等检测仪器中，双积分型 ADC 得到了广泛的应用。逐次逼近型 ADC 的分辨率较高，误差较低，转换速度较快，在一定程度上兼顾了以上两种转换器的优点，因此得到普遍应用。

逐次逼近型 ADC 也称逐位比较型 ADC。逐次逼近转换过程与用天平称物重非常相似。

按照天平称重的思路，逐次逼近型 ADC，就是将输入模拟信号与不同的参考电压作多次比较，使转换所得的数字量在数值上逐次逼近输入模拟量的对应值。

4 位逐次逼近型 ADC 的逻辑电路如图 14.3.3 所示。

逐次逼近型 ADC 基本原理如下。

（1）转换开始前先将所有寄存器清零。

（2）开始转换以后，时钟脉冲首先将寄存器最高位置成 1，使输出数字为 100…0。

（3）这个数码被 ADC 转换成相应的模拟电压 u_o，送到比较器中与 u_i 进行比较。

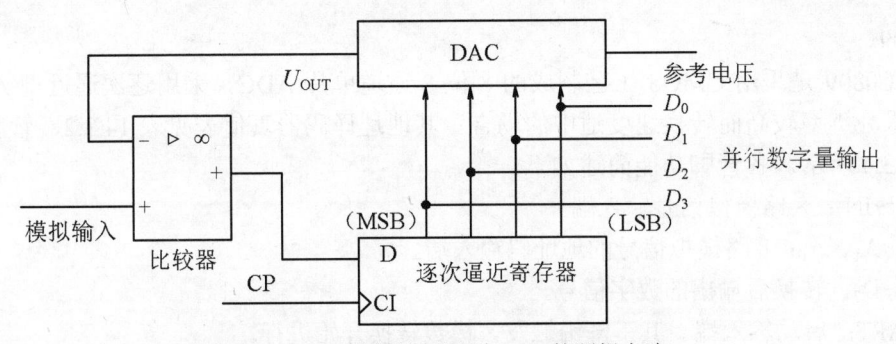

图 14.3.3　4 位逐次逼近型 ADC 的逻辑电路

1）若 $u_i > u_o$，则说明数字过大了，故将最高位的 1 清除。
2）若 $u_i < u_o$，则说明数字还不够大，应将这一位保留。
（4）然后，按同样的方式将次高位置成 1，并且经过比较以后确定这个 1 是否应该保留。这样逐位比较下去，一直到最低位为止。
（5）比较完毕，寄存器中的状态就是所要求的数字量输出。

逐次逼近型 ADC 的工作原理很像用天平称重的过程，只不过使用的砝码一个比一个小一半。逐次逼近型 ADC 完成一次转换所需时间与其位数和时钟脉冲频率有关，位数越少，时钟频率越高，转换所需时间越短。这种 ADC 具有转换速度快、精度高的特点。

【例 14.3.1】在 4 位逐次逼近型 ADC 中，ADC 的参考电压 $U_R = 10V$，输入的模拟电压 $u_i = 7.2V$，试说明逐次比较的过程，并求出最后的转换结果。

解：逐次比较过程见表 14.3.1。表中各次 u_o 计算如下：

（1）$u_o = \dfrac{U_R}{2^4}(d_3 \cdot 2^3 + d_2 \cdot 2^2 + d_1 \cdot 2^1 + d_0 \cdot 2^0) = \dfrac{10}{16} \times 8 = 5$（V）

（2）$u_o = \dfrac{U_R}{2^4}(d_3 \cdot 2^3 + d_2 \cdot 2^2 + d_1 \cdot 2^1 + d_0 \cdot 2^0) = \dfrac{10}{16} \times (8+4) = 7.5$（V）

（3）$u_o = \dfrac{U_R}{2^4}(d_3 \cdot 2^3 + d_2 \cdot 2^2 + d_1 \cdot 2^1 + d_0 \cdot 2^0) = \dfrac{10}{16} \times (8+2) = 6.25$（V）

（4）$u_o = \dfrac{U_R}{2^4}(d_3 \cdot 2^3 + d_2 \cdot 2^2 + d_1 \cdot 2^1 + d_0 \cdot 2^0) = \dfrac{10}{16} \times (8+2+1) = 6.875$（V）

表 14.3.1　逐次比较过程

转换顺序	d_3	d_2	d_1	d_0	u_o/V	比较判断	该位数码 1 是否保留
1	1	0	0	0	5	$u_o < u_i$	保留
2	1	1	0	0	7.5	$u_o > u_i$	除去
3	1	0	1	0	6.25	$u_o < u_i$	保留
4	1	0	1	1	6.875	$u_o < u_i$	保留

所以模拟电压 7.2V 最后的转换结果为 1011。

3. 集成模数转换芯片 ADC0809

常用的集成逐次逼近型 ADC 有 ADC0808/0809 系列（8 位）、AD573（10 位）、AD574（12 位）等，读者可根据自己的要求参阅手册进行选择。这里只介绍最常见的一种集成 ADC，即

ADC0809。

ADC0809 是采用 CMOS 工艺制成的 8 位 8 通道单片 ADC，采用逐次逼近型 ADC，适用于要求分辨率较高而转换速度适中的场合。其地址译码器真值表见表 14.3.2，管脚排列图如图 14.3.4 所示。各管脚功能简述如下。

$IN_0 \sim IN_7$：8 路模拟信号输入端。

A_2、A_1、A_0：8 路模拟信号的地址码输入端。

$D_0 \sim D_7$：转换后输出的数字信号。

START：启动输入端。其下降沿触发，模数转换开始进行。

表 14.3.2　ADC0809 地址译码器真值表

地址			被选模拟通路
A_2	A_1	A_0	
0	0	0	IN_0
0	0	1	IN_1
0	1	0	IN_2
0	1	1	IN_3
1	0	0	IN_4
1	0	1	IN_5
1	1	0	IN_6
1	1	1	IN_7

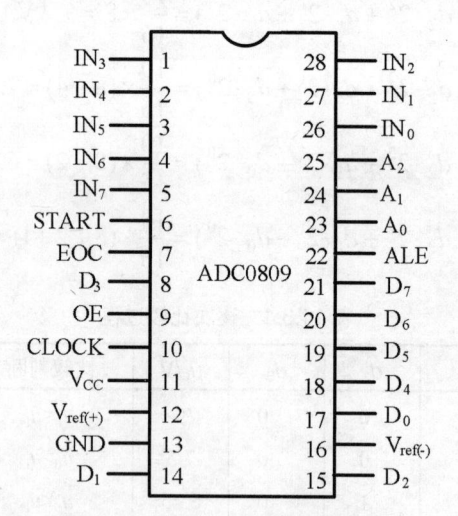

图 14.3.4　ADC0809 管脚排列图

ALE：通道地址锁存信号输入端。当 ALE 上升沿到来时，地址锁存器可对地址锁定，为了稳定锁存地址，即为了在 ADC 转换周期内使模拟多路器稳定地接通在某一通道，ALE 脉冲宽度应大于 100ns。下一个 ALE 上升沿允许通道地址更新。实际使用中，要求 ADC 转换之前地址就应锁存，所以通常将 ALE 和 START 连在一起，使用同一个脉冲信号，上升沿锁存地址，下降沿启动转换。

OE：输出允许端，它控制 ADC 内部三态输出缓冲器。当 OE=0 时，输出端为高组态，当 OE=1 时，允许缓冲器中的数据输出。

EOC：转换结束信号，由 ADC0809 内部控制逻辑电路产生。EOC=0 表示转换正在进行，EOC=1 表示转换已经结束。因此 EOC 可作为微机的中断请求信号或查询信号。显然只有当 EOC=1 以后，才可以让 OE 为高电平，这时读出的数据才是正确的转换结果。

CLOCK：时钟信号。ADC0809 的内部没有时钟电路，所需时钟信号由外界提供，通常使用频率为 500kHz 的时钟信号。

V_{CC}：+5V 电源。

V_{ref}：参考电源。参考电压用来与输入的模拟信号进行比较，作为逐次逼近的基准。其典型值为+5V [$V_{ref(+)}$=+5V，$V_{ref(-)}$=0V]。

4．ADC 主要指标

（1）分辨率。分辨率是指引起输出二进制数字量最低有效位变动一个数码时，对应输入模拟量的最小变化量。小于此最小变化量的输入模拟电压，不会引起输出数字量的变化。

ADC 的分辨率反映了它对输入模拟量微小变化的分辨能力，它与输出的二进制数的位数有关，在 ADC 分辨率的有效值范围内，输出二进制数的位数越多，分辨率越小，分辨能力就越高。例如：若输入模拟电压的变化范围为 0～5V，则输出 8 位二进制数可以分辨的最小模拟电压为 $5V \times 2^{-8} = 20mV$；而输出 12 位二进制数可以分辨的最小模拟电压为 $5V \times 2^{-12} \approx 1.22mV$。

（2）相对精度。在理想情况下，所有的转换点应当在一条直线上。相对精度是指实际的各个转换点偏离理想特性的误差。

（3）转换速度。ADC 完成一次从模拟量到数字量转换所需要的时间，即从转换开始到输出端出现稳定的数字信号所需要的时间。并行型 ADC 转换速度最高，为数十纳秒；逐次逼近型 ADC 转换速度次之，为数十微秒；双积分型 ADC 转换速度最慢，为数十毫秒。

【例 14.3.2】某信号采集系统要求用一片模数转换集成芯片对热电偶的输出电压进行模数转换。已知热电偶输出电压范围为 0～0.025V（对应于 0～500℃温度范围），需要分辨的温度为 0.1℃，试问应选择多少位的 ADC？

解：对于 0～500℃温度范围，信号电压范围为 0～0.025V，分辨的温度为 0.1℃，这相当于 $\frac{0.1}{500} = \frac{1}{5000}$ 的分辨率。12 位 ADC 的分辨率为 $\frac{1}{2^{12}} = \frac{1}{4096}$，所以必须选用 13 位的 ADC。

5．选用原则

类型选择：根据 ADC 在系统中的作用以及与系统中其他电路的关系进行选择，不但可以减少电路的辅助环节，还可以避免出现一些不易发现的逻辑与时序错误。

转换速度：3 种应用最广泛的产品——并行型 ADC 的转换速度最高；逐次逼近型 ADC 的转换速度次之；双积分型 ADC 的转换速度最慢，要根据系统的要求选取。

精度选择：在精度要求不高的场合，选用 8 位 ADC 即可满足要求，而不必选用更高分辨率的产品。

功能选择：尽量选用恰好符合要求的产品。多余的功能不但无用，还有可能造成意想不到的故障。

总之，选用 ADC 时，对转换精度、转换速度、功能类型、功耗等特性要综合考虑，全面衡量。

习 题

14.1 8位DAC的最小电压增量为0.01V,则当输入代码为10010001时,输出电压（　　）V。

      A. 1.28   B. 1.54   C. 1.45   D. 1.56

14.2 某DAC的输入为8位二进制数字信号（$D_7 \sim D_0$），输出为0~25.5V的模拟电压。若数字信号的最高位是"1"其余各位是"0",则输出的模拟电压为（　　）V。

      A. 1.28   B. 1.38   C. 13.8   D. 12.8

14.3 有一个4位的DAC,设它的满刻度输出电压为10V,当输入数字量为1001时,输出电压为_____V。

14.4 下列几种ADC中,转换速度最快的是（　　）。

      A. 并行ADC   B. 计数型ADC

      C. 双积分ADC   D. 逐次逼近ADC

14.5 将一个时间上连续变化的模拟量转换为时间上断续（离散）的模拟量的过程称为（　　）。

      A. 采样   B. 量化   C. 保持   D. 编码

14.6 为使采样输出信号不失真地代表输入模拟信号,采样频率f_S和输入模拟信号的最高频率f_{Imax}的关系是（　　）。

      A. $f_S \geq f_{Imax}$ B. $f_S \geq 2f_{Imax}$ C. $f_S \leq f_{Imax}$ D. $f_S \leq 2f_{Imax}$

参 考 文 献

[1] FLOYD T L, BUCHLA D M. Principles of Electric Circuits[M]. 10th edition. New York: Pearson, 2020.

[2] 袁惠娟. 实用模拟电子技术项目教程[M]. 北京：航空工业出版社，2013.

[3] 叶挺秀，潘丽萍，张伯尧. 电工电子学[M]. 5版. 北京：高等教育出版社，2021.

[4] 李伟廷，汝晓艳，岳涵. 电工电子技术[M]. 2版. 北京：航空工业出版社，2020.

[5] 孙立坤，周芝田. 电工与电子技术[M]. 北京：机械工业出版社，2010.

[6] 付善华. 电工电子技术[M]. 北京：中国建材工业出版社，2017.

[7] 张振文. 电工手册[M]. 北京：化学工业出版社，2017.

[8] 阎石. 数字电子技术基础[M]. 6版. 北京：高等教育出版社，2016.

[9] 赵巍，李房云. 数字电子技术[M]. 北京：航空工业出版社，2017.

[10] 韩焱. 数字电子技术基础[M]. 2版. 北京：电子工业出版社，2013.

[11] 叶水春. 电工与电子技术[M]. 北京：人民邮电出版社，2008.

[12] 彭容修，刘泉. 数字电子技术基础[M]. 武汉：武汉理工大学出版社，2001.

[13] 燕居怀，陈江艳，吴萃娴. 电工电子技术[M]. 北京：煤炭工业出版社，2016.

[14] 秦曾煌，姜三勇. 电工学[M]. 北京：高等教育出版社，2011.